大学基础物理实验

主　编　鞠曙光

副主编　李世有　范文超

DAXUE JICHU WULI SHIYAN

高等教育出版社·北京

内容提要

本书是依据教育部高等学校物理学与天文学教学指导委员会编制的《理工科类大学物理实验课程教学基本要求》（2010年版），并结合作者多年教学实践经验编写而成的。全书遵循物理实验自身的特点和规律，包括绪论、实验基础知识、基本实验、近代物理实验和设计性实验等内容。

本书可作为高等学校理工科非物理学类专业大学物理实验课程的教材，也可作为专科或其他从事物理实验工作人员的参考用书。

图书在版编目(CIP)数据

大学基础物理实验／鞠曙光，贺小光，杨强主编.--北京：高等教育出版社，2018.12（2025.1重印）

ISBN 978-7-04-051002-7

Ⅰ.①大… Ⅱ.①鞠… ②贺… ③杨… Ⅲ.①物理学-实验-高等学校-教材 Ⅳ.①O4-33

中国版本图书馆CIP数据核字(2018)第266878号

Daxue Jichu Wuli Shiyan

策划编辑 顾炳富　责任编辑 顾炳富　封面设计 张 志　版式设计 童 丹
插图绘制 于 博　责任校对 王 雨　责任印制 刁 毅

出版发行 高等教育出版社
社　　址 北京市西城区德外大街4号
邮政编码 100120
印　　刷 涿州市京南印刷厂
开　　本 787mm×1092mm 1/16
印　　张 19.5
字　　数 420千字
购书热线 010-58581118
咨询电话 400-810-0598
网　　址 http://www.hep.edu.cn
　　　　 http://www.hep.com.cn
网上订购 http://www.hepmall.com.cn
　　　　 http://www.hepmall.com
　　　　 http://www.hepmall.cn
版　　次 2018年12月第1版
印　　次 2025年1月第8次印刷
定　　价 36.50元

物 料 号 51002-00

大学基础物理实验

主　编　鞠曙光

1　计算机访问http://abook.hep.com.cn/1246535，或手机扫描二维码、下载并安装 Abook 应用。

2　注册并登录，进入“我的课程”。

3　输入封底数字课程账号（20 位密码，刮开涂层可见），或通过 Abook 应用扫描封底数字课程账号二维码，完成课程绑定。

4　单击 “进入课程” 按钮，开始本数字课程的学习。

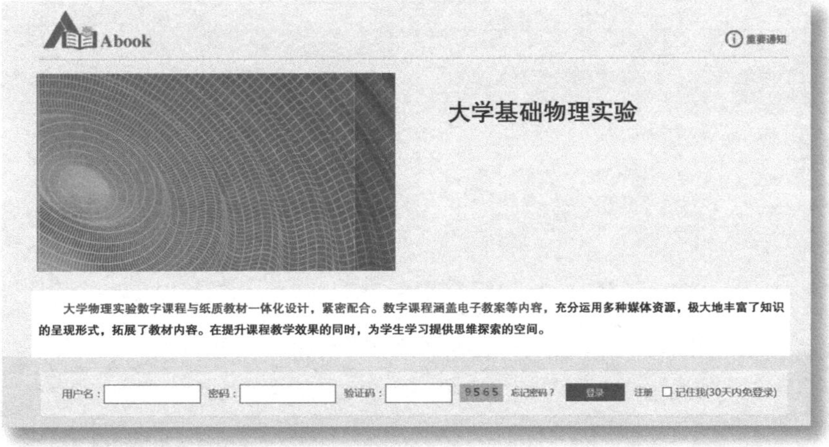

课程绑定后一年为数字课程使用有效期。受硬件限制，部分内容无法在手机端显示，请按提示通过计算机访问学习。

如有使用问题，请发邮件至 abook@hep.com.cn。

http://abook.hep.com.cn/1246535

前　言

本书是依据教育部高等学校物理学与天文学教学指导委员会编制的《理工科类大学物理实验课程教学基本要求》(2010年版),并结合学校专业设置的特点和实验仪器设备的具体情况编写而成的。在编写过程中力求做到:实验目的明确,实验原理清晰,实验仪器介绍详细,计算公式推导严密,实验步骤详简适当,数据表格规范合理。大部分实验项目精选了适当的预习思考题和思考题,便于学生的课前预习和课后讨论。

物理实验是一门独立设置的理工科基础必修课。按课程自身的体系和它所承担的任务,遵照循序渐进的原则,本书内容除绪论外共分六章:第一章为具有共性的物理实验基础知识,包括误差理论、不确定度概念、物理实验方案的制定、物理实验的基本测量方法等;第二章至第四章为基本实验,一般包括实验目的、原理、仪器、方法、内容与步骤,以及数据处理、误差分析、不确定度估算、测量结果等部分,使学生在学习物理实验知识,掌握实验方法和实验基本技能等方面受到系统的基本训练,实验能力得以逐步提高;最后两章的内容,应当是学生经过一段课程的学习,在已具备一定的实验基础知识和技能的情况下要学习的内容。一方面考虑进一步加强学生分析和解决实际问题的能力,另一方面考虑教材应该体现学科发展的新动向,使教学更好地适应现代科技的发展,所以,我们在第五章除介绍一些具有代表性的近代物理实验外,还将与物理实验相关的现代应用知识加以介绍,以扩充学生的知识,有利于学生了解物理实验技术在现代科学技术中的实际应用。第六章为设计性实验,只给出实验目的、要求和方法的提示,更多的工作需要学生独立完成。

本书由鞠曙光统稿。绪论、第一章由鞠曙光编写;第五章由贺小光编写;第三章、第六章由杨强编写;第四章由李世有编写;第二章、附表由范文超编写。在本书的编写过程中,编者对历届使用的物理实验讲义深入研究,反复修改,对数年的教学实践予以认真总结,同时广泛参阅了国内和国外的同类教材及各种相关资料,吸收其优点与精华,因此,本书是集体智慧的结晶。当然,书中难免有疏漏与谬误之处,恳请读者批评指正。

编　者

2018年8月

目　录

绪论

物理实验的地位和作用

物理实验是理论的源泉.物理学是一门以实验为本的科学,即物理学是一门实验科学.物理学基本概念的形成、基本规律的发现、基本理论的建立,无一不是以严格的物理实验为基础的.经典物理学的创立、近代物理学的发展,正是归功于伽利略、牛顿、开普勒、安培、麦克斯韦、法拉第……这些科学巨匠们对自然界一丝不苟的观察与实验.

物理实验是理论的试金石.理论一旦提出必须借助于实验来检验其是否真实可靠,是否具有广泛而普遍的意义.麦克斯韦当年预言的电磁波理论,沉寂达21年之久,在当时人们没有办法证明其说法是对还是错.只有在1886年赫兹做出电磁波实验后,麦克斯韦的电磁理论大厦才高高矗立起来.

物理学不仅是自然科学中独立的一门学科,它还是所有自然科学和工程技术的基础;物理方法不仅贯穿于物理学的全部,也是自然科学和工程技术各个领域广泛使用的研究方法.物理学在自身不断的发展过程中,既受到其他学科的影响,又有力地带动着整个科学技术的进步.事实上,许多科学与技术的产生,都建立在物理和实验的研究成果上;物理与实验研究的每一个新发现、新思想和新成果都会转变成为某种新技术的应用,并在此基础上,开辟出更广泛的研究和应用领域,从而推动着生产力的发展和新兴产业的崛起.以激光理论的产生和激光技术的发展为例:正是爱因斯坦的理论与梅曼的实验才成功地制造和运转了世界上第一台激光器.激光的出现,不仅引起现代光学应用技术的重大变革,还对科学技术的许多领域都产生了深刻的影响.从激光理论的创建到激光器成为现实,人类用了40多年的时间,而在紧接着的20年中,人类制造出数千种的激光器应用于各行各业,而且,诸如激光加工、激光计量、激光通信、激光医疗、激光种植、激光摄影等技术,如雨后春笋般涌现出来.激光技术渗透各个生产领域,其创造产值持续增长.此外,像放电物理学、固体物理学,以及化学、生物学等学科,由于与激光技术结合,更是取得了丰富的研究硕果.

综上所述,物理实验是自然科学、工程技术的基础,是探索和开拓科学新领域的最有力工具之一.

物理实验课的目的和任务

物理实验是高等学校学生进行科学实验基本训练的一门基础课程，是理工科学生进入大学后受到系统实验方法和实验技能训练的开端.物理实验课的目的并不单纯是教会学生一些实验知识，也不单单是使学生得到实验基本技能和方法的训练，最重要的是要使学生借助实验手段，培养观察、发现、分析、研究直至最终解决问题的能力，提高自身的科学素质.因此，物理实验课的任务是：

（1）通过对物理实验现象的观测和分析，学习运用理论指导实验，分析和解决实验问题的方法.从理论和实验的结合上加深对理论的理解.

（2）培养与提高学生的科学实验能力.这些能力包括：通过阅读实验教材或资料，能概括出实验原理和方法的要点，并做好实验前准备；借助教材或仪器的说明书，能够正确调试和使用基本实验仪器，掌握基本物理量的测量方法和实验操作技能；正确读取、记录和处理数据，分析、表达实验结果和撰写实验报告；在掌握一定实验技能的基础上，能够依据选题的目的和要求制定合理的实验方案，选择合适的仪器，拟定切实可行的实验程序.

（3）培养实事求是的科学态度、严谨踏实的工作作风和爱护公物、团结协作、遵守纪律的优良品德.

物理实验课的三要素

物理实验课不同于一般的理论课,它是学生在教师指导下独立进行的一种实践活动,因此相应的学习方法也有很大的不同.为学好实验课,需注意以下的三个要素:

1. 实验预习

每项实验之前,仔细阅读实验教材中有关内容(必要时需查阅相关的参考资料),了解该实验的原理和方法,了解测量仪器的使用方法和注意事项,并在此基础上写出预习报告.预习报告包括:① 简要回答预习思考题;② 画出实验的原理图(光路图、电路图等),列出实验依据的理论公式,画出实验数据的记录表格;③ 分析实验过程中不确定度与误差产生的原因及其处理措施.

注意:指导教师将通过不同方式对预习情况予以检查,没有预习报告者,不得进入实验室进行实验操作.

2. 实验操作

进入实验室后应严格遵守实验室规则.未经指导教师允许,不得擅动仪器;实验观测前应首先清点所需用仪器、用具;严格按仪器说明或操作规程正确使用仪器,注意爱护仪器,稳拿妥放,防止损坏.对需接通电源的仪器或电路,必须在教师的允许下方可接通电源.数据记录应用圆珠笔或钢笔(不用铅笔)将文字、数据、符号细心地记录在预习报告的数据表格内,切勿字迹潦草,以免自己或教师在以后辨认时产生误解;也不要将数据随便记在其他纸上,然后再抄写在表格内,这不是一种科学的习惯.如果数据确实记错了,不要涂抹,应该在其上作删除记号(必要时应注明删除的原因),然后在旁边写上正确值,使正误数据清晰可辨,以供在分析测量结果、不确定度或误差时参考.当数据出现异常值时,分析原因,必要时应增加测量次数.凡是与实验结果有关的物理现象、过程,也要简单地记录下来.此外,还要记下所用仪器的型号、编号等,以便以后核对数据时查用.总之,实验记录应保证:自己看得懂,别人看得懂;现在看得懂,将来也看得懂.实验记录看上去很简单,做好却并不容易.做好实验记录是一项基本功.实验结束时,须将实验记录交予指导教师审阅,整理还原仪器,在"仪器使用记录本"签名后,经教师同意方可离开实验室.

3. 实验总结

实验后要对实验数据及时进行处理,处理过程包括计算、作图、不确定度及误差分析等,最后撰写实验报告.

实验报告内容包括:

(1) 实验题目、实验者姓名、实验日期、实验地点、实验指导教师等.

(2) 实验目的.

(3) 实验原理和方法.简要说明有关物理内容及测量所依据的主要公式,画出实验中涉及的光路图、电路图、实验装置示意图等.

(4) 实验用具、仪器、元器件等.

(5) 实验步骤.用自己的语言简要明了地将实验实际过程叙述清楚,切勿照抄书本.

(6) 数据记录与数据处理.将预习报告所记录的数据仔细转记过来,并完成数据处理、不确定度及误差分析、测量结果表述等工作.

(7) 小结或讨论.内容不限,可以是对实验中现象的分析,对实验中遇到的问题的讨论,实验的收获或建议,也可解答思考题.

实验报告是对实验工作的全面总结,是科学技术交流中不可缺少的方式,同学们要写好每一篇实验报告,为将来进行科学实验,写好科技报告、科学论文打下基础.当然,以上只是向初学者提供的实验报告的一般格式,实际上,一份成功的报告,完全可以按照自己的思路来写,只要立论正确、思路清晰、结果完整即可.

第一章　测量误差、不确定度及数据处理基础知识

大学物理实验的任务，一是定性地观察物理现象和变化过程；二是定量地测量物理量之间的关系；三是通过对测量数据的误差分析和数学处理，科学地评价测得的物理量或物理关系接近客观真实的程度.因此，实验误差分析、不确定度估算、实验数据处理以及实验结果评定是每一位实验者必备的知识与能力.限于篇幅，本章不可能对实验误差、不确定度概念，以及数据处理和结果评定作出全面而详细的叙述，仅对这方面常用的基础知识加以介绍，以使学习者为今后更高层次的科学实验研究打下坚实的基础.

第一节　测量误差的基本知识

【测量和单位】

实验物理学建立在对物理现象观察和对物理量测量的基础上，测量是人类认识和改造世界必不可少的重要手段，“科学自测量开始，没有测量便没有精密科学”.所谓测量，就是将待测的物理量与一个选作标准的同类物理量（标准量）进行比较，得出它们之间的数量关系.选作标准的同类物理量称为单位，数量关系称为测量数值，两者的乘积即为被测物理量的测量值，也叫测得量.

一个物理量的大小是客观存在的，但选择不同的单位，却有不同的测量数据.对同一个物理量测量时，选用单位越大，数值就越小（例如一本普通书的厚度是 2.36 cm，若以 mm 为单位则为 23.6 mm；若以 m 为单位，则为 0.023 6 m）.因而在表示一个被测量物理量的测量值时，应注意测量值包含数值和单位两部分，仅有数值而没有单位的测量结果是没有意义的.

根据获取测量数据途径的不同或测量条件的不同，测量可有多种分类：按获取数据的方法，可分为直接测量和间接测量；按测量条件，可以分为等精度测量和不等精度测量.

直接测量又可分直读法和比较法两种.直读法就是使用具有相应单位分度的量具或仪表直接读取测量值的直接测量，如用米尺测长度、用温度计测温度、用电表测电流或电压等.其特点是测量方便，但受仪器仪表准确程度的限制，其测量准确度一般较低；比较法是把被测对象直接与体现计量单位的标准器进行比较的直接测量，如用砝码与天平称质量、用直流电桥测电阻、用电势差计测电动势、用标准信号源与示波器测频率等.这种测量的操作较麻烦，但因其准确度取决于标准器，只要仪器的选配与使用得当，可使测量准确度达到较高水平.

另一类测量叫间接测量（或称复合测量）.某些物理量不能通过量具或仪器直接读取测量值，而必须由一些其他的直接测得量通过一定的函数关系计算出最终结果.例如，测量铜质圆柱体密度时，需先用卡尺或千分尺测出铜柱的高 h 和直径 d，用天平称出它的质量 m，然后将

这三个直接测得量代入函数关系式 $\rho=\frac{m}{V}=\frac{m}{\pi(d/2)^2h}=\frac{4m}{\pi d^2h}$，从而计算出铜的密度.像这种通过直接测得量而计算出待测值的物理量叫做间接测得量.

需要说明的是，同一物理量，选用的测量方法不同，它可以是直接测得量，也可以是间接测得量.随着科学技术的发展，很多原来只能间接测量的物理量，现在都可以直接测量了.

等精度测量（也称重复性测量）是指对同一待测量进行多次测量时，其各次测量数据是在相同条件下获取的，如测量仪器、测量方法、测量人员、测量环境均无变化的情况下对某一物理量进行的重复测量，所得到的每个测量值都具有相同的可信赖性.如果多次测量不是在相同条件下进行的，如中途更换测量仪器、测量人员，或改变测量环境等，这样的测量是不等精度测量（也称复现性测量）.大学物理实验中的测量大多是等精度测量，本书后面提到的多次测量，如无特别说明，都是指等精度测量.

无论是何种测量，单位通常采用国际单位制（SI）.国际单位制（SI）的七个基本单位是：长度单位米（m）、质量单位千克（kg）、时间单位秒（s）、电流单位安培（A）、热力学温度单位开尔文（K）、物质的量单位摩尔（mol）、发光强度单位坎德拉（cd）.其余各种物理量，如力、功、能量、热容、电阻、电容、电感、磁感应强度、光通量等均可由上述基本单位导出，称为国际单位制（SI）的导出单位.

某些具有重要作用和广泛使用的单位，如时间单位分（min）、小时（h），质量单位吨（t），体积单位升（L），能量单位电子伏（eV），级差单位分贝（dB）等，常可与国际单位制同时使用.

SI 单位的符号，无论是拉丁字母还是希腊字母，也无论是大写字母还是小写字母，一律用正体印刷.为了避免单位的符号与物理量的符号相混淆，国际上规定，所有物理量的符号，一律用斜体印刷.

【误差及其分类】

1. 绝对误差与相对误差

每一个待测物理量都是客观存在的，在一定的条件下具有不以人的意志为转移的数值，这个客观数值叫做该待测量的真值（例如直角的真值为 90°、三角形内角之和的真值为 360°）.无论是直接测量，还是间接测量，其目的都是希望获得被测量的真值.但在任何一种测量的过程中，由于采用的测量方法和所使用的仪器均不可能绝对完善，同时由于测量条件、测量环境和测量人员种种因素的限制，都不可能使测量值与真值完全相同.这就意味着，任何测量值总会与真值存在一定的差值，这个差值就定义为测量值 x 与真值 x_0 的测量误差（简称为误差）Δx，即

$$\Delta x=x-x_0 \tag{1-1-1}$$

误差 Δx 表示的是测量值对真值绝对偏离的大小和方向，与被测量有相同单位，这种有单位的误差就称为绝对误差.

绝对误差的大小能够反映对同一待测量的测量质量，但却难以确定对不同待测量的测量质量.例如，用米尺测量两个物体的长度时，测量值分别是 0.10 m 和1 000 m.假定测量中出现的绝对误差分别是 0.01 m 和 1 m.虽然后者的绝对误差远大于前者，但是前者的绝对误差占测量值的 10%，而后者的绝对误差仅占测量值的 0.1%，说明后一个测量值的可靠程度远大于前者，故绝对误差并不能正确比较不同测量值的可靠性.为此，我们引出相对误差的概念：我们将测量值的绝对误差与测量值之比定义为相对误差，用 E_x 表示，即

$$E_x=\frac{\Delta x}{x}\times 100\% \tag{1-1-2}$$

相对误差是一个比值，没有单位，通常用百分比形式表示.相对误差不仅包含误差的大小，同时还表示误差对测量结果影响的严重程度，故它能全面评价测量质量的高低.

2. 系统误差与随机误差

由于测量误差是不可避免的，它存在于一切测量之中，而且贯穿于测量过程的始终，因此，正确地处理误差是非常重要的.其目的在于：① 分析误差来源，以便找到减小和消除误差的方法；② 估算误差范围，以便于对实验结果进行修正和评价.

误差的产生有多方面的原因，如实验理论的近似性、实验仪器灵敏度和分辨能力的局限性、实验环境的不稳定性、实验者的实验技能以及判断能力等因素都可能导致测量误差.根据误差的性质及其产生的原因，通常将误差分作系统误差和随机误差.它们对测量结果的影响不同，处理方法也不同.

(1) 系统误差

系统误差的特征是其确定性，即在一定实验条件下（实验的方法、仪器、环境和观测者均保持不变），多次测量同一物理量时，误差的大小与正负或恒定不变，或遵守某一规律（递增、递减、呈现周期性等）变化，而增加测量次数并不能减少这种误差的影响.凡具有上述特征的误差称为系统误差，其产生的原因主要来自以下几个方面.

仪器误差——由测量仪器、装置不完善而产生的误差.通常有两种情况导致仪器误差的产生：一是任何量具、标准器、指示仪表等都存在一定的自身缺欠，如天平的不等臂、砝码标称的不准确、标尺刻度线的不均匀、检流计的灵敏度不足等；二是仪器在安装、调整和使用时，因水平、垂直、平行、准直、共轴、零点等状态没有达到规定的要求而引起误差.

方法误差（理论误差）——由于实验方法本身或理论不完善等原因所导致的误差.在物理理论中我们常常进行某种理想假定，比如创造出“无质量”“无摩擦”“不可伸缩的弦线”等概念.这些理论模型可以大大简化理论问题研究的复杂性，但却在实际测量中带来误差.例如，称重时忽略了空气浮力的影响；测量长度时未考虑热胀冷缩的因素；伏安法测电阻时，没有考虑电表内阻的作用等，均要产生一定的误差.

环境误差——由于外界条件变化所引起的误差.如温度、气压、湿度、电磁波、振动、光照等条件按一定规律的变化，引起环境与仪器要求的标准状态不一致，不仅会影响仪器的工作或各

测量量之间的关系，甚至会影响被测量的本身，如要求在 20 ℃温度下使用的元器件在 50 ℃温度下使用，就属于这种情况.

人为误差——由于观测者的感官或习惯所引起的误差（也称人身误差）.人为误差取决于观测人员心理和生理的特点，通常与观测者的反应速度、固有习惯以及经验和能力等因素相关.如记录信息时习惯上的超前或滞后、对准目标读值时习惯上的偏左或偏右、估取数据时习惯上的偏大或偏小等.人为误差在测量中常表现为观测误差、估读误差、视差等.值得一提的是，随着数字化、智能化仪器的不断普及，观测人员对测量的干预越来越少，因而人为误差一般可以不考虑.还需要注意的是，人为误差不包括由测量者粗心大意所造成的错误，如将 7 看成 9，将 12.5 记为 15.2.

总之，系统误差是在一定条件下由一些确定因素引起的，因此，通过在相同条件下多次测量来求平均，或者试图用增加测量次数来减少系统误差的方法都是行不通的.

系统误差的存在会影响测量结果的准确性，历史上就不止一次地发生过因系统误差处理不当而造成测量结果不准确，几乎使相关物理学理论出现谬误的教训.而且，对系统误差的分析研究，不仅可使测量结果更加接近真值，同时还可以从中发现或获取某些新信息，从而导致物理学理论的突破.但是发现和分析、修正、减少以至消除系统误差，既涉及较深的数学和误差理论知识，更需要丰富的科学实验专门知识.所以，在大学物理实验中，一般情况下只考虑两类系统误差：一类叫做可定系统误差.可定系统误差系指那些具有固定不变性，且能够确定其大小或影响因素的系统误差.对于可定系统误差，无论是来自仪器、方法，还是来自环境、测量者，要设法找到它，探求其规律，然后采取相应措施将其对测量结果的影响尽可能减少到可忽略的程度.另一类叫做未定系统误差.未定系统误差是指那些只知道测量误差可能存在于某个大致范围而并不知道它的具体数值的系统误差，如仪器的最大允差.任何测量仪器在生产过程中，都会因种种原因，如结构或制造工艺的不完善，活动部件的摩擦，游丝弹性的不均匀，度盘分格的不准等因素而带来误差.为了综合评定某一仪器产生误差的大小，通常仪器在出厂时都会给出仪器的最大允差（也称为仪器最大误差）.不过最大允差只能使我们知道误差的极限范围，而无法知道其确切的大小和正负，所以，最大允差是一种未定系统误差.通常对于未定系统误差可以根据其分布的随机性而将其合并到我们下面要介绍的另一类误差——随机误差中去，并以随机误差的形式报告出来.

（2）随机误差

随机误差的特征是其随机性.在一定的实验条件下多次测量某一物理量时，即使消除了一切引起系统误差的因素，测量结果仍会出现不同的数值.这些测量值在与真值的偏差上表现为忽大忽小、忽正忽负.表面看来，它既不可预知，又无法控制，没有确定的规律可循.因而把这种随时都在变化的误差称为随机误差，也叫做统计误差.

随机误差的产生，一方面是由于实验过程中存在着某些不可预知和无法控制的偶然因素的影响，如实验环境中的温度、湿度的起伏、杂散电磁场的干扰、空气的流动、地面的振动、电源电压的不稳定以及重复测量中观测者每次操作在对准、估读、判断、分辨上产生的微小差异等.另一方面是由被测对象本身的不稳定性所引起的,如被测物体本身存在微小差异等.

随机误差的出现,从表面上看似乎纯属偶然,但也并非无规律可循.实践和理论都证明,在等精度条件下,当重复测量次数很多时,随机误差显示出明显的统计规律.以随机误差 Δx 为横坐标,以某一误差出现的概率 $f(\Delta x)$ 为纵坐标作图,可得到如图 1-1-1 所示的曲线,此曲线称为正态分布曲线(或称为高斯分布曲线,是德国物理学家高斯在 1795 年导出的).当测量次数 $n\to\infty$ 时,正态分布曲线完全对称.由高斯分布曲线分析,随机误差具有如下性质:

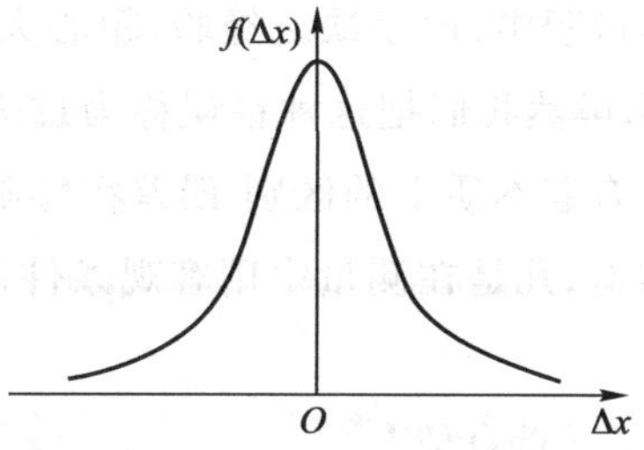

图 1-1-1

① 有界性:绝对值很大的误差出现概率为零,即误差的绝对值不会超过一定的界限;

② 单峰性:绝对值小的误差出现的概率比绝对值大的误差出现的概率大;

③ 对称性:绝对值相等的正误差和负误差出现的概率相等;

④ 抵偿性:随机误差的算术平均值随着测量次数的增加而越来越趋近于零,即

$$\lim_{n\to\infty}\frac{1}{n}\sum_{i=1}^{n}\Delta x_i=0 \tag{1-1-3}$$

随机误差的统计特性告诉我们,增加测量次数可以减小随机误差.这就是为什么我们在实验工作中常常采用多次测量的原因.当然,实际的测量次数不可能无限多,所以随机误差是不可能完全消除的.而且,并非测量次数越多越好.因为增加测量次数必定延长测量时间,这会给保持稳定的测量条件增加困难,同时,增加测量次数也会使测量者疲劳,从而导致较大观测误差的出现.一般在科学研究中,实验重复的次数取 50 次左右为佳,在大学物理实验中,取 10 次以内也可.

综上所述,系统误差与随机误差的性质不同,来源不同,处理的方法也不同.在实验中系统误差与随机误差往往是并存的,因而测量结果的总误差应为两者之和.在实际测量中,有时影响测量结果的因素以系统误差为主,这时随机误差可以忽略不计;有时影响测量结果的因素以随机误差为主,这时系统误差可以忽略不计;有时两种误差都将影响测量结果,这时两者均不可忽略.因此,一般来说,在处理实验数据时系统误差与随机误差需加以区别,以便分别处理,最后再求出总的测量误差.但在很多情况下,系统误差和随机误差之间是相互联系的,两者并没有截然分开的界线.例如,测一个钢球的直径时,因钢球各位置上的直径并不完全相等,如果在某个固定的位置上测量,测量值或总是偏大或总是偏小;而在不同的位置上测量,各测量值的偏大与偏小就会表现出明显的随机性.又如,刻度尺上的刻线不均匀而引起的测量示值误差,这虽是一种系统误差,但当实验选择刻度尺不同位置作为测量起点时,将使所得测量值带有随机性,于是该系统误差便可以采用处理随机误差的方法来进行处理.事实上,我们经常把一些不可定的系统误差看作随机误差；也常把一些可定的、但其规律过于复杂的系统误差当作随机误差来处理.

3. 过失误差

除上述两种性质的误差外，实验中还出现另外一种情况.当观测者在观测、记录和整理数据过程中，由于缺乏经验、粗心大意、过度疲劳，或者由于仪器意外故障等原因造成测量上的错误.虽然我们把这种错误称为过失误差（或粗差），但操作者在测量中的错误与真正意义上的误差有着本质上的区别.误差将伴随于测量过程的始末，而错误是可以避免的，而且必须避免.事实上，凡是在测量中用客观条件不能合理解释的那些异常数据都将作为坏值或粗差予以剔除.

【近真值】

误差是指测量值与真值之差，其定义式为公式(1-1-1).因为误差伴随于任何的测量过程中，所以，该式中的真值是不可确知的，这也就是说测量误差是不可确知的.如果不能确切知道误差，如何评价测量数据或测量结果呢？为此我们必须找到一个能够替代真值的量，这个能够替代真值的量就是近真值.

如果对某一物理量进行 n 次等精度测量，获得 n 个测量值 $x_1,x_2,\cdots,x_n$（像这种等精度测量所得到的一组测量数据，通常称为测量列），按误差的定义，测量列中各个测量值 x_i 的误差 Δx 分别为

$$\Delta x_1=x_1-x_0$$

$$\Delta x_2=x_2-x_0$$

$$\cdots\cdots\cdots\cdots$$

$$\Delta x_n=x_n-x_0$$

将以上各等式两侧求和并同时除以测量次数 n，得

$$\frac{1}{n}\sum_{i=1}^{n}\Delta x_i=\frac{1}{n}\sum_{i=1}^{n}(x_i-x_0)$$

由误差的抵偿性可知，当 $n\to\infty$ 时，上式的左侧为零，这样就得到

$$x_0=\frac{1}{n}\sum_{i=1}^{n}\Delta x_i$$

根据数学知识，n 个测量值 $x_1,x_2,\cdots,x_n$，其算术平均值 $\bar{x}$ 为

$$\bar{x}=\frac{1}{n}\sum_{i=1}^{n}x_i \tag{1-1-4}$$

由此我们得知，在等精度测量次数为无限次时，测量列的算术平均值 $\bar{x}$ 就是真值 x_0，即 $\bar{x}=x_0$.当然，实际的测量次数都是有限的，不可能是无限的，这时的算术平均值虽不是真值，但根据误差的统计特征，相对测量列中其他的测量值它是最接近真值的，并且测量次数越大，算术平均值 $\bar{x}$ 接近真值 x_0 的程度也越高.因此，算术平均值 $\bar{x}$ 被称为真值的最佳近似值，简称近真值（亦

称约定真值).用近真值替代真值后,测量误差就可以表示为测量值与算术平均值之差,通常称其为测量偏差(或残差),表示为

$$\Delta x_i = x_i - \bar{x} \tag{1-1-5}$$

【标准误差】

如果进行待测物理量的直接测量,并假定系统误差已被消除(实际是将其降至最低程度),则影响测量结果的主要因素是随机误差.随机误差有多种表述形式,其中最为普遍的表述形式就是标准误差.

设在相同实验条件下(即等精度)对某一物理量进行 n 次直接测量,其测量值分别为 $x_1, x_2, \cdots, x_n$,则根据统计误差理论,该测量列的标准误差定义为

$$\sigma_x = \sqrt{\frac{1}{n-1}\sum_{i=1}^{n}(x_i - \bar{x})^2} \tag{1-1-6}$$

式(1-1-6)又称为贝塞尔(Bessel)公式.式中 $\bar{x}$ 为测量数据的算术平均值,也即近真值.

标准误差 σ_x 不同于测量偏差 Δx.Δx 是真实的误差,而 σ_x 已不是一个具体的测量误差值,它是一个统计性的特征值,是一种随机误差的量度.标准误差 σ_x 的大小说明的是在一定条件下等精度测量列随机误差的概率分布情况,即一组数据之间的离散程度.如果 σ_x 大,说明各测量数据较为分散,其测量的可靠性一定较差.具体地说,根据统计理论计算,当一组测量数据标准误差为 σ_x 时,则 σ_x 表征的是:在该测量列中,每一个测量值的测量偏差 Δx_i 有 68.3%的可能性落在$[-\sigma_x, +\sigma_x]$内.也就是说,在所获得的数据中,将有 68.3%的数据的测量偏差 Δx_i 是小于 σ_x 的.概率 68.3%通常称为置信度或置信概率.

在实际工作中,人们往往关心的并不是测量数据列的分散性,而是测量结果即数据的近真值 $\bar{x}$ 的离散程度.在消除系统误差的情况下,如果在相同条件下对同一待测量进行多组重复的系列测量,由于随机误差的存在,每一系列测量所得的近真值 $\bar{x}$ 并不相同.为了表征近真值的可靠性,引入近真值的标准误差(也叫算术平均值的标准误差),用符号 $\sigma_{\bar{x}}$表示,即

$$\sigma_{\bar{x}} = \frac{\sigma_x}{\sqrt{n}} = \sqrt{\frac{1}{n(n-1)}\sum_{i=1}^{n}(x_i - \bar{x})^2} \tag{1-1-7}$$

近真值的标准误差 $\sigma_{\bar{x}}$表征的是近真值(算术平均值)$\bar{x}$ 的可靠性.若近真值的标准误差为 $\sigma_{\bar{x}}$,其意义是:表示测量值的平均值 $\bar{x}$ 的随机误差在$[-\sigma_{\bar{x}}, +\sigma_{\bar{x}}]$之间的概率为 68.3%,或者说待测量的真值在$[\bar{x}-\sigma_{\bar{x}}, \bar{x}+\sigma_{\bar{x}}]$区间内的概率为 68.3%.由此可见,$\sigma_{\bar{x}}$反映了近真值接近真值的程度.

例 1　用单摆测重力加速度的公式为 $g=\dfrac{4\pi^2 l}{T^2}$.对摆长 l 和周期 T 各测量 5 次,记录数据如下表所示.求摆长和周期测量值的标准误差 σ_l 和 σ_T,求算术平均值的标准误差 $\sigma_{\bar{l}}$和 $\sigma_{\bar{T}}$.

n	1	2	3	4	5
l/cm	100.20	100.16	100.28	100.12	100.24
T/s	2.001	2.002	1.998	2.003	1.996

解　本书采用的有效数字尾数的取舍规则可参阅本章第四节中【有效数字尾数的取舍规则】.简言之,测量数据的尾数取舍规则是"四舍六入五凑偶";误差或不确定度的尾数取舍规则是"只进不舍".

根据公式(1-1-4)求得摆长与周期近真值 $\bar{l}$ 和 $\bar{T}$ 为

$$\bar{l}=\frac{1}{5}\sum_{i=1}^{5} l_i=100.20\ \text{cm}$$

$$\bar{T}=\frac{1}{5}\sum_{i=1}^{5} T_i=2.000\ \text{s}$$

根据公式(1-1-6),所求摆长与周期的测量值标准误差为(尾数只进不舍)

$$\sigma_l=\sqrt{\frac{1}{5-1}\sum_{i=1}^{5}(l_i-100.20\ \text{cm})^2}=\sqrt{\frac{0.016}{4}}\ \text{cm}=0.07\ \text{cm}$$

$$\sigma_T=\sqrt{\frac{1}{5-1}\sum_{i=1}^{5}(T_i-2.000\ \text{s})^2}=\sqrt{\frac{0.000\ 034}{4}}\ \text{s}=0.003\ \text{s}$$

根据公式(1-1-7)求得算术平均值 $\bar{l}$ 和 $\bar{T}$ 的标准误差为(尾数只进不舍)

$$\sigma_{\bar{l}}=\frac{\sigma_l}{\sqrt{n}}=\frac{0.07}{\sqrt{5}}\ \text{cm}=0.04\ \text{cm}$$

$$\sigma_{\bar{T}}=\frac{\sigma_T}{\sqrt{n}}=\frac{0.003}{\sqrt{5}}\ \text{s}=0.002\ \text{s}$$

【用随机误差表示测量结果】

对一组直接测得量数据,以近真值 $\bar{x}$ 为其测量结果的最佳值,在测量中系统误差已消除或已减至最小的前提下,测量结果的误差就可以用标准误差表示,因此,测量结果可表示为下面的形式:

$$x=\bar{x}\pm\sigma_{\bar{x}} \tag{1-1-8}$$

需要特别指出的是,式(1-1-8)所给出的是一个数值区间,其物理意义是:由统计学的观点来看,它表示被测量的真值出现在$[\bar{x}-\sigma_{\bar{x}},\bar{x}+\sigma_{\bar{x}}]$区域的概率为 68.3%.认为真值一定是在区间$[\bar{x}-\sigma_{\bar{x}},\bar{x}+\sigma_{\bar{x}}]$内,或者认为真值或是 $\bar{x}-\sigma_{\bar{x}}$,或是 $\bar{x}+\sigma_{\bar{x}}$,都是错误的.

例 1 中的测量结果可表示为

$$l=(100.20\pm0.04)\ \text{cm}$$

$$T=(2.000\pm 0.002)\ \mathrm{s}$$

式(1-1-8)是以绝对误差形式表示的测量结果，根据式(1-1-2)，测量结果也可用相对误差形式表示，并用百分数表示，即

$$E=\frac{\sigma_{\bar{x}}}{\bar{x}}\times 100\% \tag{1-1-9}$$

例 1 以相对误差形式的测量结果表示为

$$E_l=\frac{0.04}{100.20}=0.04\%$$

$$E_T=\frac{0.002}{2.000}=0.1\%$$

或者测量结果可以表示为

$$l=100.20\times(1\pm 0.04\%)\ \mathrm{cm}$$

$$T=2.000\times(1\pm 0.1\%)\ \mathrm{s}$$

绝对误差和相对误差都是一个含有误差的估算值，在测量次数较小的情况下，只保留一位有效数字即可.

【百分误差】

在物理实验中，某些待测量有公认值或理论值，这时可将测量结果与其公认值或理论值比较，并同样用百分数的形式表示测量结果的优劣，即

$$A=\frac{|\bar{x}-x_0|}{x_0}\times 100\% \tag{1-1-10}$$

式中 x_0 是公认值或理论值，A 称为百分误差.

【测量的准确度和精密度】

在物理实验中，常用“准确度”“精密度”来定性地评价测量结果的好与坏.这两个概念的含义不同，使用时应注意它们的区别.

测量准确度（也叫正确度）是指测量值与真值符合的程度.测量准确度高，即测量数据的平均值接近真值的程度好，说明系统误差较小.但数据平均值接近真值，测量数据并不一定也集中，完全有可能这时的测量重复性很差，数据相当分散.因此准确度只反映系统误差的大小，而不能确定随机误差的情况.

测量的精密度简称为测量精度，是指重复测量所得结果相互接近的程度.测量精密度高，即测量数据比较集中；测量的重复性好，说明测量随机误差小.但数据是否接近真值并不明确，也即系统误差的情况不明，所以可用测量精密度反映随机误差的大小.

我们以打靶为例说明两者的意义和区别.

在图 1-1-2 中，图(a)虽然弹着点比较分散，但各击中点总的平均位置距离靶心较近，所以，表示的是系统误差较小，即准确度较高；图(b)弹着点比较集中，重复性好，说明随机误差较小，即精密度较高，但其各击中点均偏离靶心较远，说明系统误差较大(准确度差)；图(c)的弹着点不但集中，而且都比较接近靶心，说明其准确度与精密度均较高.

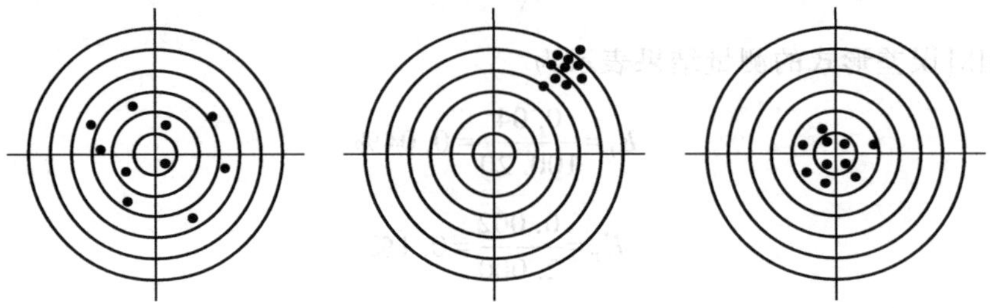

(a)　　(b)　　(c)

图 1-1-2

随着现代科学技术的发展，测量的准确度与精密度在不断提高.但正如前面所述，任何测量都不可能避免误差，测量的准确度和精密度的提高也不可能是无限的.我们的目的是在承认存在误差的前提下，设法将误差控制在实际需要的范围内，并通过数学处理的方式评定误差的大小.

第二节　不确定度的基本概念

随着现代化计量学的发展和进步,误差理论体系愈加趋于成熟和完善.不过,误差是一个理想的概念.因为误差定义为测量结果与待测量真值的差值,由于真值不可确知,所以任何一个确切的误差同样是不可确知的.如果用根本无法确知的量去评价测量质量,显然是不合适的.因此,为了准确地表述测量结果的可信程度,1980 年国际计量局提出了关于实验采用不确定度的建议和规定.

【不确定度】

不确定度是一定量描述测量结果的指标,通俗地讲,由于测量误差的存在而对被测量值不能确定的程度就称为不确定度.依照国际标准中的定义,不确定度是表征合理地赋予被测量之值的分散性,与测量结果相联系的参数.具体说来,由于测量结果具有分散性,考虑到测量过程中各种因素的影响,我们可用一个恰当的参数来表述测量结果的分散性,这个参数就是不确定度.不确定度反映了可能存在的误差分布范围,即随机误差分量和未定系统误差的联合分布范围.因此,不确定度能够对测量结果的准确程度作出科学合理的评价.不确定度越小,表示测量结果与真值越接近,测量结果也越可信.

不确定度来源于测量过程中种种不能确定因素的影响,如测量的方法、仪器、人员、环境、对象等.从测量数据的性质来看,测量数据可分为两类.一类是符合统计规律的,如重复多次测量所得的数据;另一类是不符合统计规律的,如只能或只需一次测量的数据.据此,不确定度分为两类分量:一类是多次测量时用统计分析方法估算的不确定度分量,称为统计不确定度(也称 A 类不确定度或 A 类分量),表示为 Δ_A;另一类是用非统计分析的方法估计的不确定度分量,称为非统计不确定度(也称 B 类不确定度或 B 类分量),表示为 Δ_B.下面具体介绍这两类不确定度的估算方法.

1. 统计不确定度的估算

在进行无限次测量时,测量误差服从正态分布,而实际测量中,由于直接测量次数只能是有限次的,这时误差不完全服从正态分布规律,因而对误差的估算,也就是其统计不确定度 Δ_A 需由贝塞尔公式乘以因子 $t_P/\sqrt{n}$ 求得,即

$$\Delta_A = t_P\sigma_x/\sqrt{n} = t_P\sqrt{\frac{\sum_{i=1}^{n}(x_i-\bar{x})^2}{n(n-1)}} \tag{1-2-1}$$

式中 t_P 是与一定置信概率 P 以及测量次数 n 相联系的常数,称为置信因子.对不同测量次数 n 及置信概率 P,置信因子 t_P 的值可由表 1-2-1 查得.

表 1-2-1 置信因子 t_P 的数值

测量次数 n	2	3	4	5	6	7	8	9	10	11	20	30	∞
$t_P(P=0.683)$	1.84	1.32	1.20	1.14	1.11	1.09	1.08	1.07	1.06	1.05	1.03	1.02	1.00
$t_P(P=0.95)$	12.7	4.30	3.18	2.78	2.57	2.45	2.36	2.31	2.26	2.23	2.09	2.05	1.96
$t_P(P=0.99)$	63.7	9.93	5.84	4.60	4.03	3.71	3.50	3.36	3.25	3.17	2.86	2.76	2.58

在大学物理实验中，因为实验室测量条件较为稳定，在等精度有限次重复性测量的情况下，为了避免麻烦的运算过程，统计不确定度 Δ_A 的计算通常采取如下两种简化方案：

(1) 国际标准推荐方案：取置信概率 $P=0.683$，在 $n\geqslant 6$ 的等精度测量条件下，$t_P\approx 1$（见表 1-2-1），则统计不确定度 Δ_A 为

$$\Delta_A=\sqrt{\frac{1}{n(n-1)}\sum_{i=1}^{n}(x_i-\bar{x})^2} \tag{1-2-2}$$

(2) 国家标准推荐方案：取置信概率 $P=0.95$，在 $6\leqslant n\leqslant 10$ 的等精度测量条件下，$t_P/\sqrt{n}\approx 1$（$t_P/\sqrt{n}$ 近似值见表 1-2-2），则统计不确定度 Δ_A 为

$$\Delta_A=\sqrt{\frac{1}{n-1}\sum_{i=1}^{n}(x_i-\bar{x})^2} \tag{1-2-3}$$

表 1-2-2 $P=0.95$ 时，$t_P/\sqrt{n}$ 的数值

n	2	3	4	5	6	7	8	9	10	15	20	∞
$t_P/\sqrt{n}$	8.98	2.48	1.59	1.24	1.05	0.93	0.84	0.77	0.72	0.55	0.47	$1.96/\sqrt{n}$
近似值	9.0	2.5	1.6	1.2	$6\leqslant n\leqslant 10$，$t_P/\sqrt{n}\approx 1$					$n>10$，$t_P/\sqrt{n}\approx 2/\sqrt{n}$		

在国家标准推荐方案中（$P=0.95$，$6\leqslant n\leqslant 10$），统计不确定度 Δ_A 的估算公式与贝塞尔公式相同，即 $\Delta_A=\sigma$.在本书中，统计不确定度 Δ_A 统一采用国家标准推荐方案进行估算.

2. 非统计不确定度的估算

非统计不确定度用符号 Δ_B 表示，它是指测量中凡不符合统计规律的不确定度.例如用米尺进行长度的单次测量时，因米尺最小分格 1/10～1/5 不可能读准确，由此必然产生不确定成分.不仅单次测量会产生非统计不确定度，任何重复性测量中的每一次测量，也都会因为测量仪器结构、制造与使用精度等种种不完善因素而产生不确定成分.除此之外，实验的方法、原理、环境，包括实验人员自身等诸多因素也都会产生不确定成分，这些不确定成分均属于非统计不确定度.

非统计不确定度的存在会影响测量结果的准确性，特别是在精密测量过程中，因为这时的统计不确定度已被控制得很小，所以非统计不确定度将主要决定测量结果的准确程度.不过，发现和分析不确定度的来源，既涉及较深的数学和误差理论知识，又需要实验者具备丰富的科学实验经验.因此，为了简便起见，大学物理实验中仅考虑由仪器误差产生的非统计不确定度.

参照国家标准规定，在直接测量过程中，若计量仪表、器具的仪器最大误差（也称为仪器的最大允差或允许误差限）为 Δ_{ins}，同时在不考虑仪器误差概率分布的条件下，则由仪器引起的非统计不确定度为

$$\Delta_B = \Delta_{ins} \tag{1-2-4}$$

【仪器的最大误差】

仪器的最大误差（最大允差）也就是所说的仪器基本误差或示值误差，通常用符号 Δ_{ins} 表示.它是指在规定的条件下正确使用仪器时，测量所得结果和被测量值之间可能产生的最大误差.Δ_{ins} 产生的原因较多，包括仪器结构上和制造技术上的不完善，还有仪表面盘分度不准确、活动部分的机械摩擦、表针游丝弹性不均匀或游丝老化、磁铁磁场不均匀等因素的影响.仪器的最大误差通常由生产厂家和计量机构经过检定后给出.一般而言，Δ_{ins} 为仪器最小刻度所对应的物理量的数量级，通常注明在仪器出厂的质量鉴定书、校准证书或仪器铭牌上.某些常用实验仪器的最大误差如表 1-2-3 所示.

表 1-2-3　某些常用实验仪器的最大误差

仪器名称	量程	最小分度值	最大误差
钢直尺	0~300 mm	1 mm	0.1 mm
	300~500 mm	1 mm	0.15 mm
钢卷尺	0~1 m	1 mm	0.8 mm
	0~2 m	1 mm	1.2 mm
游标卡尺（10 分尺）	0~300 mm	0.10 mm	0.10 mm
游标卡尺（20 分尺）	0~300 mm	0.05 mm	0.05 mm
游标卡尺（50 分尺）	0~300 mm	0.02 mm	0.02 mm
螺旋测微器（零级）	0~100 mm	0.01 mm	0.002 mm
螺旋测微器（一级）	0~100 mm	0.01 mm	0.004 mm
七级物理天平	500 g	0.05 g	0.08 g（接近满量程） 0.06 g（1/2 量程附近） 0.04 g（1/3 量程及以下）
三级分析天平	200 g	0.1 mg	1.3 mg（接近满量程） 1.0 mg（1/2 量程附近） 0.7 mg（1/3 量程及以下）
普通温度计	100 ℃	1 ℃	1 ℃
精密温度计	100 ℃	0.1 ℃	0.2 ℃

对于各类电工仪表，其仪器的最大误差是以另一种形式表示的.根据国家标准规定，各类电工仪表或电工器件分为不同的准确度等级，如常用的指针式电流表、电压表分为 0.1、0.2、

0.5、1.0、1.5、2.5 和 5.0 七级，这个等级标志被标注在电表的面盘上.使用电表测量时，根据所用电表的准确度等级以及所用电表的量程就可以算得该电表的最大误差，其计算公式如下：

$$\Delta_{ins} = \pm A_{max} \times \alpha\% \tag{1-2-5}$$

式中 A_{max} 表示所用电表的量程，α 表示电表的准确度等级.比如量程为 100 mA、准确度等级为 1.5 级的电流表，其仪器的最大误差 Δ_{ins} = 100 mA×1.5% = 1.5 mA；如果同是这块电流表，改用 200 mA 的量程，则其仪器的最大误差就为 3.0 mA.可见，测量所用电表的准确度等级越高，在满足测量值小于所选量程的前提条件下，量程越小，其读值的准确度也越高.

如果测量仪器并没有明确给定仪器的最大允差，对于刻度尺或刻度盘，可取其最小刻度值的一半作为该仪器的最大误差.例如最小刻度值是 1 mm 的米尺，其 Δ_{ins} = 0.5 mm；对于没有刻度的数字式仪器，可取其末位数的一个单位作为该仪器的最大误差.例如数字毫秒计的末位数代表的单位是 0.1 ms，则其 Δ_{ins} = 0.1 ms.

某些测量过程中的测量不确定度并不一定取决于仪器，要具体情况具体分析.例如用秒表测量时间，虽然秒表的最大误差很小（假设为 0.01 s），但测量者在启动和制动秒表的两个瞬间，由生理方面的原因会各有 0.1 s 的不确定度，因此整个的测时过程应有 0.2 s 的不确定度，故这时秒表的最大误差不是 0.01 s，而是 0.2 s.

【合成不确定度】

在一个测量过程中，多次重复测量一个待测量，其被测量的真值不能肯定的误差范围既决定于不确定度的 A 类分量，又决定于不确定度的 B 类分量，因而，测量结果的总不确定度应由这两个成分共同决定，具体的计算公式如下：

$$\Delta = \sqrt{\Delta_A^2 + \Delta_B^2} \tag{1-2-6}$$

在取定 P = 0.95，测量次数 $6 \leqslant n \leqslant 10$ 情况下，可表示为

$$\Delta = \sqrt{\sigma^2 + \Delta_{ins}^2} \tag{1-2-7}$$

式中 Δ 为测量结果的总不确定度，称为合成不确定度（也叫展伸不确定度）.上式表明，合成不确定度等于统计不确定度分量 Δ_A 与非统计不确定度分量 Δ_B 的方和根（本书只讨论 A 类、B 类分量各自独立变化、互不相关的合成问题）.

在处理不确定度合成的问题中，需注意下面两种情况.① 如果实验使用仪器精度较高，测量条件较为稳定，在多次测量的情况下，Δ_B 一定很小，若 Δ_A 与 Δ_B 比较有 $\Delta_B < \frac{1}{3}\Delta_A$ 的关系，则 Δ_B 可以略去不计，其合成不确定度 $\Delta = \Delta_A$；② 如果实验仪器的精度不高，测量条件较为稳定，多次测量同一量结果相同（或相近），也就是仪器的精度已不能分辨出测量值之间的差异，或者测量并不是多次重复而是单次测量，这时一般有 $\Delta_A < \frac{1}{3}\Delta_B$，则可将 Δ_A 略去不计，其合成不确定度 $\Delta = \Delta_B$.

如果确定了合成不确定度,测量结果就可以表示为

$$x=\overline{x}\pm\Delta \tag{1-2-8}$$

它表示待测量的真值 x_0 落于区间 $[\overline{x}-\Delta,\overline{x}+\Delta]$ 内的概率为 95%.显然在置信概率一定的情况下,不确定度的范围越窄,测量结果的可靠性就越大.

例 2　用螺旋测微器测量小钢球的直径,测量 6 次的测量值分别为

$$d/\text{mm}=6.995,6.998,6.997,6.994,6.993,6.994$$

螺旋测微器的示值误差 $\Delta_{\text{ins}}=0.004\ \text{mm}$,试写出测量结果.

解　由测得的数据计算钢球直径的算术平均值为(尾数四舍六入五凑偶)

$$\overline{d}=\frac{1}{6}\sum_{i=1}^{6}d_i=\frac{1}{6}(6.995+6.998+6.997+6.994+6.993+6.994)\ \text{mm}$$

$$=6.995\ \text{mm}$$

由式(1-2-3)计算 A 类不确定度为(尾数只进不舍)

$$\Delta_{\text{A}}=\sqrt{\frac{1}{5}\sum_{i=1}^{6}(d_i-\overline{d})^2}$$

$$=\sqrt{\frac{(6.995-6.995)^2+(6.998-6.995)^2+(6.997-6.995)^2+\cdots}{5}}\ \text{mm}$$

$$=0.002\ \text{mm}$$

由式(1-2-4)得到 B 类不确定度为

$$\Delta_{\text{B}}=\Delta_{\text{ins}}=0.004\ \text{mm}$$

合成不确定度为

$$\Delta=\sqrt{\Delta_{\text{A}}^2+\Delta_{\text{B}}^2}=\sqrt{0.002^2+0.004^2}\ \text{mm}=0.004\ 5\ \text{mm}=0.005\ \text{mm}(\text{只进不舍})$$

测量结果为

$$d=(6.995\pm0.005)\ \text{mm}$$

使用螺旋测微器测量之前,需检查测微器是否有初读值.螺旋测微器这种精密仪器常常会有初读值,这是一种非统计的不确定度成分,属于已定系统误差(即绝对值和符号都确定的误差),一般可以通过算术平均值或测量值修正的方法将其对测量结果的影响消除(关于初读值的概念,详见第二章的实验 2-1).假如例 2 中给定条件:螺旋测微器的初读值为-0.003 mm,则直径的算术平均值就应为

$$d=[6.995-(-0.003)]\ \text{mm}=6.998\ \text{mm}$$

其测量结果为

$$d=(6.998\pm0.005)\ \text{mm}$$

【单次测量结果的不确定度】

在实际测量中,有时测量条件不允许进行重复多次测量;或者有些实验的测量精度要求较

低；还有某些测量仪器准确度较差，已不足以反映测量值的微小起伏，多次测量同一物理量的测量值完全相同，凡此种种情况下，都可以对待测量采取单次测量.

在单次测量中，A 类不确定度 Δ_A 是没有意义的，相当于 $\Delta_A=0$.而对于 B 类不确定度 Δ_B，大多数情况下是根据仪器的测量准确度、灵敏度、分度值的大小等具体情况来估算，一般可以根据 B 类不确定度的约定，取 $\Delta_B=\Delta_{ins}$，也就是取仪器的最大误差直接作为单次测量结果的 B 类不确定度.因为这时的 A 类不确定度并不存在，所以 Δ_{ins} 也就是单次测量结果的合成不确定度.例如螺旋测微器的最大误差 $\Delta_{ins}=0.004$ mm，若使用螺旋测微器单次测量（不考虑初读值）钢球直径为 6.995 mm，则其测量结果可写成

$$d=(6.995\pm0.004)\ \text{mm}$$

同理可知，量程为 100 mA、准确度等级为 1.5 级的电流表，其 $\Delta_{ins}=100\ \text{mA}\times1.5\%=1.5\ \text{mA}$，若使用该电流表进行单次测量，则测量结果的总不确定度就为 $\Delta=1.5$ mA.

例 3　用灵敏度为 0.1 g 的物理天平称衡物体的质量，测得值为 35.41 g.求测量结果.

解　用物理天平称衡质量，重复测量的读数往往相同，故一般只进行单次测量.由于物理天平最大误差 Δ_{ins} 为其最小分度值（灵敏度值）的一半，即 0.05 g，所以 $\Delta_A=0$，$\Delta_B=0.05$ g，也即 $\Delta=\Delta_B$.于是，得到测量结果.

$$m=(35.41\pm0.05)\ \text{g}$$

注意：单次测量的不确定度只有非统计不确定度而没有统计不确定度成分，并非意味着单次测量的不确定度 $\Delta=\Delta_B$ 要小于多次测量的不确定度 $\sqrt{\Delta_A^2+\Delta_B^2}$.这只说明两者对测量结果的估算相差不大；也并不能认为单次测量过程中不存在随机误差，只说明仪器的分辨率太低，已不足以反应微小差异，因而取 $\Delta=\Delta_B=\Delta_{ins}$ 是合理的.

【相对不确定度】

把合成不确定度 Δ 与被测量的近真值（算术平均值）$\bar{x}$ 之比称为相对不确定度，用 E 表示，即

$$E=\frac{\Delta}{\bar{x}}\times100\% \tag{1-2-9}$$

相对不确定度表示的是测量误差的不确定成分在测量值中所占的比例.

对单次测量来说，式(1-2-9)中的近真值可用测量值代替.如例 2 和例 3 中测量结果的相对不确定度分别为（尾数只进不舍）

$$E_d=\frac{\Delta_d}{\bar{d}}=\frac{0.005}{6.995}=0.08\%$$

$$E_m=\frac{\Delta_m}{m}=\frac{0.05}{35.41}=0.15\%（或\ 0.2\%）$$

第三节　间接测量的不确定度

间接测量值都是通过一定函数关系由各直接测量值得到的，由于各直接测量值都存在不确定度，所以间接测量值必然也会有不确定度，这就叫做不确定度的传递.在这一节中，我们将讨论如何由直接测得量得到间接测量结果，如何由直接测量不确定度得到间接测量结果的总不确定度的问题.

【函数的不确定度】

直接测量不确定度对间接测量结果的影响可由相应的数学函数关系计算出来.设间接测得量为 N，各直接测得量为 $x,y,\cdots$，其函数关系为

$$N=f(x,y,\cdots) \tag{1-3-1}$$

对这一函数求微分，有

$$\mathrm{d}N=\frac{\partial f}{\partial x}\mathrm{d}x+\frac{\partial f}{\partial y}\mathrm{d}y+\cdots$$

上式表示，当 $x,y,\cdots$ 有微小变化 $\mathrm{d}x,\mathrm{d}y,\cdots$ 时，N 也将发生相应的改变 $\mathrm{d}N$.因为不确定度远小于测量值，所以就把微小变量 $\mathrm{d}x,\mathrm{d}y,\cdots$ 和 $\mathrm{d}N$ 视为不确定度，故上式可表示为

$$\Delta_N=\frac{\partial f}{\partial x}\Delta_x+\frac{\partial f}{\partial y}\Delta_y+\cdots \tag{1-3-2}$$

式中 $\Delta_x,\Delta_y,\cdots$ 代表某一次测量中各直接测得量的不确定度，Δ_N 代表相应的间接测得量的不确定度(常称为合成不确定度).

若在物理实验中，对各直接待测物理量 $x,y,\cdots$ 进行 n 次测量，其测量结果分别为

$$x=\bar{x}\pm\Delta_x$$

$$y=\bar{y}\pm\Delta_y$$

…………

则由式(1-3-1)可得间接测得量 N 的近真值为

$$\bar{N}=f(\bar{x},\bar{y},\cdots) \tag{1-3-3}$$

将不确定度传递公式(1-3-2)的各项求“方和根”，得到间接测得量的合成不确定度为

$$\Delta_N=\sqrt{\left(\frac{\partial f}{\partial x}\right)^2\Delta_x^2+\left(\frac{\partial f}{\partial y}\right)^2\Delta_y^2+\cdots} \tag{1-3-4}$$

式(1-3-4)表明，间接测得量 N 的总不确定度 Δ_N 等于各直接测得量合成不确定度与相应偏导数乘积的方和根.

为了得到间接测得量的相对不确定度，较为简便的做法是先把函数式两边同时取自然对数，然后再对函数取全微分，得到相对不确定度为 E_N，即

$$E_N=\frac{\Delta_N}{\overline{N}}=\sqrt{\left(\frac{\partial \ln f}{\partial x}\right)^2\Delta_x^2+\left(\frac{\partial \ln f}{\partial y}\right)^2\Delta_y^2+\cdots} \tag{1-3-5}$$

由此得到一些常见函数的不确定度传递公式，如表 1-3-1 所示.

表 1-3-1 常见函数的不确定度传递公式表

函数关系 $N=f(x,y,z)$	不确定度传递公式
$N=x\pm y$	$\Delta_N=\sqrt{\Delta_x^2+\Delta_y^2}$
$N=x\cdot y$ $N=x/y$	$\frac{\Delta_N}{\overline{N}}=\sqrt{\left(\frac{\Delta_x}{\overline{x}}\right)^2+\left(\frac{\Delta_y}{\overline{y}}\right)^2}$
$N=kx$	$\Delta_N=k\Delta_x$, $\frac{\Delta_N}{\overline{N}}=\frac{\Delta_x}{\overline{x}}$
$N=x^k$	$\frac{\Delta_N}{\overline{N}}=k\frac{\Delta_x}{\overline{x}}$
$N=\sqrt[k]{x}$	$\frac{\Delta_N}{\overline{N}}=\frac{\Delta_x}{k\overline{x}}$
$N=\ln x$	$\Delta_N=\frac{\Delta_x}{\overline{x}}$
$N=\sin x$	$\Delta_N=\lvert\cos x\rvert\Delta_x$
$N=\frac{x^k\cdot y^m}{z^n}$	$\frac{\Delta_N}{N}=\sqrt{k^2\left(\frac{\Delta_x}{\overline{x}}\right)^2+m^2\left(\frac{\Delta_y}{\overline{y}}\right)^2+n^2\left(\frac{\Delta_z}{\overline{z}}\right)^2}$

得到间接测量的不确定度，间接测量的结果可以表示为

$$N=\overline{N}\pm\Delta_N \tag{1-3-6}$$

例 4 已测得两电阻 $R_1=(50.2\pm0.3)\ \Omega$，$R_2=(149.8\pm0.8)\ \Omega$，求把它们串联后的总电阻 R 和合成不确定度 Δ_R.

解 串联后的总电阻阻值为

$$\overline{R}=\overline{R_1}+\overline{R_2}=(50.2+149.8)\ \Omega=200.0\ \Omega$$

根据式(1-3-4)得合成不确定度为(尾数只进不舍)

$$\Delta_R=\sqrt{\left(\frac{\partial R}{\partial R_1}\right)^2\Delta_{R_1}^2+\left(\frac{\partial R}{\partial R_2}\right)^2\Delta_{R_2}^2}=\sqrt{\Delta_{R_1}^2+\Delta_{R_2}^2}$$

$$=\sqrt{0.3^2+0.8^2}\ \Omega=0.9\ \Omega$$

根据式(1-3-5)得相对不确定度

$$E_R=\frac{\Delta_R}{\overline{R}}=\frac{0.9}{200.0}\times 100\%=0.5\%$$

测量结果为

$$R=(200.0\pm 0.9)\ \Omega$$

例 5 测量金属空心圆柱体的内径 $D_1=(2.880\pm 0.004)$ cm,外径 $D_2=(3.600\pm 0.004)$ cm,厚度 $h=(1.575\pm 0.004)$ cm,求金属体积 V 的测量结果.

解 空心圆柱体积公式为 $V=\frac{\pi}{4}h(D_2^2-D_1^2)$,把内径 D_1、外径 D_2、厚度 h 的近真值代入体积公式,得体积的近真值为

$$\begin{aligned}\overline{V}&=\frac{\pi}{4}\overline{h}(\overline{D_2}^2-\overline{D_1}^2)\\&=\frac{3.1416}{4}\times 1.575\times(3.600^2-2.880^2)\ \mathrm{cm}^3\\&=5.771\ \mathrm{cm}^3\end{aligned}$$

先将体积公式两边同取自然对数,再求全微分

$$\ln V=\ln\frac{\pi}{4}+\ln h+\ln(D_2^2-D_1^2)$$

$$\frac{\mathrm{d}V}{V}=\frac{\mathrm{d}h}{h}+\frac{2D_2\mathrm{d}D_2-2D_1\mathrm{d}D_1}{D_2^2-D_1^2}$$

将微分号 d 用不确定度符号 Δ 代替,得相对不确定度

$$\begin{aligned}E_V&=\frac{\Delta_V}{\overline{V}}=\sqrt{\left(\frac{\Delta_h}{\overline{h}}\right)^2+\left(\frac{2\overline{D_2}\Delta_{D_2}}{\overline{D_2}^2-\overline{D_1}^2}\right)^2+\left(\frac{2\overline{D_1}\Delta_{D_1}}{\overline{D_2}^2-\overline{D_1}^2}\right)^2}\\&=\sqrt{\left(\frac{0.004}{1.575}\right)^2+\left(\frac{2\times 3.600\times 0.004}{3.600^2-2.880^2}\right)^2+\left(\frac{2\times 2.880\times 0.004}{3.600^2-2.880^2}\right)^2}\\&=0.00831\end{aligned}$$

体积的合成不确定度为

$$\Delta_V=\overline{V}\cdot E_V=5.771\times 0.00831\ \mathrm{cm}^3=0.05\ \mathrm{cm}^3$$

空心圆柱体积的测量结果为

$$V=(5.77\pm 0.05)\ \mathrm{cm}^3$$

总体积 $\overline{V}=5.771\ \mathrm{cm}^3$,但由于 $\Delta_V=0.05\ \mathrm{cm}^3$,为与不确定度的位数取齐,必须将 $\overline{V}$ 的最末位数字“1”舍去,故为 5.77 cm^3(有效数字尾数取舍法则参阅本章第四节内容).

由以上两例可注意到:① 由于不确定度是一个误差估计,一般取两位有效数字就足够了.

为了与有效数字概念相对应，在大学物理实验中不确定度取一位有效数字即可．而测量的近真值末一位有效数字应与不确定度在同一位，也就是由不确定度决定测量近真值的末一位．对于相对不确定度原则上保留一位数，考虑勿使尾数取舍造成偏差过大，相对不确定度可保留两位数．② 计算间接测量的不确定度时，若函数关系仅为“和差”形式（如例 4），可以利用式（1-3-4）直接求得合成不确定度 Δ_N；若函数关系为“积商”（或积商和差混合）形式（如例 5），可利用式（1-3-5）先求出相对不确定度 E_N，再求合成不确定度 Δ_N.

例 6　某金属圆柱体，用分度值为 0.02 mm 的游标卡尺测其直径 d 和高度 h，测量数据如表 1-3-2 所示；用称量为 500 g 的物理天平测其质量 m，得 $m=152.110$ g（天平检定证书上给定称量 1/3 量程时的不确定度为 0.06 g）.求该金属的密度 ρ.

表 1-3-2　柱体直径与高度数据记录表

测量次数 i	d_i/mm	$\|d_i-\bar{d}\|$/mm	h_i/mm	$\|h_i-\bar{h}\|$/mm
1	20.40	0.038	41.22	0.014
2	20.48	0.042	41.24	0.034
3	20.40	0.038	41.20	0.006
4	20.46	0.022	41.18	0.026
5	20.44	0.002	41.18	0.026
6	20.46	0.022	41.22	0.014
7	20.46	0.022	41.20	0.006
8	20.42	0.018	41.16	0.046
9	20.44	0.002	41.26	0.054
10	20.42	0.018	41.20	0.006
平均值	$\bar{d}=20.438$ mm		$\bar{h}=41.206$ mm	

解　金属密度 ρ 的近真值为

$$\bar{\rho}=4m/(\pi\bar{d}^2\bar{h})=4\times152.110/(3.141\,6\times20.438^2\times41.206)\ \text{g}\cdot\text{mm}^{-3}$$
$$=0.011\,25\ \text{g}\cdot\text{mm}^{-3}$$

ρ 的不确定度计算过程如下：

（1）直径 d

根据式（1-2-3）计算直径 A 类不确定度 Δ_{Ad}，有

$$\Delta_{Ad}=\sqrt{\frac{1}{9}\sum_{i=1}^{10}(d_i-\bar{d})^2}=0.03\ \text{mm}$$

根据式（1-2-4）得直径 B 类不确定度 Δ_{Bd} 为

$$\Delta_{Bd}=\Delta_{ins}=0.02\ \text{mm}$$

直径 d 的合成不确定度为

$$\Delta_d=\sqrt{\Delta_{Ad}^2+\Delta_{Bd}^2}=\sqrt{0.03^2+0.02^2}\ \text{mm}=0.04\ \text{mm}$$

(2) 高度 h

同理可得高度 h 的 A 类、B 类及其合成不确定度分别为

$$\Delta_{Ah}=\sqrt{\frac{1}{9}\sum_{i=1}^{10}(h_i-\bar{h})^2}=0.03\ \text{mm}$$

$$\Delta_{Bh}=\Delta_{Bd}=0.02\ \text{mm}$$

$$\Delta_h=\sqrt{\Delta_{Ah}^2+\Delta_{Bh}^2}=\sqrt{0.03^2+0.02^2}\ \text{mm}=0.04\ \text{mm}$$

(3) 质量 m

由题给条件,质量 m 的合成不确定度为 $\Delta_m=0.06$ g,故质量 m 的直接测量结果为

$$m=(152.11\pm0.06)\ \text{g}$$

(4) 密度 ρ

根据式(1-3-5),密度 ρ 的相对不确定度为

$$E_\rho=\sqrt{\left(\frac{2\Delta_d}{\bar{d}}\right)^2+\left(\frac{\Delta_h}{\bar{h}}\right)^2+\left(\frac{\Delta_m}{m}\right)^2}=\sqrt{\left(\frac{2\times0.04}{20.438}\right)^2+\left(\frac{0.04}{41.206}\right)^2+\left(\frac{0.06}{152.11}\right)^2}$$

$$\approx0.0041$$

密度的合成不确定度为

$$\Delta\rho=E_\rho\cdot\bar{\rho}=0.0041\times0.01125\ \text{g}\cdot\text{mm}^{-3}=0.00005\ \text{g}\cdot\text{mm}^{-3}$$

测量结果为

$$\rho=(0.01125\pm0.00005)\ \text{g}\cdot\text{mm}^{-3}=(1.125\pm0.005)\times10^{-2}\ \text{g}\cdot\text{mm}^{-3}$$

例 7　在光具座上用物距像距法测凸透镜的焦距,测量时使物屏与透镜的位置固定,通过移动像屏反复测量清晰成像的位置,求透镜的焦距.光具座边刻度尺分度值为 0.1 cm,测得物屏位置和透镜位置坐标分别为 170.15 cm 和 130.03 cm,像屏位置坐标重复 6 次测量,测量值为:61.95 cm,62.00 cm,61.93 cm,61.95 cm,61.92 cm,62.00 cm.

解　焦距 f 与物距 p 及像距 p' 的函数关系为 $f=pp'/(p+p')$.由物屏和像屏位置得物距 $p=(170.15-130.03)\ \text{cm}=40.12$ cm,由像屏位置测量值得到像屏位置平均值为 61.96 cm,故得像距 $\overline{p'}=(130.03-61.96)\ \text{cm}=68.07$ cm.求得焦距 f 的近真值为

$$\bar{f}=\frac{p\overline{p'}}{p+\overline{p'}}=\frac{40.12\times68.07}{40.12+68.07}\ \text{cm}=25.24\ \text{cm}$$

由于物屏和透镜位置是固定的,所以物距 p 只进行单次测量.虽然刻度尺的分度值为 0.1 cm,即其 $\Delta_{ins}=0.05$ cm,但由于 p 的测量需在物屏和透镜两个位置处读值,故其合成不确定度由 B 类不确定度分量组成,是 2 倍的 Δ_{ins},即

$$\Delta_{Bp}=2\Delta_{ins}=0.1\ \text{cm}$$

同理，像距 p' 的 B 类不确定度 $\Delta_{Bp'}$ 与物距 p 的相同，为

$$\Delta_{Bp'}=2\Delta_{ins}=0.1\ \text{cm}$$

物距和像距的测量结果分别为

$$p=(40.1\pm0.1)\ \text{cm}$$

$$p'=(68.1\pm0.1)\ \text{cm}$$

其中 $\Delta_p=0.1\ \text{cm}$，$\Delta_{p'}=0.1\ \text{cm}$.

由式(1-3-5)得焦距 f 的相对不确定度 E_f 及其合成不确定度 Δ_f 分别为

$$E_f=\frac{\Delta_f}{\overline{f}}=\sqrt{\left[\frac{\overline{p'}\Delta_p}{p(p+\overline{p'})}\right]^2+\left[\frac{p\Delta_{p'}}{\overline{p'}(p+\overline{p'})}\right]^2}$$

$$=\sqrt{\left[\frac{68.1\times0.1}{40.1\times(40.1+68.1)}\right]^2+\left[\frac{40.1\times0.1}{68.1\times(40.1+68.1)}\right]^2}$$

$$=1.7\times10^{-3}$$

$$\Delta_f=\overline{f}\cdot E_f=25.24\times1.7\times10^{-3}\ \text{cm}=0.05\ \text{cm}$$

焦距的测量结果为

$$f=(25.24\pm0.05)\ \text{cm}$$

第四节　有效数字及其运算规则

实验中既要记录数据,又要进行数据的计算,记录时应取几位数字,运算后应保留几位数字呢?我们知道任何物理量的测量都存在误差,表示该测量值的数值都只能是一个近似数值,并具有不确定性,因而其位数是不能够随意选取的.另一方面,数值计算都有一定的近似性.这就要求数字在计算过程中既要保证测量的准确性基本不会因位数取舍、数字修约而被降低,又要避免测量的准确性因多读取或多保留毫无意义的位数而被提高.换句话说,在数据读取、运算及结果表达过程中,其计算的准确性既不必超过测量的准确性,也不能使测量准确性受到损失.

【有效数字的基本概念】

能够正确而有效地表示测量和实验结果的数字,称为有效数字.它是由从左第一个非零数字起的若干位可靠(准确)数字和一至两位欠准确或存疑的数字构成的.

例如,用毫米尺测量一个物体的长度,如图 1-4-1 所示,读出的长度为 0.028 2 m.这一数字中的 0 是用于指明小数点的位置的,它们不是有效数字.0 后的 28 是从米尺刻度上读出的,是准确数字,最后一位数 0.000 2 是从米尺上最小分度刻线之间估计出来的,故是带有一定不确定成分的欠准确数字.

在一般情况下有效数字是由多位准确数字和一位欠准确数字构成,该欠准确数字就是量仪或量具读数的最后一位数,是含有不确定成分的一位数,如上例中的 0.000 2.但也有欠准确数字是两位数的情况,如图 1-4-2 表示的是一个量程为 200 mA 的电流表,其分度值为 2 mA,读数时可以估计到分度的十分之一,即 0.2 mA.若指针指在 114~116 mA 的两条分度线之间靠近 114 mA 约十分之四格处,则应读为$\left(114+\frac{4}{10}\times 2\right)$ mA = 114.8 mA,这里的 4 和 8 两位都是估读的.

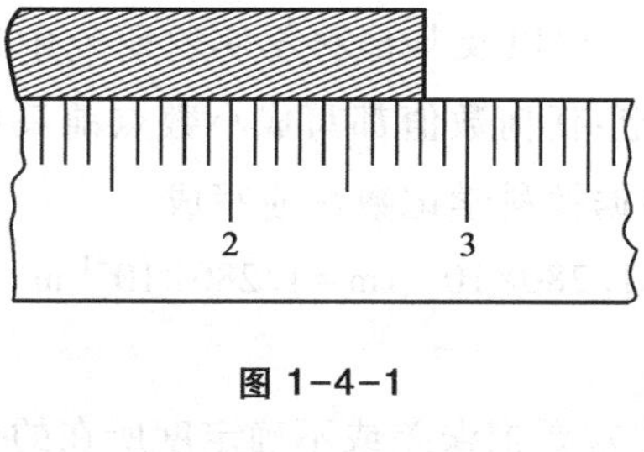

图 1-4-1

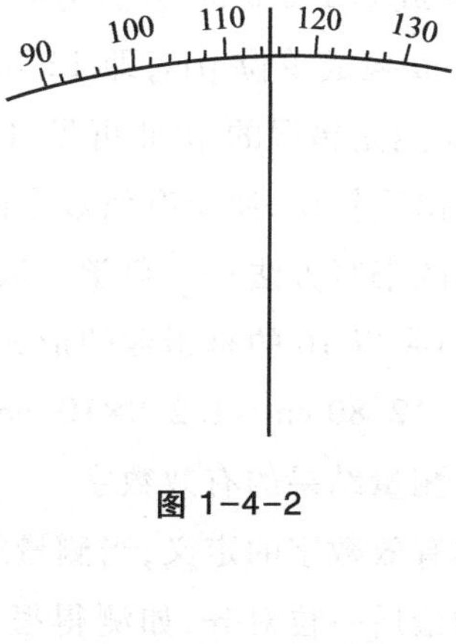

图 1-4-2

有效数字需要注意,如下几点:

(1) 决定有效数字的因素

图 1-4-1 中普通米尺读出的 0.028 2 m,只得到 3 位有效数字,欲提高测量精度,也即想

得到更多位数的有效数字,可以换用其他准确度更高的测量仪器,如用螺旋测微器测同一物体,可得到 0.028 213 m 的结果,其中 0.028 21 是可靠的,末位上的 3 是可疑数字.可见,有效数字位数的多少,不仅与被测对象自身的大小有关,还与所选用的测量仪器的准确度有关.通常情况下,仪器的准确度越高,对于同一被测对象,所得测量结果有效数字位数越多.

有效数字位数的多少,还与测量方法有关.例如,若用秒表测量单摆的周期,如只测一个周期,得到 $T=1.9$ s,而若测连续的 100 周期,则 $100T=191.2$ s,由此得到一个周期$\overline{T}=1.912$ s.可见,由于采用了不同的测量方法,测量结果的有效位数也随之变化了.

一般来说,测量结果的有效数字位数越多,其相对不确定度越小,测量也越准确.例如,(1.0 ± 0.1)有效位数是两位,相对不确定度为 10%;而(1.00 ± 0.01)有效位数是三位,相对不确定度为 1%.由此可见,两位有效数字对应于百分之几至十分之几的相对不确定度,三位有效数字对应于千分之几的相对不确定度,其余以此类推.因而在进行误差分析时,可以用误差或不确定度的大小评价测量质量,有时也可以根据有效数字的位数多少评价实验结果的优劣.

(2) 有效数字中的数字“0”

有效数字中的“0”,不同于其他九个数字.末位数的“0”和非零数字中间出现的“0”都是有效数字,如元电荷 1.602 176 6 和引力常量 6.674 08 中的“0”都是有效数字的有效成分.数字第一位非零数字前的“0”,包括小数点前出现的和小数点之后紧接着的“0”,不算作有效数字.例如,0.24、0.000 24,这里的“0”与被测量单位的选取有关,其作用只是指明小数点的位置,它自然也可以通过适当的单位变换而消除掉,所以不能算作有效数字.0.24 与 0.000 24 都只是两位有效数字.

(3) 有效数字的科学表示法

在十进制中,有效数字位数与小数点位置或单位变换无关.例如,12.80 cm 可以写成 128.0 mm 或 0.128 0 m,它们仍然是四位有效数字,小数点位置的变化并不影响有效位数.但若把单位 m 换成单位 μm,即 12.80 cm = 128 000 μm,似乎所用单位不同,而测量精度却可以提高,这显然是错误的.由此可见,因单位换算后面增加的“0”不能看作有效数字.为避免在单位换算时出现错误,便于有效数字的运算,一般物理、工程以及其他科学实验研究中通常采用一种标准的书写方法——科学记数法.这种记数法规定:任何数值都写成小数点前只留一位整数,后面再乘以 10 的幂指数的形式.例如,上述长度数据按科学记数法应写成

$$12.80\ \text{cm}=1.280\times10\ \text{cm}=1.280\times10^{2}\ \text{mm}=1.280\times10^{5}\ \mu\text{m}=1.280\times10^{-1}\ \text{m}$$

(4) 测量结果的有效数字

根据有效数字的定义,当测量结果给出误差时,通常要把误差或不确定度所在的一位与有效数字的最后一位对齐,如测得摆长 L 为 64.683 cm,不确定度或误差为 0.07 cm,则表示为 $L=(64.68\pm0.07)$ cm 而不是 $L=(64.683\pm0.07)$ cm.再如某人测得真空的光速为 299 700 $\text{km}\cdot\text{s}^{-1}$,不确定度为 3×10^{2} $\text{km}\cdot\text{s}^{-1}$,其结果为$(2.997\pm0.003)\times10^{5}$ $\text{km}\cdot\text{s}^{-1}$而不能是$(299\ 700\pm300)$ $\text{km}\cdot\text{s}^{-1}$.

只有在精密测量中，才可能会有不确定度是两位甚至三位的情况，如 $N=(6.022\ 095\ 7\pm 0.000\ 016\ 8)\times 10^{23}$.

【有效数字尾数的取舍规则】

1. 对于测量数据的尾数，由于数学常用的“四舍五入”规则是“见五就入”，导致从 1 到 9 的九个数字中，入的机会大于舍的机会，因而可能使经过舍入处理后所得数据之和大于未进行舍入处理的原始数据之和，从而引起不确定度（是一种非统计不确定度）.为了使入与舍机会均等，物理实验中一种常用规则是“四舍六入五凑偶”.即对保留数字末位之后部分的第一个数字，小于 5 则舍，大于 5 则入，等于 5 把保留数的末位凑为偶数.例如，4.25 取两位有效数字时，由于保留的末位本身就为偶数 2，故最后位的 5 舍去，得 4.2；若 4.75 取两位，则需最后位的 5 进上来，方可使保留数的末位成为偶数，即 4.8.

2. 误差或不确定度在表示测量结果时的尾数取舍规则是“只进不舍”（非零即进）.如 $\sigma=0.413\ 3$，留一位是 0.5，留两位是 0.42，留三位是 0.414.一般来说，当测量次数较少（50 次以下）时，标准误差（包括相对误差和不确定度）可取两位；当测量次数较多（100 次以上）时，或者误差（不确定度）的第一位数是 1、2 的情况下，误差或不确定度可取到三位.在教学中，因为实验时的测量次数较少，同时既要得到定量结果，又要避免数字计算过于麻烦，所以大学物理实验通常规定合成不确定度只留一位，相对不确定保留两位即可.考虑到勿使尾数取舍造成合成不确定度或相对不确定度过大，在其第一位数较小（为 1、2、3）时，不确定度均可保留两位数，如 $\sigma=0.212$，应保留为 0.22（或 0.3）；$E=2.33\%$，应保留为 2.4%或（3%）.

【有效数字的运算规则】

有效数字的运算与间接测量结果不确定度估算的问题一样，也存在着不确定度的传递.在有效数字运算过程中，为了不致因运算而引起不确定度或损失有效位数，并尽量简化运算过程，统一规定有效数字的运算规则如下.

1. 加减法运算规则.根据不确定度合成的理论，总不确定度应是大于或至少等于任一项不确定度分量.所以，加减法运算中，和或差结果的可疑数字所占位置，与参加运算的各数值中可疑数字所占位数最高的相同.

例 8　$N=A-B+C+D$，其中：$A=71.3$，$B=0.753$，$C=6.262$，$D=271$，求 N.

解　$N=71.3-0.753+6.262+271=347.809$

因为 A、B、C、D 中 D 的可疑数字所占位数最高，其最后一位是个位数，所以 N 应与 D 取齐，即取 $N=348$.这样一来，计算可以先将参算的各量保留到个位数的后一位，然后再进行计算，即

$$N=71.3-0.8+6.3+271=347.8\approx 348$$

2. 乘除法运算规则.根据乘除法的不确定度合成规律，得到乘除法的运算规则：积或商结

果的有效数字位数通常与参加运算的各项分量中有效数字位数最少的那个相同.某些情况下可以多留一位数字.

例 9 $N=\frac{ABC}{D}$,其中 $A=39.5$,$B=4.084\ 37$,$C=0.001\ 3$,$D=867.8$,求 N.

解 因为 A、B、C、D 中 C 的有效数字位数最少,是两位,则 A、B、D 可取三位参加运算,最后保留两位有效数字,即

$$N=\frac{39.5\times4.08\times0.001\ 3}{868}=2.4\times10^{-4}$$

在乘除运算中,如果积或商结果第一位数值小于有效数字最少的分量的第一位数的数值,则积或商的有效数字位数可多留一位.如将例 9 中的有效数字位数最少的量 C 改为 0.006 5,则结果就应为三位有效数字 1.21×10^{-3},而不是两位有效数字.这一规则还可以表述为:如果积或商的第一位数是 1、2、3,则可多留一位.例如:2.87÷0.264,虽然参算数都为三位,但因商值的第一位数为 1,故可保留为 4 位数字,即为 $10.87=1.087\times10^{1}$.

3. 乘方、开方等运算最后结果的有效数字,其取位与底数相同即可,例如 $(4.256)^2=18.11$,$\sqrt{4.5}=2.1$.

4. 函数运算有效数字取位规定:

对数函数:自然对数运算结果的有效数字,其小数点后面部分的位数与真数的位数相同.当真数的第一位数大于"5"时,有效数字可以多取一位.

例 10 $\lg 56.7=1.754$

$\lg 6.78=0.831\ 2$

$\lg 1\ 983=3.297\ 3$

指数函数:指数运算结果的有效数字位数与指数的小数点后的位数相同(包括小数点后的零).例如,$x=6.25$,小数点后有两位,所以 $e^x=e^{6.25}=5.2\times10^2$;$x=0.000\ 092\ 4$,小数点后有七位,则取 $e^{0.000\ 092\ 4}=1.000\ 092$.对于 10^x 的有效数字位数取法与 e^x 的取法相同.

三角函数:通常三角函数运算结果的有效数字位数由角度的有效数字决定.一般来说,当角度准确至分度时,三角函数可以取四位有效数字.另外,也可以通过改变角度值的末位数一个单位,由函数值的变化来决定三角函数值的有效数字的取位.例如,$\sin 35.58°=0.581\ 839\ 1$.其角度末位改变一个单位,有 $\sin 35.59°=0.581\ 981$,两数在小数点后第四位产生差别,因而函数应取四位有效数字,即 $\sin 35.58°=0.581\ 8$.

5. 非测量数,如常数 π、e 等,数 $\frac{1}{2}$、$\sqrt{2}$ 等,它们叫做正确数(或叫数学数).

当正确数与有效数字共同参与运算时,其有效数字的位数可根据实际情况而定,一般可比测量值多取一位数,例如计算圆面积时,$S=\pi R^2$,若半径测量值 $R=6.043$ cm,根据乘除法运算规则,π 取 3.141 6 即可.

应强调的是:在上述的各个近似计算规则中,由于具体问题所要求的准确度或采用的方法不同,可能得出具有不同位数的有效数字的结果,只要这些结果是在实验精度要求允许的范围内,都可以认为是正确的.盲目地追求计算结果的绝对准确,或者违反计算规则而无根据地取舍有效数字都是错误的.

第五节 数据处理常用方法

所谓数据处理，就是对实验数据通过必要的整理、分析和归纳计算，得到正确的实验结果.根据不同的实验内容、不同的要求及需要，可采取不同的数据处理方法.物理实验中常用的方法有列表法、作图法、逐差法和最小二乘法等，正确掌握这些方法是通过基本训练而应获得的实验能力之一.

【列表法】

在记录和处理数据时，常常需要将所得数据列表.数据表格可简单明确地表示出有关物理量之间的对应关系，便于随时检查结果是否合理，及时发现问题，避免错误，有助于从中找出规律性的联系，以便求出经验公式.

表格通常有原始数据表格和实验数据（处理）表格之分.原始数据表格一般用于预习报告中.在预习了实验内容后，它是针对被测量的物理量而设计的表格.原始数据表格可以不考虑数据的计算内容，只保证不漏记被测量的物理量即可.

实验数据表格实际上是实验数据处理的一种方法，它不仅包括测量内容，还包括各种要求的计算量、平均值等.实验数据表格的列表要求是：

(1) 写明所列表的名称.各栏目均应标注名称和单位；单位及量值的数量级应写在该符号的标题栏中，不要重复记在各个数值上.

(2) 列入表中的内容，原则是原始数据.但计算过程中一些中间结果和最后结果也可以列入表中.

(3) 栏目的顺序应充分注意数据的联系和计算的程序，力求有条理、齐全、简明.

(4) 表中所列数据是正确反映测量结果的有效数字.基本原则是：计算各量的平均值和数据处理的中间过程可以多保留一位，最后按有效数字有关规则进行取舍.

【作图法】

物理量之间的关系既可以用解析函数表示，也可用图示的方法来表示.作图法是把实验数据按其对应关系在坐标纸上描点，并绘出一条光滑的曲线，以此线揭示物理量之间对应的函数关系，求出经验公式.作图法最突出的优点是直观，同时，作图连线对数据可起到平均的作用，从而减少测量的不确定度；还可以从曲线上简便求出实验需要的某些结果，如求直线的截距、斜率等.此外，从图上既可读取没有进行观测的对应点（内插法），还可以在一定条件下从曲线延伸部分读到测量范围以外的对应点（外推法）；当被测量的函数为非线性关系时，由对应的曲线建立经验公式一般是比较困难的，不仅难以求值，也难以从曲线中判断测量结果是否正确，这时可以用作图法进行变量替换处理，使曲线改为直线，再利用建立直线方程的方法解决上述问题.如在恒温下，定质量气体压强 p 随体积 V 而变，其 $p-V$ 图为双曲线的一个分支

(图 1-5-1),若用变量$\frac{1}{V}$替换 V,得 $p-\frac{1}{V}$图(图 1-5-2),则图线就由曲线变为直线了.因此,作图法是一种被广泛用来处理实验数据的重要手段.

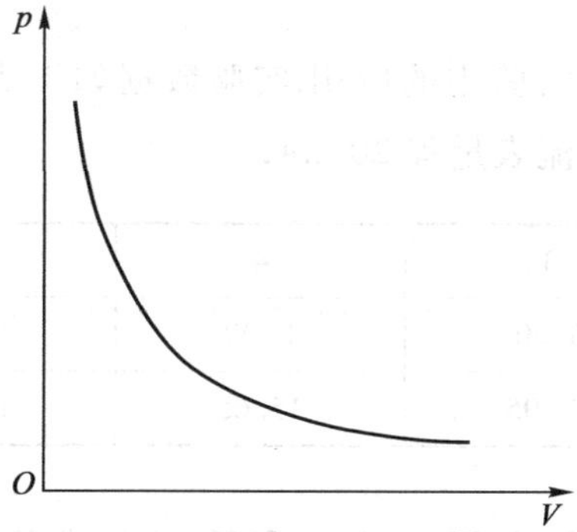

图 1-5-1

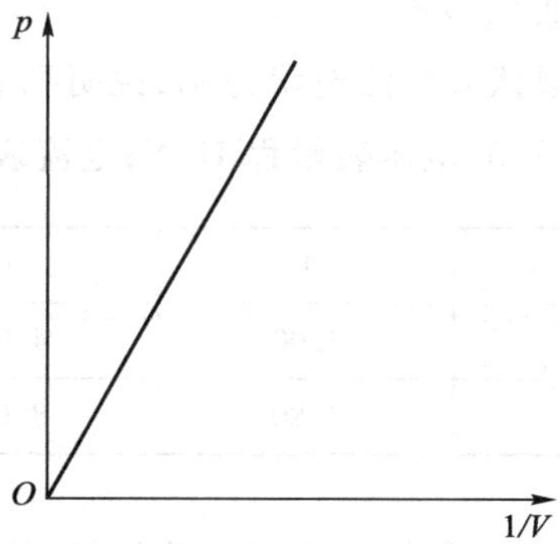

图 1-5-2

作图要求:

(1) 根据所测物理量及其变化特点而确定应选哪种坐标纸(直角坐标纸、单对数坐标纸、极坐标纸等).坐标纸大小一般根据测得数据的有效数字位数来确定.原则上应使坐标纸上的最小格,对应于有效数字可靠数字的最后一位.

(2) 画出坐标轴方向,通常横轴代表自变量,纵轴代表因变量,标明其代表的物理量或符号及单位,并写清楚图的名称.

(3) 横轴和纵轴的标度可以不同,两轴的交点也可以不是零;如果数据特别大或特别小,可以提出因子,例如提出$\times10^{m}$ 或$\times10^{-n}$,放在坐标轴物理量单位符号前面,如(10^3 kg).

(4) 依据实验数据,用削尖的硬铅笔在图上描点,并以该点为中心,用"+""×"等符号标注清楚.同一图线上的观测点要用同一种符号,不同曲线要用不同符号以示区别,并在图纸的空白位置处注明符号所代表的内容.

(5) 连点描线一般有两种方法.一种是直接将各点逐一用直线连接起来,成为一条折线,这只在仪表的校准曲线中或测量数据不够充分,导致点数过少,自变量和因变量难以确定时才用.多数情况下,物理量在一定范围内都是连续的,所绘的直线或曲线应连续且光滑匀称.当然曲线不可能穿过每个点,但应使所绘曲线穿过尽可能多的测量点,对那些严重偏离直线或曲线的个别点,应检查描点是否有误,即使该点准确无误,连线时也可以舍去不考虑,而照顾大多数的测量点.所有不在曲线上的点,应使它们均匀分布在曲线的两侧,并限定在不确定度的允许范围以内.

作图法在物理实验中是一种常用的处理手段,但它具有一定的局限性.由于图纸大小的限制,一般有效数字位数只能达到三或四位,而且图纸本身分度的均匀性、准确性有限,图纸上难免产生相当大的主观任意性.常常不同人用同一组测量数据作图,可得不同的结果.此外,作图法只适于单变量函数关系，多变量函数无法作图.因此，作图法不是建立在严格统计理论基础上的数据处理方法，通常情况下，也并不根据图线来计算测量误差或不确定度.尽管如此，一张精良的图纸仍然胜过文字叙述，所以，作图法仍不失为一种有效手段，只要可能，实验的结果就应表示为曲线形式.

下面以伏安法测电阻为例，说明列表和作图法在实验中的应用.实验数据如下表所示，电压表等级：2.5，电压表量程 10 V；电流表等级：2.5，电流表量程 20 mA.

n	1	2	3	4	5
U/V	2.00	4.00	6.00	8.00	10.00
I/mA	3.80	8.00	12.05	15.65	19.00

以电压 U 为横轴、电流 I 为纵轴，描点作 $I-U$ 曲线，如图 1-5-3 所示，由该曲线进一步得到I 与 U 的函数关系.设其直线方程为 $I=a+bU$，解得其斜率 b 和截距 a 分别为

$$b=\frac{I_2-I_1}{U_2-U_1} \quad (1-5-1)$$

$$a=\frac{U_2I_1-U_1I_2}{U_2-U_1} \quad (1-5-2)$$

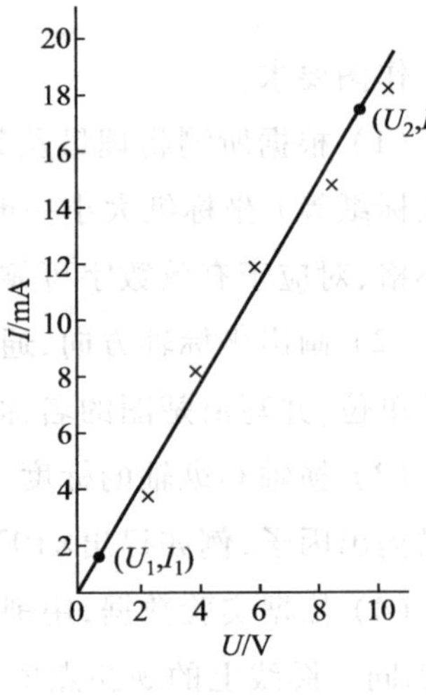

图 1-5-3

式中 (U_1,I_1) 和 (U_2,I_2) 对应的是直线上两个坐标点.为减少不确定度，所选这两个点应尽量拉开些.如取 $U_1=1.02$ V，$I_1=2.00$ mA；$U_2=9.20$ V，$I_2=18.00$ mA.将这两个坐标值代入式(1-5-1)和式(1-5-2)，得

$$b=\frac{(18.00-2.00)\times10^{-3}}{9.20-1.02}\ \Omega^{-1}$$

$$=1.96\times10^{-3}\ \Omega^{-1}$$

$$a=\frac{9.20\times2.00-1.02\times18.00}{9.20-1.02}\ \text{mA}$$

$$=4.89\times10^{-3}\ \text{mA}$$

$$\approx0$$

即得 $I-U$ 直线方程为

$$I=bU$$

于是，所求电阻为

$$R=\frac{U}{I}=\frac{1}{b}=510\ \Omega$$

【逐差法】

逐差法是物理实验中常用的数据处理方法之一,特别在两个被测量之间存在多项式函数关系、自变量变化引起因变量作等量变化的测量中,常常采用逐差法处理实验数据.

所谓逐差法就是将测量的数据列成表格,或者进行逐次相减(又叫逐项逐差);或者分成高、低两组进行对应项相减(又叫隔项逐差).逐项逐差有利于验证被测量之间的函数关系,而隔项逐差可以充分利用所测数据,具有对数据取平均和减少相对误差(或相对不确定度)的效果.

下面以拉伸法测金属丝弹性模量为例,具体说明逐差法的应用.拉力与金属丝伸长位置的关系以及逐差结果列表如下.

负荷/kg	伸长位置	逐项逐差	隔项逐差
0.0	$L_0=0.11\times10^{-2}$ m	$L_1-L_0=0.31\times10^{-2}$ m	$L_4-L_0=1.25\times10^{-2}$ m
0.5	$L_1=0.42\times10^{-2}$ m	$L_2-L_1=0.31\times10^{-2}$ m	
1.0	$L_2=0.73\times10^{-2}$ m	$L_3-L_2=0.31\times10^{-2}$ m	$L_5-L_1=1.22\times10^{-2}$ m
1.5	$L_3=1.04\times10^{-2}$ m	$L_4-L_3=0.32\times10^{-2}$ m	
2.0	$L_4=1.36\times10^{-2}$ m	$L_5-L_4=0.28\times10^{-2}$ m	$L_6-L_2=1.22\times10^{-2}$ m
2.5	$L_5=1.64\times10^{-2}$ m	$L_6-L_5=0.31\times10^{-2}$ m	
3.0	$L_6=1.95\times10^{-2}$ m	$L_7-L_6=0.35\times10^{-2}$ m	$L_7-L_3=1.26\times10^{-2}$ m
3.5	$L_7=2.30\times10^{-2}$ m		

从表中可看出,每项逐差的结果接近相等,说明金属丝伸长量与所加拉力呈线性变化关系.但若求出每增加 0.5 kg 负荷时金属丝的平均伸长量$\overline{\Delta L'}$,逐项逐差再求平均值,偏差一定较大,这是因为

$$\overline{\Delta L'}=\frac{1}{7}[(L_1-L_0)+(L_2-L_1)+\cdots+(L_7-L_6)]$$

$$=\frac{1}{7}(L_7-L_0)=0.313\times10^{-2}\ \mathrm{m}$$

只有始末两次测量值参与运算,相当于一次增加 3.5 kg 负荷的单次测量,因此,必将造成较大偏差.

对隔项逐差求其平均值$\overline{\Delta L}$,得

$$\overline{\Delta L}=\frac{1}{4}[(L_7-L_3)+(L_6-L_2)+(L_5-L_1)+(L_4-L_0)]$$

$$=1.24\times10^{-2}\ \mathrm{m}$$

由于全部数据都用上了，并且求得的是相当于四次间隔为 2 kg 负荷引起金属线伸长量的平均值，既保持了多次测量的优点，又减少了测量误差.

利用逐差所得结果，可以估计测量的随机误差和不确定度.如上述测量数据的标准误差为

$$\sigma_L=\sqrt{\frac{1}{12}[(L_{73}-\overline{\Delta L})^2+(L_{62}-\overline{\Delta L})^2+(L_{51}-\overline{\Delta L})^2+(L_{40}-\overline{\Delta L})^2]}$$

$$=0.011\times10^{-2}\ \mathrm{m}$$

式中 $L_{73}=L_7-L_3$，$L_{62}=L_6-L_2$，$L_{51}=L_5-L_1$，$L_{40}=L_4-L_0$.

同样得到测量的 A 类不确定度分量为

$$\Delta_{AL}=\frac{t_P}{\sqrt{n}}\sqrt{\frac{1}{3}[(L_{73}-\overline{\Delta L})^2+(L_{62}-\overline{\Delta L})^2+(L_{51}-\overline{\Delta L})^2+(L_{40}-\overline{\Delta L})^2]}$$

其中 $n=4$，根据表 1-2-1，$P=0.95$，则 $t_P=3.18$，得

$$\Delta_{AL}=0.04\times10^{-2}\ \mathrm{m}$$

逐差法运算简单，容易掌握.但要求函数必须满足多项式的形式且自变量必须是等值变化的.

【最小二乘法】

物理量之间的关系，通常可用图线或函数来表示.正如前面所谈到的，图线的优点是直观，其缺点是准确性稍差.如何才能从实验数据找到适合于观测点的测量值的最佳函数形式，也即求出经验方程呢？常用的方法是最小二乘法.运用该法所得的变量之间的函数关系称为回归方程，因而最小二乘法线性拟合亦称为最小二乘法线性回归.由于最小二乘法拟合曲线是以误差理论为依据的一种十分严格的方法，它涉及许多概率知识，且计算比较繁杂，在工科院校物理实验中只要求一般性了解，并且由于工科物理实验中常常遇到的物理量之间的函数关系是线性的（或通过变量代换可以转化为线性的），所以，这里只简单介绍如何用最小二乘法进行直线拟合（一元线性回归）的问题.

最小二乘法拟合曲线的原理是：若能够找到最佳的拟合曲线，那么这条拟合曲线和各测量值之偏差的平方和，在所有拟合曲线中应最小.

假设所研究的两个物理量 x 与 y 之间存在线性关系，其回归方程的形式为

$$y=a+bx$$

自变量 x_1、x_2、…、x_k 对应的因变量为 y_1、y_2、…、y_k.x 与 y 是等精度的测量值，x 与 y 总是有误差的.为讨论问题的简化，假定 y 的误差相对 x 的误差来说是极小的，即认为 y 是准确的，所有误差都只与 x 相关.

由于存在误差，实验点不可能完全落在由上式拟合的直线上，对于和某一个 x_i 相对应的 y_i，它与直线在 y 方向上的偏差为

$$v_i=y_i-(a+bx_i)$$

根据最小二乘法原理，所有偏差平方和应为最小，则

$$s=\sum_{i=1}^{k} v_i^2=\sum_{i=1}^{k} [y_i-(a+bx_i)]^2$$

此式中 y_i 和 x_i 是确定的数据点，它们不是变量，变量只是 a 和 b，如果确定了这两个参数，该直线也就确定了.根据求极值的条件，上式对 a 和 b 的一阶偏导为零，即得两个方程

$$\begin{cases}\dfrac{\partial s}{\partial a}=-2\sum\limits_{i=1}^{k}(y_i-a-bx_i)=0\\ \dfrac{\partial s}{\partial b}=-2\sum\limits_{i=1}^{k}(y_i-a-bx_i)x_i=0\end{cases} \tag{1-5-3}$$

整理后写成

$$\begin{cases}\overline{x}b+a=\overline{y}\\ \overline{x^2}b+\overline{x}a=\overline{xy}\end{cases} \tag{1-5-4}$$

式中

$$\overline{x}=\frac{1}{k}\sum_{i=1}^{k} x_i$$

$$\overline{x^2}=\frac{1}{k}\sum_{i=1}^{k} x_i^2$$

$$\overline{y}=\frac{1}{k}\sum_{i=1}^{k} y_i$$

$$\overline{xy}=\frac{1}{k}\sum_{i=1}^{k} x_i y_i$$

解出 a 和 b，得

$$\begin{cases}a=\overline{y}-b\overline{x}\\ b=\dfrac{\overline{x}\cdot\overline{y}-\overline{xy}}{\overline{x}^2-\overline{x^2}}\end{cases} \tag{1-5-5}$$

若式(1-5-3)表示极值最小，还需证明其二阶导数大于零(证明从略).实际上，由式(1-5-4)给出的 a 和 b 对应的 $\sum\limits_{i=1}^{k} y_i$ 确实是最小值.由此我们知道，对任何两个变量 (x,y) 的一组实验数据 (x_i,y_i) $(i=1,2,\cdots,k)$，都可按上述方法拟合一条直线，且该线必然通过 $(\overline{x},\overline{y})$ 点.当然，实际上必须当 (x,y) 之间存在线性关系时，上述的讨论才有意义.

为了检验拟合直线有无意义，在数学上引进一个叫做相关系数 r 的量，它表示为

$$r=\frac{\overline{xy}-\overline{x}\cdot\overline{y}}{[(\overline{x}^2-\overline{x^2})(\overline{y}^2-\overline{y^2})]^{\frac{1}{2}}} \tag{1-5-6}$$

r 的数值大小反映了相关程度的好坏.r 值在+1 和-1 之间，$|r|=1$，说明变量 (x,y) 完全线性相关，拟合直线通过全部观测点，即实验数据点密集地分布在求得的直线附近；$|r|$ 越接近零，x 和 y 的线性关系越差；当 $r=0$，说明 x 与 y 之间不存在线性关系，即实验数据点远离所求得的

直线，表明线性函数回归的方法并不合适.在物理实验中，一般$|r|\geqslant 0.9$时，可认为两个物理量之间存在较密切的线性关系.当$r>0$时，拟合直线的斜率为正，为正相关；$r<0$时，拟合直线的斜率为负，称为负相关.

最后用最小二乘法处理弹簧伸长量与受力关系的实验数据.实验数据记录与处理列表如下.

测量次数 i	砝码质量 x_i/g	弹簧伸长量 y_i/cm	x_iy_i/(g·cm)
1	0.00	5.97	0.000
2	0.200	7.40	1.480
3	0.400	8.83	3.532
4	0.600	10.24	6.144
5	0.800	11.64	9.312
6	1.000	12.94	12.940

$\sum x_i$/g	3.00	$\sum y_i$/cm	57.02
$\sum x_iy_i$/(g·cm)	33.408	$\bar{x}$/g	0.500
$\bar{y}$/cm	9.50	$\overline{xy}$/(g·cm)	5.57
$\sum x_i^2/g^2$	2.200	$\overline{x^2}/g^2$	0.367

设弹簧伸长量与外力 F 有如下线性关系：

$$L=\frac{1}{K}F+L_0=\frac{g}{K}m+L_0$$

对比 $y=a+bx$ 知，$g/K=b$，$L_0=a$.将上表数据代入式(1-5-5)得

$$b=\frac{\bar{x}\cdot\bar{y}-\overline{xy}}{\bar{x}^2-\overline{x^2}}=\frac{0.500\times 9.50-5.57}{0.500\ 0^2-0.367}\ \text{cm/g}=7.01\ \text{cm/g}=70.1\ \text{m/kg}$$

$$a=\bar{y}-b\bar{x}=(9.50-7.01\times 0.500)\ \text{cm}=6.00\times 10^{-2}\ \text{m}$$

$$K=\frac{g}{b}=\frac{9.81}{70.1}\ \text{N/m}=0.140\ \text{N/m}$$

因此，弹簧伸长与受力关系的最佳拟合直线方程为

$$L=\frac{F}{0.140}+0.060\ 0(\text{SI 单位})$$

以上所介绍的几种数据处理方法，是物理实验乃至科学实验和工程测量中最常见的一些方法.这些方法各有特点：列表法普遍采用于数据记录中，其特点是简单而明确，便于检查也便于减少或避免错误，易于从数据中寻找有关物理量之间的对应关系；作图法比列表法更为直观

地表示出物理量之间的变化关系,并且通过曲线可以定量求得待测物理量或得到经验方程.对于变量等间距变化的物理量,逐差法优于列表法和作图法,而且还具有对数据取平均和减小相对误差(或不确定度)的作用.逐差法虽比作图法准确,却又在客观和准确性方面劣于最小二乘法.当然最小二乘法可能在计算过程上稍显麻烦.总之,在一项具体实验中,可以根据这些方法的特点,以及根据实验的具体情况,如测量的准确度要求、实验仪器、人员技术等各方面因素予以综合考虑,选择出最佳的数据处理方法.

第六节 物理实验基本测量方法

所谓测量方法，指的是如何根据测量要求，在给定的条件下，尽可能地消除或减小系统误差以及减小随机误差，减小测量不确定度，使获得的测量值更为准确、更为可靠的方法.测量的方法及其分类方式名目繁多，如按内容来分，可分为电学量测量和非电学量测量；按数据获得方式来分，可分为直接测量和间接测量；按测量进行方式来分，可分为直读法、比较法、替代法和差值法；按被测量与时间的关系来分，可分为静态测量、动态测量和积算测量等.本章仅对最常见的几种基本测量方法进行介绍.这些测量方法不仅在物理实验，也在科学实验范围内具有普遍意义，是学习和掌握科学实验方法的重要基础.

【比较法】

比较法是将被测量进行比较而得到测量值的方法，它是物理实验中最普通、最基本的测量方法.比较法又分为直接比较法和间接比较法.

直接比较法——将待测量与同类物理量的标准量具或标准仪器进行直接比较，得出其量值(也叫直读测量法).例如，用米尺或游标卡尺测量长度，用秒表或毫秒计测量时间，用天平称衡物体的质量等，都属于直接比较.

因为无论是在教学中，还是在实际生产与科研中所使用的直接比较量具均受到制造工艺、材料、成本等因素的限制，其精度不可能做得很高，所以一般来说，直接比较法的测量精度都比较低.

间接比较法——通过一定对应关系将待测量与某种标准量进行间接比较而得出其测量值的方法.在物理实验中，有许多物理量无法进行直接比较，而利用物理量之间的函数关系、可以制成相应的测量工具进行间接比较测量.例如在惠斯通电桥法测电阻实验中，所使用的公式为$R_x=\frac{R_1}{R_2}R_0$，若在电桥平衡条件下测定 R_1 与 R_2 的比值及 R_0 的量值，即可通过比较 $R_x=\frac{R_1}{R_2}R_0$ 来确定待测电阻 R_x.由于 R_1、R_2、R_0 是精度高、稳定性好的标准量，所以间接比较法的测量结果可以达到很高精度.正是这个缘故，间接比较法在物理和科学实验中应用相当广泛.

需要说明一点，直接比较法与间接比较法并无严格的界线.比如使用电流表测电流大小，完全可以认为是通过标准仪器直接比较测得电路中的电流大小，也就是直接比较法；但也可以认为这是间接比较法的测量，因为电流表的工作原理是利用通电线圈在磁场中受到力矩而产生偏转，最终是磁力矩与指针游丝的扭力矩相平衡时，指针产生一定的偏转角，所以测量的是偏转角度.从这个意义上讲，利用电流表指针的偏转量测量电流大小正是一种间接比较的过程.实际上，所有测量都是将待测量与标准量进行比较的过程，只不过比较的形式各有不同而已.

【放大法】

实验中经常会遇见测量微小物理量的情况，由于待测量过小，以致实验者很难通过肉眼观测.此时需要用相应的仪器设备或采用某种方法将待测量放大，然后再进行测量，这种方法就是放大法.有时待测量并不很小，但为了提高测量准确度，测量时也采用放大进行测量.因此，放大法也是物理实验中经常使用的基本测量方法之一.根据放大法采用的放大原理的不同，放大法分为机械放大法、积累放大法、光学放大法和电磁（或电子）放大法等.

机械放大法——在带有毫米刻度的测杆上，加工高精度的螺纹，并配上与之相应的精制螺母套筒，套筒周界准确等分刻度，根据螺旋推进原理，套筒每转一周，测杆就前进（或后退）一个螺距，于是就将测杆沿轴线方向的微小位移转换为圆周上一点移动的较大距离.例如，若套筒的外径 D 足够大，如 $D=16$ mm，则套筒上每一分格的弧长为 1 mm.这样，当测杆移动 0.01 mm 时，套筒就会对应有 1 mm 距离的变化.物理实验仪器中，像螺旋测微器、读数显微镜等，都是利用这种机械放大原理进行精密测量的.

积累放大法——用秒表测量单摆摆动周期时，若单一周期地测量，会产生较大的相对不确定度.以单次测量为例，单摆的一个周期约为 2.00 s，测量用秒表的仪器最大误差为 0.2 s，则测量相对不确定度为 $\frac{0.2}{2.00}=10\%$.为减小不确定度，采用连续积累的测量方法，取其稳定摆动的 50~100 个周期，测量其总时间，如 100 个周期的总时间约为 200 s，秒表最大误差仍为 0.2 s，则其相对不确定度为 $\frac{0.2}{200}=0.1\%$.由此可见，在不更换测量仪器的条件下，采用连续测量的方法可大大提高测量准确度.

光学放大法——光学放大法分为视角放大和微小变量放大两种.视角放大是使被测物通过光学仪器，如测微目镜、读数显微镜等通过放大视角得到放大像，以便于观察和判别；微小变量放大是将变化较小的待测物理量进行光学放大，而后再通过测量放大了的物理量来获得本身较小的待测物理量的量值.如在灵敏电流计、冲击检流计、光电检流计中，都是利用微小变量放大的原理实现光学放大测量的.

电磁放大法——若对微弱电信号，如电流、电压、电功率等进行观测，为使观察现象明显，使测量准确度提高，必须对这些微弱信号作放大处理，这就叫做电磁（或电子）放大法.对于某些非电学量，若能将其转换成电学量，也可以采取电磁放大进行测量.

【转换法】

对于某些难以用仪器、仪表直接测量的物理量，可以根据物理量之间的定量关系和各种效应，将不易测量的待测物理量转换为容易测量的物理量，再利用这个物理量测量值反求出待测物理量，这种方法就叫转换测量法，简称为转换法.转换法通常分为参量换测法和能量换测法.

参量换测法——利用物理量之间的某种变换关系,以得到某一物理量的测量结果,这就是参量换测法.物理实验中的间接测量都属于参量换测,所以这一测量方法贯穿于整个物理实验过程,实验仪器和测量仪表的结构原理也都运用了这一方法.

参量换测法还有一个特点,即这种测量方法可将某个(或多个)不能测量的量转换为可测的量.如在物体密度测量的实验中,物体密度的定义为$\rho=\frac{m}{V}$,式中物体质量 m 可以利用天平直接测出,而式中物体体积 V 一般无法直接测量,特别是若待测物的形状非规则,其体积 V 根本就不能直接测得.在这种情况下,需利用阿基米德原理,将待测物置于水中,测出待测物实际重量 W_1 和待测物完全没入水中的重量 W_2,两者之差为待测物在水中所受的浮力的量值,该值为 $\rho' Vg$,则

$$W_1-W_2=\rho' Vg$$

也就是

$$\rho=\frac{W_1}{W_1-W_2}\rho'=\frac{m_1}{m_1-m_2}\rho'$$

式中的 ρ' 为室温下水的密度值,m_1 和 m_2 分别为待测物在空气中和完全没入水中时由物理天平测得的质量值.由此可见,采用参量换测法,可将不可测的体积参量 V 转换为可测的参量 m_1 和 m_2.

能量换测法——利用能量守恒定律及能量具体形式上的相互转化规律,使物理量之间建立相应的等式关系,从而实现对某一物理量的测量,如机械量、热学量、声学量、光学量等,这些量即便是能够检测,也难以放大、处理和传输,难以实现高准确度的测量.而电磁学测量具有测量准确度高、反应速度快,既易于检测,也易于处理和传输等特点,所以常常把对非电学量的测量转换成对电学量(如电流、电压、电阻、电容、电感)的测量,这时的转换基本上都属于能量换测,利用一种叫做传感器的转换装置,将非电学量转换成为电学量予以测量.图 1-6-1 所示的是一种测力装置.将金属丝或金属箔弯曲成栅状的敏感栅片,用黏合剂贴在纸质或玻璃纤维布的基底上,覆盖保护层后用两根引线将其与测量电路相连.

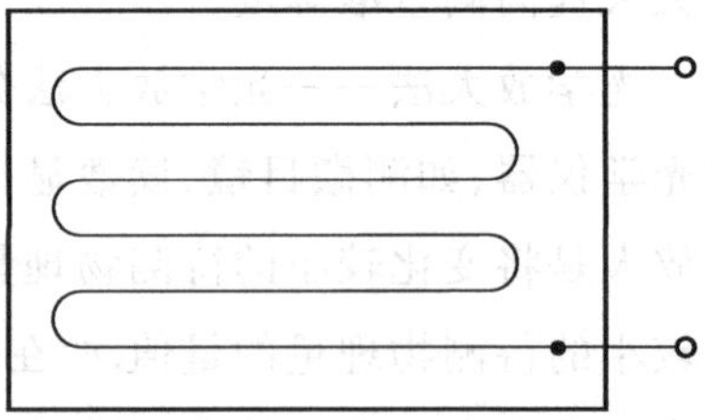

图 1-6-1

在实际测量中,是把敏感栅片牢固地固定在被测物上.当外力作用于被测物时,物体发生形变,敏感栅片随之发生形变.外力大小不同,形变大小也不同,这一形变引起敏感栅片电阻的变化.于是,或利用对电阻变化值的测量,或将阻值变化转换成电流、电压的变化,通过对电流、电压的测量,即可确定待测物所受作用力的大小,其测量系统组成如图 1-6-2 所示,被测量是力,作为传感器的敏感栅片将其转换为对电阻(电流和电压,也就是电能)的测量.

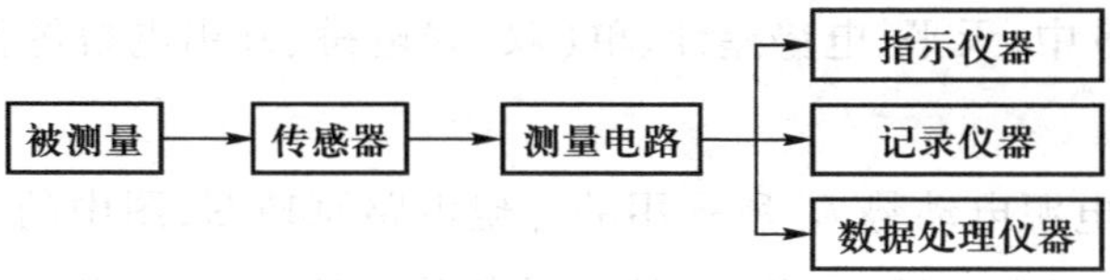

图 1-6-2

【模拟法】

所谓模拟法，就是指运用相似理论人为地制造一个类同于研究对象的物理过程或现象的模型来进行科学研究的一种实验方法.

在探求物质的自然规律或解决工程技术问题时，常常会遇到难以对研究对象进行直接研究或实地测量的情况，这时可避开研究自然现象或物理过程的本身，而用与这些自然现象或物理过程相似的模型来进行研究和测量，这种用对模型的测试代替对实际对象的测试方法就是模拟法.模拟法分为物理模拟和数学模拟两种方法.

物理模拟法——指模拟量和被模拟量保持同一物理本质的模拟方法.例如，利用“风洞”（高速气流装置）中的飞机模型模拟实际飞机在空中飞行的情况，便可以较短的时间、较方便的空间、较低的费用获得研究实际飞机飞行所需要的各种可靠的实验数据.

数学模拟法——指把两个不同本质的物理现象或过程，用同一个数学方程进行描述的模拟方法.例如，用电场强度分布或电势分布研究静电场的问题，如果对静电场进行直接测量，由于测量仪器的任何部件进入静电场中都将因感应电荷的出现而造成被测电场原始分布状态的变化，所以直接测量静电场的电场强度或电势是不可能的.为此，采用测量恒定电流场来代替静电场.实际上静电场与恒定电流场是本质不同的两个物理概念，但根据两者具有相同的数学方程式，因而决定它们具有相似的分布性质，这样就可以通过研究较容易测量的恒定电流场，而避开对不易测量的静电场的研究，并最终得到静电场的分布特性.

随着电子计算机技术的不断发展和广泛应用，利用计算机进行物理实验模拟研究，既方便、快捷、形象，还可以预测实验的可能结果；通过各种条件（参量）的调整、变化，可以选择实验的最佳条件和设计最佳方案，而且计算机还能将数学和物理模拟有效地结合起来，使模拟法的优势充分显示出来.模拟法在一些特殊行业，如地下矿物勘探、电真空器件设计、水电建设、海洋研究等方面应用甚广.当然模拟法也有很大局限性，虽然它能够解决可测性问题，但并不能提高测量的准确度.

【补偿法】

补偿（测量）法是利用已知物理量去抵消或补偿被测物理量，最后通过已知量与被测物理量的比较而进行测量的方法.该方法常常需要调节测量系统，在系统达到平衡后将待测量与系统中一个或多个标准量进行比较而获得结果，故这种方法也称为平衡法.补偿测量法常用于测量实验和工程参量测量中，天平、电势差计、单（双）臂电桥、万用电桥等都是典型的补偿法（平衡法）测量仪器.

图 1-6-3 是测量电源电动势 E_x 所采用的补偿电路原理图，图中的 E_0 为标准电源的电动势，其值已知且可调.接通电路后，调节 E_0 的电动势使检流计 G 的指针准确指零.只要检流计的灵敏度足够高，就可以保证 $E_x=E_0$，称为两个电源的电动势相互补偿，电路处于补偿状态.此时就可由已知的标准电源的电动势 E_0 求得未知的电源电动势 E_x.

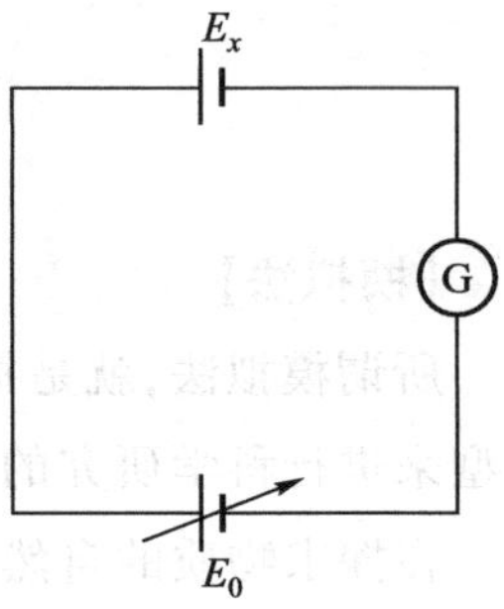

图 1-6-3

补偿法通常需要指零装置，用以显示待测量与补偿量比较的结果.由于指零装置的灵敏度可以做得很高，比较用的“标准量”（如砝码、标准电阻等）的精度同样很高，因而保证比较测量是高精度的.如物理天平测量的不确定度在几十毫克，分析天平测量的不确定度更小，它们比普通杆秤测量质量精密得多；又如单臂电桥测中值电阻比电表类仪器测量电阻的相对不确定度要小得多.通过平衡指示器指零作为比较的依据，其比较的方法分为零示和差示两种.零示被称为完全补偿，差示被称为不完全补偿.

以上分别介绍了几种常用的实验测量方法，在一个具体的物理实验或科学实验中，还有许多其他的测量方法，而且在一个工程技术实践过程中，往往是各种方法的综合运用.因此，只有对物理实验的各种基本测量方法都有所了解并熟悉，方能在未来的实际工作中做到熟中生巧，游刃有余.

第七节 物理实验最佳方案选择

一旦实验题目确定下来，就涉及如何制定实验方案的问题，即考虑实验依据哪些原理、采用何种方法、使用哪些仪器等.一般来说，对于一个确定的检测项目，总会有多种方案可供选择.例如，欲测实验室所在地的重力加速度 g，可以选择单摆法、复摆法、可逆摆法、自由落体法、气垫导轨法等；对未知电阻值 R 的测量，可选用伏安法，还可以选择万用表、电桥或电势差计进行测量.实验方案选择得不同，不仅会影响到测量原理、测量方法、测量仪器、测量环境等诸多因素，还会影响到测量结果的精度（不确定度大小）.因而究竟采用怎样的方法进行实验，也就是如何设计一个能够完成检测任务的最佳方案，需要综合实验目的、原理、方法、精度等多方面的因素后才能确定，这对于每一位实验人员而言都是一项很重要的基本技能.

所谓最佳方案，指的是在现有条件下最充分地发挥仪器装置以力求得到最好的实验结果.具体来说，就是根据研究对象及实验题目的要求，选定合适的实验原理，按照实验对测量精度的要求（包括仪器要求、量限要求、特性要求、环境要求等），选定合适的实验方法.

【最佳方案选择一般程序】

1. 根据研究对象（物理量或物理过程），列出各种可能的实验原理及其测量所依据的理论公式，以便选择.例如，对质量为 m、高度为 h、直径为 $d\left(\text{其体积为 } V=\frac{1}{4}\pi d^2h\right)$、质量均匀分布的实心圆柱体密度 ρ 的测量，由直接测量法得

$$\rho=\frac{m}{V}=\frac{4m}{\pi d^2h}$$

若圆柱体在空气中的重量为 mg，在液体中的重量为 m_1g，已知液体的密度为 ρ_0，则由间接测量法（静力称衡法）得

$$\rho=\frac{m}{m-m_1}\rho_0$$

使用比重瓶时，若比重瓶总质量为 m_2，比重瓶装入圆柱体的总质量为 m_3，则由间接测量法（比重瓶法）得

$$\rho=\frac{m}{m+m_2-m_3}\rho_0$$

2. 分析各测量原理及其所依据测量公式的适用条件、局限性和优缺点.

3. 结合罗列的实验原理或所依据的测量公式，结合可能提供的实验条件（包括实验仪器设备、实验环境等），分析各实验原理应用的可行性，并大致估算可能达到的测量精度.

4. 根据实验的要求，如实验对测量精度的要求，确定实验原理并选定实验方法与仪器，即确定实验最佳方案.

【最佳方案选择基本原则】

1. 在选定实验最佳方案时,需对实验过程中可能的不确定度(误差)的来源、性质及大小作出初步估算,针对不同性质的不确定度(误差)及其来源,选定实验方案,力求测量的不确定度(误差)最小.

无论是在实验的理论方法,还是在环境条件、仪器结构、操作测量等方面,都可能存在着种种偶然的情况;此外,由于观测者感官灵敏度的限制,或者仪器分辨力的局限,每个实验都不可避免地存在许多不确定因素,这些因素将是测量的A类不确定度分量的主要来源.比如气垫导轨上的实验,由于导轨面与滑块面之间的吻合不好、滑块变形、滑块质量分布不对称、气源压强起伏变化、滑块运动时的摆动和震动,以及摩擦力的影响等,均会产生不确定度.对A类不确定度分量的处理,一方面要在实验的设计安排、仪器装置的使用以及操作测量过程中采取必要的措施尽量避免或减小其影响;另一方面主要是采取等精度的重复多次测量的方法,以减小其影响.

对于B类不确定度分量,需仔细考虑与研究测量原理和方法推演过程的每一个步骤;检验或核准每一件仪器与设备;分析每一项实验条件,注意每一步调整和测量的细节,以便从中发现B类不确定度分量.在一般情况下,该类不确定度不能由重复多次测量来发现,多次测量的方法对其的消除也无济于事.所谓"消除"B类不确定度分量,其实只不过是将其影响减小到A类不确定度分量以下而已.一般消除的途径是通过校准仪器改进实验装置或实验方法,或对测量结果进行理论上的修正.

2. 在实验中,常常会遇到选择仪器的情况,比如对一个待测量的测量,是选择精度高的还是精度低的仪器呢?对于一个比较复杂的实验来说,还会涉及多个待测量的测量,用到多种测量仪器.不同的仪器究竟如何配套使用,是否选择的仪器一定是级别越高、精度越高才是越好的呢?对于这个问题的回答,我们可以从直接量的不确定度与间接量的不确定度的关系(或从误差及其传递规律)来予以说明.

由式(1-3-4)和式(1-3-5)可知,间接测量的函数式确定后,将各直接观测量的不确定度Δ_x、Δ_y、…乘以函数对各直接量的偏导数$\frac{\partial f}{\partial x}$、$\frac{\partial f}{\partial y}$、…,再求方和根即得间接量测量结果的总不确定度,即直接量不确定度决定了间接测量结果的不确定度.由这两个公式可以看到,如果各直接量的不确定度Δ_x、Δ_y、…很小,而各偏导数$\frac{\partial f}{\partial x}$、$\frac{\partial f}{\partial y}$、…很大,则总不确定度不一定小;同样,如果$\Delta_x$、$\Delta_y$、…虽很大,但$\frac{\partial f}{\partial x}$、$\frac{\partial f}{\partial y}$、…非常小,则总不确定度不一定大.

下面我们以实例来说明仪器选择的基本原则.

例11 欲测直径D约为0.8 cm、高h约为3.2 cm的圆柱体积,现只考虑统计不确定度,并要求$\frac{\Delta_V}{V}$在 0.5%以内，问应如何选用仪器？

解 根据体积 $V=\frac{1}{4}\pi D^2 h$ 和不确定度的合成公式，有

$$\begin{aligned}\Delta_V &= \sqrt{\left(\frac{\partial V}{\partial D}\right)^2 \Delta_D^2 + \left(\frac{\partial V}{\partial h}\right)^2 \Delta_h^2} \\ &= \sqrt{\left(\frac{1}{2}\pi D h\right)^2 \Delta_D^2 + \left(\frac{1}{4}\pi D^2\right)^2 \Delta_h^2} \\ &= \sqrt{16\Delta_D^2 + 0.25\Delta_h^2}\end{aligned}$$

由上式可见，合成的总不确定度 Δ_V 由两个分不确定度 Δ_D 与 Δ_h 决定，且在相同数量级情况下前者的影响远大于后者，因此总不确定度 Δ_V 的大小取决于前者.根据相对不确定度的定义及其合成公式，进一步讨论有

$$E_V = \frac{\Delta_V}{V} = \sqrt{\left(\frac{2\Delta_D}{D}\right)^2 + \left(\frac{\Delta_h}{h}\right)^2} = \sqrt{4E_D^2 + E_h^2}$$

由此式可见，合成的总相对不确定度由直径和高度的相对不确定度分量来决定.而直径 D 小于高度 h，故 $E_D^2 > E_h^2$，$4E_D^2 > E_h^2$，所以测量应保证下式成立：

$$\frac{\Delta_V}{V} \approx \sqrt{4\left(\frac{\Delta_D}{D}\right)^2} = 2\frac{\Delta_D}{D} \leqslant 0.5\%$$

长度测量的常用工具有米尺、游标卡尺和螺旋测微器，根据这些工具的最小分格，可以估算其不确定度的大小，即

米尺的最小分格为 0.1 cm，用米尺测量，则

$$\frac{2\Delta_D}{D} = \frac{2\times 0.05}{0.8} = 12.5\%$$

50 分游标卡尺的最小分格为 0.002 cm，用卡尺测量，则

$$\frac{2\Delta_D}{D} = \frac{2\times 0.002}{0.8} = 0.5\%$$

螺旋测微器的最小分格为 0.001 cm，用螺旋测微器测量，则

$$\frac{2\Delta_D}{D} = \frac{2\times 0.0005}{0.8} = 0.125\%$$

由此可知，米尺不合要求，而用 50 分游标卡尺或螺旋测微器作测量工具都是可以的.

通过以上的讨论可以看到，不同的直接测得量对间接测得量的总不确定度的影响差别可能很大，如例 11 的情况，要达到 $\Delta_h = 8\Delta_D$，关于直径 D 的不确定度（$16\Delta_D^2$）才与高度 h 的不确定度（$0.25\Delta_h^2$）相等.这说明，实验时，并不是对每个待测量都一定要选择级别高、精度高的仪器，也并非每个量都是测得越准越好.在实际的测量过程中，应根据每个不确定度分量对合成总不

确定度影响的大小来确定哪些量需精密测量，哪些量不需测得很准(如例 11 中的高度 h，在保证$\frac{\Delta_V}{V}\leqslant 0.5\%$不变的条件下，其测量精度可以较低).

例 12　所用电压表的量程 $U_{max}=1$ V，欲测的电压约为 0.1 V，要保证测量结果的不确定度不超过 1%，问选取电压表的准确度级别 α 为多少？

分析　初看起来，这个问题似乎十分简单.因为单次测量电压表仪器误差 $\Delta_{ins}=U_{max}\cdot\alpha\%$，它也就是测量的不确定度 Δ，故

$$\frac{\Delta_U}{U}=\frac{U_{max}\cdot\alpha\%}{U}\leqslant 1\%$$

由此解得

$$\alpha\leqslant 0.1$$

即电压表的准确度级别应取 α 为 0.1 的.可是，准确度级别为 0.1 的电压表是标准表，只在省市级计量部门才有，普通实验室是没有的.因此，上面的方案是不切实际的.

如果电压表量程不是限定在 1 V，而是可以任选，可否通过选到小量程的方法达到目的呢？从上面的分析可知，若取 $U_{max}=0.1$ V，则为保证测量结果 $\Delta_U/U\leqslant 1\%$，只需电压表的准确度级别为 1 级即可.然而，量程为 0.1 V 的电压表也不多见，这同样是一个不切实际的方案.

解　综合考虑上述两方案的缺陷，采取如下措施：如图 1-7-1 所示，电路 CB 之间电压通过滑动电阻器滑动端 C 的调节，其电压约为电压表量程值，即 1 V，两电阻 R_1 与 R_2 组成分压电路，且利用电阻箱，使 $R_1:R_2=9:1$，则 R_2 两端电压为

$$U'=\frac{R_2}{R_1+R_2}U$$

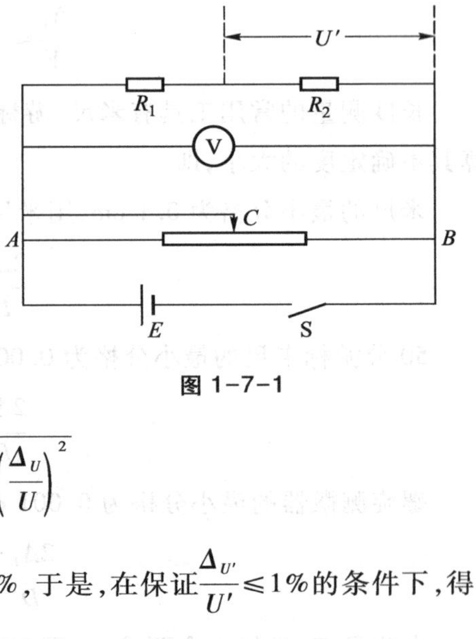

图 1-7-1

考虑式中 $R_1\gg R_2$，则约为 0.1 V 的电压测量相对不确定度为

$$\frac{\Delta_{U'}}{U'}=\sqrt{\left(\frac{\Delta_{R_2}}{R_2}\right)^2+\left(\frac{\Delta_{R_1}}{R_1}\right)^2+\left(\frac{\Delta_U}{U}\right)^2}$$

选用电阻 R_1 与 R_2 为 0.1 级电阻箱，$\frac{\Delta_{R_2}}{R_1}=\frac{\Delta_{R_1}}{R_2}\approx 0.1\%$，于是，在保证$\frac{\Delta_{U'}}{U'}\leqslant 1\%$的条件下，得

$$\frac{\Delta_{U'}}{U'}=1\%$$

即

$$U_{max}\cdot\alpha\%=U\cdot 1\%$$

解得

$$\alpha=1$$

由以上分析可见，并不是只有选择高级别、高精度的测量仪器、装置才能保证测量结果的

精度，只要测量方法正确，较低级别的仪器、设备同样可以得到高精度的测量结果.

3. 前面已经介绍过，测量过程中的间接测得量的合成不确定度 Δ_N 由各个间接测得量的分不确定度 Δ_x、Δ_y、…所决定，其合成关系式为式(1-3-4)和式(1-3-5).合成公式还指出，在合成不确定度 Δ_N 中，各不确定度分量 Δ_x、Δ_y、…的分配并不是绝对平均的.因此，就涉及这样的一个问题：当合成总不确定度被指定后，如何确定各个分不确定度呢？实际上这也是一个如何确定实验方案的问题.在这种情况下，“不确定度均分原则”是我们最重要的依据.

所谓“不确定度均分原则”指的是：“各独立变量的测量误差对于间接测量引起的误差相等”，即若已知 $N=f(x,y,\cdots)$，各直接测得量 x、y、…的不确定度 Δ_x、Δ_y、…对间接测得量 N 的合成总不确定度 Δ_N 的影响相同.若有 k 个直接测得量，则

$$\left(\frac{\partial f}{\partial x}\right)^2\Delta_x^2=\left(\frac{\partial f}{\partial y}\right)^2\Delta_y^2=\cdots$$

或

$$\left(\frac{\partial f}{\partial x}\right)^2\left(\frac{\Delta_x}{N}\right)^2=\left(\frac{\partial f}{\partial y}\right)^2\left(\frac{\Delta_y}{N}\right)^2=\cdots$$

也就是

$$\Delta_N=\sqrt{\sum\left(\frac{\partial f}{\partial x}\right)^2\Delta_x^2}=\sqrt{k\left(\frac{\partial f}{\partial x}\right)^2\Delta_x^2}=\sqrt{k}\left(\frac{\partial f}{\partial x}\right)\Delta_x \tag{1-7-1}$$

$$E_N=\sqrt{\sum\left(\frac{\partial f}{\partial x}\right)^2\left(\frac{\Delta_x}{N}\right)^2}=\sqrt{k\left(\frac{\partial f}{\partial x}\right)^2\left(\frac{\Delta_x}{N}\right)^2}=\sqrt{k}\left(\frac{\partial f}{\partial x}\right)\left(\frac{\Delta_x}{N}\right) \tag{1-7-2}$$

还可以写作

$$\Delta_N=\sqrt{k}\left(\frac{\partial f}{\partial x}\right)\Delta_x=\sqrt{k}\left(\frac{\partial f}{\partial y}\right)\Delta_y=\cdots$$

$$E_x=\frac{1}{\sqrt{k}}E_N,\quad E_y=\frac{1}{\sqrt{k}}E_N,\quad\cdots$$

例 13 圆柱体的密度公式为 $\rho=\dfrac{4m}{\pi d^2h}$.当质量 $m\approx140$ g，圆柱直径 $d\approx20$ mm，圆柱高度 $h\approx50$ mm 时，若要求单次测量 $E_\rho\leqslant1\%$，问质量、直径、高度的不确定度应为多少才符合要求？

解 由不确定度的合成公式，得

$$E_\rho=\sqrt{\left(\frac{\Delta_m}{m}\right)^2+\left(\frac{2\Delta_d}{d}\right)^2+\left(\frac{\Delta_h}{h}\right)^2}$$

按给定要求，有

$$\sqrt{\left(\frac{\Delta_m}{m}\right)^2+\left(\frac{2\Delta_d}{d}\right)^2+\left(\frac{\Delta_h}{h}\right)^2}\leqslant1\%=0.01$$

根据“不确定度均分原则”，质量、直径、高度应各取 $0.01/\sqrt{3}$，即

$$\frac{\Delta_m}{m}=2\frac{\Delta_d}{d}=\frac{\Delta_h}{h}=\frac{0.01}{\sqrt{3}}$$

由于质量的测量精度很高，故将$\frac{\Delta_m}{m}$忽略不计，这样可认为合成相对不确定度只有直径 E_d 和高度 E_h 两项构成，故有

$$2\frac{\Delta_d}{d}=\frac{\Delta_h}{h}=\frac{0.01}{\sqrt{2}}$$

从而

$$\Delta_d=\frac{0.01}{2\sqrt{2}}d=20\times\frac{0.01}{2\sqrt{2}}\ \text{mm}=0.071\ \text{mm}$$

$$\Delta_h=\frac{0.01}{\sqrt{2}}h=50\times\frac{0.01}{\sqrt{2}}\ \text{mm}=0.4\ \text{mm}$$

在单次测量情况下，若用 50 分游标卡尺测量圆柱直径和高度，其 $\Delta_{\text{ins}}=0.02$ mm，显然满足实验要求是绰绰有余的.

例 14 单摆测重力加速度的实验，根据函数关系 $g=4\pi^2 l/T^2$，若要求测量结果准确到 0.5%，问摆长 l 和时间周期 T 的测量仪器应如何选择？

解 根据题意，$\frac{\Delta_g}{g}\leqslant 0.5\%=0.005$，预先设定重力加速度约为 980 cm · s^{-2}，则

$$\Delta_g=0.005\times 980\ \text{cm}\cdot\text{s}^{-2}=4.9\ \text{cm}\cdot\text{s}^{-2}$$

由“不确定度均分原则”，有

$$\Delta_l=\frac{\Delta_g}{\sqrt{k}\left(\frac{\partial g}{\partial l}\right)}=\frac{4.9T^2}{4\sqrt{2}\pi^2}$$

$$\Delta_T=\frac{\Delta_g}{\sqrt{k}\left(\frac{\partial g}{\partial T}\right)}=\frac{4.9T^3}{8\sqrt{2}\pi^2 l}$$

若选用的单摆长约 $l=100.0$ cm，则单摆的时间周期约为 $T=1.00$ s.将其代入计算公式中，得摆长与周期的不确定度分别为

$$\Delta_l=\frac{4.9\times(1.00)^2}{4\sqrt{2}\pi^2}\ \text{cm}=0.088\ \text{cm}=0.9\ \text{mm}$$

$$\Delta_T=\frac{4.9\times(1.00)^3}{8\sqrt{2}\times 100.0\pi^2}\ \text{s}=0.000\ 44\ \text{s}=0.5\ \text{ms}$$

由此可见，测量摆长可选最小分度为毫米的米尺，测量周期若只测摆动一个周期的时间，应选 0.1 ms 的数字毫秒计；若采用积累放大法，测 50~100 个周期的时间，则可选用普通的电子秒表.

【思考题与练习题】

1. 系统误差和随机误差各有什么特征？

2. 什么是绝对误差和相对误差？

3. 何谓准确度、精密度？它们与误差有何联系？

4. 指出下列情况各属什么性质的误差：

米尺刻度不均匀；零值误差；动量守恒实验中摩擦力的影响；电学实验中电源不稳定的影响；电路中各导线接点电阻对电路的影响；雷电引起的误差；实验人员在读数和操作上的习惯引起的误差；千分尺的零值误差；仪器刻度盘未调零.

5. 何谓不确定度和合成不确定度？

6. 何谓相对不确定度？

7. 置信概率 P 的含义是什么？

8. 下列数据如有不妥，试改正之.

$D=5.602\pm0.2$

$l=25\ \text{km}\pm200\ \text{m}$

$d=(1.612\,48\pm0.287\,56)\times10^2$

$A=0.006\,238\pm0.000\,1$

$B=20\,500\pm400$

$m=5.438\pm0.209$

$A=6\,438\pm33$

28 cm = 280 mm， 280 mm = 28 cm

$$\frac{400\times1\,500}{12.60\times11.60}=600\,000$$

9. 计算下列各量的相对误差（或相对不确定度）：

$I_1=(54.9\pm0.02)\ \text{mA}$

$I_2=(0.849\pm0.002)\ \text{mA}$

$I_3=(0.009\,8\pm0.000\,2)\ \text{mA}$

10. 用分析天平称一物体的质量，共称 6 次，数据记录分别为 3.612 72，3.612 25，3.612 18，3.612 08，3.612 56，3.612 38，单位为 g，试求最后的测量结果（用误差和不确定度分别表示）.

11. 用螺旋测微器测圆柱的直径，6 次直径测得值为

$d/\text{mm}=8.345,8.348,8.344,8.343,8.343,8.347,8.346$

螺旋测微器的示值误差限 $\Delta_{\text{ins}}=0.004\ \text{mm}$，求测量结果.

12. 若 $y=\dfrac{A^2}{B}$，且 A、B 的不确定度分别为 Δ_A、Δ_B，求 Δ_y 及 $\dfrac{\Delta_y}{y}$.

13. 若 $y=A^2\cdot B$，且 A、B 的不确定度分别为 Δ_A、Δ_B，求 Δ_y 及 $\dfrac{\Delta_y}{y}$.

14. 测得某圆盘直径 $D=(24.326+0.003)\ \text{mm}$，求圆盘面积，并用测量结果的形式表示.

15. 用米尺测一个正方体的边长，测得数据为：2.01 cm，2.00 cm，2.04 cm，2.02 cm，1.98 cm，1.97 cm.求此正方体的表面积和体积.

16. 计算下列函数有效数字的结果：

（1）$x=3.14$， $e^x=$

（2）$x=3\times10^{-5}$， $10^x=$

（3）$x=5.48$， $\sqrt{x}=$

（4）$x=0.5376$， $\sin x=$ ， $\tan x=$

17. 根据有效数字运算规则计算以下各式：

（1）$1.408+0.3$

（2）$170.5\div2.5$

（3）$2.00\times10^5+2\,345$

（4）$\dfrac{7\,600}{40.00-2.00}$

（5）$\dfrac{50.00\times(18.30-10.3)}{(103-3.0)\times(1.00\times0.001)}$

（6）$\dfrac{23.3-21.3}{2.5}\times100-14.30$

（7）$\dfrac{89.046\,78\times(3.811-1.98)}{3}$

（8）$1.67\sqrt{2}$

（9）$2\pi\times2.61$

18. 将下列数字用科学记数法表示：

（1）$0.008\,865\,4\pm0.000\,000\,2$

（2）6 700

（3）984 ± 2

（4）0.050 60

（5）$59\,400\pm3$

第二章　力学和热力学实验

实验 2-1　长度的测量

长度是基本的物理量之一.在生产过程和科学实验中,我们不仅常常要对长度进行测量,而且,许多其他物理量也经常需要转化为对长度的测量.例如各类指针式仪表,其刻度就是均匀等分的弧长,还如温度计、压力表的示值,最终都是以长度(刻度)进行读数的.从这个意义上说,长度的测量是一切测量的基础.目前,直接测量长度的技术已达到十分完善的地步,例如比长仪等一系列的仪器,精度可达 μm(10^{-6} m).物理实验中常用的长度测量仪器是米尺、游标卡尺、螺旋测微器等,通常用量程和分度值表示这些仪器的规格.量程是指仪器的测量范围;分度值是仪器的最小分划单位,它反映仪器的测量准确度.学习使用这些仪器,应该掌握它们的构造原理、规格性能、读数方法及维护知识等.

本实验通过对待测物体长度(或直径)的测量来求得物体的体积.

【实验目的】

1. 了解游标卡尺的构造、掌握其正确的使用方法.
2. 掌握螺旋测微器的读数原理和正确使用方法.
3. 学习正确记录测量数据,并熟悉不确定度的计算和实验结果的表示.

【实验原理】

普通长度测量通常可用各种带分度的直尺直接测量.为使测量较为准确,必须选用温度系数小,不受环境条件(如温度、压力)影响,由不锈钢、铁镍铬合金等材料制成的直尺.常用直尺量程有 100 cm、200 cm 等,其最小分度一般都是 1 mm,观测者用眼睛可估读到最小刻度的 1/10 格值,即 0.1 mm.要想使长度测量的准确度进一步提高,可以采用某些特殊的方法,如干涉法或莫尔条纹技术等.本实验所使用的长度测量工具是常见的利用游标或螺旋装置制成的游标卡尺或螺旋测微器.

1. 游标卡尺

游标卡尺的外形结构如图 2-1-1 所示.主要由主尺 D 和可以沿主尺滑动的游尺(又称副尺)E 构成.卡尺上方的 A′、B′叫做内量爪,是用来测量物体的内径或内部长度的;下方的 A、B 叫做外量爪,用于测量物体的长度或外径;C 叫尾尺,用于测量孔或槽的深度;F 是紧固螺钉,用于固定读数.

设主尺的分度值为 a,游尺的分度值为 b,通常设计游尺全部 n 个分格的长度等于主尺的 $(n-1)$ 个分格的长度,即

$$nb=(n-1)a \tag{2-1-1}$$

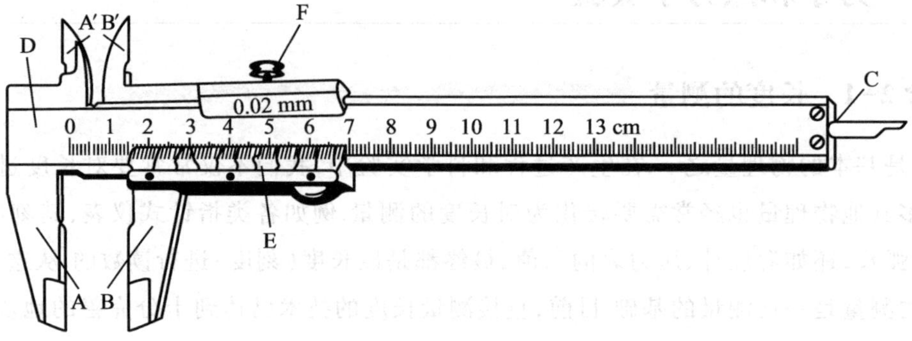

图 2-1-1

主尺分度值与游尺值之差可通过上式得出，并定义为游标的精度 ΔL，即

$$\Delta L = a - b = \frac{a}{n} \tag{2-1-2}$$

游标的精度 ΔL 是游标卡尺能读准的最小值，也即游标卡尺的分度值.按国家相关规定标准，游标的精度有 1/10、1/20 和 1/50 三种，习惯上分别称为“十分游标卡尺”“二十分游标卡尺”“五十分游标卡尺”.下面以十分游标卡尺为例说明游标卡尺的读数原理以及具体的读数方法.

如图 2-1-2 所示，十分游标卡尺主尺的最小分格为 1 mm，游标的 10 个分格的总长刚好与主尺上 9 个分格的总长相等.这样游标上的第一个分格的长度是0.9 mm，由式(2-1-2)可知，该游标卡尺的分度值 ΔL 为(1/10) mm = 0.1 mm.

当游标尺量爪 A、B 合拢时，游标尺上“0”线与主尺上的“0”线重合，游标上除零刻线外的第一条刻线、第二条刻线……分别与主尺的 1 mm 刻线、2 mm 刻线……错开0.1 mm、0.2 mm、…这正是图 2-1-2 所示的情况，这也就为游标尺的准确测量提供了依据，如果在量爪 A、B 间放入 0.2 mm 的待测物件，则与量爪 B 连为一体的游标尺就会向右移动同样的距离，如图 2-1-3 所示，游标上的第二条刻线恰与主尺上的刻线对齐.此时，游标卡尺的读值即为 $2\Delta L = 2\times0.1$ mm = 0.2 mm.由此可知，如果游标上第 K 条刻线与主尺上的某条刻线对齐，则游标卡尺的读值即为 $K\Delta L$.

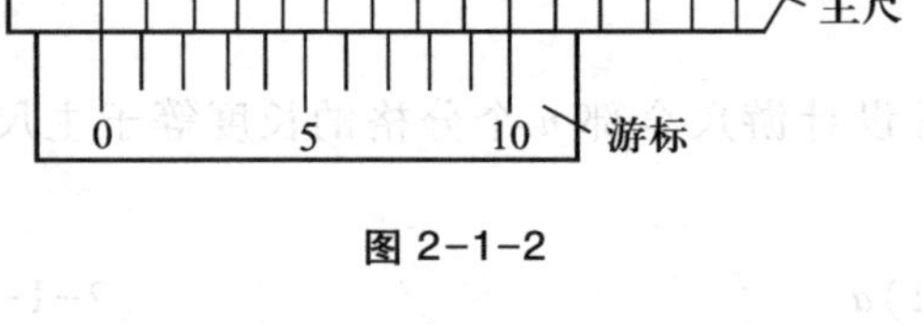

图 2-1-2

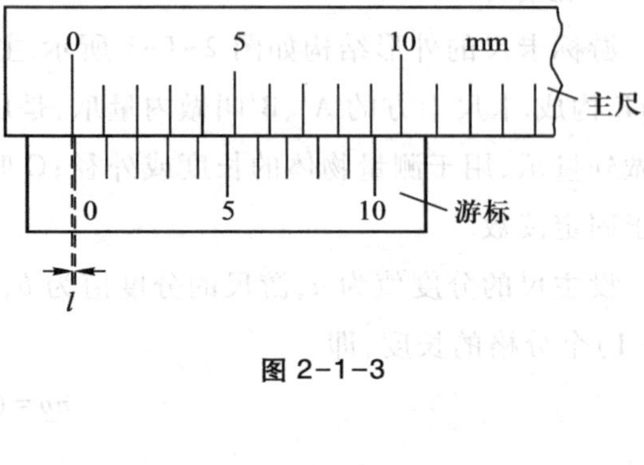

图 2-1-3

需要特别指出的是，图 2-1-3 的读数应该是“0.20 mm”，而不是“0.2 mm”.因为游标的分度值是表示仪器能读准的最小数值.根据误差理论和仪器的一般读数规则，读数的最后一位应为 0.1 mm，则毫米以下的第一位数是准确数，故应在其后再估读一位，即在毫米以下第二位上加个“0”，以表示读数误差出现在该位上.从另一角度说，游标读数引入的最大误差为分度值的一半，即 $\Delta L/2=0.5$ mm，所以十分游标卡尺的读数就读到百分之一毫米位上.

十分游标卡尺有时会出现游标卡尺的刻度线与主尺的刻度线不完全对齐的情况，此时应取游尺与主尺上对得最为接近的两根刻度线号数的平均值为 K，如图 2-1-4 所示，最近的两根线是第 5 和第 6 根刻度线，因此，可读为 $[(5+6)/2]\cdot\Delta L=5.5\times0.01\ \text{mm}=0.55$ mm.

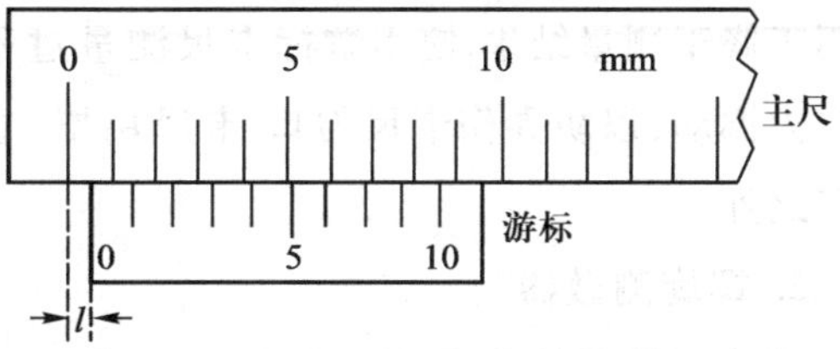

图 2-1-4

二十分游标卡尺，是将主尺上的 19 mm 等分为游尺上的二十格，或者将主尺上的 39 mm 等分为游尺上的二十格，其分度值为 $\Delta L=(1/20)$ mm $=0.05$ mm；五十分游标卡尺，是将主尺上的 49 mm 等分为游尺上的五十格，其分度值 $\Delta L=(1/50)$ mm $=0.02$ mm.这两种尺一般不会出现游标的刻度线与主尺上刻度线不对齐的情况，其读值结果仍然为 $K\Delta L$，K 为游标上与主尺对齐的刻度线号数，ΔL 为所使用卡尺的分度值.另外，因为二十分和五十分游标卡尺的最大读数误差为 $(0.05/2)$ mm $=0.03$ mm 和 $(0.02/2)$ mm $=0.01$ mm，即误差出现在百分之一毫米位上，所以这类游标卡尺在读出测量值后不应在其后一位上加“0”，也就是说它们的读数就应该读至百分之一毫米上，而不必估读.

游标卡尺的游标只给出毫米以下的读数，当被测物长度长于 1 mm 时，应先读出与游标“0”刻线对应的主尺上的整数刻度值 l_0，再读出毫米以下的数值，也就是 $K\Delta L$，最后两者相加得到测量的长度，即 $l=l_0+K\Delta L$.如图 2-1-5 所示，若使用的是五十分游标卡尺，则其主尺上的整数为 21 mm，即 $l_0=21$ mm，游标上第 13 根游标线与主尺上的某根刻线准确对齐，则 $K=13$，故该长度数值 $l=21\ \text{mm}+13\times0.02\ \text{mm}=21.26$ mm.

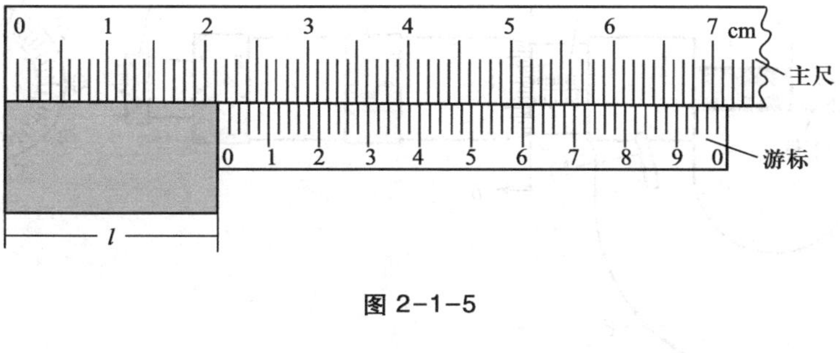

图 2-1-5

游标卡尺在进行单次测量时，其仪器的最大误差是指游标卡尺的读数与实际值之间可能产生的最大误差，它是由主尺、游标的刻度不确定度、刻度面弯曲、主尺基准面不平、刻度线宽度以及刻线与基准面不能严格垂直等因素造成的.根据国家计量局规定,量程在300 mm以下的各类游标卡尺的仪器最大误差和卡尺的分度值在数值上相同.例如,分度值为0.02 mm的五十分游标卡尺,其仪器最大误差 $\Delta_{ins}=0.02$ mm,因而其非统计不确定度分量 $\Delta_B=\Delta_{ins}=0.02$ mm.对量程大于300 mm的游标卡尺,其仪器最大误差需参阅相应的仪器使用说明书.

游标卡尺属于精密仪器,使用时应小心爱护,测量前要先检查主尺零刻线与游标零刻线是否对齐,若没有对齐,应先读出两者的差值(这个差值叫做卡尺的初读值,也叫零值误差),以便用于修正测量结果.使用游标卡尺测量过程中,不得测量粗糙物体,不允许被夹紧的物体在卡口内挪动,以防弄伤卡尺刀口.卡尺用毕,立即放回卡尺袋,不要随便放在桌上,更不得放在潮湿之处.

2. 螺旋测微器

螺旋测微器的分度值为0.01 mm,即(1/1 000) cm,故而又称其为千分尺.由于仪器结构和视觉分辨能力的限制,游标卡尺测量准确度最高为0.02 mm.如果再增加游尺上的格数,就会因为分辨不清主尺与游标上严格对准的刻度线而带来新的不确定度.所以螺旋测微器是比游标卡尺更为精密的长度测量仪器.

螺旋测微器的外形结构如图2-1-6所示,由弓架F、测量螺杆R、螺母套筒S、微分套筒T、棘轮H、锁紧手柄M,以及测量砧台G等部分构成.测微器的关键部件是精密的测微螺杆,以及与之相连的螺母套筒.根据螺旋推进原理,当微分套筒旋转一周,螺杆正好沿轴向移动一个螺距 a,如此就可将测微杆较小的直线位移转变成较大的角位移来测量长度.若微分套筒周边刻有 n 个均匀分度,当它转过一个分度时,测微螺杆沿轴线移动位移 a/n,由此根据微分套筒转过的刻度就可以准确读出测微螺杆移动的微小长度.常用螺旋测微器的螺距 $a=0.5$ mm,微分套筒周边均匀刻有50分度,每转动一分度,螺杆移动距离为(0.5/50) mm=0.01 mm.可见,利用精密螺旋装置可使测量的准确度达到0.01 mm,而且,通过微分套筒周边刻线,测量可以估读出0.001 mm位的读数.

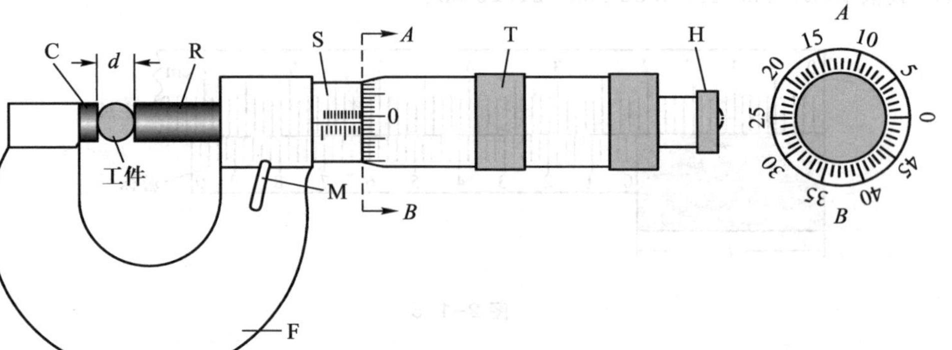

图2-1-6

使用螺旋测微器时，应轻轻转动棘轮，推进螺杆缓慢接近被测物，当听到转动棘轮发出"咔咔"的声响，说明螺杆与测砧已将被测物夹紧，不应再继续推进螺杆，以免因螺杆与测砧夹物过紧而影响读数的准确性.螺旋测微器的读数原则是：先以微分套筒 T 的前沿为读数准线，在螺母套筒 S 读取 0.5 mm 以上的数值；再由微分套筒 T 的刻线读取下一位数值，并估读末位数，如图 2-1-7(a)中的读数为(4+0.5+0.031) mm=4.531 mm，(b)的读数为(5+0.033) mm=5.033 mm.

使用螺旋测微器时，特别需注意测量工具的初读值.测量前，转动棘轮，使螺旋杆与砧台相接触，即听到"咔咔"声.此时，微分套筒 T 的前沿应与螺母套筒 S 上的 0 刻线对齐，微分套筒 T 上的零刻线也与螺母套筒 S 上的横准线对齐，即读值为 0.000 mm.若两线错开，说明螺旋测微器存在一个读值(这是个非统计不确定度)，称其为测微器的初读值(或零值误差).记下这一初读值的大小和符号，以便测量结束后对测量结果进行修正，即测量值=读数-初读值.初读值正负号的规定是：微分套筒的零线位于螺母套筒横准线之上，读数取负；反之为正.如图 2-1-7(c)、(d)所示的情况，读值分别为+0.010 mm、-0.027 mm.

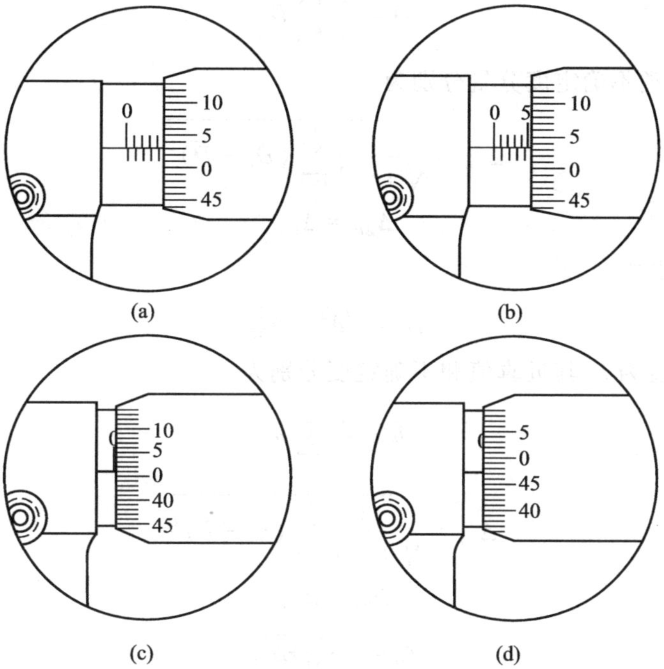

图 2-1-7

螺旋测微器属于精密仪器，并且由于螺旋是力的放大装置，因而无论是测量读数，还是校准零位时，都不允许直接旋转微分套筒，只能慢旋尾部的棘轮.螺旋测微器用毕，应使测量螺杆与砧台之间松开一段距离再放入盒中，以避免因环境原因(如热胀冷缩等)造成测量螺杆与砧台因过分压紧而损坏螺纹.

【实验仪器】

游标卡尺,螺旋测微器,待测物(实心铝柱、金属丝、金属或塑料圆垫片等).

【实验内容与步骤】

1. 用游标卡尺或螺旋测微器测量待测物(圆柱体),各个量分别测 6 次,求其平均值,计算体积,讨论不确定度.

2. 用游标卡尺或螺旋测微器测量待测物(圆垫片),各个量分别测 6 次,求其平均值,计算圆垫片的体积和不确定度.

【数据处理】

1. 自拟测量数据表格,计算圆柱体体积及其不确定度

设圆柱体的直径为 D,其近真值为

$$\overline{D}=\frac{1}{n}\sum_{i=1}^{n}D_i$$

其直径的 A 类和 B 类不确定度分量分别为

$$\Delta_{AD}=\sqrt{\frac{1}{n-1}\sum_{i=1}^{n}(D_i-\overline{D})^2}$$

$$\Delta_{BD}=\Delta_{ins}$$

直径的合成不确定度为

$$\Delta_D=\sqrt{\Delta_{AD}^2+\Delta_{BD}^2}$$

设圆柱体的高度为 h,其近真值和不确定度分别为

$$\overline{h}=\frac{1}{n}\sum_{i=1}^{n}h_i$$

$$\Delta_{Ah}=\sqrt{\frac{1}{n-1}\sum_{i=1}^{n}(h_i-\overline{h})^2}$$

$$\Delta_{Bh}=\Delta_{ins}$$

$$\Delta_h=\sqrt{\Delta_{Ah}^2+\Delta_{Bh}^2}$$

圆柱体的体积为

$$\overline{V}=\pi\left(\frac{\overline{D}}{2}\right)^2\cdot\overline{h}$$

体积的相对不确定度 E_V 为

$$E_V=\frac{\Delta_V}{\overline{V}}=\sqrt{\left(2\frac{\Delta_D}{\overline{D}}\right)^2+\left(\frac{\Delta_h}{\overline{h}}\right)^2}$$

圆柱体积的合成不确定度为

$$\Delta_V = E_V \overline{V}$$

测量结果为

$$V = \overline{V} \pm \Delta_V$$

2. 计算圆垫片体积及其不确定度

圆垫片的体积为

$$\overline{V'} = \frac{1}{4}\overline{d}\pi\left(\overline{D_{外}}^2 - \overline{D_{内}}^2\right)$$

圆垫片厚度及其不确定度为

$$\overline{d} = \frac{1}{n}\sum_{i=1}^{n} d_i$$

$$\Delta_{Ad} = \sqrt{\frac{1}{n-1}\sum_{i=1}^{n}(d_i - \overline{d})^2}, \quad \Delta_{Bd} = \Delta_{ins}$$

$$\Delta_d = \sqrt{\Delta_{Ad}^2 + \Delta_{Bd}^2}$$

圆垫片外径与内径及其不确定度为

$$\overline{D_{外}} = \frac{1}{n}\sum_{i=1}^{n} D_{外i}, \quad \overline{D_{内}} = \frac{1}{n}\sum_{i=1}^{n} D_{内i}$$

$$\Delta_{AD} = \sqrt{\frac{1}{n-1}\sum_{i=1}^{n}(D_i - \overline{D})^2}, \quad \Delta_{BD} = \Delta_{ins}$$

$$\Delta_D = \sqrt{\Delta_{AD}^2 + \Delta_{BD}^2}$$

圆垫片体积的相对不确定度 $E_{V'}$ 为

$$E_{V'} = \frac{\Delta_{V'}}{\overline{V'}} = \sqrt{\left(\frac{2\,\overline{D_{外}}\Delta_{D外}}{\overline{D_{外}}^2 - \overline{D_{内}}^2}\right)^2 + \left(\frac{2\,\overline{D_{内}}\Delta_{D内}}{\overline{D_{外}}^2 - \overline{D_{内}}^2}\right)^2 + \left(\frac{\Delta_d}{\overline{d}}\right)^2}$$

圆垫片体积的合成不确定度为

$$\Delta_{V'} = E_{V'}\overline{V'}$$

测量结果为

$$V' = \overline{V'} \pm \Delta_{V'}$$

【预习思考题】

1. 造成测长不确定度的因素都有哪些？

2. 何谓仪器的初读值，正初读值和负初读值的含义是什么？

【思考题】

1. 游标卡尺的分度值为 0.02 mm，主尺最小分度值为 0.5 mm，问游标的格数为多少？
2. 为什么使用螺旋测微器测量之前，一定要检查其初读值的大小？
3. 使用一级螺旋测微器进行单次测量，测得数据为 31.446 mm，写出正确的测量结果.
4. 根据有效数字的计算规则，求高 $h=13.32$ cm、直径 $d=1.54$ cm 的圆柱体的体积.

实验 2-2　质量与密度的测量

一个物体所含物质越多，质量就越大，其惯性就越大，它吸引别的物体（或被别的物体吸引）的引力也就越大.质量是力学中的基本物理量之一，物理学中很多重要的定律都与它相关，因此，质量测量技术的发展一直受到极大的重视.

质量的测量方法很多，测量仪器种类也很多.在物理实验中，物体质量的测量通常采用天平称衡的方法.称衡时将待测物体放入天平的左盘，在右盘中放进砝码.由于天平的制作是根据等臂杠杆原理，故天平平衡时，物体的质量就等于砝码的质量.

密度是物质的基本特性之一，它是物质纯度的表征.物体密度的测量不仅常见于物理实验当中，在工农业生产和科学研究中，在对材料进行成分分析和纯度鉴定时，密度的测量也常是必不可少的手段.因此，学会一些测量密度的方法是十分必要的.

测量物体的密度时，需要使用天平.因此，本实验的重点是天平的调节与使用.

【实验目的】

1. 了解天平的构造、测量原理；正确掌握天平的调整与使用方法.
2. 学会物体密度的测量方法.

【实验原理】

物理天平（或分析天平），待测物体（铝柱、石蜡块等），玻璃烧杯，细线，游标卡尺，螺旋测微器，温度计，配重物等.

1. 质量的测量

用于测量质量的天平，因为种类很多，所以其分类方法也各有依据.比如按天平的结构形式划分，有等臂、不等臂天平；单盘、双盘天平；杠杆、无杠杆天平；扭力天平、电磁天平、电子天平等.按天平分度值划分，天平有超微量、微量、半微量之分.不过，无论是哪一种类的天平，它们总有测得很准和测得不很准的区别.因此惯用的做法就是根据天平测量的准确度，将其统分为两大类，即物理天平和分析天平.测量准确度较低的称为物理天平（也叫普通天平），测量准确度较高的称为分析天平（也叫精密天平）.下面我们通过了解天平的各种技术指标，对两种天平分别介绍.

（1）天平主要技术参量

① 称量：天平允许称衡的最大质量.使用天平时，被称物体的质量绝不可大于天平称量，否则会使天平横梁产生形变，或者使天平的刀口受损.

② 分度值与灵敏度：当天平天衡时，为使天平指针从标度尺上的平衡位置偏转一个刻度，在砝码盘中所需增加（或减少）的砝码质量.通常用字母 S 表示，即 $S=\dfrac{\Delta m}{\Delta Q}$，其中 Δm 为添加的（或减少）的砝码质量，ΔQ 为指针在标尺上移动的刻度数，其单位是“毫克每分度”.习惯上将

“每分度”略去，而只以“毫克”作为天平分度值的单位.分度值越小，说明指针偏转相同的刻度数，其添加（或减少）砝码质量亦越小，即天平越灵敏，因而分度值的倒数又称为天平的灵敏度 C，即 $C=\frac{1}{S}$.显然，分度值越小，灵敏度越高.理论表明，天平的灵敏度与其结构的关系如下：

$$C=\frac{RL\cos\alpha}{(2P+\Delta m)L\sin\alpha+P_{K}d} \qquad (2-2-1)$$

式中 R 是天平指针 C 的长度(图 2-2-1)，L 是横梁的臂长，α 是横梁与水平线间所成角度，P 是天平负载的重量，Δm 是天平平衡时所添加的小砝码的重量，P_{K} 为横梁的重量，d 是横梁重心到刀口 A 支点的距离.

由式(2-2-1)可知，天平的灵敏度与横梁的重量、横梁的臂长以及横梁重心到横梁支点的距离有关.横梁越长，重量越轻，则灵敏度越高.为解决横梁臂长与重量的矛盾，实际的天平都在横梁中挖去一部分形成桁架结构，既减轻重量，同时又保证横梁具有一定的臂长和足够的强度.横梁重心到支点间的距离 d 越小时，天平灵敏度越高.通常天平指针上附有可上下移动的重心螺丝，通过调整重心螺丝的位置，可以调整天平的灵敏度，即重心越高，灵敏度越高（一般重心螺丝的位置已调好，不可随意变动）.另外，天平灵敏度还与负载大小有关，随着负载的增加，天平灵敏度减少.故灵敏度高的天平，其称量较小.

说明一点，在过去常用“天平感量”作为分度值的同义词，而许多教材上也用这个词表示灵敏度，为避免概念上的混乱，现在计量部门已不再采用“感量”这个术语，统一以“分度值”或“灵敏度”取而代之.

③ 不等臂误差：理论上的等臂天平，其横梁两臂的长度应该是严格相等的，但由于制造、调整及温度不匀等原因，实际的天平两臂并不绝对等长，由这原因造成的偏差就叫做不等臂误差.不等臂误差属于系统误差，将导致非统计不确定度的产生，它随载荷增大而增加.计量部门规定，物理天平的横梁空载时，不等臂误差不应大于 3 个分度，使用中不得大于 6 个分度.

④ 示值变动误差：它表示在同一条件下多次启动天平，其平衡位置的再现性，也即表示天平称衡结果的可靠程度.由于天平零部件的调整状态以及操作情况、温差、气流、振动等原因，会使重复称衡时各次平衡位置产生差异，由此产生一定误差.示值变动误差属于随机误差，会导致统计不确定度的产生，按规定它不应大于 1 分度.

⑤ 天平的精度（准确度）级别：根据规定，按天平的名义分度值与称量之比决定天平的精度等级，把天平分成 10 级，如表 2-2-1 所示.

表 2-2-1 天平精度等级表

精度级别	1	2	3	4	5
分度值/称量	1×10^{-7}	2×10^{-7}	5×10^{-7}	1×10^{-6}	2×10^{-6}
精度级别	6	7	8	9	10
分度值/称量	5×10^{-6}	1×10^{-5}	2×10^{-5}	5×10^{-5}	1×10^{-4}

实验室常用的物理天平为 9 级和 10 级，通常可以从天平的铭牌上区分出天平的类别、型号、规格等.如 TW-05 型，第一个字母 T，代表天平；第二个字母 W，代表物理；第一位数字，表示的是天平级别，"0"即 10 级；第二位数字，表示天平称量，"5"即称量为 500 g.

天平在质量测量中是一个比较器，体现质量单位标准的是砝码，因而一定精度级别的天平，必须选用等级与之相应的砝码与它配合使用.根据规定，砝码的精度分为 5 级，各等级砝码的允许误差，也即极限误差如表 2-2-2 所示.实验室使用的物理天平配用的是四级或五级砝码.

表 2-2-2　砝码允许误差表

名义质量/g	允差/mg				
	一级	二级	三级	四级	五级
500	±2	±3	±10	±25	±120
200	±0.5	±1.5	±4	±10	±50
100	±0.4	±1.0	±2	±5	±25
50	±0.3	±0.5	±2	±3	±15
20	±0.15	±0.3	±1	±2	±10
10	±0.10	±0.2	±0.8	±2	±10
5	±0.05	±0.15	±0.6	±2	±10
2	±0.05	±0.10	±0.4	±2	±10
1	±0.05	±0.10	±0.4	±2	±10

(2) 物理天平

物理天平的构造如图 2-2-1 所示，它主要由横梁、支柱、吊盘 P_1 和 P_2、指针 C、标尺 S 等构成.图中的 Q 叫做制动旋钮，其作用是：当横梁上升后，天平处于工作状态；而横梁下降后，制动架托起横梁，以保护天平的刀口 A.横梁两端两个螺母 B_1 和 B_2 叫做平衡螺丝，用于天平空载时天平平衡的调节.横梁上的 D 为可移动的游码.用于 1 g 以下的质量称衡.当游码向右移动一个刻度时，相当于在右盘中增加一小质量的砝码(不同规格的天平，增加质量值可能不同).

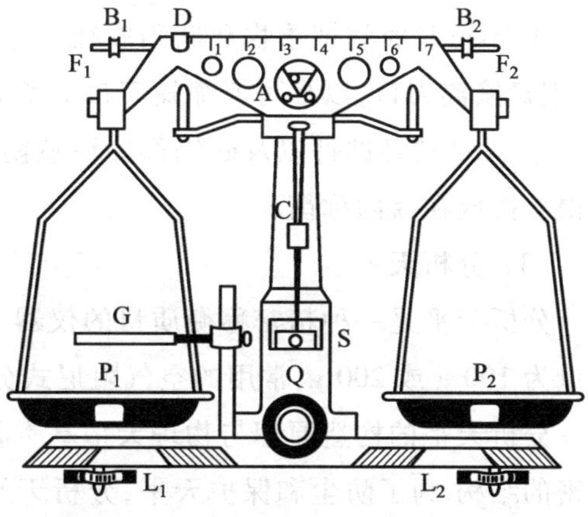

图 2-2-1

物理天平的操作步骤与规程：

天平如果使用不当，不仅会降低天平的灵敏度和砝码的准确度，使测量达不到应有的准确度，还可能损坏天平.因而使用天平时必须遵守下列操作规程.

① 使用天平首先了解天平的最大称量是否

满足称衡要求.同时检查天平横梁、吊盘是否安装正确,砝码是否齐全.转动底脚螺丝,调节水平,使水准仪内的气泡置中(或使铅锤的尖端与底座准钉尖端对正),以保护天平垂直竖放和防止称衡过程中刀口滑移.

② 调整和确定天平停点:将横梁上的游码移至零位处,旋转制动旋钮,使天平处于自由摆动状态,以确定天平停点(即横梁静止时所指的刻度值).若指针向某一侧摆动摆幅较大,旋动制动钮,落下横梁,调节平衡螺丝;然后再升起横梁,观察指针摆动情况,再次调节平衡螺丝,直至指针在中央零线附近的左右摆幅相等为止,此时天平便处于平衡状态了.这种调整和确定天平停点的方法叫做等摆法.

③ 天平称衡:称衡时,左盘放待测物,右盘放砝码,待测物与砝码均要放在吊盘中央.取用砝码必须使用镊子,砝码不用时,一定放回砝码盒中,不同组砝码不可混用.取放砝码以及调节天平时,都必须将横梁放下.只有称衡时,方可支起横梁.支起横梁后,观察指针的摆动情况,若指针在标尺中央零线附近未作对称摆动,便要在右盘内以由大至小为原则加减砝码.反复多次调节,直至支起横梁时,指针指向标尺中央零线或在零线附近作等幅对称摆动,此时立即放下横梁,可以记录数据了,即左盘中待测物的质量等于右盘中砝码的总和再加上游码所在位置的刻度示数.

对于一般的测量,按上述程序调整和使用天平就可以了,但若想提高测量准确度,可以采用复称法(也叫交换法或高斯法)或定载法(也称门捷列夫法)进行测量.

复称法就是将待测物在同一架天平上称衡两次,一次放在左盘中,测得 m_1;一次放在右盘中,测得 m_2,则被测物质量为$\frac{m_1+m_2}{2}$.复称法有利于消除由天平不等臂而产生的非统计不确定度(即不等臂误差).定载法是在天平的左盘中放上接近于极限负载的砝码或重物,在右盘中放上大小不等、总质量等于左盘砝码的小砝码,并调整天平使之平衡.正式称衡时,将被测物体放在右盘中,同时从右盘中取砝码,当天平重新恢复平衡时,从右盘中取出的砝码的总和就等于被测物体的质量.定载法称衡是在天平负载保持一定的条件下进行的,所以称衡过程中天平的灵敏度保持不变.

④ 不可长时间把重物和砝码放在天平上,读数完毕后应立即将其取下,并将游码归回零位,把盘摘离刀口,以尽可能缩短刀口的负载时间.

⑤ 天平的各部件以及砝码都要注意防锈防腐蚀,高温物体、液体及带腐蚀性的化学药品不得直接放在盘内称衡.

(3) 分析天平

分析天平是一种精密称衡质量的仪器.一般分析天平可准确称量到万分之一克左右,最大称量为 100 g 或 200 g,常用的空气阻尼式分析天平,其装置如图 2-2-2 所示.

分析天平的构造原理与物理天平基本相同,只是为了提高称衡准确度,分析天平有更精细严密的结构.为了防尘和保护天平,分析天平都放置在玻璃柜内,称衡时只需打开玻璃两侧的边门就可以增减砝码或置放待测物.玻璃柜的另一个作用是减小气流对称衡的干扰.

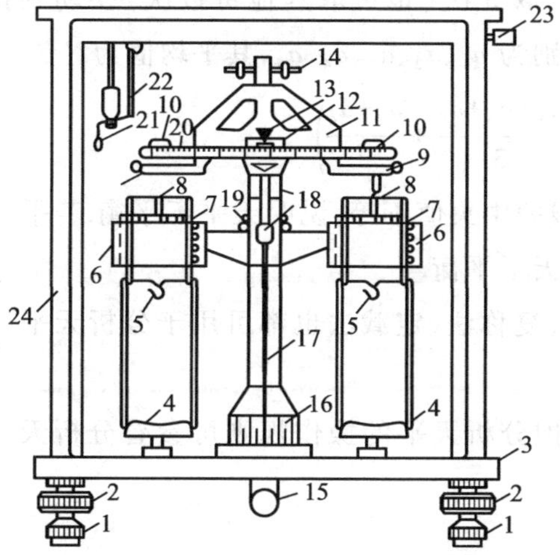

图 2-2-2

1—底脚螺丝托垫；2—底脚螺丝；3—底板；4—秤盘；5—挂钩；6—空气阻尼器外筒；7—空气阻尼器内筒；8—空气阻尼器挂钩；9—刀口托器；10—边刀口；11—横梁；12—刀承；13—刀口；14—平衡螺丝；15—制动旋钮；16—刻度板标尺；17—指针；18—重心螺丝；19—水准器；20—游码标尺；21—游码；22—游码支杆；23—游码调节手把；24—外罩门

由于分析天平十分灵敏，所以称衡时指针总是摆动不停.为使之很快静止下来，以便迅速判定平衡与读数，分析天平的左、右盘上方各装有一个空气阻尼器，其构造为：金属外筒固定在天平支柱上，金属内筒挂在天平吊环上，其筒口向下套于外筒中，内外筒之间有很小的空隙.横梁摆动时，必有一秤盘向下运动，相应的内筒也随之下降，并压缩内外筒之间空隙的空气.受压空气必须通过两筒壁间很狭窄缝隙及外筒底板上的小孔向外排出，因气体流泄较慢，就使横梁的摆动受到阻尼而很快停止下来.

分析天平的游码是通过玻璃柜外手把进行调节的：先将游码吊起，再根据所需将其移放在横梁上的游码标尺上.分析天平的游码标尺不同于物理天平的标尺，其零刻线恰在中央，所以，若游码置于左臂一侧，相当于左盘内增加砝码；若游码置于右臂一侧，相当于右盘内增加砝码.

分析天平的操作步骤与规程：

① 调水平：调节天平底脚螺丝，使支柱竖直，刀承水平.

② 调零点：天平空载时，转动制动旋钮，使天平横梁处于自由状态，观察指针的摆动情况，调节平衡螺丝，直至指针在刻度板标尺中线两侧作摆幅较小的等幅对称摆动为止，表明天平达到平衡.

③ 天平称衡：称衡时必须保证天平的负载不得大于其最大称量，必要时可用物理天平对待测物进行粗测.

称衡一般可以采用等摆法进行调整，即以指针摆动的情况来断定天平是否平衡，只要指针是在刻度板标尺中线两侧作等幅对称摆动，即可认为天平是平衡的；另一种称衡方法叫做摆动法，即在横梁摆动时，连续读取 5 次（也可取其他奇数次）摆动到偏转最大刻度时的读值，如图 2-2-3 所示，5 个读值分别为 a_1、a_2、a_3、a_4、a_5，其平均值为

$$\bar{a}=\frac{1}{2}\left(\frac{a_1+a_3+a_5}{3}+\frac{a_2+a_4}{2}\right)$$

若算得平均值与刻度线的中央值不等，说明天平不平衡.若平均值与中央值相等，则说明天平平衡.

除等摆法、摆动法之外，复称法、定载法也都可用于分析天平的称衡.

④ 有关正确使用和保护分析天平的操作规则可参看分析天平的操作规程.

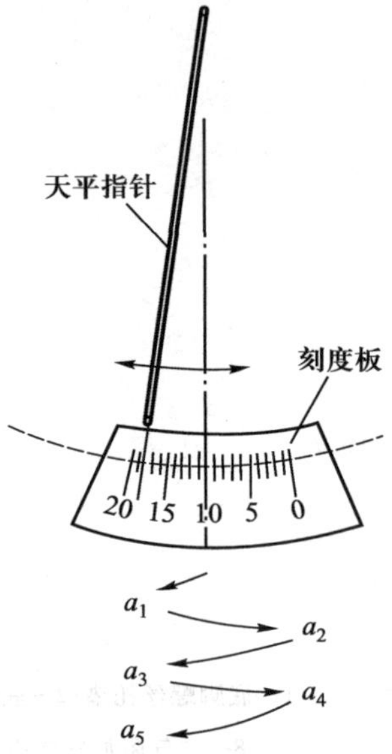

图 2-2-3

2. 物体密度的测量

若待测物体的质量为 m，体积为 V，则物体的密度为

$$\rho=\frac{m}{V} \tag{2-2-2}$$

密度 ρ 是一个间接测得量，由式(2-2-2)可知，如果用天平测得待测物体的质量 m，再用卡尺或螺旋测微器等测长工具求得待测物体的体积 V，便可以得到密度 ρ.

(1) 直接法

若待测物体为质量分布均匀的固体，同时其外形规则且不复杂，则利用式(2-2-2)可求其密度.例如，直径为 d、高度为 h 的金属圆柱体，其密度为

$$\rho=\frac{m}{V}=\frac{4m}{\pi d^2 h} \tag{2-2-3}$$

(2) 间接法

若待测物体的质量分布均匀，但其外形并不规则，则其体积无法直接测量，此时需用流体静力称衡法间接解决体积的问题，具体做法如下.

先在空气中称衡待测物体质量为 m，然后将待测物浸入水中（或密度已知的其他某种液体中），测其在水中的质量为 m_2（图 2-2-4）.如果忽略空气浮力以及拴系待测物细线质量的影响，根据阿基米德原理，则物体所受的浮力 $\rho_0 Vg$ 应等于物体在空气中的重量 $m_1 g$ 与它完全浸没在液体（水）中的重量 $m_2 g$ 之差，即

$$\rho_0 Vg=m_1 g-m_2 g$$

式中 ρ_0 为液体的密度，V 为物体排开液体的体积，

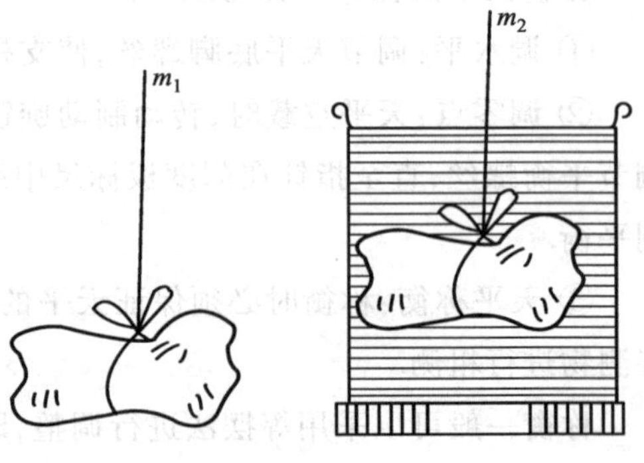

图 2-2-4

也即待测物的体积,由此可得

$$V=\frac{m_1-m_2}{\rho_0}$$

将此式代入密度的定义,就得到不规则形状的固体密度的计算公式:

$$\rho=\frac{m_1}{V}=\frac{m_1}{m_1-m_2}\rho_0 \qquad (2-2-4)$$

如果待测物体的密度较小,当将该物体放入液体中,因浮力作用,物体不能完全浸入液体时,可采取下面的措施:将待测物体先悬挂于空气中称衡质量为 m_1,再将待测物下面拴一个配重物,按照图 2-2-5(a)所示的情况,在配重物完全浸没于液体中而待测物尚在空气中时称衡得质量为 m_2,最后在配重物与待测物一同浸没于液体中称衡得质量 m_3[图 2-2-5(b)].则待测物在液体中所受的浮力为

$$\rho_0 Vg=m_2 g-m_3 g$$

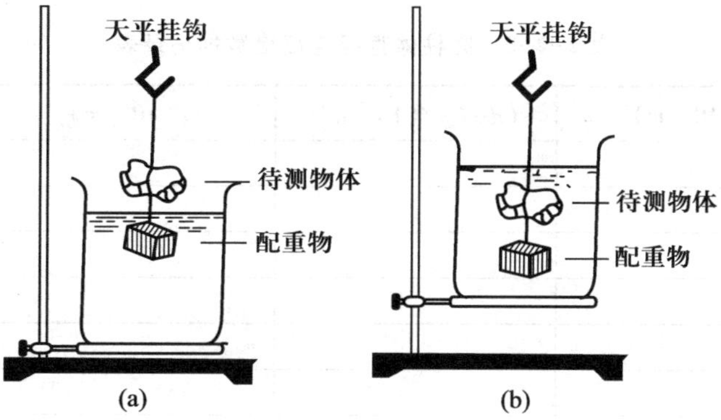

图 2-2-5

待测物体积为

$$V=\frac{m_2-m_3}{\rho_0}$$

待测物的密度为

$$\rho=\frac{m_1}{m_2-m_3}\rho_0$$

从上面的讨论可见,流体静力称衡法的实质是在测量过程中,用易于测量的待测物的质量代替难以测量的体积.

【实验内容与步骤】

1. 熟悉天平的结构,并按天平操作规程将天平调整好.
2. 直接法测量金属圆柱体的密度.

(1) 用游标卡尺测圆柱体高度 h,测 6 次,数据记入表 2-2-3;

(2) 用螺旋测微器测圆柱体的直径 d,测 6 次,数据记入表 2-2-3;

(3) 用天平测圆柱体的质量 m,单次测量.

3. 间接法(流体静力称衡法)测量金属圆柱体的密度.用天平分别称衡圆柱体在空气中的质量 m_1 和浸没水中后的质量 m_2,将 m_1 与 m_2 代入式(2-2-4)中算出圆柱体的密度 ρ.

4. 称衡完毕,整理实验场地.将天平横梁放下,将称盘摘离刀口,将砝码归入砝码盒中.

【数据处理】

1. 直接法

天平最大称量=　　　　　　　　$\times 10^{-3}$ kg.

天平最小分度值 Δ_{ins} =　　　　　　　　$\times 10^{-3}$ kg.

天平测得质量 m =　　　　　　　　$\times 10^{-3}$ kg.

表 2-2-3　圆柱体直径与高度数据记录表

测量次数	$d/(10^{-3}\ \text{m})$	$(\bar{d}-d_i)/(10^{-3}\ \text{m})$	$h/(10^{-3}\ \text{m})$	$(\bar{h}-h_i)/(10^{-3}\ \text{m})$
1				
2				
3				
4				
5				
6				
平均				

由上述数据可进行下列各步计算:

$$m \pm \Delta_{\text{ins}} = m \pm \Delta_m$$

$$\bar{d} = \frac{1}{n}\sum_{i=1}^{n} d_i$$

$$\bar{h} = \frac{1}{n}\sum_{i=1}^{n} h_i$$

$$\bar{\rho} = \frac{4m}{\pi \bar{d}^2 \bar{h}}$$

$$\Delta_{\text{A}d} = \sqrt{\frac{1}{n-1}\sum_{i=1}^{n}(\bar{d}-d_i)^2},\quad \Delta_{\text{B}d} = 0.005 \times 10^{-3}\ \text{m}$$

$$\Delta_{\text{A}h} = \sqrt{\frac{1}{n-1}\sum_{i=1}^{n}(\bar{h}-h_i)^2},\quad \Delta_{\text{B}h} = 0.02 \times 10^{-3}\ \text{m}$$

$$\Delta_d=\sqrt{\Delta_{Ad}^2+\Delta_{Bd}^2},\quad \Delta_h=\sqrt{\Delta_{Ah}^2+\Delta_{Bh}^2}$$

密度的相对合成不确定度

$$E_\rho=\sqrt{\left(\frac{\Delta_m}{m}\right)^2+\left(\frac{2\Delta_d}{\overline{d}}\right)^2+\left(\frac{\Delta_h}{\overline{h}}\right)^2}$$

密度测量结果的合成不确定度

$$\Delta_\rho=\overline{\rho}\cdot E_\rho$$

密度测量结果

$$\rho=\overline{\rho}\pm\Delta_\rho$$

2. 流体静力称衡法

天平最大称量＝　　　　　　kg

天平最小分度值 Δ_{ins}＝　　　　　　$\times10^{-3}$kg

环境温度 T＝　　　　　　℃

水的密度 ρ_0＝　　　　　　kg/m^3

空气中圆柱体质量 m_1＝　　　　　　$\times10^{-3}$ kg$\pm\Delta_{m_1}$

水中圆柱体质量 m_2＝　　　　　　$\times10^{-3}$ kg$\pm\Delta_{m_2}$

圆柱体密度

$$\rho=\frac{m_1}{m_1-m_2}\rho_0$$

密度相对不确定度

$$E_\rho=\sqrt{\left(\frac{1}{m_1}-\frac{1}{m_1-m_2}\right)^2\Delta_{m_1}^2+\left(\frac{1}{m_1-m_2}\right)^2\Delta_{m_2}^2}$$

密度测量结果的合成不确定度

$$\Delta_\rho=\rho\cdot E_\rho$$

密度测量结果

$$\rho\pm\Delta_\rho$$

【预习思考题】

1. 何谓天平的称量和分度值？
2. 如何正确使用天平？
3. 何谓流体静力称衡法？

【思考题】

1. 简要写出天平的调整步骤及注意事项.

2. 用物理天平称衡物体时，可不可以把砝码放在左盘而待测物体放在右盘？为什么？

3. 用流体静力平衡法测物体密度时，若被测物体浸入水中时表面吸有气泡，则测量结果所得密度值是偏大还是偏小？

4. 实验中所测圆柱体由金属铝做成，将所测结量与其理论值（可查表得到）比较，若有不同试分析其原因.

实验 2-3　静态拉伸法测金属丝弹性模量

在弹性限度内,外力对物体的作用将导致物体的形变(各部分间发生相对位置的变化).外力越大,形变也大;外力消失,形变也随之消失,这样的形变称为弹性形变.物体能够产生弹性形变,是因为物体内部存在着可使自身恢复原状的内应力.弹性模量(也称杨氏模量)反映的就是物体形变与其内应力关系的物理量,它表征某种材料抗形变能力的强弱,是选定机械构件材料的依据之一,是工程技术设计中常用的重要参量.

本实验以细金属丝为被测材料,在外力的作用下,金属丝被拉伸,通过对其长度、截面积、伸长量、外力等量的测量而测定出该金属丝的弹性模量.实验中涉及多种测长工具的使用,如米尺、游标尺、螺旋测微器、光杠杆等.其中光杠杆的工作原理广泛应用于测量技术当中,如在光电检流计、冲击电流计等高灵敏测量仪器中都有光杠杆的装置,因而这个实验是力学实验中的一个经典实验项目.

【实验目的】

1. 学会用拉伸法测量金属丝的弹性模量.
2. 掌握光杠杆测量微小长度变化的原理和方法.
3. 学习运用误差分析的方法选用合格的量具,并会用逐差法处理数据.

【实验原理】

任何物体在外力作用下都将发生形变,棒状物体(如金属丝)仅受轴向外力作用时单纯伸长(或缩短)的变形称为拉伸形变,是形变中最简单也是最常见的一种.设某种金属丝的长度为 L,横截面积为 S,沿轴向受到力 F 的作用,金属丝伸长量为 ΔL.其单位横截面积上的垂直作用力 F/S 称为正应力(协强),相对伸长 $\Delta L/L$ 称为线应变(协变).实验表明,在弹性形变范围内,正应力与线应变成正比,即

$$F/S=E\Delta L/L$$

或

$$E=\frac{F/S}{\Delta L/L} \tag{2-3-1}$$

式中比例系数 E 称为金属丝的弹性模量,它表征材料本身的性质,E 越大的材料,要使它发生一定的相对形变所需单位横截面积上的作用力也越大,说明该材料的抗形变能力也越强.弹性模量的单位是 $\mathrm{N\cdot m^{-2}}$ 或 Pa.表 2-3-1 是几种金属或合金材料在常温下的弹性模量.

为了测量弹性模量,可将式(2-3-1)进一步写作

$$E=\frac{4FL}{\pi d^2\Delta L} \tag{2-3-2}$$

表 2-3-1　几种材料的弹性模量(常温下)

材料名称	弹性模量/(10^{11} N·m^{-2})	材料名称	弹性模量/(10^{11} N·m^{-2})
生铁	0.735～0.833	工具钢	2.06～2.16
锻铁	1.96～2.16	辗压磷青铜	1.13
低碳钢	1.96～2.06	冷拉制黄铜	0.892～0.970
高碳钢	1.96～2.16	康铜	1.3
特种钢	2.16～2.35	工业铝	0.686～0.735

式中 d 为待测金属丝直径.根据式(2-3-2),测出等号右侧各量,便可算得金属丝的弹性模量.本实验的全称为静态拉伸法测金属丝弹性模量,具体做法是:将待测金属丝竖直地悬挂于支架上,其上端固定,下端加挂砝码对金属丝施力 F.金属丝长度 L 用米尺测量,直径 d 用螺旋测微器测量,力 F 由砝码的重力 $F=mg$ 算出.因金属丝的伸长量 ΔL 很小(10^{-1} mm 数量级),用普通的测长工具既难以测量,测量准确度又极低,故采用光杠杆来测量.

光杠杆工作原理如图 2-3-1 所示,光杠杆装置由平面镜、望远镜、标尺等部件构成.望远镜水平地对准光杠杆镜架上的平面镜,标尺与被测长度的变化方向平行,标尺到平面镜的距离为 D.调节望远镜以看清平面镜内反射的标尺像,并由望远镜中的叉丝横线读出标尺上的相应刻度值 x_0.当被测长度在外力作用下发生 ΔL 的变化后,平面镜固定架的后脚随之变化,使平面镜产生 θ 角的偏转.根据光的反射定律,镜面转过 θ 角,其反射光线将旋转 2θ 角.此时由望远镜标尺上读出的刻度值为 x,如图 2-3-1 中标示的 $\Delta x=x-x_0$,这样就将微小量 ΔL 转换为较大的变量 Δx 的测量.在长度变化 ΔL 很小的情况下($\Delta L \ll D$),以及平面镜偏转角 θ 很小情况下,有

$$\tan\theta \approx \theta \approx \frac{\Delta L}{b}$$

$$\tan 2\theta \approx 2\theta \approx \frac{\Delta x}{D}$$

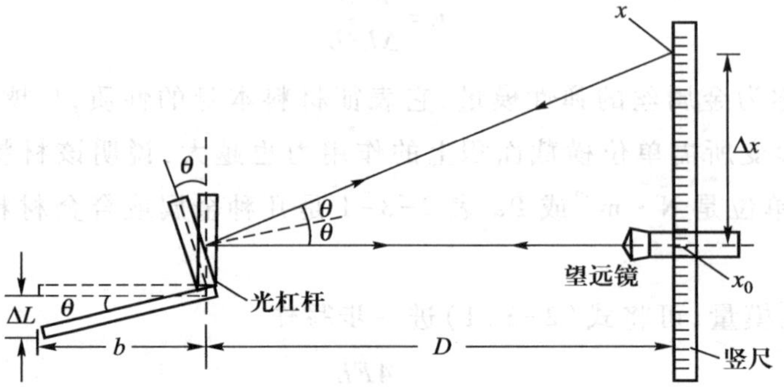

图 2-3-1

以上两式联立消去 θ，可得

$$\Delta L=\frac{b}{2D}\Delta x \tag{2-3-3}$$

由此可见，通过 D、b、Δx 这些较为容易测准的量，可以间接地准确测量出被测量金属丝的微小伸长量 ΔL.

式(2-3-3)还告诉我们，光杠杆具有放大作用，即光杠杆将微小长度变化量 ΔL 的测量转换为标尺上相应位移量 Δx 的测量，且 Δx 与 ΔL 相差较大，具体来说，Δx 是 ΔL 的$\frac{2D}{b}$倍.对于一定的光杠杆装置来说，$\frac{2D}{b}$是一个常数，可将其称为光杠杆的放大倍数.实际测量时一般取 D 为 1.5~2 m，取 b 为 6.5~9 cm，这样光杠杆的放大倍数为 30~60 倍.

综合式(2-3-2)与式(2-3-3)，得待测金属丝的弹性模量为

$$E=\frac{8DFL}{\pi d^2 b\Delta x} \tag{2-3-4}$$

【实验仪器】

弹性模量测定仪，游标尺，螺旋测微器，米尺，待测金属丝，砝码等.

弹性模量测定仪装置如图 2-3-2 所示，H 形支柱下部有三个可调底脚螺丝，调节它们可使支柱垂直于地面，同时也使支柱中部可以上下调节的小平台 G 处于水平.小平台中间开有一圆孔，圆孔中穿有一个圆柱形夹具 C.待测金属丝一端被固定在 H 形支柱的横梁上，另一端就与这个圆柱形夹具相连.夹具在小平台圆孔中可随金属丝的伸缩而作上下自由移动.圆柱形夹具上有水平刻线，作为金属丝下端位置的读数标记.砝码悬挂在夹具下，随着所挂砝码数的不同，金属丝产生不同大小的伸长.

平面镜 M 被垂直固定在一个小 T 形架上，其结构如图 2-3-3 所示.T 形架由 3 个尖足 a、d、c 支撑，a 足到 d、c 连线的垂直距离通常称为光杠杆常量 b.d、c 足置于小平台，a 足置于圆柱体夹具的顶面上，当金属丝长度发生伸长(或缩短)时，a 足随之向下(或向上)运动，致使平面镜绕 dc 轴偏转，产生偏转角 θ.

光杠杆的读数装置是由一个竖直的标尺 S 和一架测量望远镜 R 组成.望远镜水平地对准光杠杆镜架上的平面镜，调节望远镜可看清平面镜内反射的标尺像，由此读出金属丝长度变化前和变化后的刻度值，便可确定 Δx 值.

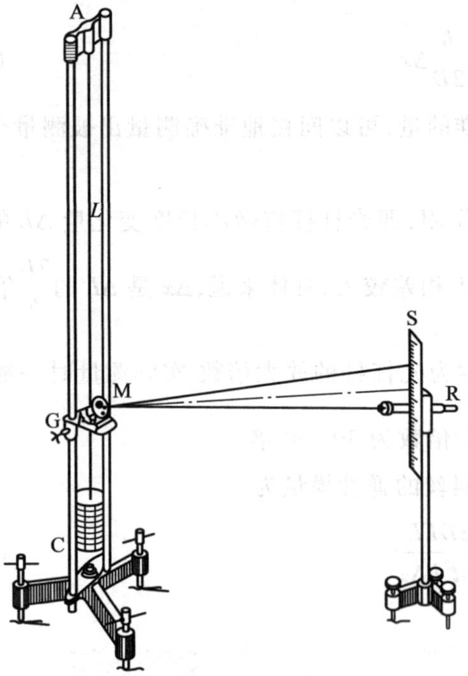

图 2-3-2

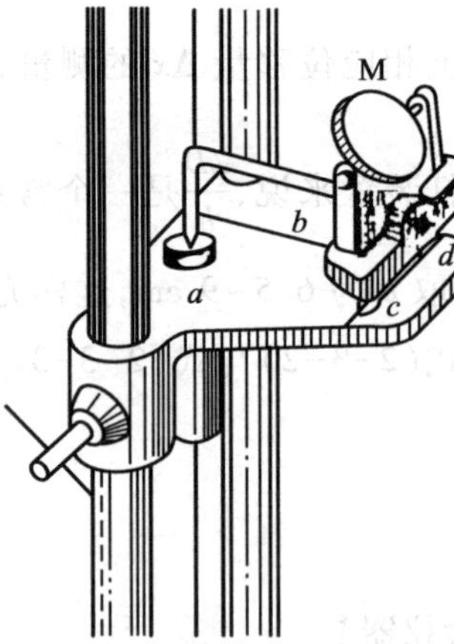

图 2-3-3

【实验内容与步骤】

1. 仪器调整

（1）调整弹性模量测定仪的底脚螺丝使立柱竖直且平台水平.调整完毕后，检查被测金属丝是否处于竖直状态，查看圆柱形夹具是否在平台圆孔中能够无阻力自由升降.为避免待测金属丝弯曲，可在夹具下端的钩码上加挂初始砝码（也称本底砝码，不同规格的金属丝所加本底砝码不同，一般对直径 $d=0.8$ mm左右的钢丝可加 1~2 kg 本底砝码），以使金属丝处于拉直状态.

（2）T 形架水平置于小平台上，其后足不能与金属丝相碰.

（3）在光杠杆平面镜前 1.5~2 m 处放置镜尺装置.将望远镜调整水平，并与平面镜等高；将刻度尺面调整成竖直状态.

（4）调节望远镜，步骤如下：先调节目镜看清叉丝，然后移动镜筒看清标记，并使标记的像与叉丝无视差（即当视线略微上下移动时，标记的像与叉丝之间无相对移动）.

2. 测量

（1）用米尺测量金属丝原始长度 L 及光杠杆平面镜到刻度尺间的距离 D，只作单次测量即可.

（2）在加挂初始砝码 m_0 后，记录十字叉丝处刻度尺的读数 x_1.

(3) 依次在砝码钩上加挂砝码，每增加一个砝码（0.5 kg 或 1 kg），金属丝被拉伸，标尺刻度值发生变化，读取对应的标尺刻度值，依次记为 x_2、x_3、…、x_8，随后进行相反过程测量，即以 x_8 值开始，把砝码逐个减下，记下对应的标尺刻度值，得到 x'_8、x'_7、…、x'_1，数据记入表 2-3-2.

表 2-3-2 标尺读数表

测量次数	砝码质量	望远镜标尺读数			逐差
		加砝码 x_i/cm	减砝码 x'_i/cm	平均值 $\overline{x_i}$/cm	$\Delta x(=\overline{x_{i+4}}-\overline{x_i})$/cm
1	m_0				
2	m_0+1 kg				
3	m_0+2 kg				
4	m_0+3 kg				
5	m_0+4 kg				
6	m_0+5 kg				
7	m_0+6 kg				
8	m_0+7 kg				
平均值 $\overline{\Delta x}$/cm					

(4) 用游标尺测量光杠杆常量 b.方法是将 T 形架平放在纸上轻压一下，印得三尖足留痕，单次测出其后足至两前足连线的垂直距离.

(5) 用螺旋测微器测量金属丝直径 d，应在金属丝上 6 个不同的部位处各测 1 次，数据记入表 2-3-3.

表 2-3-3 金属丝直径测量表

测量次数	1	2	3	4	5	6
直径 d/cm						
螺旋测微器初读值/cm			平均值 $\overline{d}$/cm			

【数据处理】

1. 单次测量的各测量值

标尺到平面镜的距离 D= cm.

金属丝原始长度 L= cm.

光杠杆常量 $b=$　　　　　cm.

2. 多次测量的各测量值

3. 逐差法处理标尺数据

由于金属丝伸长量与所加拉力呈线性关系，所以对标尺读数表格中的数据，宜用隔项逐差予以处理，并求得标尺上位移 Δx 的平均值$\overline{\Delta x}$，即

$$\overline{\Delta x}=\frac{1}{4}[(\overline{x_8}-\overline{x_4})+(\overline{x_7}-\overline{x_3})+(\overline{x_6}-\overline{x_2})+(\overline{x_5}-\overline{x_1})]$$

4. 各量不确定度的计算

对单次测量的各个量，不确定度取决于所用测量工具的最大仪器误差.测量标尺到平面镜的距离 D 和金属丝原始长度 L 所用米尺的 Δ_{ins} 本应取最小分度值 1 mm 的 1/2，即 0.5 mm，但考虑 D 与 L 需在始端与末端两次读值，取 $\Delta_D=\Delta_L=0.1$ cm；测量光杠杆常量 b 所用卡尺的分度值为 0.02 mm，故其单次测量结果的不确定度$\Delta_b=0.002$ cm.

计算标尺读数变量 Δx 的 A 类不确定度

$$\Delta_{\text{A}\Delta x}=\sqrt{\frac{1}{n-1}\sum_{i=1}^{n}(\Delta x_i-\overline{\Delta x})^2}$$

标尺读数变量 Δx 的 B 类不确定度分量 $\Delta_{\text{B}\Delta x}=0.1$ cm，则

$$\Delta_{\Delta x}=\sqrt{\Delta_{\text{A}\Delta x}^2+\Delta_{\text{B}\Delta x}^2}$$

金属丝直径 d 的不确定度为

$$\Delta_{\text{A}d}=\sqrt{\frac{1}{n-1}\sum_{i=1}^{n}(d_i-\overline{d})^2},\quad \Delta_{\text{B}d}=0.000\ 5\ \text{cm},\quad \Delta_d=\sqrt{\Delta_{\text{A}d}^2+\Delta_{\text{B}d}^2}$$

5. 测量结果

$$E=\frac{8DFL}{\pi d^2 b\Delta x}$$

E 的单位为 $\text{N}\cdot\text{m}^{-2}$.利用以上数据，可有两种方法求得金属丝的弹性模量 E.

一种方法是将各所测数据代入式(2-3-4)中，求得 $\overline{E}$ 值，$\overline{E}=\dfrac{8DFL}{\pi\overline{d}^2 b\ \overline{\Delta x}}$.取本地重力加速度 $g=9.796\ \text{m}\cdot\text{s}^{-2}$.由隔项逐差法求得的位移平均值$\overline{\Delta x}$相对应的砝码数量应为 4 个，故金属丝所受拉伸外力为

$$F=4mg$$

金属丝弹性模量 E 的相对不确定度由下式决定：

$$E_E=\sqrt{\left(\frac{\Delta_D}{D}\right)^2+\left(\frac{\Delta_L}{L}\right)^2+\left(\frac{\Delta_{\Delta x}}{\overline{\Delta x}}\right)^2+\left(\frac{\Delta_b}{b}\right)^2+\left(\frac{2\Delta_d}{\overline{d}}\right)^2}$$

其合成不确定度

$$\Delta_E=\overline{E}E_E$$

测量结果为

$$E=\overline{E}\pm\Delta_E$$

另一种方法是通过描绘作图求得 E，由式(2-3-4)有

$$\Delta x=\frac{8DFL}{\pi d^2bE}=KF \tag{2-3-5}$$

式中 $K=\frac{8DL}{\pi d^2bE}$，在给定的实验条件下，K 是常量.若以 $\Delta x=x_{i+1}-x_1(i=1,2,\cdots,7)$ 为纵坐标，F 为横坐标作图，应得到一条直线，其斜率恰为 K，由此便可得到金属丝的弹性模量.

【预习思考题】

1. 何谓弹性模量，它与哪些物理量相关？
2. 光杠杆将微小长度变化量放大的基本原理是什么？

【思考题】

1. 光杠杆测量微小长度变化量的原理是什么，有何优点？
2. 用逐差法处理数据有什么好处？能否根据实验数据判断金属丝是否超过弹性限度？
3. 本实验的测量数据采用隔项逐差法予以处理，为什么不用逐项逐差法呢？
4. 为什么要在不同位置上测量金属丝的直径？

实验 2-4　用光杠杆法测量固体的线胀系数

随着外界温度的升高，绝大多数物质的体积都会增大；而当外界温度降低时，其体积又会随之缩小，我们称这种现象为物质的热胀冷缩.物质之所以具有如此性质，是由于物体内部分子热运动的加剧或减弱.固体线胀系数是指固体材料受热膨胀时在一维方向上的伸长量，它就是反映物体形变与其受热关系的物理量，是一个表征固体材料热性质的重要参量.在新材料的研究领域，或在那些与材料性质相关的行业中，如工程结构的设计、机械或仪表的制造，以及材料的焊接、切割、表面处理等加工过程中，都离不开对材料线胀系数的测定.

【实验目的】

1. 了解用光杠杆测量微小长度变化的原理和方法，并掌握调整光杠杆和望远镜的基本要领.

2. 学会测量金属杆的线胀系数.

【实验原理】

实验表明，在一定的温度范围内，原来长度为 L_0 的物体受热后，其伸长量 $\Delta L=L-L_0$ 与原长 L_0 成正比，与其温度的增加量 $\Delta t=t_2-t_1$ 近似成正比，这一关系可表示为

$$L-L_0=\alpha L_0(t_2-t_1) \tag{2-4-1}$$

式中的比例系数 α 称为固体的线（膨）胀系数.实验还表明，在温度变化不大的范围内，线胀系数 α 可视为不变的常量，也就是说，对某种确定的固体材料，其线胀系数为确定的常量；对不同类的固体材料，其线胀系数各不相同.表 2-4-1是几种常用材料的线胀系数.

表 2-4-1　几种材料的线胀系数

材料名称	线胀系数/$℃^{-1}$	材料名称	线胀系数/$℃^{-1}$
硬橡皮	8.0×10^{-5}	铜	1.7×10^{-5}
铅	2.9×10^{-5}	金	1.4×10^{-5}
铝	2.3×10^{-5}	钢	1.1×10^{-5}
银	2.0×10^{-5}	普通玻璃	0.9×10^{-5}
黄铜	1.9×10^{-5}	石英玻璃	0.6×10^{-5}

为测量某种固体材料的线胀系数，通常可以取该材料做成线状或杆状的样品.由式（2-4-1）可知，先测量出温度为 t_1 时的样品长度 L_1，再使其均匀受热，当温度达到 t_2 时，测得其长度 L_2，这样就可以得到样品的伸长量 $\Delta L=L_2-L_1$，则该种固体材料在（t_1，t_2）温区的线胀系数为

$$\alpha=\frac{\Delta L}{L_1(t_2-t_1)} \tag{2-4-2}$$

上式说明，线胀系数 α 是某种固体材料在一定温度区域内，温度每升高一度时该材料的相对伸长量，其单位为℃$^{-1}$.因为同一材料在不同温区内的线胀系数不一定完全相同，故式(2-4-2)所求得的线胀系数，严格说只是(t_1,t_2)温区内的平均线胀系数.

根据经验，若待测线状材料（如金属杆）的长度 L 约为 500 mm，温度变化 Δt 在 100 ℃左右，因为金属的线胀系数的数量级为 10^{-5} ℃$^{-1}$，则可估算出其伸长量 ΔL 约为 0.5 mm.对于这样微小的线状材料改变量的测量，用普通的米尺或游标卡尺是难以测准确的.因而通常采用光学放大法进行测量，即先将待测微小量进行光学放大，然后测量放大了的物理量，最后通过较大物理量的测量获得微小待测量的量值.本实验就是借助光杠杆来放大和测量金属杆受热伸长量的.

光杠杆测量系统由光杠杆的平面镜 M、水平放置的望远镜 T 和竖直标尺 S 等部件构成，其工作原理如图 2-4-1 所示.当金属杆受热伸长时，光杠杆镜架（也叫 T 形架）的后足脚在竖直方向上被抬高，致使平面镜 M 绕轴转过 θ 角.由光线传播的性质可知，平面镜的反射光线将因此而发生 2θ 角的方向改变.通过望远镜的观测，可将角度的变化转换为标尺读数的改变.若从望远镜中读得金属杆伸长前后的标尺读数分别为 x_0 和 x，由此就把对金属杆微小伸长量ΔL 的测量转换为对较大标尺读数改变量 $\Delta x=x-x_0$ 的测量（详细的光杠杆工作原理可参阅实验 2-3）.

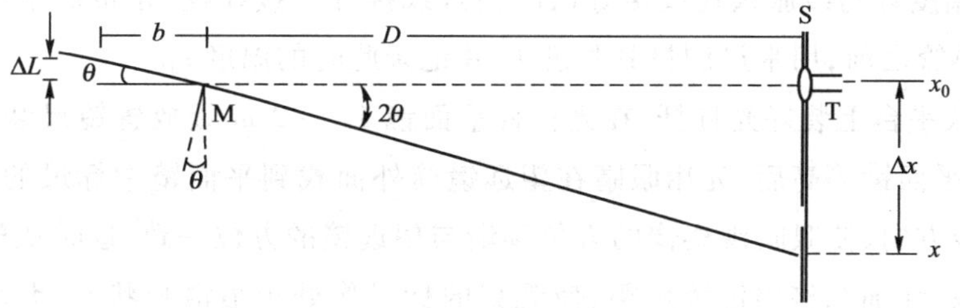

图 2-4-1

在金属杆伸长量很小，也即平面镜 M 偏转角 θ 很小的情况下，由图 2-4-1 可见

$$\tan\theta\approx\theta\approx\frac{\Delta L}{b}$$

$$\tan 2\theta\approx 2\theta\approx\frac{\Delta x}{D}$$

消去 θ，可得

$$\Delta L=\frac{b}{2D}\Delta x=\frac{b}{2D}(x-x_0) \tag{2-4-3}$$

式中 b 为光杠杆常量；D 为光杠杆镜面到标尺之间的垂直距离；$\Delta x=x-x_0$，x_0 与 x 分别为温度为 t_1 与 t_2 时望远镜中标尺的读数.由式(2-4-2)和式(2-4-3)可得

$$\alpha=\frac{b(x-x_0)}{2DL_1(t_2-t_1)} \tag{2-4-4}$$

可见，若准确测得式中的各量，便可算得金属杆的线胀系数 α.

【实验仪器】

固体线胀系数测定仪（线胀仪），待测金属杆，光杠杆，望远镜，数字温度计，米尺，游标卡尺等.

整个实验装置由线胀仪及光杠杆系统和测温系统（数字温度计）等部分组成.线胀仪主要包括：给待测材料加热的加热管，安装加热管的支架和放置光杠杆的平台.当待测金属杆置入加热管内时，光杠杆的前足置于支架平台槽内，后足置于金属杆端顶，随金属杆的受热伸长，光杠杆后足抬高，致使光杠杆平面镜发生绕轴偏转.测温系统（数字温度计）主要包括：温度计、传感器和数字显示器.置于待测金属杆内的温度计测得温度，传感器将其转换成电信号，并由数字显示窗将所测温度显示出来.测温系统的温度测量范围为 0 ℃～(120.0±0.5) ℃.为确保安全，测温装置设有过温保护电路，一般限温为(120±5) ℃，即当温度超过 120 ℃时，仪器将自动断电，停止加热；当温度低于 120 ℃时，仪器又会自动启动，开始工作.

【实验内容与步骤】

1. 将数字温度计与线胀仪连线接好（注意：红线接红色接线柱，正负极不可接错）.在待测金属杆置入加热管之前，用米尺测量其长度 L，并记录此时的温度 t_0.

2. 在线胀仪平台上装好光杠杆，在光杠杆平面镜 1.5～2 m 处放置镜尺装置，将望远镜调整水平，使之与平面镜等高后，先用眼睛在望远镜筒外面找到平面镜中标尺的像，然后缓缓地变动平面镜法线方向，使眼睛观察像的方位逐渐与望远镜的方位一致，这时从望远镜内应能够观察到标尺的像，仔细调整望远镜焦距，使观察的标尺像处于最清晰状态.此刻望远镜中标尺的读数 x_0 就是对应于温度 t_0、金属杆长度 L 的值，记录此值.

3. 接通加热管电源，给待测金属杆加热，观察温度计的温度变化以及望远镜中的标尺读数，每当温度变化 5 ℃，记下 t_i 与标尺读数 x_i，读取 12 组数据.

4. 停止加热，用米尺测量光杠杆镜面到标尺的垂直距离 D；用游标卡尺测量光杠杆常量 b，具体做法是：将光杠杆在纸上轻按，印得的足印为一段线痕和一个点痕，据此用游标卡尺测得点线间的垂直距离.

【数据处理】

1. 数据记录（表 2-4-2）

单次测量的各测量值：

温度为 t_0 时的金属杆长度 $L=$ cm.

标尺到平面镜的距离 $D=$ cm.

光杠杆常量 $b=$ mm.

表 2-4-2　温度与标尺数据记录表

测序	温度 t	标尺读数 x/cm	逐差 $\Delta x(=x_{i+6}-x_i)$/cm
1	t_0		
2	$t_0+5.0$ ℃		
3	$t_0+10.0$ ℃		
4	$t_0+15.0$ ℃		
5	$t_0+20.0$ ℃		
6	$t_0+25.0$ ℃		
7	$t_0+30.0$ ℃		
8	$t_0+35.0$ ℃		
9	$t_0+40.0$ ℃		
10	$t_0+45.0$ ℃		
11	$t_0+50.0$ ℃		
12	$t_0+55.0$ ℃		
逐差平均值 $\overline{\Delta x}$/cm			

2. 不确定度的计算

由于金属杆伸长量与其温度的增加量呈线性变化关系，所以对标尺数据采取隔项逐差处理后，其不确定度为

$$\Delta_{\Delta x}=\sqrt{\Delta_{A\Delta x}^2+\Delta_{B\Delta x}^2}$$

其中

$$\Delta_{A\Delta x}=\sqrt{\frac{1}{n-1}\sum_{i=1}^{n}(\Delta x_i-\overline{\Delta x})^2},\quad \Delta_{B\Delta x}=0.1\ \text{mm}$$

由于对温度 t 的测量是单次的，故其不确定度只有 B 类分量，即

$$\Delta_t=\Delta_{Bt}=\Delta_{ins}=0.1\ ℃$$

金属杆长度 L、镜尺距离 D 和光杠杆常量 b 同样是单次测量，故

$$\Delta_L=\Delta_D=0.1\ \text{cm}$$

$$\Delta_b=0.002\ \text{cm}$$

3. 测量结果

线胀系数 α 的近真值可由式(2-4-4)得到，即

$$\overline{\alpha}=\frac{b\,\overline{\Delta x}}{2DL\Delta t}$$

根据不确定度的传递与合成规律，线胀系数的相对不确定度为

$$E_{\alpha}=\frac{\Delta_{\alpha}}{\overline{\alpha}}=\sqrt{\left(\frac{\Delta_{\Delta x}}{\Delta x}\right)^{2}+\left(\frac{\Delta_{b}}{b}\right)^{2}+\left(\frac{\Delta_{D}}{D}\right)^{2}+\left(\frac{\Delta_{\Delta t}}{\Delta t}\right)^{2}+\left(\frac{\Delta_{L}}{L}\right)^{2}}$$

由此得到线胀系数的合成不确定度

$$\Delta_{\alpha}=E_{\alpha}\overline{\alpha}$$

最终的测量结果为

$$\alpha=\overline{\alpha}\pm\Delta_{\alpha}$$

【预习思考题】

1. 何谓固体材料的线胀系数，它与哪些物理量有关？
2. 引起 α 测量不确定度的主要因素是什么？
3. 光杠杆将微小长度变化量放大的基本原理是什么？

【思考题】

1. 若实验中加热时间过长，使仪器支架受热膨胀，这对线胀系数的测定有何影响？
2. 根据待测金属杆的伸长量与温度增加量的关系，你能否通过作图的方法求得线胀系数？
3. 有一体积为 V 的各向同性物体，其体积受热后也符合 $\frac{\Delta V}{V}=\beta\Delta t$ 的关系式，β 为体膨胀系数.试证明物体的体膨胀系数为线膨胀系数的 3 倍，即 $\beta=3\alpha$.

实验 2-5　用干涉法测量固体的线胀系数

【实验目的】

1. 了解迈克耳孙干涉仪的基本原理.

2. 采用干涉法测量试件的线胀系数.

【实验原理】

1. 固体的线胀系数

在一定温度范围内,原长为 L_0(在 $t_0=0$ ℃时的长度)的物体受热时温度升高,一般固体会由于原子的热运动加剧而发生膨胀,在温度为 t(单位为℃)时,伸长量 ΔL 与温度的增加量 Δt($\Delta t=t-t_0$)近似成正比,与原长 L_0 也成正比,即

$$\Delta L=\alpha L_0\Delta t \tag{2-5-1}$$

此时的总长是

$$L_t=L_0+\Delta L \tag{2-5-2}$$

式中 α 为固体的线胀系数,它是固体材料的热学性质之一.在温度变化不大时,α 是一个常量,可由式(2-5-1)和(2-5-2)得

$$\alpha=\frac{L_t-L_0}{L_0t}=\frac{\Delta L}{L_0}\cdot\frac{1}{t} \tag{2-5-3}$$

由上式可见,α 的物理意义是:当温度每升高 1 ℃时,物体的伸长量 ΔL 与它在 0 ℃时的长度之比为 α.α 是一个很小的量,当温度变化较大时,α 可用 t 的多项式来描述:

$$\alpha=A+Bt+Ct^2+\cdots$$

式中 A,B,C 为常量.

在实际的测量当中,通常测得的是固体材料在室温 t_1 下的长度 L_1 及其在温度 t_1 至 t_2 之间的伸长量,由此就可以得到线胀系数,这样得到的线胀系数是平均线胀系数 α:

$$\alpha\approx\frac{L_2-L_1}{L_1(t_2-t_1)}=\frac{\Delta L_{21}}{L_1(t_2-t_1)} \tag{2-5-4}$$

式中 L_1 和 L_2 分别为物体在 t_1 和 t_2 下的长度,ΔL_{21}($=L_2-L_1$)是长度为 L_1 的物体在温度从 t_1 升至 t_2 的伸长量.在实验中我们需要直接测量的物理量是 ΔL_{21},L_1,t_1 和 t_2.

2. 干涉法测量线胀系数

采用迈克耳孙干涉法测量试件的线胀系数如图 2-5-1 所示,由迈克耳孙干涉原理可知,长度为 L_1 的待测试件被温控炉加热,当温度从 t_1 上升至 t_2 时,试件因线胀推动迈克耳孙干涉仪动镜(反射镜 3)的位移量与干涉条纹变化的级数 N 成正比,即

$$\Delta L_{21}=\Delta L=N\frac{\lambda}{2} \tag{2-5-5}$$

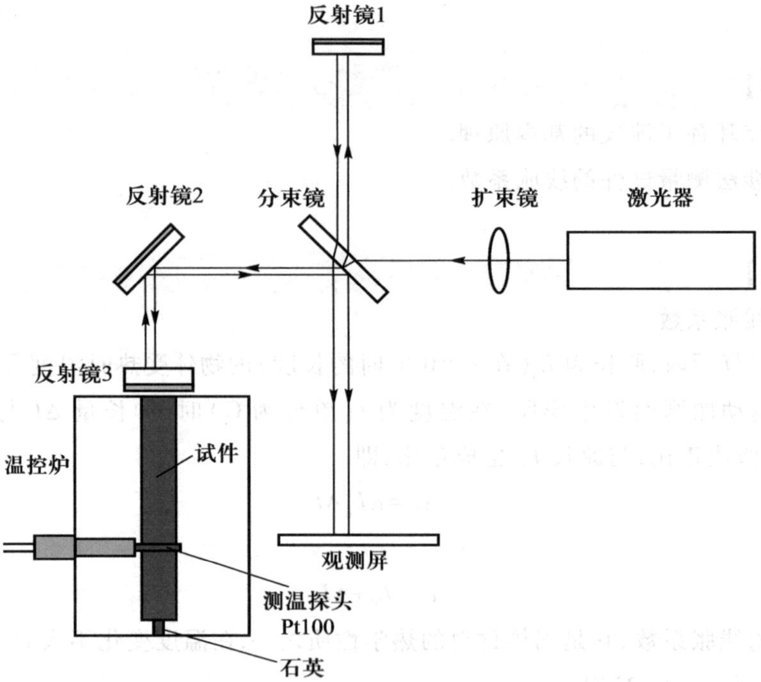

图 2-5-1　干涉法线胀系数原理图

式中 λ 为激光的光波波长.

将式(2-5-5)代入式(2-5-4),得

$$\alpha=\frac{N\lambda/2}{L_1(t_2-t_1)} \tag{2-5-6}$$

【实验仪器】

热膨胀实验仪(图 2-5-2).

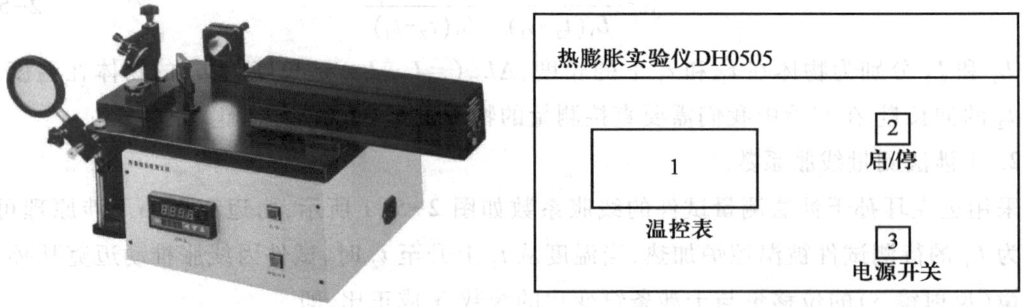

(a) 实物图　　(b) 前面板

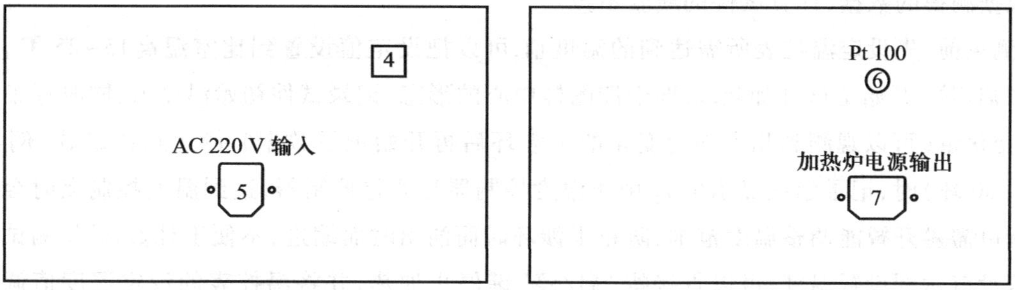

(c) 侧面板　　(d) 侧面板

图 2-5-2　热膨胀实验仪

1—温控表:温度设定与控制;2—启/停:开启或停止智能控温;3—电源总开关;
4—半导体激光电源,5 V 输出(仅半导体激光器型);5—市电 AC 220 V 输入;
6—Pt100 测温传感器接口;7—加热炉控制电源输出

【实验内容与步骤】

1. 待测试件的放置

先将待测试件从试件盒中取出(可用 M4 螺钉旋入试件一端的螺纹孔内,将试件提拉出来),再用游标卡尺测量并记录试件长度 L_1.移开反射镜 2,手提 M4 螺钉把试件放入电热炉(确保试件的测温孔与炉侧面的测温探头插入圆孔对准;注意轻放,禁止将样品直接掉进加热炉,以免砸碎试件底端的石英玻璃垫).然后拧下螺钉,将带螺纹的反射镜 3 与试件连接起来(不可拧得过紧以免石英玻璃破碎).当要更换试件时,需先拧下反射镜 3,用辅助的 M4 螺钉取出试件.

将测温 Pt100 探头,通过加热炉侧面圆孔插入试件测温孔内;传感器插座与仪器后面板上的"Pt100"插座对应相连;加热炉控制电源与仪器后面板上的"加热炉电源输出"相连.最后,重新放置好反射镜 2.

2. 光路调节

接通电源,点亮氦氖激光器;若使用的是半导体激光器,可以将半导体激光器与仪器右侧的 5 V 激光电源相连,开启仪器电源开关即可.先移开扩束镜,调节激光器出射光、反射镜 1、反射镜 2 和分束镜,使毛玻璃瓶上两组光点中两个最强点重合.然后,将扩束镜放置到光路中,若采用半导体激光器作为光源,可以通过扩束镜调节架放置并调节扩束镜的位置;若采用氦氖激光器,则需要将带有磁性的扩束镜架放置在激光器出光口上;仔细调节,毛玻璃屏上将出现干涉条纹,通过微调反射镜 1 和反射镜 2,可将干涉环调节到毛玻璃屏中便于观察的位置.

3. 实验测试

可以采用按试件一定的伸长量(例如 50 或 100 个干涉环变化对应的光程差),测出试件温度的变化量的方法;也可以采用按升高一定的温度(例如5 ℃或 10 ℃)测量试件伸长量的方法；根据测得的数据，计算试件的线胀系数.

测量前，先设定温控表所需达到的温度值.可以把设定值设置到比室温高15～25 ℃，然后按下"启/停"开始给试件加热.认准干涉图样中心的形态，记录试件初始温度 t_1，同时仔细默数环的变化量(可以观测到几个均匀变化的干涉环后再开始记录数据).待达到预定数(例如 50 环或 100 环)时，记录温度显示值 t_2.由于温度控制器是调差控制器，达到温度控制点时会有反复，所以需避开智能调整温度范围，防止干涉环时而涌出时而缩进，不便于计数.样品测试完毕后，若没有达到设置温度，可以直接按"启/停"键停止加热，并将温控表的设定温度值调节到室温以下，使加热炉冷却.

若室温低于试件的线性变化温度范围，可加热至所需温度后再开始实验测量.

测量不同试件的数据，填入表 2-5-1.实验完毕后，将温控表设定温度设置在室温以下，关闭电源.

表 2-5-1　测试数据表

试件名称	试件长度 L_1/mm	温度		干涉环变化数 N	试件伸长量 $\Delta L\left(=N\dfrac{\lambda}{2}\right)\Big/$nm	线胀系数 $\alpha/(10^{-6}\ ℃^{-1})$
		t_1/℃	t_2/℃			
硬铝						
黄铜						
钢						

【注意事项】

1. 反射镜 3(动镜)上黏结的石英玻璃管不能承受较大的扭力和拉力.
2. 加热炉中，试件底部的石英垫不能承受较大冲击，务必轻拿轻放试件.
3. 加热炉温度不可设置太高，以免冷却时间过长.
4. 眼睛不可直视激光束.
5. 反射镜和分束镜均为易碎器件，注意安全.
6. 注意保证安静的实验环境.

实验 2-6　声波速度的测量

声波是一种在弹性介质中传播的机械波,根据声波频率的不同,通常将声波分为次声波(其频率低于 20 Hz)、可闻声波(其频率在 20~20 000 Hz 之间)、超声波(其频率在 2×10^4~10^9 Hz 之间).声波的传播速度与介质性质和温度等因素有关,而与声源振动频率无关,因而通过声速的测定有助于对介质性质的研究.特别由于超声波具有频率高、波长短、穿透力强、易于定向发射和接收等优点,故超声波速度的测量在声波测距、声波定位、声波探伤以及对各种材料性能研究方面都有广泛的应用.本实验要测量声波在空气中的传播速度.

【实验目的】

1. 了解声波产生和接收的原理,学习一种测量空气中声速的方法.
2. 加深对驻波和振动合成等理论知识的理解.

【实验原理】

1. 声波的发射与接收

某些材料,如钛酸钡陶瓷、锆钛酸铅陶瓷等,均具有一种特殊的电学性质:当它们受到外力作用而产生压缩或伸长等机械形变时,便会在其特定的对应表面上产生异号等量的电荷,即在两个面间产生电压(或场).我们把这种由于形变而产生电压(电场)的现象称为压电效应,把具有压电效应的物质称为压电体.压电效应是可逆的.若将压电体置于电场内(或将其两相对面与交变电源相接),压电体将随电场的变化而沿其厚度的方向发生交替的伸长与压缩,即产生机械振动.我们把压电体这种由于电场作用而产生的振动现象称为逆压电效应或电致伸缩效应.本实验就是利用压电体的逆压电效应而发射声波,利用压电效应而接收声波的.

如图 2-6-1 所示,用锆钛酸铅材料制成压电陶瓷管,陶瓷管内、外壁与交变信号源相连,并与合金铝制成阶梯形变幅杆粘连在一起.当压电陶瓷管受到交变电场的作用时,压电陶瓷管会产生沿管轴向的周期性伸长或缩短,带动变幅杆同时产生沿轴向的振动,于是变幅杆端面便在空气中激发出声波.当交变电场的变化频率与压电陶瓷管的固有频率相等时,陶瓷管处于共振状态,其振幅最大,此时由变幅杆激发的声波也最强.

在接收端,锆钛酸铅材料制成的圆形片用于接收声波,利用压电体的压电效应,陶瓷圆片可将其接收到的声波转换为电压(电场)的交变信号.

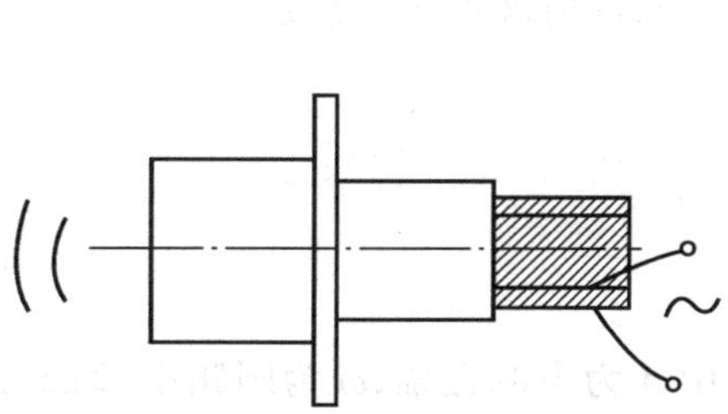

图 2-6-1

2. 波长的测定

声源发出声波后,其传播速度 v 与频率 ν、波长 λ 的关系为

$$v=\nu\lambda \tag{2-6-1}$$

由此式可知，若能测得声波的频率 ν 和波长 λ，就可求出声速 v.因为在实验装置中的声波、交变电信号及压电陶瓷管的固有频率都是相同的，利用频率计测定它们之中的任意量，即可得到声波频率.所以，声速测量的关键是声波波长的测量.

声波波长可用下面的两种方法测得：

(1) 驻波干涉法

实验装置如图 2-6-2 所示，S_1 为压电陶瓷管（声波声源的发射头），信号发生器输出的正弦交变信号与之相接，使它的变幅杆产生振动而激发声波.S_2 是压电陶瓷圆片（声波的接收头），它可以把接收到的空气振动转换成交变的正弦电压信号输入示波器以便观察.S_2 在接收声波的同时，还会将一部分声波反射回去.这样一来，在 S_1 和 S_2 之间的区域，就出现了入射声波与反射声波的叠加现象.

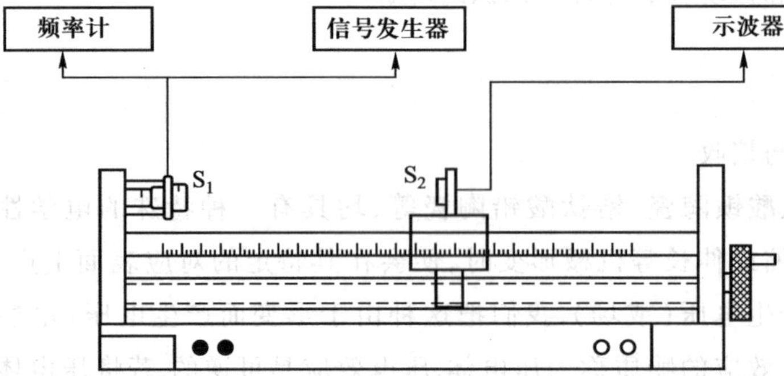

图 2-6-2

因为信号发生器的信号频率较高，波长很小，所以随其振动的变幅，杆端面直径要比它所发出声波的波长大得多，在这种情况下，可近似认为 S_1 发出的声波是平面波.另一方面，S_1 的发射面与 S_2 的反射面平行，S_1 发射的声波是被 S_2 反射面垂直反射回来的，根据波动理论，发射的声波和反射的声波这两列平面波在一定条件下的叠加结果将形成一种特殊的干涉现象，即驻波.

假设声源发出的平面波沿 x 轴的正方向传播，然后遇平面反射沿 x 轴的负方向传播，则入射波和反射波可分别表示为

$$y_1=A\cos\left(\omega t-\frac{2\pi}{\lambda}x\right)$$

$$y_2=A\cos\left(\omega t+\frac{2\pi}{\lambda}x\right)$$

式中 A 为声源振幅，ω 为圆频率，$2\pi x/\lambda$ 为初相位.在两列波相遇区内各点的合振动方程为

$$y=y_1+y_2=\left(2A\cos\frac{2\pi}{\lambda}x\right)\cos\omega t \tag{2-6-2}$$

此式表明,两波合成的声波是驻波.在两波相遇处各点都在作相同频率的振动,而各点的振幅 $\left|2A\cos\frac{2\pi}{\lambda}x\right|$ 是位置 x 的余弦函数.进一步分析可知:当 $\left|\cos\frac{2\pi}{\lambda}x\right|=1$,即 $\frac{2\pi}{\lambda}x=k\pi$ 时,也就是 $x=k\frac{\lambda}{2}(k=0,1,2,\cdots)$ 的位置上,振幅最大,这些位置称为波腹,波腹处振幅为 $2A$.显然,相邻两波腹之间的距离 $\Delta x=x_{k+1}-x_k=\frac{\lambda}{2}$;当 $\left|\cos\frac{2\pi}{\lambda}x\right|=0$,即 $\frac{2\pi}{\lambda}x=(2k+1)\frac{\pi}{2}$ 时,也就是在 $x=(2k+1)\frac{\lambda}{4}(k=0,1,2,\cdots)$ 的位置上,振幅最小,这些位置称为波节,波节处振幅为零,即位于波节处的质点始终不动.同理可知,相邻两波节之间的距离 Δx 与两相邻波腹的间距相等,即为 $\frac{\lambda}{2}$.

为了使 S_1 发射的声波与 S_2 反射的声波在 S_1 与 S_2 之间形成驻波,需使 S_1 与 S_2 之间的距离 L 恰好等于声波半波长的整数倍,即

$$L=n\frac{\lambda}{2}\quad(n=1,2,\cdots)\tag{2-6-3}$$

由于声波是纵波,因而随着接收端 S_2 在标尺上的移动,它所接收的声压变化与 S_2 位置的关系如图 2-6-3 所示.这种关系在示波器上体现为电信号的变化关系,当 S_2 表面位于位移的波节处,其声压恰为波腹位置.即当示波器出现最强的电信号时,对应 S_2 一定处在驻波波节上.当继续移动 S_2,将再次出现最强的电信号,此时是邻近的又一个波节位置,因此,两最强电信号对应的接收端 S_2 的位移即是 $\frac{1}{2}\lambda$,由此便可得波长 λ.

(2) 相位比较法

波是振动状态的传播,也可以说是相位的传播,如图 2-6-4 所示,设声源 S_1 从 $x=0$ 处发出的平面波沿 x 轴的正方向传播,其波动方程为

$$y_P=A\cos\omega\left(t-\frac{x}{v}\right)=A\cos2\pi\left(\nu t-\frac{x}{\lambda}\right)$$

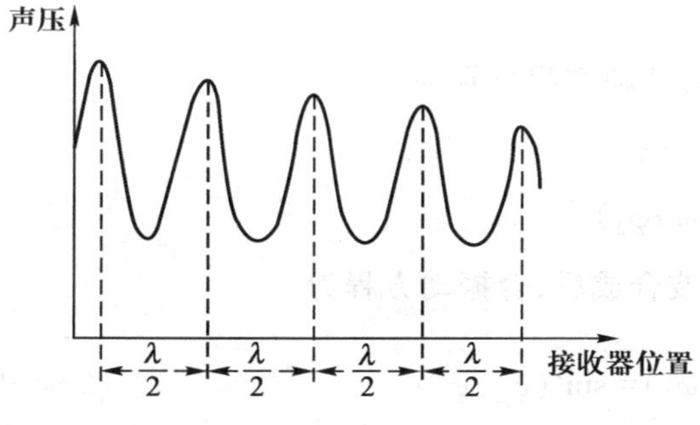

图 2-6-3

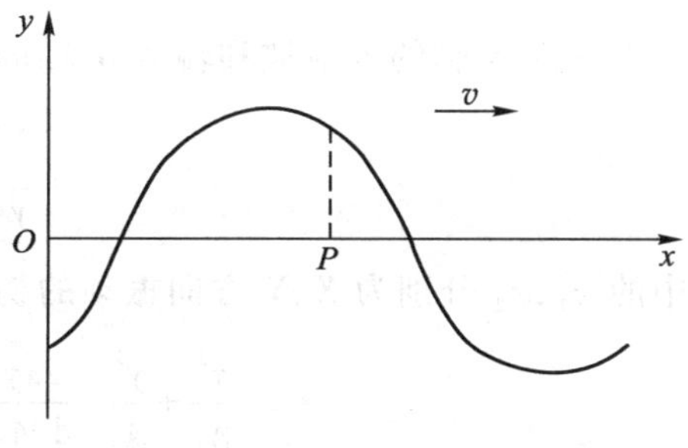

图 2-6-4

式中 A 为振幅，ω 为角频率，ν 为频率，λ 为波长.由图 2-6-4 可见，离 O 点不同距离的各点具有不同的振动相位.设 O 点与任意点 P 的相位差为 $\Delta\varphi$，则

$$\Delta\varphi=\frac{2\pi}{\lambda}x \tag{2-6-4}$$

若 $x=k\lambda=2k\frac{\lambda}{2}(k=\pm1,\pm2,\cdots)$，则有

$$\Delta\varphi=2k\pi$$

若 $x=(2k+1)\frac{\lambda}{2}(k=\pm1,\pm2,\cdots)$，则有

$$\Delta\varphi=(2k+1)\pi$$

也就是说，声波沿 x 轴传播时，随位置 x 不同而具有不同的相位，而且 x 为半波长的偶数倍的各点，其相位与声源的相同；x 为半波长的奇数倍的各点，其相位与声源的相反.利用这一原理，可以准确地测出波长 λ.

实验装置如图 2-6-5 所示，压电陶瓷管 S_1 与频率计、信号发生器相接，同时与示波器的 X 轴相接；压电陶瓷片 S_2 与示波器的 Y 轴相接.将 S_1 发出的声波与 S_2 接收的声波分别输入示波器 X、Y 轴的目的，是要把入射波和反射波作为两列频率严格相同、振动相互垂直的波加以合成，而后通过对示波器上的李萨如图形的观察以便求得待测波的波长.

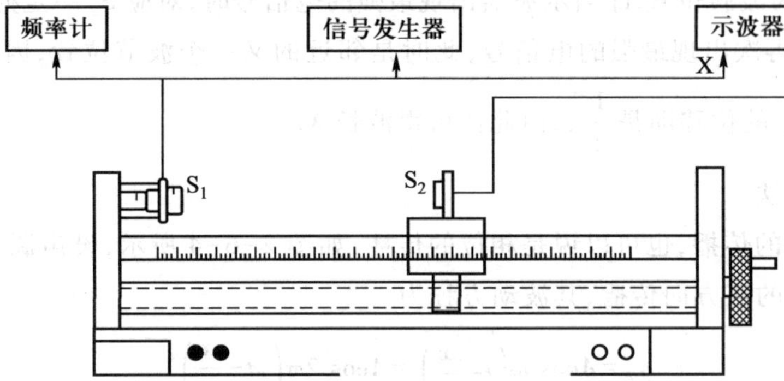

图 2-6-5

设输入 X 轴的入射波和输入 Y 轴的反射波的波动方程分别为

$$x=A_1\cos(\omega t+\varphi_1)$$

$$y=A_2\cos(\omega t+\varphi_2)$$

式中的 φ_1、φ_2 分别为 X、Y 方向振动的初相位.两波合成后，合振动方程为

$$\frac{x^2}{A_1^2}+\frac{y^2}{A_2^2}-\frac{2xy}{A_1A_2}\cos(\varphi_2-\varphi_1)=\sin^2(\varphi_2-\varphi_1) \tag{2-6-5}$$

设式中 $\varphi_2-\varphi_1=\Delta\varphi$，$\Delta\varphi$ 即为入射波与反射波的相位差.当 $\Delta\varphi=0$ 时，由式(2-6-5)得轨迹方程

为 $y=\frac{A_2}{A_1}x$，表明轨迹为一条直线[图 2-6-6(a)]，当 $\Delta\varphi=\frac{\pi}{2}$时，由式(2-6-5)得$\frac{x^2}{A_1^2}+\frac{y^2}{A_2^2}=1$，表明轨迹是以坐标轴为主轴的椭圆[图 2-6-6(b)]；当$\Delta\varphi=\pi$ 时，同理可得轨迹方程为 $y=-\frac{A_2}{A_1}x$，表明轨迹也为一条直线[图 2-6-6(c)].在实验中，随着接收端 S_2 在标尺上的移动，就会在示波器荧光屏上看到李萨如图形从斜率为正的直线变为椭圆，又从椭圆变为斜率为负的直线.这样，每移到半个波长的位置，就会重复出现斜率相反的直线.由此即可测得声波的波长.

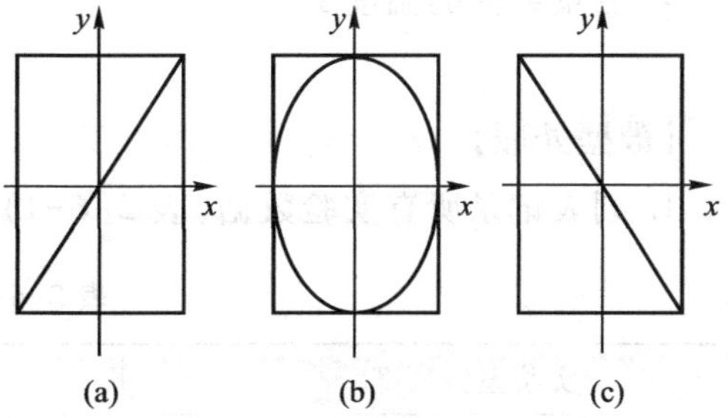

图 2-6-6

测得波长 λ，就可以由已知的频率 ν，根据式(2-6-1)求得声速.

【实验仪器】

声速测定仪，数字频率计，信号发生器，示波器，温度计等.

【实验内容与步骤】

1. 仪器调整

阅读信号发生器、数字频率计、示波器的说明书，按其要求，调整仪器.

2. 用驻波法测声速

(1) 按图 2-6-2 连接线路，使 S_1、S_2 靠近并留有适当空隙.使端面平行且与游标正交.

(2) 根据实验室给出的压电陶瓷换能片的振动频率 ν，将信号发生器输出频率调至 ν 附近，缓慢移动 S_2，当在示波器上看到的正弦波首次出现振幅较大处，固定 S_2，再仔细微调信号发生器的输出频率，使荧光屏上图形振幅达到最大，读出共振频率 ν.

(3) 在共振条件下，将 S_2 移近 S_1，再缓慢移开 S_2，当示波器上出现振幅最大时，记下 S_2 的位置坐标 L.由近及远移动 S_2，逐个记下各振幅最大时 S_2 的位置坐标值，记为 L_1、L_2、…、L_{12}.

注意：由于声波在空气中衰减较大.随 S_2 远离 S_1，振幅将显著变小.

3. 用相位法测声速

移动接收器 S_2，依次记下李萨如图形为斜直线时的位置坐标值，连续两次观察到倾角相同的斜直线对应于相位差改变了 2π，也即对应接收器移动了一个波长的距离.

(1) 按图 2-6-5 连线.

(2) 将示波器调至 X-Y 挡，信号发生器接示波器 CH2 通道，用李萨如图形观察发射波与接收波的相位差(示波器的使用方法参见实验 3-6).

(3) 在共振条件下，使 S_2 靠近 S_1，然后慢慢移开 S_2，当示波器出现斜率为正的斜线时，微调螺丝,使图形稳定,记下 S_2 的位置 L',继续缓慢移开,依次记下示波器上出现直线时位置坐标读数 L'_1、L'_2、…、L'_{12}.

4. 测量室内的温度 t

【数据处理】

1. 列表记录所有实验数据(表 2-6-1).

表 2-6-1　数据记录表

实验室温度 T=		K		声波频率 ν=		kHz	
驻波法	极值出现次数	1	2	3	4	5	6
	位置读数 L/mm						
	极值出现次数	7	8	9	10	11	12
	位置读数 L/mm						
	$\Delta L[=(L_{i+6}-L_i)]$/mm						
相位法	斜线出现次数	1	2	3	4	5	6
	极值读数 L/mm						
	斜线出现次数	7	8	9	10	11	12
	极值读数 L/mm						
	$\Delta L[=(L_{i+6}-L_i)]$/mm						

2. 依据测得数据计算不确定度和实验结果.

$$\overline{\Delta L}=\frac{1}{n}\sum_{i=1}^{n}\Delta L_i$$

$$\Delta_{A\Delta L}=\sqrt{\frac{1}{n-1}\sum_{i=1}^{n}(\Delta L_i-\overline{\Delta L})^2}$$

$$\Delta_{B\Delta L}=0.01\ \text{mm}$$

$$\Delta_{\Delta L}=\sqrt{\Delta_{A\Delta L}^2+\Delta_{B\Delta L}^2}$$

$$\bar{v}=\frac{1}{3}\nu\,\overline{\Delta L}$$

$$\Delta_\nu=0.01\ \text{kHz}$$

$$E_v=\sqrt{\left(\frac{\Delta_\nu}{\nu}\right)^2+\left(\frac{\Delta_{\Delta L}}{\overline{\Delta L}}\right)^2}$$

$$\Delta_v=\bar{v}\cdot E_v$$

$$v=\bar{v}\pm\Delta_v$$

3. 根据声学理论，在标准状态下，干燥空气中的声速满足理论公式：

$$v = v_0\sqrt{\frac{T}{T_0}}$$

式中的 T 为热力学温度，它与摄氏温度 t 的关系式为 $T/\mathrm{K}=t/℃+273.15$，$v_0=331.45\ \mathrm{m\cdot s^{-1}}$，$T_0=273.15\ \mathrm{K}$.将实验室的室温 t 测出来，并代入上式，算得空气声速的理论值 v_0，与前面实验所得的声速 v_1 与 v_2 作比较，并用百分误差表示之.

【预习思考题】

1. 测量声速用什么方法？具体测量的是哪些物理量？
2. 如何调节与判断测量系统是否处于共振状态？
3. 用驻波干涉法和相位比较法测量时，操作有什么不同？

【思考题】

1. 为什么要使压电陶瓷管处于共振状态？
2. 空气中的声速与气温的关系是怎样的？当气温下降时声波的频率、波长是否会发生变化？

实验 2-7 刚体转动惯量的测量

转动惯量是描述刚体转动惯性大小的物理量，是研究刚体转动定律的一个重要物理量，它不仅取决于刚体的总质量，还与刚体的形状、质量分布及转轴位置有关.对于质量分布均匀、形状简单规则的刚体，可以通过数学方法计算绕特定轴的转动惯量；对于质量分布不均匀、形状复杂的刚体，计算转动惯量是相当困难的，通常要用实验的方法来测定其大小.因此，测定转动体系的转动惯量成为生产实践中经常会遇到的一个课题.

（一）用塔轮式刚体转动惯量实验仪测量刚体的转动惯量

测转动惯量的实验方法较多，如拉伸法、扭摆法、三线摆法等.本实验利用“塔轮式刚体转动惯量实验仪”测定刚体的转动惯量.

【实验目的】

1. 验证刚体的转动定律.
2. 学会用作图法处理数据.
3. 学习测量转动惯量的一种方法.

【实验原理】

根据转动定律，刚体绕固定轴转动时，刚体的角加速度 α 与所受的合力矩 M 成正比，与转动惯量 J 成反比，即

$$M=J\alpha \tag{2-7-1}$$

对于如图 2-7-1 所示的刚体体系（塔轮、横柱和两个质量为 m_0 的重物），所受外力矩是绳的张力矩及轴上的摩擦力矩.根据转动定律，有

$$Fr-M_f=J\alpha \tag{2-7-2}$$

式中 F 为绳的张力，r 为塔轮的半径，M_f 为轴上的摩擦力矩.

以砝码 m 为研究对象，根据牛顿第二定律，有

$$mg-F'=ma \tag{2-7-3}$$

当滑轮和绳的质量均可忽略，滑轮轴上的摩擦力矩不计时，有

$$F=F' \tag{2-7-4}$$

当绳与塔轮之间没有相对滑动时，砝码的加速度 a 与塔轮的角加速度 α 的关系为

$$a=r\alpha \tag{2-7-5}$$

整理可得

$$m(g-a)r=\frac{Ja}{r}+M_f \tag{2-7-6}$$

若砝码由静止开始下落 h 高度所用的时间为 t，则有

$$h=\frac{1}{2}at^2$$

即

$$a=\frac{2h}{t^2} \tag{2-7-7}$$

将上式代入式(2-7-6),可得

$$m(g-a)r=\frac{2Jh}{rt^2}+M_f \tag{2-7-8}$$

在实验过程中,如果满足 $g\gg a$,上式中 a 可忽略,则有

$$m=\frac{2Jh}{gr^2t^2}+\frac{M_f}{gr} \tag{2-7-9}$$

若 $M_f\ll mgr$,略去 M_f,则有

$$m=\frac{2Jh}{gr^2t^2} \tag{2-7-10}$$

下面分两种情况进行讨论.

1. 若保持 r、h 及 m_0 的位置不变,改变砝码的质量 m,则相应的下落时间 t 也发生变化.令

$$k=\frac{2Jh}{gr^2} \tag{2-7-11}$$

$$b=\frac{M_f}{gr} \tag{2-7-12}$$

则式(2-7-9)可改写为

$$m=k\frac{1}{t^2}+b \tag{2-7-13}$$

式(2-7-13)表明,在保持 r、h 及 m_0 的位置不变时,m 与 t^2 成反比.在直角坐标纸上作 $m-\frac{1}{t^2}$曲线,如果得到一条直线,则可由实验结果验证刚体转动定律是成立的.从图中求出斜率 k 和截距 b,则可由式(2-7-11)和式(2-7-12)求得刚体系的转动惯量 $J=\frac{kgr^2}{2h}$和摩擦力矩 $M_f=bgr$.

2. 若保持 h、m 及 m_0 的位置不变,改变 r,则相应的下落时间 t 也发生变化.式(2-7-10)可改写为

$$r=\sqrt{\frac{2Jh}{mg}}\cdot\frac{1}{t}=k_1\frac{1}{t} \tag{2-7-14}$$

式中 $k_1=\sqrt{\frac{2Jh}{mg}}$.式(2-7-14)表明,在保持 h、m 及 m_0 的位置不变时,r 和 t 成反比.在直角坐标纸上作 $r-\frac{1}{t}$曲线,如果得到一条直线,说明刚体的转动定律成立.从图中求出斜率 k_1,亦可求

得刚体系的转动惯量 $J=\dfrac{mgk_1^2}{2h}$.

【实验仪器】

塔轮式刚体转动惯量实验仪(图 2-7-1),毫秒计,卷尺(米尺),小挂钩,小槽码(每个 5.00 g,5~6 个).

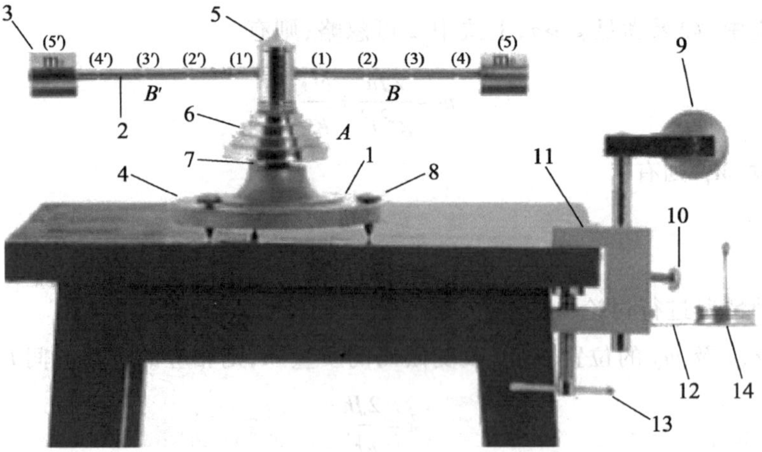

图 2-7-1　塔轮式刚体转动惯量实验仪

1—气泡水准仪;2—横杆;3—可移动的重锤;4—底座;5—轴固定螺丝;6—塔轮;7—转轴;8—底脚螺丝;9—滑轮;10—滑轮固定螺丝;11—滑轮架;12—指示标志;13—滑轮架固定螺丝;14—砝码

【实验内容与步骤】

1. 调节实验装置.取下塔轮,换上竖直准钉,调整转轴与地面垂直.装上塔轮,尽量减小摩擦,调好后用固定螺丝固定,并在实验过程中维持摩擦力矩不变.

2. 选取绕线塔轮半径为 $r=3.00$ cm,将重物 m_0 放置于位置(5),(5′),将砝码 m 从固定高度 h(指示标志处)由静止开始下落.改变 m,每次增加 5.00 g 砝码,直到 $m=35.00$ g 为止.用秒表测出时间 t,共测量三次,填入表 2-7-1 中.注意本实验中砝码托的质量为 5.00 g.

3. 将 m_0 放置于位置(5),(5′),维持 $m=20.00$ g 不变,改变 r(取 1.00 cm、1.50 cm、2.00 cm、2.50 cm、3.00 cm),测出时间 t 三次,填入表 2-7-2 中.

4. 在直角坐标纸上作出 $m-\dfrac{1}{t^2}$ 曲线和 $r-\dfrac{1}{t}$ 曲线,得出必要的结论,并求出刚体的转动惯量 J.

【数据处理】

1. 测刚体转动惯量(r 不变)

$r=$__________ cm,　$h=$__________ cm

表 2-7-1　测刚体转动惯量(r 不变)

m/g	10.00	15.00	20.00	25.00	30.00	35.00
t_1/s						
t_2/s						
t_3/s						
$\bar{t}$/s						
$\frac{1}{\bar{t}^2}/s^{-2}$						

$J=$________ kg · m^2

2. 测刚体转动惯量(m 不变)

$m=$________ g，　$h=$________ cm

表 2-7-2　测刚体转动惯量(m 不变)

r/cm	1.00	1.50	2.00	2.50	3.00
t_1/s					
t_2/s					
t_3/s					
$\bar{t}$/s					
$\frac{1}{\bar{t}}/s^{-1}$					

$J=$________ kg · m^2

【注意事项】

1. 仔细调节实验装置，保持转轴竖直. 使轴尖与轴槽为点接触，使轴转动自如，且不能摇摆，以减小摩擦力矩.

2. 实验中不可旋动塔轮顶部螺丝，以保持摩擦力矩不变.

3. 把握好启动砝码的时机，力求计时与启动一致，减小计时误差.

【思考题】

1. 如何最大限度地减小转轴摩擦？

2. 本实验中选用的砝码每个为 5.00 g，为什么不用质量较大的 1 kg 砝码？

3. 从实验原理、计算方法上分析，这两种作图法求得的转动惯量是否相同？若不同，哪种方法所得的结果更合理？

4. 简要分析影响本实验测量结果的各因素是什么，如何减小它们对实验结果的影响？

(二) 用 JM-2 型转动惯量实验仪测量刚体的转动惯量

【实验目的】

1. 了解转动惯量仪的设计思想.
2. 了解刚体质量相对于转轴的分布不同时，对转动惯量的影响.
3. 测定不同形状刚体的转动惯量，并与理论值进行比较.

【实验原理】

1. 测量原理

如图 2-7-2 所示，当重物 A 下降时，带动塔轮 B 转动，若忽略细绳和导向滑轮 C 的质量及摩擦的影响，根据转动定律，有

$$Fr-M=J\alpha \tag{2-7-15}$$

式中 F 为绳子张力，r 为塔轮半径，M 为塔轮 B 绕其转轴的摩擦力矩，J 为塔轮 B 的转动惯量，α 为角加速度. 由图 2-7-2 可知

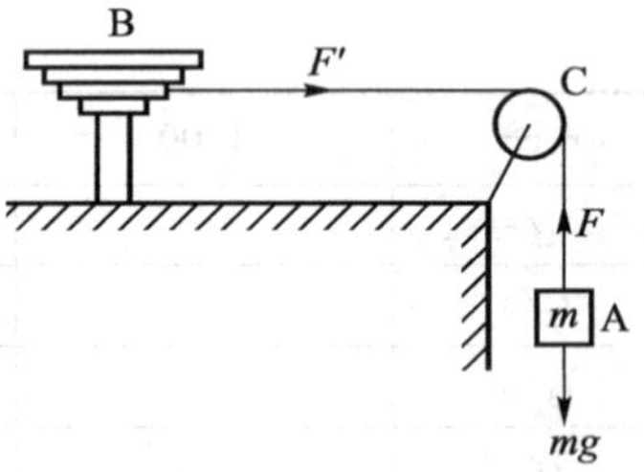

图 2-7-2 测量原理

$$mg-F=ma$$

即

$$F=mg-ma \tag{2-7-16}$$

将式(2-7-16)代入式(2-7-15)，有

$$mgr-mar-M=J\alpha$$

又由 $a=r\alpha$，得

$$mgr-mr^2\alpha-M=J\alpha \tag{2-7-17}$$

不加砝码时，拨动塔轮使其转动，此时，在摩擦力矩的作用下，转动体系将作匀减速转动，设其角加速度为 α_0，转动惯量为 J_0，则有

$$-M=J_0\alpha_0 \tag{2-7-18}$$

若加上质量为 m 的砝码，在拉力作用下，系统作加速转动，设角加速度为 α_1，转动惯量仍为 J_0，则有

$$mgr-mr^2\alpha_1-M=J_0\alpha_1 \tag{2-7-19}$$

将式(2-7-18)代入式(2-7-19)，有

$$mgr-mr^2\alpha_1+J_0\alpha_0=J_0\alpha_1$$

从而得

$$J_0=(mgr-mr^2\alpha_1)/(\alpha_1-\alpha_0) \tag{2-7-20}$$

若测出 α_0、α_1，则可算出未加试件时塔轮的转动惯量 J_0.

同样，加上待测试件后，设试件及塔轮总的转动惯量为 J_1，未加砝码而用手拨动时其转动体系的角加速度为 α_2，加砝码后角加速度为 α_3，则有

$$J_1=(mgr-mr^2\alpha_3)/(\alpha_3-\alpha_2) \tag{2-7-21}$$

根据叠加性，最后可得出试件的转动惯量为

$$J=J_1-J_0 \tag{2-7-22}$$

注意：α_0、α_2是匀减速的角加速度，其值实为负值，所以式(2-7-20)和式(2-7-21)中分母应为相加.另外，α_0、α_2是未加砝码时的角加速度，α_1、α_3是加砝码时的角加速度.

2. α 的测量

(1) 用手拨动转动体系时 α 的测量

由于体系是匀加速转动，设 $t=0$ 时角速度为 ω_0，角位移为 0.经过时间 t 后的角位移 θ 为

$$\theta=\omega_0 t+\alpha t^2/2 \tag{2-7-23}$$

若测得与 θ_1、θ_2相对应的时间是 t_1、t_2，则有

$$\theta_1=\omega_0 t_1+\alpha t_1^2/2$$

$$\theta_2=\omega_0 t_2+\alpha t_2^2/2$$

故

$$\alpha=2(\theta_2 t_1-\theta_1 t_2)/(t_2^2 t_1-t_1^2 t_2) \tag{2-7-24}$$

从 $t=0$ 计起，设计时次数为 n，若半圈计一次时间，则 $\theta=n\pi$，最后有

$$\alpha=2\pi[(n_2-1)t_1-(n_1-1)t_2]/(t_2^2 t_1-t_1^2 t_2) \tag{2-7-25}$$

(2) 加砝码且砝码从静止下落时体系 α 的测量

设 $t=0$ 时砝码从静止开始下落，经过时间 t 后的角位移为 θ，设计时次数为 n，若半圈计一次时间，则 $\theta=n\pi$，有

$$n\pi=\alpha t^2/2$$

$$\alpha=2n\pi/t^2$$

【实验仪器】

JM-2 型转动惯量实验仪(图 2-7-3)，MUJ-ⅢA 数字毫秒计，试件，砝码，天平，游标卡尺.

JM-2 型转动惯量实验仪由承物台、绕线塔轮、遮光棒、光电门、滑轮、砝码等组成，承物台俯视图如图 2-7-4 所示.

遮光棒 3 随转动体系转动，依次通过光电门 4，每经过 π 弧度(半圈)遮挡光电门一次，用以计数、计时.绕线塔轮 5 上有五个不同半径的绕线轮，砝码钩上可以放置不同数量的砝码以改变外力矩的大小.

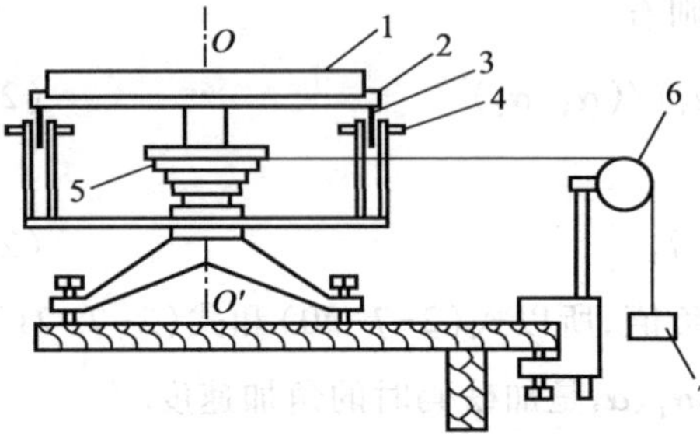

图 2-7-3　JM-2 型转动惯量实验仪

1—待测物；2—承物台；3—遮光棒；4—光电门；
5—绕线塔轮；6—滑轮；7—砝码

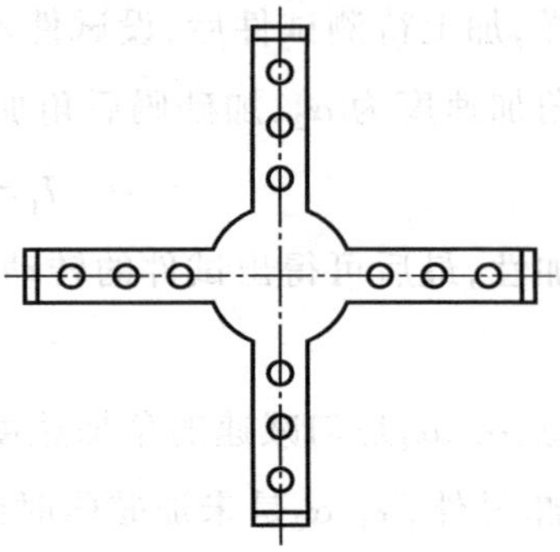

图 2-7-4　承物台俯视图

【实验内容】

1. 仔细阅读相关材料，了解转动惯量实验仪与数字毫秒计的调节和使用方法.

2. 调节转动惯量仪.

(1) 调节底脚螺丝，用水准仪检验仪器转轴竖直（即载物台水平）.

(2) 导向滑轮应转动自如（减小摩擦），并与所选塔轮高度一致（即水平拉线与转轴垂直）.沿拉线方向观察，滑轮平面应与塔轮边沿相切.

(3) 使拉线在同一张力下密绕在塔轮上，不能线上绕线（保持力臂 r 不变）.

3. 测定转动体系绕其中心轴的转动惯量.

打开数字毫秒计，按下功能选择键，设定在周期(f)功能.按下数值转换键不放，确认所需要的周期数 n，再放开此键.

(1) 用手轻轻拨动载物台，此时，转动系统在摩擦力的作用下作匀减速转动，相应地，有一个负的角加速度 α_0.转动后毫秒计就自动记下与 n 值相应的时间 t.重复操作 3 次，将数据按顺序记入数据表中.从数据表中任取稳定运动所对应的 n_2、t_2，n_1、t_1，将其代入式(2-7-25)，计算 α_0.

(2) 毫秒计清零.将拉线打结的一端沿塔轮上开的缝塞入，把一个质量为 40 g 的砝码置于挂钩上，转动塔轮使线密绕，将一个挡光柱与光电门重合，用手捏住，等砝码稳定后放手，使转动系统在外力及摩擦力的作用下作匀加速转动，相应地，有一个正的角加速度 α_1.转动后毫秒计就自动记下与 n 值相应的时间 t.重复操作 3 次，将数据按顺序记入数据表中.从数据表中任取稳定运动所对应的 n_2、t_2，n_1、t_1，将其代入式(2-7-25)，计算 α_1.

(3) 将 α_0、α_1及相关数据代入式(2-7-20)中，计算转动体系绕其中心轴的转动惯量 J_0.

【注意事项】

1. 本实验要求要尽可能地减小摩擦力，而且要求在测量过程中，摩擦力要保持不变.为此，就要注意在测量过程中保持摩擦力尽可能相同.绕线半径改变时，一定要调整定滑轮的高度，以保持牵线水平部分与定滑轮水平相切.

2. 要保持定滑轮不倾斜、不下沉，一定要旋紧固定螺丝.

3. 绕线时要细心均匀排布，松紧适当.测量时，要使下落的砝码不摆动，实验台不晃动.

4. 细棒及试件一定要固定、旋紧，防止甩出伤人.注意试件的固定螺丝要旋进细棒上的槽线内.要通过测量确认其旋转半径相同.

【思考题】

1. 刚体转动惯量的大小由哪些因素决定？

2. 实验中如何保证 $a \ll g$ 的条件？由于作了这一近似，对结果会产生什么影响？

3. 能否用作图法推算摩擦力矩 M 的大小？如何求得？

4. 本实验中有哪几项主要的系统误差？主要的偶然误差又是什么？

第三章　电磁学实验

实验 3-1　电阻元件伏安特性的测定

电阻是电学中常用的物理量.利用欧姆定律求导体电阻的方法称为伏安法,它是测量电阻的基本方法之一.

为了研究材料的导电性,通常作出其伏安特性曲线,了解其上电压与电流之间的关系.又由于材料的导电机理不同,可将元件分为两类.一类元件两端电压与通过的电流成正比,伏安特性曲线为一条直线,这类元件称为线性元件(服从欧姆定律).若元件两端电压与通过电流不成正比,伏安特性曲线不是直线,这类元件称为非线性元件(不服从欧姆定律,电阻值不确定).三极管、稳压管、发光二极管、光敏电阻、热敏电阻、光电二极管,都是非线性元件.在生产和科学研究中,电阻的非线性特性有着广泛的、特殊的用途.

【实验目的】

1. 掌握各种元件的伏安特性的测量方法.
2. 了解伏安法测量电阻的方法误差、阻值误差、测量误差.

【实验原理】

伏安法测电阻的优点是:测量范围宽,适用性广泛,既可测线性电阻,也可测非线性电阻.其根据是欧姆定律:

$$R=\frac{U}{I} \tag{3-1-1}$$

只要知道被测元件两端电压 U 及流过它的电流 I 的值,即可计算电阻 R.

1. 关于系统误差和随机误差的讨论

伏安法测量电阻电路有两种接线方式,如图 3-1-1 所示,图(a)电路称为是电流表的内接,图(b)电路称为电流表的外接.由于电表内阻的影响,将这两种接线电路中所测的电流和电压值代入式(3-1-1)中,算出的阻值 R 并不是待测电阻 R_x 的真实值.对于内接法电路,测量值 R 大于真实值 R_x;对于外接法电路,测量值 R 小于真实值 R_x.

电表内阻影响所产生的误差属于系统误差(方法误差),该误差是可以通过引入修正值来予以消除的,即真实值为

$$R_x=R+\Delta R_x \tag{3-1-2}$$

式中,R 是电阻测量值,ΔR_x 是修正值.

在内接法电路图 3-1-1(a)中,电压表测得的电压 U 包含着电流表的电压 U_A 及被测电阻上的电压 U_x 两部分,由欧姆定律得,电阻测量值为电流表内阻 R_A 与被测电阻 R_x 串联的等效电阻,即

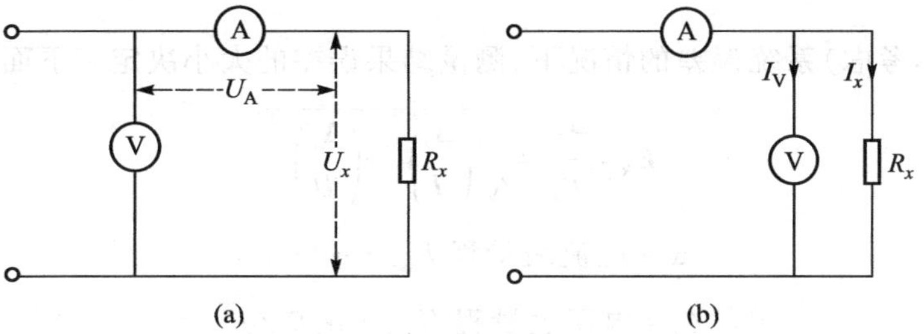

图 3-1-1

$$R=\frac{U}{I}=\frac{U_A+U_x}{I}=R_A+R_x \tag{3-1-3}$$

由此得到下面的关系式：

$$R_x=R-R_A \tag{3-1-4}$$

故该接法的方法误差为

$$\Delta R_x=R_x-R=-R_A \tag{3-1-5}$$

内接法电路本身引起的方法误差使测量值 R 比待测电阻 R_x 的真实值偏大，因此，需对其修正，即减去 R_A.

由以上讨论还可知，当 $R_x \gg R_A$ 时，$R_x \approx R$，此时采用内接法测量，电表内阻对测量结果的影响是较小的.

在外接法电路图 3-1-1(b) 中，电流表测得的电流 I 是流过被测电阻的电流 I_x 与流过电压表的电流 I_V 之和.由欧姆定律得，电阻测量值为

$$R=\frac{U}{I}=\frac{U}{I_V+I_x}=\frac{R_V R_x}{R_V+R_x} \tag{3-1-6}$$

上式表明，测得的电阻值 R 为电压表内阻 R_V 和被测电阻 R_x 并联的等效电阻值，为此必须对电阻测量值 R 进行修正.因为

$$R_x=\frac{U}{I_x}=\frac{U}{I-I_V}=\frac{U}{I-U/R_V} \tag{3-1-7}$$

由式(3-1-2)得其方法误差为

$$\Delta R_x=R_x-R=\frac{U}{I-U/R_V}-\frac{U}{I}=\frac{U^2}{I(R_V I-U)} \tag{3-1-8}$$

由以上讨论可知，当 $R_x \ll R_V$ 时，$R_x \approx R$，此时采用外接法测量，电表内阻对测量结果的影响是较小的.

总之，伏安法测电阻电路存在误差，这种由测量方法引入的系统误差为方法误差.依据上面的讨论，通过引入修正值 ΔR_x，可以消除这种误差.在一般测量当中，也可以根据内接法和外接法电路的特点，尽量减少这种误差.即在 $R_x \gg R_A$ 时，采用内接法电路；在 $R_x \ll R_V$ 时，采用外

接法电路.

在消除(或不考虑)系统误差的情况下,测量结果误差的大小决定于下面的公式:

$$E_R=\frac{\Delta_{R_x}}{R_x}=\sqrt{\left(\frac{\Delta_I}{I}\right)^2+\left(\frac{\Delta_U}{U}\right)^2}$$

$$\Delta_I=\text{电流表量程 } I_{\max}\cdot\alpha_I\%/\sqrt{3} \qquad (3-1-9)$$

$$\Delta_U=\text{电压表量程 } U_{\max}\cdot\alpha_U\%/\sqrt{3}$$

由式(3-1-9)可见,选择准确度较高的电表,应尽可能选择量程较小的电表并使电表指针偏转较大,这对于减小测量结果的误差十分有利.

2. 晶体二极管

晶体二极管是由不同导电性能 N 型半导体、P 型半导体结合形成的 PN 结所构成,如图 3-1-2(a)所示.PN 结具有单向导电性,如图 3-1-2(b)所示.

图 3-1-3 为晶体二极管的伏安特性曲线.从曲线可看出,当二极管加正向电压时,呈低阻状态.在曲线 OA 段,外加电压不能克服 PN 结内电场,对多数载流子的扩散造成阻力,正向电流较小,电阻较大.在曲线 AB 段,外加电压超过阈电压(锗管 0.3 V、硅管 0.7 V)后,内电场大大削弱,二极管的电阻变得很小(几十欧),电流迅速上升,二极管呈现导通状态.若二极管加反向电压,当电压不大时,反向电流很微弱(OC 段),二极管呈现高阻状态(截止态).当继续增加电压达到该二极管的击穿电压时,电流剧增(CD 段),二极管被击穿,此时电阻值非常小.

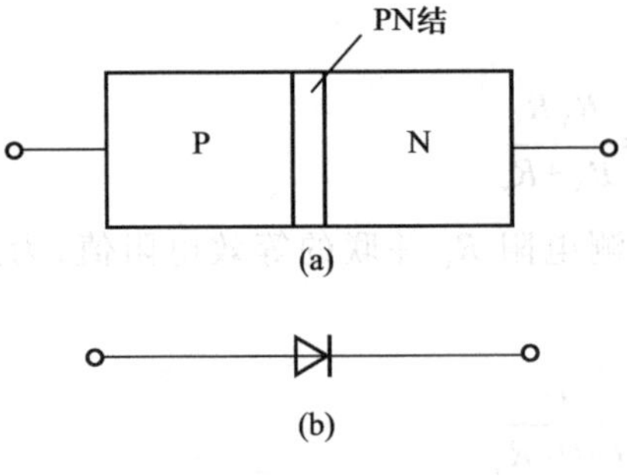

图 3-1-2

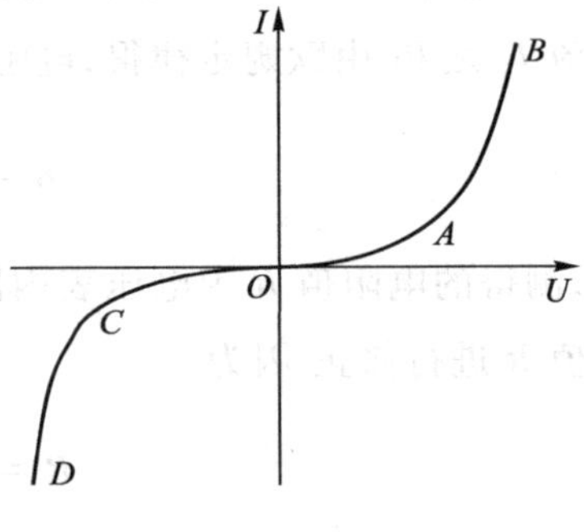

图 3-1-3

【实验仪器】

稳压电源,电流表,电压表,滑线变阻器,电阻,二极管等.

【实验内容与步骤】

1. 熟悉电学仪表、稳压电源、各种电阻器、变阻器的结构及使用方法.掌握电学仪表的正确读值方法,并能准确估算出仪表的最大仪器误差.

2. 用两种接线方式测量电阻的伏安特性曲线.线路连接如图 3-1-4 所示.图中开关为双向开关,*M* 端为电流表内接,*N* 端为外接.

3. 利用伏安法测未知电阻 R_x(外接),注意准确读值,并且为了使仪表指针有较大偏转,应使用电流表和电压表较小的量程.记录 6 组电流和电压值记入表 3-1-1 中,求得未知电阻 R_x 后,计算测量结果的误差.

4. 测绘稳压二极管的正反向伏安特性曲线.

(1) 记录给出的二极管型号及主要参量,判断其正负极.

(2) 正向特性曲线测绘,按图 3-1-5 接线把开关 S 投向 2,调节变阻器 R_1(R_0 调到最小),从 0 mA 开始,每隔 3 mA 记录相应的电压值,到 30 mA 为止.

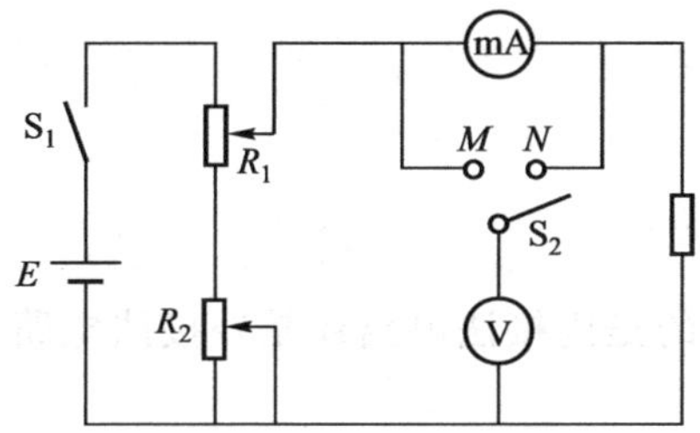

图 3-1-4

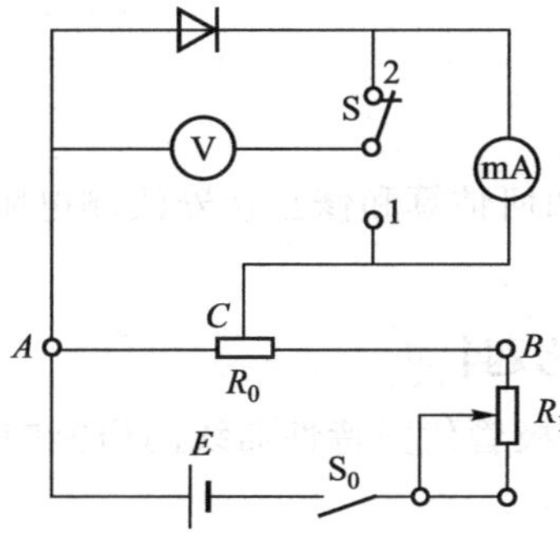

图 3-1-5

(3) 反向特性曲线测绘,图 3-1-5 中把 S 投向 1,为观察反向电流在击穿电压附近的变化,把变阻器 R_0 作细调,调节反向电压,由小到大,每隔 0.2 V 记录相应的电流值,直到 20 mA.

【数据处理】

表 3-1-1　伏安法测电阻数据记录与处理表

测量次数	U/V	I/A	R_x/Ω	E_R/%	$\Delta R_x/\Omega$	$(R_x+\Delta R_x)/\Omega$
1						
2						
3						
4						
5						
6						

【预习思考题】

1. 用伏安法测量电阻时的连线方式如图 3-1-6 所示，应根据什么原则选择开关 S_2 的投向？

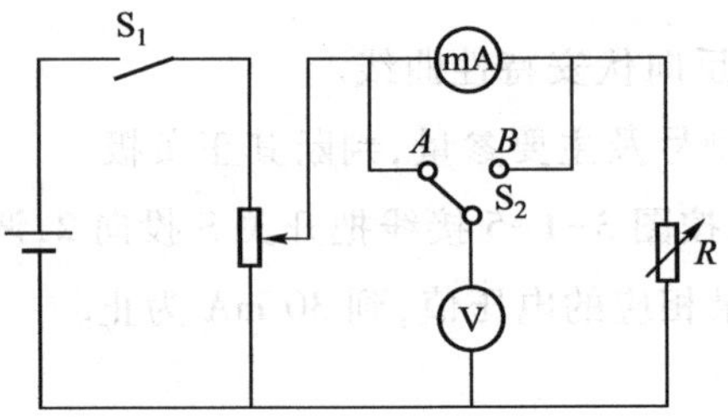

图 3-1-6

2. 如何估算和修正伏安法测电阻的方法误差？

【思考题】

在二极管伏安特性曲线的研究中，测量电路采用的是内接法电路还是外接法电路，根据是什么？

实验 3-2　电表的改装与校准

如果表头的满(刻)度电流很小,为了测量较大的电流或电压,需要根据电阻的分流或分压原理,将表头并联或串联适当阻值的电阻,以使表头能够测量较大的电流或电压,这就是电表的改装.实际上,在生产和实验中所使用的电流表和电压表都是由表头改装而成的.校准电表就是将改装后的电表指示数与准确度较高的电表的相应指示数进行比较,从而确定被校电表的准确度等级.

【实验目的】

1. 学会用实验方法测定表头的内阻.
2. 掌握电表改装的原理和方法.
3. 学会校准电学仪表的方法.

【实验原理】

1. 电流表的扩大量程

电流表头通常是一块内阻较大的高灵敏度的磁电式直流电流表,其满度电流 I_g 很小(几个微安),为了测量较大的电流,需在表头上并联一个分流电阻 R_i.设表头的内阻(表头的等效直流电阻)为 R_g,表头满度电流为 I_g,欲测量的电流也就是扩大的电流表量程为 I_m,根据欧姆定律就可以计算出分流电阻 R_i 的大小.

当电流表流入电流 I_m,表头指示满偏时,流过分流电阻 R_i 上的电流为 I_m-I_g,则

$$I_gR_g=(I_m-I_g)R_i$$

由此得

$$R_i=\frac{I_g}{I_m-I_g}R_g=\frac{1}{n-1}R_g \tag{3-2-1}$$

式中 $n=\frac{I_m}{I_g}$,称为电流表的量程扩大倍数.由式(3-2-1)可知,当确定表头的参量 I_g 和 R_g 后,根据欲扩大的电流表量程 I_m,即可确定需并联的分流电阻 R_i.

2. 电压表的改装

若用一只表头在未串联分压电阻的情况下去测量直流电压,其允许测量电压的范围是很小的.例如,一只满度电流 I_g 为 50 μA、内阻 R_g 为 2 kΩ 的表头,它能够测量的最大电压为 $50\times10^{-6}\times2\times10^3$ V=0.1 V.因此,为了测量较大的电压,根据串联电路的电阻分压特点,需在表头电路中串入分压电阻 R_p.

若欲改装的电压表量程为 U_m,仍在电路中使电流表头处于满偏状态下,由欧姆定律,有

$$I_g(R_g+R_p)=U_m$$

则分压电阻为

$$R_p=\frac{U_m}{I_g}-R_g \tag{3-2-2}$$

由式(3-2-2)可知，当确定表头参量 I_g 和 R_g 后，由电压表量程 U_m 可确定需串联的分压电阻 R_p.令 $S_V=\frac{1}{I_g}$，S_V 叫做电压表的灵敏度，单位为 $\Omega\cdot V^{-1}$(欧姆每伏特).电压灵敏度表征的是测量时电压表对待测电路影响大小，电压表的电压灵敏度越高(普通电压表的电压灵敏度在1 000 Ω/V以上，有的可高达 10^5 Ω/V 的数量级)，测量时对待测电路的影响越小.将 S_V 代入式(3-2-2)中，得

$$R_p=S_VU_m-R_g \tag{3-2-3}$$

3. 表头参量的确定

由前面的讨论可知，要把表头改装成所需量程的电流(压)表，关键的问题是如何准确地得知表头的满度电流 I_g 和内阻 R_g.通常表头的满度电流都已在表头上标出，因而只需准确测得表头内阻 R_g 即可.

确定电流表头内阻的测量方法很多，下面介绍一种既简单又实用的方法.如图 3-2-1 所示的电路，在接通电流的情况下，可以通过毫安表读值与表头读值之差，确定流过可变电阻 R_0 的电流，也就可以确定电阻 R_0 两端的电压，这个电压也就是加在表头两端的电压，由欧姆定律即可算出表头的内阻 R_g 值.图中 R_0 为电阻箱，电阻值既可变又相当准确，图 3-2-1 的最实用之处，是通过电阻箱和滑线变阻器由小到大地缓慢变化，使毫安表指示在欲扩大的量程 I_m 的位置，同时再保证表头指针满偏，则这时候 $R_0=R_i$.如此看来，通过确定内阻 R_g，便可以确定电阻 R_i(或 R_p)，也可以通过实验的方法，直接得到所需要的电阻 R_i(或 R_p)的值.

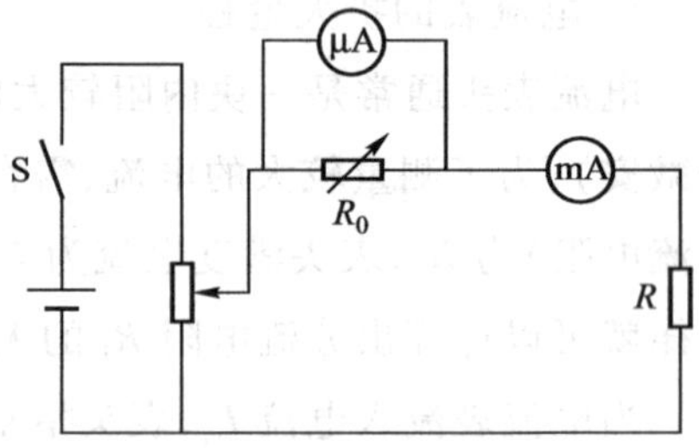

图 3-2-1

4. 电表的准确度等级

由于电表的结构设计、加工制造等原因，使电表的示数具有一定误差.根据电表误差的大小，电表通常划分为七个不同的准确度等级，即 0.1、0.2、0.5、1.0、1.5、2.5 和 5.0，电表的等级标明在电表的面板上.当使用准确度等级为 α、量程为 A_{max} 的仪表进行测量，仪表的示数为 A 时，则该电表的最大仪器误差 Δ_{ins} 为

$$\Delta_{ins}=\pm A_{max}\cdot\alpha\% \tag{3-2-4}$$

相对不确定度为

$$E=\frac{\Delta_{ins}}{A}=\frac{A_{max}}{A}\cdot\alpha\% \tag{3-2-5}$$

例如，用一块准确度等级为 1.0、量程为 5 V 的电压表进行测量，测量值为 3.00 V，其读取数据的最大不确定度不超过 5 V×1.0% = 0.05 V，读值的相对不确定度不超过 $\frac{0.05}{3.00}=$

1.7%≈2%.

显然,所用电表的准确度等级越高(级值越小),其读值和准确度也越高.通常 0.1 级和 0.2 级表多用作标准表,以校准其他电表;0.5 级表多用于准确度要求较高的精密测量中.这些表的系统误差很小,测量时可以不加考虑.实验室配用电表的准确度等级都在 1.0 级以下,而这些表的误差成分主要是系统误差.在实验测量中,除电表本身引起误差外,应考虑读数误差,即在正常条件下使用电表的附加误差.所谓正常条件是指:① 电表放置正确;② 外磁场干扰很小;③ 环境温度在 20 ℃左右或规定范围内;④ 电表指针机械回零;⑤ 工作在规定的频率范围内等.

此外,读取数据时还需注意视差问题.读数时视线须垂直于刻度盘表面.精密的电表刻度尺旁附有平面镜,只有指针在镜中的像与指针重合时所对准的刻线,才是电表的正确读数.

5. 电表的核准

电表改装后,需对其作检定,这就是电表的校准.校准电表,需要一块准确度等级较高的电表作为标准表,通常选用的标准电表的准确度等级应比被校电表至少高出两个准确度等级.将标准和被校电表接入电路中,使它们同时测量同一个电流(或电压),并比较两者的指示值.校准的目的有两个:① 评定被校电表,如扩大量程或改装之后的电表是否仍符合原表头准确度的等级;② 绘制校准曲线,以便在使用该表时能够对读值予以修正,得到较为准确的结果.

为了确定被校表的准确度等级,应对被校电表整个刻度上等间隔的几个校准点进行校准,获得一组被校电表的读值 I_{xi} 和一组相应的标准表读值 I_{si}($i=1,2,3,\cdots$).将每个校正点的标准读值与被校电表的读值作差,得到 n 个差值即 $\Delta I_i=I_{si}-I_{xi}$,称这一差值为校准点的校正值.取校正值中绝对值最大的一个作为被校电表的最大绝对误差.则根据式(3-2-4)可得到被校电表的准确度等级,在这里通常称为仪表的标称误差(也称为示值误差),即

$$\text{标称误差 } \alpha\% = \frac{\text{最大绝对误差}}{\text{量程}}\times 100\% \qquad (3-2-6)$$

按国家规定,准确度等级分为 0.1、0.2、0.5、1.0、1.5、2.5 和 5.0.若所计算出的 α 并不等于其中的某一值,而是处于两级数值之间,则应取其中较大的一个级数值.如 $0.5<\alpha<1.0$,则该表为 1.0 级.

如果算得被校电表的准确度等级大于 5.0,则应分析原因,特别注意检查 R_i 和 R_p 的取值是否正确,使改装表达到要求.

以被校表的读值为横轴,以校正值(校准表与被校表的读数之差)为纵轴,两个相邻校正点之间用直线连接,整个图形是一条折线,这就是电表的校准曲线.

图 3-2-2(a)为电流表的校准电路原理图;图 3-2-2(b)为电压表的校准电路原理图.

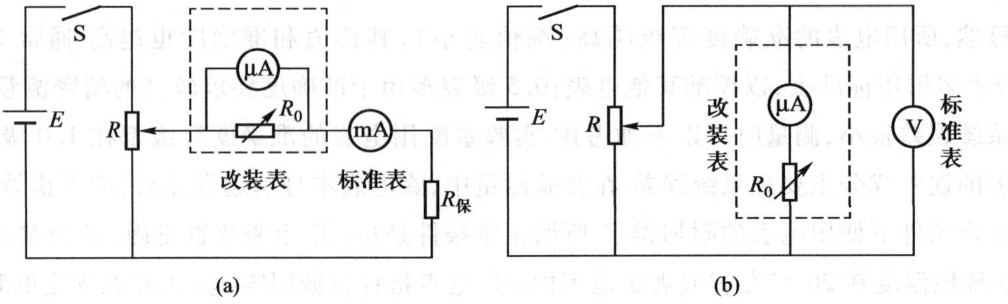

图 3-2-2

【实验仪器】

微安表头，低压直流电源，滑线变阻器，电阻箱，标准电流表，电压表等.

【实验内容与步骤】

1. 微安表头内阻的测定

按图 3-2-1 连接电路.

2. 电流表的扩大量程及其校准

按图 3-2-2(a)连接电路，由式(3-2-1)计算分流电阻 R_i，或直接由校准电路中通过标准表和表头指示的电流情况，确定分流电阻 R_i.

通过控制滑线变阻器中的电流大小，使电流由小至大变化，读出 5 个 I_x 和相应的 I'_s，再使电流由大至小变化读出与刚才完全相同的 5 个 I_x 和相应的 I''_s，记入表 3-2-1.将标准表每个校正点上的两次读值的平均值作为 $\overline{I_s}$.计算各校正点的校正值 $\Delta I=\overline{I_s}-I_x$，根据式(3-2-6)算出标称误差，确定被校电流表的准确度等级，画出校准曲线.

3. 电压表改装校准

由式(3-2-2)计算分压电阻 R_p，按图 3-2-2(b)连接电路.通过控制滑线变阻器改变电路中的电压，读出 5 组数据，记入表 3-2-2，算出标称误差，确定被校电压表的准确度等级，画出校准曲线.

【数据处理】

表 3-2-1　电流表校准数据表格

被校电表读数 I_x/mA						
标准表读数	I'_s/mA					
	I''_s/mA					

续表

$\overline{I_s}\left(=\frac{I'_s+I''_s}{2}\right)$/mA					
ΔI/mA					

$\Delta_{ins}=$ mA， $R_i=$ Ω， $R_g=$ Ω

$\alpha\%=$ ， $\alpha_{级}=$ 级

表 3-2-2 电压表校准数据表格

被校电表读数 U_x/V						
标准表读数	U'_s/V					
	U''_s/V					
$\overline{U_s}\left(=\frac{U'_s+U''_s}{2}\right)$/V						
ΔU/V						

$\Delta_{ins}=$ V， $R_p=$ Ω

$\alpha\%=$ ， $\alpha_{级}=$ 级

【预习思考题】

1. 用什么方法可以使表头的电流量程增大，如何用电流表头进行电压的测量？
2. 何谓电表的准确度等级？

【思考题】

1. 若表头的量程为 100 μA，能否将其改装成 50 μA 的微安表？
2. 校准曲线有何作用？

实验 3-3 电桥的使用

（一）用单臂电桥测电阻

电桥是采用比较法进行测量的实验装置，即在平稳条件下将待测物理量与同种标准物理量进行比较以确定待测量的数值.它具有测试灵敏、准确度高和使用方便等优点，因而在电测量技术领域中应用极为广泛.除电阻以外，电桥还能测量电感、电容、频率，以及电介质、磁介质特性等电学量.此外，配合其他的变换器，还能用来测量许多非电学量，如温度、压力、位移、湿度、真空度等.正是这个缘故，电桥被广泛应用于近代工业生产和自动控制技术中.

电桥分为交、直流两大类，交流电桥用于测电容、电感等，直流电桥用于测电阻.按测量范围直流电桥又分为惠斯通（单臂）电桥和开尔文（双臂）电桥，前者主要用于测量 $1\sim10^5\ \Omega$ 的中值电阻，后者用于测量 $10^{-5}\sim1\ \Omega$ 的低值电阻.本实验重点讨论惠斯通电桥的工作原理、使用方法以及测量误差.

【实验目的】

1. 掌握用电桥测量电阻的使用方法.
2. 了解单臂电桥的构成和测量原理.

【实验原理】

1. 单臂电桥的结构与原理

单臂电桥又叫惠斯通电桥，其电路如图 3-3-1 所示.未知电阻 R_x 与另外三个电阻 R_1、R_2、R_s 构成电桥的四个桥臂.通常称 R_1 和 R_2 这两个桥臂为比例臂，称 $R_s(R_3)$ 为比较臂.电桥的一条对角线接电源 E，另一条对角线接检流计 G.改变 R_1、R_2、R_s 的阻值时，可以改变 c、d 两点之间的电势差.通常情况下，由于 c、d 两点间电势差的存在，检流计中有电流流过，此时的电桥叫做非平衡电桥.当 R_1、R_2、R_s 的阻值被调节成某一组合时，可以使 c、d 两点的电势相等，即两点间的电势差为零.此时检流计指针就准确指向零位.这种情况下，我们称电桥处于平衡状态.所以，在平衡状态下，相应的平衡条件为

$$V_d=V_c,\quad U_{ad}=U_{ac},\quad U_{db}=U_{cb}$$

即

$$I_xR_x=I_sR_s,\quad I_1R_1=I_2R_2$$

因为 $I_x=I_1$，$I_s=I_2$，上边两式相除，得

$$\frac{R_x}{R_1}=\frac{R_s}{R_2}$$

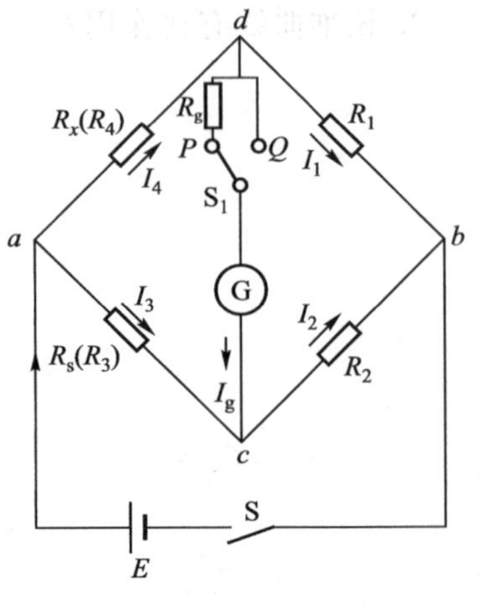

图 3-3-1

或
$$R_xR_2=R_1R_s \tag{3-3-1}$$
式(3-3-1)表明:电桥平衡时,两相对臂的电阻值乘积相等.所以,式(3-3-1)所表示的关系,称为电桥平衡条件.由式(3-3-1)得
$$R_x=\frac{R_1}{R_2}R_s \tag{3-3-2}$$
式中电阻 R_1、R_2、R_s 是准确度较高的电阻,且既可知又可变.测量电阻,就是通过调节 R_1、R_2、R_s 使电桥获得平衡,从而准确地求得被测电阻的阻值 R_x.

2. 单臂电桥准确度级别及其误差

平衡电桥法测电阻的误差,来源于电桥的灵敏度和各标准电阻的自身误差.在实验中,如不考虑电桥灵敏度的因素,则桥臂电阻 R_1、R_2、R_s 引起的相对不确定度为
$$E_{R_x}=\sqrt{\left(\frac{\Delta_{R_1}}{R_1}\right)^2+\left(\frac{\Delta_{R_2}}{R_2}\right)^2+\left(\frac{\Delta_{R_s}}{R_s}\right)^2} \tag{3-3-3}$$

为减小和修正这一系统误差,可将图 3-3-1 中平衡电桥的 R_1、R_2 互换,调节 R_s 使检流计无电流.为区别起见,将此时的可变电阻 R_s 记为 R_3,则有
$$R_x=\frac{R_2}{R_1}R_3 \tag{3-3-4}$$
式 (3-3-2)、式(3-3-4)相乘得
$$R_x=\sqrt{R_3R_s} \tag{3-3-5}$$
互换的结果使 R_1、R_2 造成的误差被消除,这种方法称为交换法.由式(3-3-5)得交换法测得的 R_x 的相对不确定度为
$$\frac{\Delta_{R_x}}{R_x}=\sqrt{\frac{1}{2}\left[\left(\frac{\Delta_{R_3}}{R_3}\right)^2+\left(\frac{\Delta_{R_s}}{R_s}\right)^2\right]} \tag{3-3-6}$$
因 R_3 与 R_s 同为标准电阻,其值接近,可设 $\Delta_{R_s}=\Delta_{R_3}$,则式(3-3-6)改写为
$$\frac{\Delta_{R_x}}{R_x}=\frac{\Delta_{R_s}}{R_s} \tag{3-3-7}$$

式(3-3-7)说明,桥臂电阻引起的测量误差仅与可变电阻 R_s 有关.因此,实际的电桥常选用具有一定准确度的标准电阻箱作为可变电阻 R_s.电阻箱的准确级别决定着电桥的准确级别,即分别为 0.01、0.02、0.05、0.1、0.2、0.5、1.0、2.0,共 8 个级别,不同级别电桥(R_s 采用十进位转盘电阻箱)的仪器允许的相对不确定度为
$$E_{R_x}=\frac{\Delta_{R_x}}{R_x}\leqslant\left(\alpha\%+b\,\frac{\Delta_{R_s}}{R_s}\right)$$
式中,Δ_{R_s} 为比较臂电阻 R_s 的最小分度值的不确定度,R_s 为比较臂的电阻值,α 为电桥的准确度级别,b 为与电桥准确度等级有关的系数:对于 0.05 级以上的电桥,$b=0.1$;对于 0.1 级以下

的电桥，$b=0.3$.

通过以上讨论可知，电桥平衡具有以下几个基本性质：

（1）由平衡条件 $R_xR_2=R_sR_1$ 的对称性可知，电桥相对臂位置互换，平衡条件不变.

（2）由平衡条件 $R_xR_2=R_sR_1$ 可知，电桥的平衡仅由各桥臂参量之间的关系确定，而与电源及检流计的内阻无关.

（3）电桥的平衡条件与电源及检流计的位置无关.

（4）在平衡条件下，一条对角线的状态不影响另一条对角线的状态.

从以上平衡电桥的基本性质中，可以看到很重要的两点：一是对角线可以互换；二是对角线相互独立.

3. 单臂电桥的灵敏度

从理论上讲，电桥在平衡状态下，流过检流计的电流一定为零.但在实际电路中，由于受到检流计灵敏度的限制，因而可能出现检流计中流有微小电流，但检流计指针为零，给人以电桥平衡的假象.比如在电桥处于平衡的状态下，比较臂电阻 R_s 产生微小变化 ΔR_s，此时流过检流计的电流 ΔI_g 很小，它不足以驱动检流计指针偏转，因而电桥看上去依旧是平衡的.由于这种检流计灵敏度不足会带来电桥的测量误差，故引入电桥灵敏度的概念，它定义为单位电流的变化量 ΔI_g 所引起检流计指针偏转的格数，即

$$S=\frac{\Delta n}{\Delta I_g} \tag{3-3-8}$$

因为测量中引起指针偏转是由于比较臂电阻的改变，所以为了表征电桥测电阻的准确程度，就用电阻 R_s 的相对改变量 $\Delta R_s/R_s$ 定义电桥的灵敏度，称为电桥相对灵敏度，即

$$S'=\frac{\Delta n}{\Delta R_s/R_s} \tag{3-3-9}$$

由式(3-3-8)和式(3-3-9)可见，电桥灵敏度 S 越大，则当比较臂电阻改变 1 个（或几个）单位时，检流计指针偏转越大，那么，对电桥是否平衡的判断也就越容易，相应的测量结果必然也更加准确.

理论上可以证明，对于各臂阻值不等的一般情形，在电桥平衡态附近，电桥的灵敏度对每一桥臂都是均等的，这是测定电桥灵敏度和估计由于灵敏度有限对测量结果带来误差的理论依据.另外，通过理论可以证明，电桥灵敏度 S 与电源电压、检流计内阻以及桥臂电阻有关.

实验中，判断一个电桥装置的灵敏度是否满足测量要求，一般原则是：根据装置的测量精度，当比较臂有效数字的末位有一个或几个单位的改变量时，检流计能有可觉察的偏转，此装置的灵敏度就可满足测量要求.

下面给出几点定性的结论：

（1）在各桥臂电阻元件所允许的额定功率范围内，电桥灵敏度与电源成正比；

（2）电桥灵敏度与检流计的电流灵敏度成正比；

（3）电桥灵敏度与检流计的内阻 R_g 有关；

（4）电桥灵敏度与各桥臂阻值的相对大小及检流计对角线的电阻有关.在其他条件相同的情况下,单臂电桥具有更大的灵敏度.

4. 直流单臂电桥中的系统误差及消除方法

用直流单臂电桥测电阻时,系统误差主要来源于以下两个方面：

（1）组成电桥的电阻元件阻值不准,使它们的实际值和标准值之间有一定的差别.这种差别一般均限制在这些元件的准确度等级的允许范围内.为了减少这种误差,除选用高准确度等级的电阻元件外,也可采用交换比例臂的方法进行测量.如果交换比例臂前后电桥平衡时比较臂读数为 R_s 和 R_s',则被测电阻的阻值为

$$R_x=\sqrt{R_sR_s'} \tag{3-3-10}$$

所以,只要保证构成比较臂的电阻元件具有足够准确度和两次读数 R_s 和 R_s'的有效数字有足够的位数,在比例臂电阻元件准确等级较差的情况下也可能获得高精度的测量结果.

（2）直流电桥的平衡状态与电源电压的大小和极性无关,但由于测量系统中寄生热电势的存在,检流计指零的状态就不再与电桥相对臂阻值乘积相等的条件完全对应.因此,若仍以检流计指零的状态作为 $R_xR_2=R_1R_s$ 的标志,就使测量结果产生一定的系统误差,这种误差与电源电压的极性有关.因此,用交换电源电压极性进行测量,并对测量结果取算术平均值的方法,就可消除寄生热电势的影响.

5. 倍率 K 的选取对测量结果的影响

比例臂 R_1 与 R_2 之比值叫做电桥比率臂或倍率,用 K 表示,即 $K=R_1/R_2$.通常的电桥倍率 K 既做得很准确,又可以有多种选择.由式(3-3-2)可知,$R_x=KR_s$.从理论上讲,只要满足电桥的平衡条件,K 值可以任意选择.但在实验中,倍率 K 值不同,实验结果准确程度是不一样的,即所得被测电阻 R_x 的有效数字位数因 K 值不同而不等.例如,测量 R_x 约为 6 Ω 的电阻,当 K 取 0.1 或 0.01 时,会得到如下两个结果：$R_{x1}=0.1\times61.00\ \Omega=6.100\ \Omega$,$R_{x2}=0.01\times610.03\ \Omega=6.1003\ \Omega$.$K$ 值不同,结果的有效数字位数不同.可见,为使测量结果具有较高的精度,K 值的选择应根据未知电阻 R_x 的粗测值进行最佳选择,即以 R_x 读取位数最多为佳.

【实验仪器】

QJ-19 型单双臂电桥,指针式检流计,待测电阻 2 个,导线.

QJ-19 型电桥分单臂和双臂两种,本次实验中研究单臂部分.其原理如图 3-3-1所示,面板如图 3-3-2 所示.

两图中的 R_1、R_2 是比率臂电阻；R_s 是比较臂电阻；R_x 是未知电阻；R_g 是检流计保护电阻；G 是检流计；K_1 是粗调按钮；K_2 是细调按钮；K_3 是短路按钮；K_4 是电源按钮.

使用单臂电桥时接线参看图 3-3-2,应将双臂电桥标准端钮 1、2 短路,5、6 端钮接待测电阻,7、8 端钮接检流计.

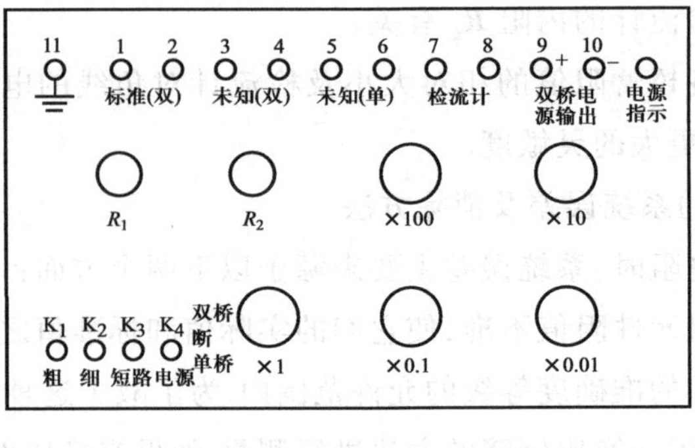

图 3-3-2

电桥的比例臂电阻 R_1、R_2 各有 4 种电阻($10^4\ \Omega$,$10^3\ \Omega$,$10^2\ \Omega$,$10\ \Omega$),可以组成多种比例数据.

【实验内容与步骤】

1. 连接图 3-3-2 线路.

2. 根据被测电阻 R_x 的估计值(可用万用表粗测),选择 R_1、R_2 的比率值.

3. 先按下 K_1、K_4 按钮,粗调 R_s 使检流计指针指零.检查粗调键 K_1 按下时,检流计指针确实指零了,再按下 K_2 键,并细调 R_s,使检流计指零.此时记下 R_s 值.

共测两个未知电阻 R_{x1} 和 R_{x2},每个未知电阻测 5 次,记入表 3-3-1.

测量时倍率 K 选择是以电桥平衡时,比较臂电阻值的有效数字位数最多为原则.

4. 测量电桥灵敏度:先将电桥调至平衡态(分别在测 R_{x1} 和 R_{x2} 时),然后改变比较臂 R_s,使检流计指针偏转 3~5 格.此时记下 R_s 及其改变量 ΔR_s,记下检流计偏转的格数 Δn,记入表 3-3-2,代入式(3-3-9),算出电桥相对灵敏度.

【数据处理】

1. 未知电阻的测量

将 R_{x1} 和 R_{x2} 的测量值填入表中.

表 3-3-1　电阻数据记录表

测量次数	粗测值 $R_{x1}=$　　Ω			测量次数	粗测值 $R_{x2}=$　　Ω		
	$K=\frac{R_1}{R_2}$	R_{s1}/Ω	R_{x1}/Ω		$K=\frac{R_1}{R_2}$	R_{s2}/Ω	R_{x2}/Ω
1				1			
2				2			
3				3			
4				4			
5				5			

2. 计算 R_{x1}、R_{x2} 及 $\bar{R}_{x1}$、$\bar{R}_{x2}$ 的不确定度

$$\bar{R}_x=\frac{1}{n}\sum_{i=1}^{n}R_{xi}$$

不确定度为
$$\Delta_{AR_x}=\sqrt{\frac{1}{(n-1)}\sum_{i=1}^{n}(\bar{R}_x-R_{xi})^2}$$

$$\Delta_{BR_x}=\alpha\%\bar{R}_x,\quad \alpha=0.05$$

$$\Delta_{R_x}=\sqrt{\Delta_{AR_x}^2+\Delta_{BR_x}^2}$$

$$E_{R_x}=\frac{\Delta_{R_x}}{\bar{R}_x}$$

测量结果为
$$R_x=\bar{R}_x\pm\Delta_{R_x}$$

3. 电桥灵敏度的测量

表 3-3-2　灵敏度数据记录表

被测电阻	$\Delta R_s/\Omega$	Δn/格	$S'=\frac{\Delta n}{\Delta R_s/R_s}$
R_{x1}			
R_{x2}			

【预习思考题】

1. 电桥由哪几部分组成？电桥的平衡条件是什么？
2. 图 3-3-2 中按钮 K_1、K_2、K_3、K_4 各自的作用是什么？

【思考题】

1. 直流电桥的灵敏度与哪些量有关？提高电桥灵敏度主要途径是什么？
2. 电源与检流计的位置互换，是否会影响电桥的平衡，为什么？

（二）用双臂电桥测导体的电阻率

【实验目的】

1. 了解双臂电桥测低电阻的原理和方法.
2. 测定导体的电阻率.
3. 了解单、双臂电桥的联系和区别.

【实验原理】

1. 双臂电桥工作原理

测量中等阻值的电阻，伏安法是比较容易的方法，惠斯通电桥法是一种精密的测量方法，但在测量低电阻时都发生了困难，这是因为引线本身的电阻和引线端点接触电阻的存在.图 3-3-3 为伏安法测电阻的线路图，待测电阻 R_x 两侧的接触电阻和导线电阻以等效电阻 R_1、R_2、R_3、R_4 表示.如图 3-3-4 所示，通常电压表内阻较大，R_1 和 R_4 对测量的影响不大，而 R_2 和 R_3 与 R_x 串联在一起，被测电阻实际应为 $R_2+R_x+R_3$，附加电阻为 10^{-2} Ω 数量级，在测低电阻时显然不能忽略，也不能用图 3-3-3的电路来测量 R_x.

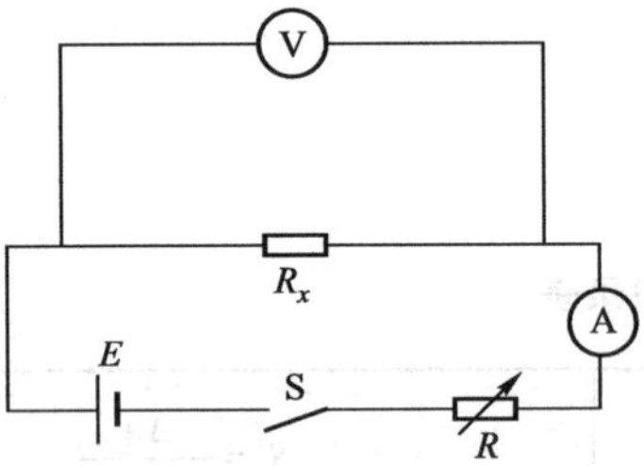

图 3-3-3　伏安法测电阻

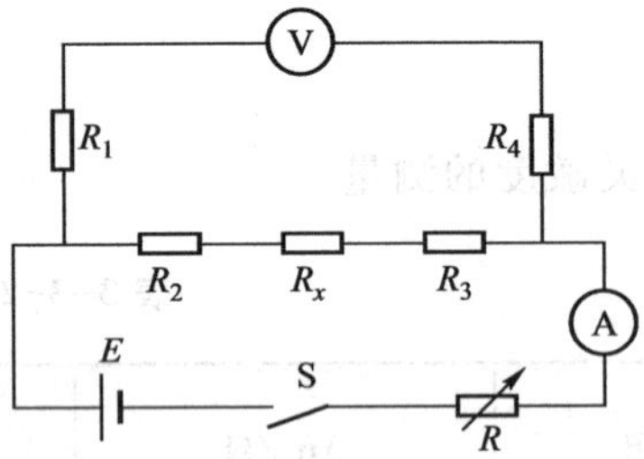

图 3-3-4　伏安法测电阻等效电路

为了消除接触电阻的影响，接线方式改成四端钮方式，如图 3-3-5 所示.C-C为电流端钮，P-P 为电压端钮，等效电路如图 3-3-6 所示.此时毫伏表上测得的电压为 R_x 的电压降，由 $R_x=U/I$ 即可准确计算出 R_x.

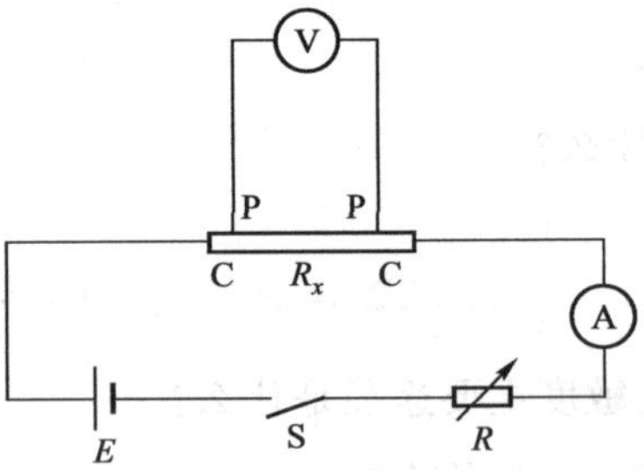

图 3-3-5　双臂电桥测电阻

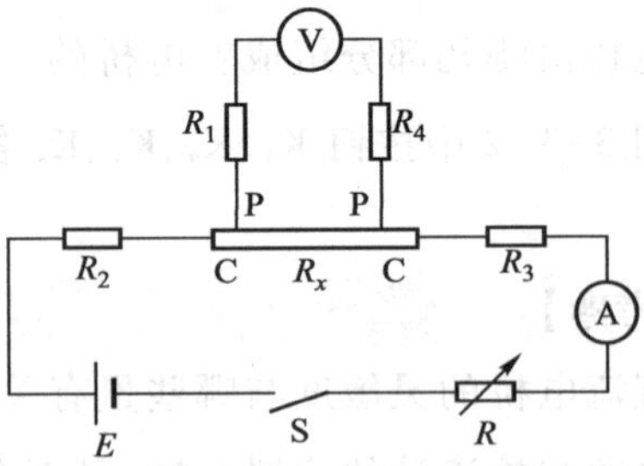

图 3-3-6　双臂电桥测电阻等效电路

由此可见，测量低值电阻时，为了消除接触电阻的影响，可将通过电流的接点（称电流接点）与测量电压的接点（即电压接点）分开，并且将电压接点放在里面.

把四端接法的低电阻接入原单臂电桥，演变成图 3-3-7 的双臂电桥，等效电路如图 3-3-8 所示.标准电阻 R_N 电流接点接触电阻为 R_{iN1}、R_{iN2}，待测电阻 R_x 的电流接点接触电阻为 R_{ix1}、R_{ix2}，这些接触电阻都连接到双臂电桥电流测量回路中，只对总的工作电流 I 有影响，而对电桥的平衡无影响.将标准电阻电压接点接触电阻 R_{N1}、R_{N2}和待测电阻 R_x 电压接点接触电阻 R_{x1}、

R_{x2}分别连接到双臂电桥电压测量回路中，因为它们与较大电阻 R_1、R_2、R_3、R_4 串联，对测量结果的影响也极其微小，这样就减少了这部分接触电阻和导线电阻对测量结果的影响.

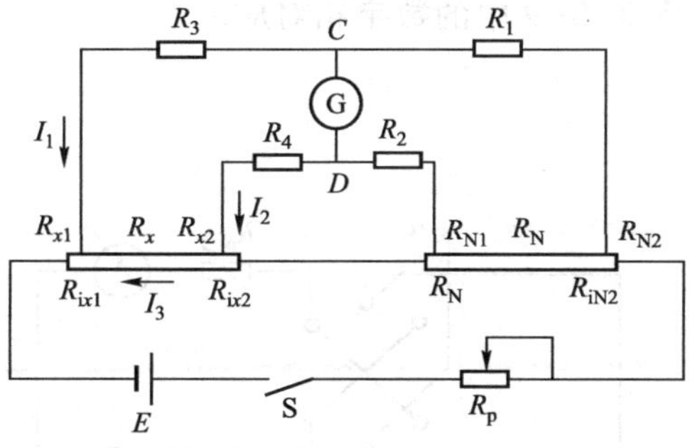

图 3-3-7

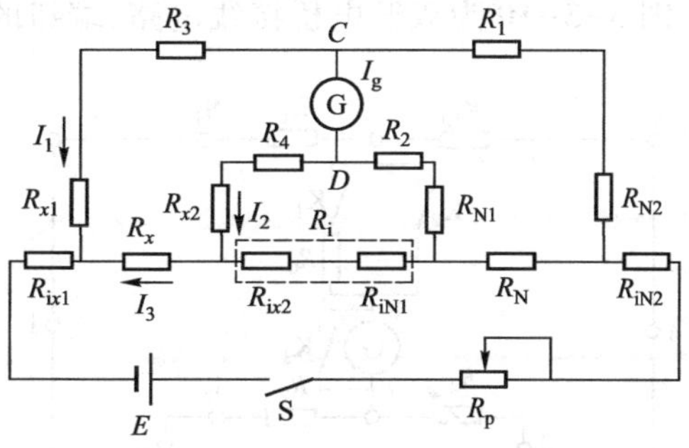

图 3-3-8

电桥平衡时，通过检流计 G 的电流 $I_g=0$，C、D 两点等电势，根据基尔霍夫定律，有

$$I_1R_1=I_2R_2+I_3R_N$$

$$I_1R_3=I_3R_x+I_2R_4$$

$$(I_3-I_2)R_i=I_2(R_2+R_4)$$

解方程组得

$$R_x=\frac{R_3}{R_1}R_N+\frac{R_2\cdot R_i}{R_2+R_4+R_i}\left(\frac{R_3}{R_1}-\frac{R_4}{R_2}\right) \tag{3-3-11}$$

调节 R_1、R_2、R_3、R_4，使得 $R_3/R_1=R_4/R_2$，即 $R_1=R_2$，$R_3=R_4$，则式中第二项为零，待测电阻 R_x 和标准电阻 R_N 的接触电阻 R_{ix2}、R_{iN1}均包括在低电阻导线 R_i 内，则有

$$R_x=\frac{R_3}{R_1}R_N \tag{3-3-12}$$

实际上很难做到 $R_3/R_1=R_4/R_2$.为了减少式(3-3-11)中第二项的影响，使用尽量粗的导线以减小 R_i 的值($R_i<0.001\ \Omega$)，使式(3-3-11)的第二项尽量小.

2. 双臂电桥结构原理

(1) 双臂电桥电路图

图 3-3-9 为双臂电桥的电路图.

为了保持 $R_3/R_1=R_4/R_2$ 在使用电桥过程中始终成立，常将电桥做成一种特殊结构，即将比率臂采用双十进电阻箱.在这种电阻箱里，两个相同十进电阻的转臂连接在同一转轴上，因此在转臂的任一位置都保持 $R_1=R_2$，$R_3=R_4$.

对图 3-3-9 中的符号意义说明如下：

R_1、R_2——比例臂电阻；

S_1、S_2——比例臂选择开关；

R_3、R_4——测量臂外臂、内臂电阻；

R_0——检流计保护电阻.

（2）双臂电桥测低值电阻电阻率电路图

图 3-3-10 为双臂电桥接线电路，端钮的数字与图 3-3-9 中的数字相对应.

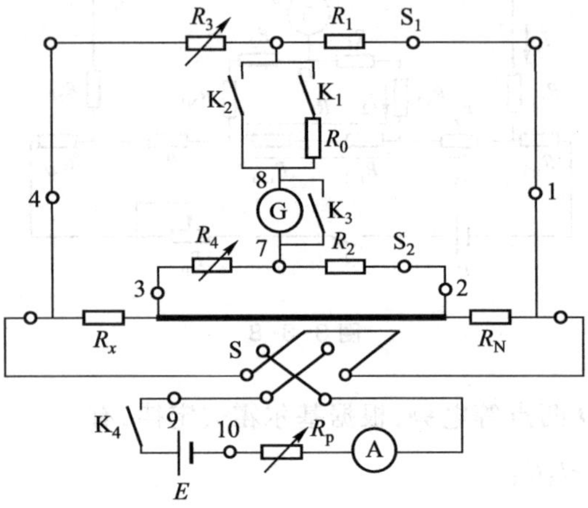

图 3-3-9

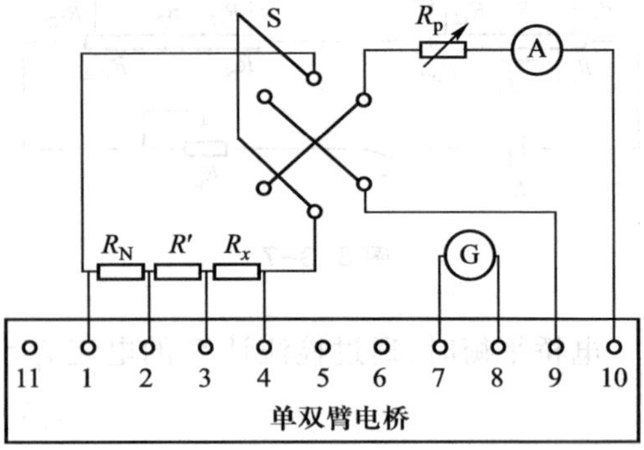

图 3-3-10

接线及辅助设计要求：

R_p——可变电阻器，调节测量回路电流；

A——电流表，调节 R_p 应使测量回路电流小于标准电阻 R_N 的额定值；

R_N——0.01 级、0.001～10 Ω 标准电阻；

S——供电流换向用开关；

G——检流计，可选用 AZ19 型检流计.

连接被测电阻 R_x 和标准电阻 R_N 的导线电阻应小于 0.002 Ω，跨接线的电阻 R'应小于 0.001 Ω.

被测电阻 R_x/Ω	标准电阻 R_N/Ω	比例臂电阻 $R_1(=R_2)/\Omega$	工作电源电压	允许误差/%
$10\sim10^2$	10	100	内置双桥电源输出：4 V	±0.05
$1\sim10$	1			
$0.1\sim1$	10^{-1}			
$10^{-2}\sim10^{-1}$	10^{-2}			
$10^{-3}\sim10^{-2}$	10^{-3}			
调换 R_x 和 R_N 位置时				
$10^{-4}\sim10^{-3}$	10^{-3}	10^2	4 V	±0.01
$10^{-5}\sim10^{-4}$		10		±0.5
$10^{-6}\sim10^{-5}$		1		±5

【实验内容与步骤】

1. 实验内容

（1）按图 3-3-11 接线（电路参考图 3-3-9），将可调标准电阻 R_N、待测电阻 R_x 按四端连接法与 R_1、R_2、R_3、R_4 连接，注意 C_1、C_2 之间要用粗短导线连接.

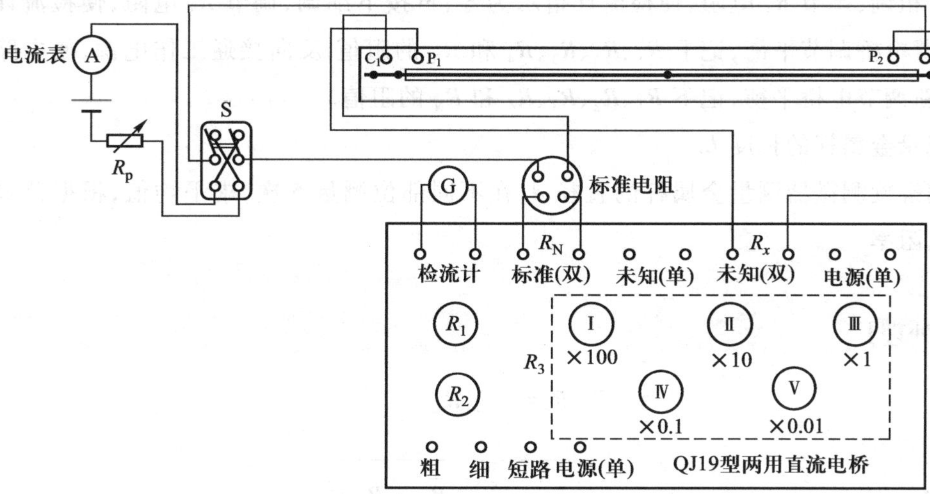

图 3-3-11

（2）按下电源的开关（B 按钮，图中未画出）和检流计（指零仪）的开关（G 按钮，图中未画出），通电后，等待 5 min，调节检流计指针指在零位置上.在测量未知电阻时，为保护检流计指针不被打坏，检流计的灵敏度调节旋钮应放在最低位置，使电桥初步平衡后再增加检流计灵敏度.在改变检流计灵敏度或环境等因素变化时，有时会引起检流计指针偏离零位，在测量之前，应随时调节检流计指零.

（3）估计待测电阻的大小，R_1、R_2、R_3、R_4 选择适当的阻值，注意 $R_1=R_2$，$R_3=R_4$ 的条件.先按下 G 按钮，再正向接通开关 S，接通电桥的电源，调节 R_3，使检流计指针指在零位上，电桥平衡.注意：测量低阻时，工作电流较大，由于存在热效应，会引起待测电阻的变化，所以电源开关不应长时间接通，应该间歇使用.记录 R_1、R_2、R_3、R_4 和 R_N 的阻值，有

$$R_{x1}=R_N R_3/R_1$$

（4）如要更高的测量精度，保持测量线路不变，再反向接通开关 S，重新微调 R_3，使检流计指针重新指在零位上，电桥平衡.这样做的目的是消减接触电势和热电势对测量的影响.记录 R_1、R_2、R_3、R_4 和 R_N 的阻值，有

$$R_{x2}=R_N R_3/R_1$$

待测电阻按下式计算：

$$R_x=(R_{x1}+R_{x2})/2$$

(5) 保持以上测量线路不变,调节 R_2 或 R_4,使 $R_1 \neq R_2$ 或 $R_3 \neq R_4$,测量 R_x 值,并与 $R_1 = R_2$,$R_3 = R_4$ 时的测量结果相比较.

2. 实验步骤

(1) 测量金属杆的电阻 R_x.

按图 3-3-11 接线(电路参考图 3-3-9).调定 $R_1 = R_2$,$R_3 = R_4$,正向接通工作电源,按下粗调按钮进行粗调,调节 R_3 电阻,使检流计指示为零;再按下细调,调节 R_3 电阻,使检流计指示为零,则双臂电桥调节平衡,记下 R_1、R_2、R_3、R_4 和 R_N 的阻值.反向接通工作电源,使电路中电流反向,重新调节电桥平衡,记下 R_1、R_2、R_3、R_4 和 R_N 的阻值.

(2) 记录金属杆的长度 L.

(3) 用螺旋测微器测量金属杆的直径 d,在不同部位测量 5 次,求平均值,根据公式计算金属杆的电阻率.

【数据处理】

$$\overline{R_x} = \frac{1}{n} \sum R_{xi}$$

不确定度为

$$\Delta_{AR_x} = \sqrt{\frac{1}{n-1} \sum_{i=1}^{n} (\overline{R_x} - R_{xi})^2}$$

$$\Delta_{BR_x} = \alpha\% \cdot \overline{R_x}, \quad \alpha = 0.05$$

$$\Delta_{R_x} = \sqrt{\Delta_{AR_x}^2 + \Delta_{BR_x}^2}$$

$$E_{R_x} = \frac{\Delta_{R_x}}{\overline{R_x}}$$

测量结果为

$$R_x = \overline{R_x} \pm \Delta_{R_x}$$

$$\overline{\rho} = \overline{R_x} \cdot \frac{\pi D^2}{4L}$$

$$\rho = \overline{\rho} \pm \Delta\rho$$

E_ρ、$\Delta\rho$ 公式自行推导.

【注意事项】

1. 在测量带有电感电路的直流电阻时,应先接通电源,再按下 G 按钮;断开时,应先断开 G 按钮,后断开电源,以免反冲电势损坏指零电路.

2. 在测量 0.1 Ω 以下的阻值时,C_1、P_1、C_2、P_2 接线柱到被测量电阻之间的连接导线电阻为 0.005~0.01 Ω,测量其他阻值时,连接导线电阻应小于0.05 Ω.

3. 使用完毕后,应断开电源,断开 G 按钮,关闭交流电.

4. 若仪器长期搁置不用，在接触处可能产生氧化，造成接触不良，使用前应来回转动 R_N 开关数次.

【思考题】

1. 双臂电桥与惠斯通电桥有哪些异同？
2. 双臂电桥怎样消除附加电阻的影响？
3. 如果待测电阻的两个电压端引线电阻较大，对测量结果有无影响？
4. 如何提高测量金属丝电阻率的准确度？

实验 3-4　电势差计测量电源电动势及电阻

电势差计是一种根据补偿原理制成的高精度、高灵敏度的比较式电测仪器.它不但能用来准确测量直流电动势和电压,也可配合标准电阻来测量电流和电阻,还可以用来校准电表和直流电桥等仪表,也常用于非电学量(如温度、压力、位移和速度等)的电测法中.电势差计是电磁测量中最常用的仪器之一.

本实验重点介绍对电源(干电池)电动势和未知电阻阻值的测量.

【实验目的】

1. 学习补偿原理.
2. 了解和掌握电势差计的工作原理和结构特点.
3. 用电势差计测电源电动势和未知电阻.

【实验原理】

1. 补偿原理

补偿法的原理是利用一个电压或电动势去抵消另一个电压或电动势.

如图 3-4-1 所示,把两个电源连接起来.调节 E_0 的大小,使 E_0 和 E_x 大小相等,则回路中就没有电流通过,这时称电路处于补偿状态.显然利用检流计就可判断电路是否处于补偿状态.如果它们处于补偿状态,则它们的电动势大小就相等.如已知其中一个电动势,那么另一个电动势的大小也就知道了.这种测量电动势方法依据的原理就叫做补偿原理.

2. 电势差计的工作原理

电压表也可用来测量电源的电动势,如图 3-4-2 所示,无论电路中是否有负载,若将电压表并联在电源两端就有电流 I 通过电路及电源内部.由于电源有内阻 $R_{内}$,在电源内部不可避免地存在电势降落 $IR_{内}$,因而电压表的指示值只是电源两端电压 $U=E_x-IR_{内}$ 的大小.显然只有当 $I=0$ 时,电源两端电压 U 才等于电动势 E_x.

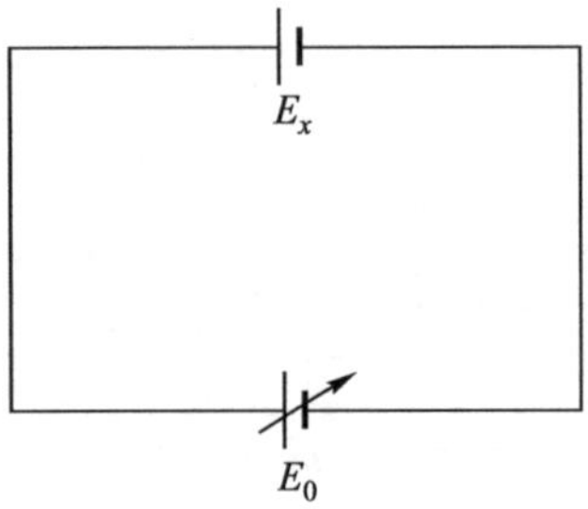

图 3-4-1

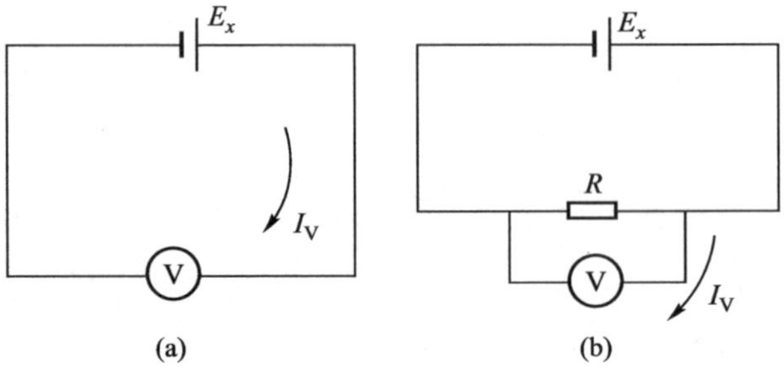

图 3-4-2

如何使得电源内部没有电流通过而又能准确测定电源的电动势 E_x？这就要用电势差计采用补偿法进行测量.它的工作原理如图 3-4-3 所示,电路由两个回路组成,电源 E、可变电阻 R_n、电阻 R、开关 S_1 组成辅助回路.电源 E_s(或 E_x)、检流计、电阻 R、开关 S_3(或 S_2)构成补偿回路.

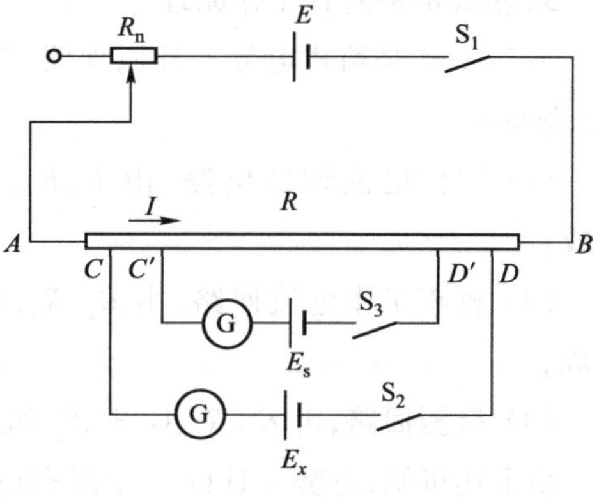

图 3-4-3

E—稳压电源;G—检流计;E_s—标准电源;

R_n—变阻器;E_x—待测电源;

AB—电阻丝;S_1、S_2、S_3—单极开关

接通 S_1 后,有电流 I 通过电阻丝 AB,并在电阻丝上产生电压降落 IR.如果再接通 S_2,可能出现三种情形:

(1) 当 $E_x>U_{CD}$时,G 中有自右向左流动的电流;

(2) 当 $E_x<U_{CD}$时,G 中有自左向右流动的电流;

(3) 当 $E_x=U_{CD}$时,G 中无电流,指针不偏转.

我们将第三种情况称为电势差计处于补偿状态,或者说待测电路得到补偿.在补偿状态时,$E_x=IR_{CD}$.设每单位长度电阻丝的电阻为 r_0,CD 段电阻丝长度为 L_x,于是

$$E_x=Ir_0L_x \tag{3-4-1}$$

将可变电阻 R_n 的滑动端固定,即保持工作电流 I 不变,再用一个电动势为 E_s 的标准电源替换图 3-4-3 中 E_x,适当将 CD 的位置调至 $C'D'$,这样可使检流计的指针不偏转,达到补偿状态.设 $C'D'$电阻丝长度为 L_s,则

$$E_s=IR_{C'D'}=Ir_0L_s \tag{3-4-2}$$

将式(3-4-1)和式(3-4-2)相比较得到

$$E_x=E_s\frac{L_x}{L_s} \tag{3-4-3}$$

式(3-4-3)表明,待测电源的电动势 E_x 可用标准电源的电动势 E_s 和在同一工作电流下电势差计处于补偿状态时测得的 L_x 和 L_s 值来确定.

由以上分析可知,电势差计具有下列特点:

(1)“内阻”高.用电压表测电势差时,总要从被测回路中分出一小部分电流来,这就改变了被测回路的参量,影响测量结果,电压表的内阻越小,这种影响越显著.当用电势差计测出电势差时,补偿回路的电流为零,或者说它的“内阻”很高,故不影响被测回路参量,可“真正”测出电路中两点间的电势差或电源电动势.

(2) 准确度高.从 $E_x=E_s\frac{L_x}{L_s}$的表达式看出,E_x 的精确度依赖于 E_s 和电阻比值$\frac{L_x}{L_s}$,以及检流计的灵敏度.在电势差计中,E_s 为标准电源、$\frac{L_x}{L_s}$为标准电阻比值,所以它们的准确度很高,加

之使用的检流计是高灵敏度的,所以待测电动势的测量应当是十分准确的.

3. 箱式电势差计工作原理

图 3-4-4 是箱式电势差计原理图.它由以下3 部分组成:

(1) 工作电流调节电路,由 E、R_n、R_1、R、S 组成;

(2) 校正工作电流回路,由 E_s、R_s、G、S_1、S_2 组成;

(3) 待测回路,由 E_x、R_x、G、S_1、S_2 组成.

由上述可知,电势差计的工作原理以比较法为基础,其测量结果是经过两次比较获得的.第一次是调节工作电流,即将标准电源的电动势与标准电阻 R 上的电压降比较;第二次才是测量未知电压,即将已知的补偿电压与未知电压相比较.

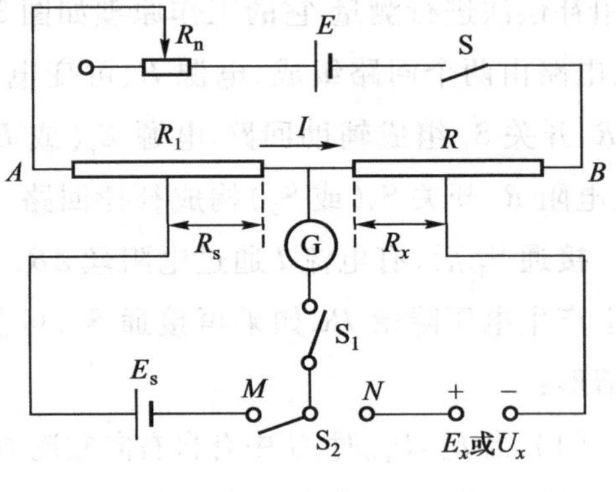

图 3-4-4

E—工作电源;R_1、R_n—工作电流调节电阻;

E_s—标准电源;R—测量电动势或电压可变电阻;

G—检流计;E_x(或 U_x)—待测电动势或电压;

S_0,S_1,S_2—单极开关

【实验仪器】

UJ-31 型电势差计,检流计,标准电源,分压板,直流电源,干电池,导线.

1. UJ-31 型电势差计的结构及原理

UJ-31 型电势差计简化原理图如图 3-4-5 所示.

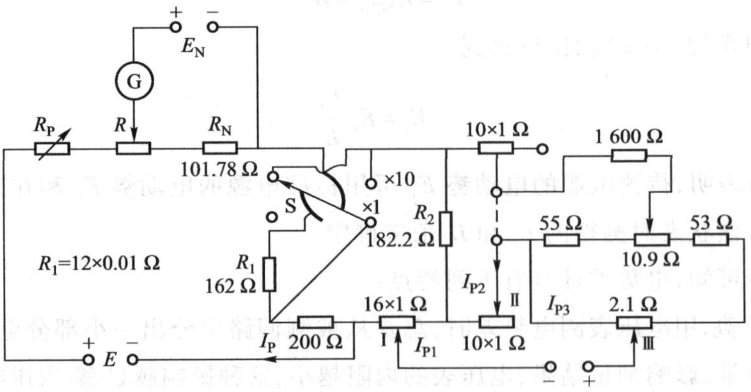

图 3-4-5

该电势差计的量程为分两挡("×1"和"×10"),其转换通过改变开关的位置来实现.图中 R_P 是调节工作电流的电阻,R_N 和 R 分别为提供核准工作电流用的标准电阻和温度补偿电阻.电势差计有 3 个读数装置,第一读数(测量)盘是 16 个1 Ω的电阻组成的 16 步进式开关,第二读数(测量)盘是采用替换式步进开关.结构是用 10 个 1 Ω 电阻组成主盘,用另一组 10 个 1 Ω

的电阻组成代换盘.第三读数(测量)盘是由阻值 2 Ω 的滑线盘构成,滑线盘上通过的电流大小由内附沿线电阻 10 Ω 来调节,测量盘分为 105 等份.

UJ-31 型电势差计从电源 E 流经 R_N 的工作电流 $I_P = 10$ mA,当 S 拨在"×1"挡时,经过 R_1 的分流作用[图 3-4-6(a)],流经过第一读数盘的电阻的电流 $I_{P1} = 1$ mA;S 拨在"×10"挡时,断开 R_1 分流作用,I_P 直接流经第一读数盘[图 3-4-6(b)],此时,$I_{P1} = I_P = 10$ mA.

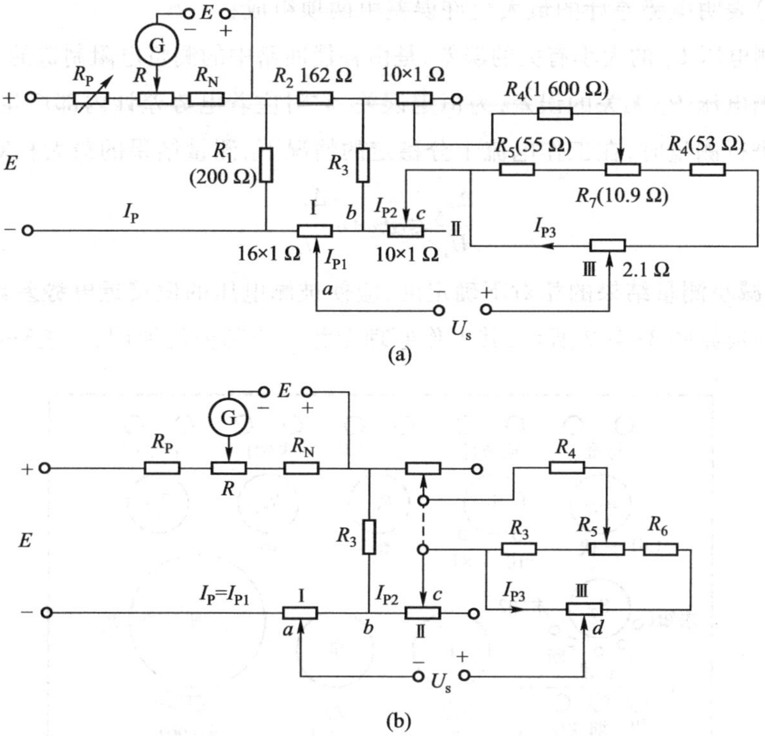

图 3-4-6

UJ-31 型电势差计补偿回路的补偿电阻在最高量限时,也只不过是二十多欧姆,故它属于低电势电阻型电势差计.因此配给的检流计应是外临界电阻较小的检流计.它的测量范围是:"×1"挡时是 0~17. 1 mV,分辨率为 1 μV,游标尺最小分辨率为 0. 1 mV;"×10"挡时是 0~171 mV,分辨率为 10 μV,游标尺最小分辨率为 1 mV.使用 5. 7~6. 4 V 外接工作电源,总工作电流为 10 mA. UJ-31型电势差计有 3 个工作电流调节盘,第一盘是 17 点步进的转换开关,构成17×4 Ω,第二盘、第三盘均为滑线,调节范围 0~72 Ω.标准电源回路由标准电源电势补偿电阻 101. 76 Ω、温度补偿盘(22×0. 01 Ω)组成,标准电源电势补偿范围为 1. 017 6~1.019 8 V,最小步进电势为 100 mV.

2. 电势差计的准确度级别及允许误差

不同的电势差计,其准确度的级别各有不同,通常有七个级别,即 0. 001、0. 002、0. 005、0. 02、0. 05、0. 1 和 0. 2.UJ-31 型电势差计准确度级别为 0. 05 级.在正确操作条件下电势差计最大允许误差$|\Delta|$满足

$$|\Delta| \leqslant (\alpha\% U_x + b\Delta_{U_x}) \tag{3-4-4}$$

式中，α 为电势差计的准确度级别；而常数 b 满足

$$\begin{cases} b=0.5 & (若\ \Delta_{U_x}/U_x \leqslant 0.5\alpha\%) \\ b=1 & (若\ \Delta_{U_x}/U_x \geqslant 0.5\alpha\%) \end{cases}$$

U_x 为电势差计测量读数（单位为 V）；Δ_{U_x} 为电势差计最低一挡读数盘的步进值（单位为 V）.

式（3-4-4）表明电势差计的最大允许误差由两项组成：

（1）与被测电压 U_x 的大小有关的误差，是由补偿回路中的测量电阻制造的不准确引起的.

（2）与被测电压 U_x 无关的误差，为恒定误差，它对应着电势差计内部产生的寄生热电势.

利用电势差计进行测量时，在工作电流十分稳定的情况下，测量结果的最大相对不确定度为

$$\frac{\Delta_{U_x}}{U_x} \leqslant \alpha\% + b\frac{\Delta_{U_x}}{U_x} \tag{3-4-5}$$

因此，为了减小测量结果的相对不确定度，应使被测电压的值接近电势差计的测量上限.

UJ-31 型面板如图 3-4-7 所示，其工作原理图相对应部分的说明，如表3-4-1所示.

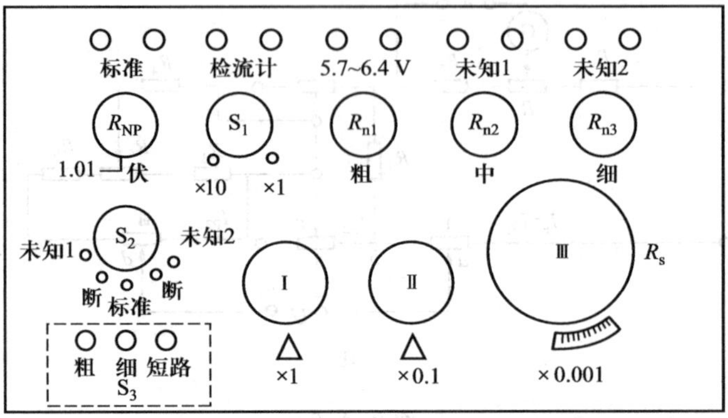

图 3-4-7

表 3-4-1　UJ-31 型电势差计面板图说明

R_n	R_n 分成 R_{n1}（粗调）、R_{n2}（中调）、R_{n3}（细调）三个 R_n 电阻转盘，用来准确地调节工作电流
R_{NP}	R_{NP}旋钮是为补偿温度不同时标准电动势的变化而设置的，当温度不同而引起标准电源电动势变化时，通过调节 R_{NP}，进而调节 R_{NP} 两端电压，使标准电源得到补偿
R_s	R_s 分为 Ⅰ（×1）、Ⅱ（×0.1）、Ⅲ（0.001）三个电阻转盘，并在转盘上标出电压.电势差计处于被补偿状态，可以从三个转盘上读出未知电动势
S_1	量程变换开关，用于选择倍率
S_2	校准电势差计时，旋至“标准”；测未知电动势时，旋至“未知 1”或“未知 2”
S_3	按下“粗”，粗调 R_n；按下“细”，细调 R_n.松开“短路”，保护电阻与检流计串联；按下“短路”，保护电阻被短路

【实验内容与步骤】

1. 电势差计的调整

（1）参照图 3-4-7 连接电路.

（2）调节检流计的零点.

（3）调节工作电流.

将转换开关 S_2 旋到“标准”位置.“R_{NP}”旋钮指示到 1.018 6 V（此值为标准电源在室温 20 ℃时的电动势）.打开稳压电源，使工作电压处于 6 V.将电势差计按钮“粗”按下，用变阻器 R_{n1}（粗）、R_{n2}（中）调节工作电流使检流计指示到“零”位置，松开“粗”按钮，按下“细”按钮，调节 R_{n2}（中）、R_{n3}（细）再次使检流计指零，此时表示工作电流已调好.

2. 用电势差计测量

（1）测量电源电动势.工作电流调好后，将测量开关 S_2 转到“未知 1”或“未知 2”位置，将量程变换开关 S_1 转到“×10”挡时，即可测量电源（干电池）的电动势 E_x.调节读数盘Ⅰ、Ⅱ、Ⅲ直至检流计指零，此时电势差计与被测电动势补偿平衡.所测得的 E_x 大小则由电势差计上的读数盘的读数总和乘以量程变换开关 S_1 所示倍率，即 E_x=读数×10.

要求测量 5 次（每次测量时要重新校准一次工作电流），求平均值.

（2）测量电势差计的灵敏度.直流电势差计的灵敏度是与准确度有密切关系的，为了保证一定的测量准确度，整个测量装置要有足够的灵敏度.在电势差计平衡状态下，如果被测电压 U_x 有 ΔU_x 的变化，引起检流计有 n 的偏转格数，则电势差计的灵敏度定义为

$$S=\frac{n}{\Delta U_x} \tag{3-4-6}$$

对应于 $n=\frac{1}{3}$格（人眼所能觉察的偏转）的 ΔU_x 就是电势差所能判别的极限.

记下使检流计偏转 3~5 格所需电压的改变量 ΔU_x，由式（3-4-6）计算出电势差计的灵敏度.

3. 测量未知电阻

（1）按图 3-4-8 连接电路.

（2）重新校准工作电流.

（3）测量未知电压.将旋钮旋到“未知 1”挡，依次调整读数盘Ⅰ、Ⅱ、Ⅲ使电路处于补偿状态，读数盘Ⅰ、Ⅱ、Ⅲ指示的值之和为 R_x 上的电压 U_x.将旋钮旋到“未知 2”挡，用测量“未知 1”的方法测量“未知 2”上的 R_s 的电压 U_s.

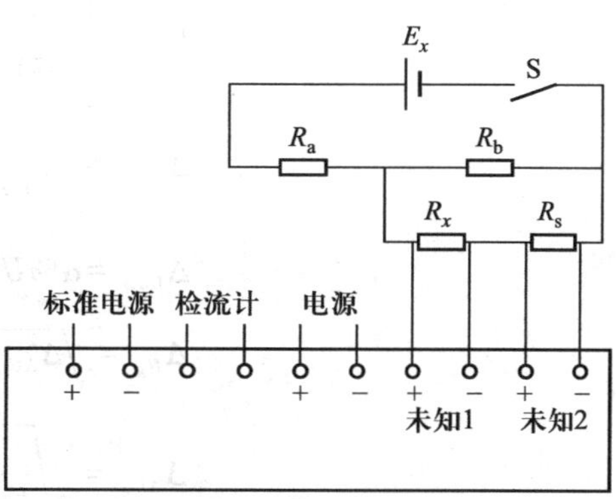

图 3-4-8

计算 R_x 的公式为

$$R_x=\frac{U_x}{U_s}R_s \tag{3-4-7}$$

(4) 重复步骤(2)、(3),测量5次.

【数据处理】

1. 测量电源电动势及电动势不确定度的公式

$$\overline{U_x}=\frac{1}{n}\sum_{i=1}^{n}U_{xi}$$

$$\Delta_{AU_x}=\sqrt{\frac{1}{(n-1)}\sum_{i=1}^{n}(\overline{U_x}-U_{xi})^2}$$

$$\Delta_{BU_x}=\alpha\%\overline{U_x},\quad \alpha=0.05$$

$$\Delta_{U_x}=\sqrt{\Delta_{AU_x}^2+\Delta_{BU_x}^2}$$

$$E_{U_x}=\frac{\Delta_{U_x}}{\overline{U_x}}$$

$$U_x=\overline{U_x}\pm\Delta_{U_x}$$

2. 电势差计的灵敏度

$$S=\frac{n}{\Delta U_x}$$

3. 测量未知电阻及电阻不确定度的公式

$$\overline{R_x}=\frac{\overline{U_{R_x}}}{\overline{U_{R_s}}}R_s\quad (R_s=10\ \Omega)$$

$$\overline{U_{R_x}}=\frac{1}{n}\sum_{i=1}^{n}U_{R_{xi}}$$

$$\overline{U_{R_s}}=\frac{1}{n}\sum_{i=1}^{n}U_{R_{si}}$$

$$\Delta_{AU_{R_x}}=\sqrt{\frac{1}{(n-1)}\sum_{i=1}^{n}(\overline{U_{R_x}}-U_{R_{xi}})^2}$$

$$\Delta_{BU_{R_x}}=\alpha\%\overline{U_{R_x}},\quad \alpha=0.05$$

$$\Delta_{U_{R_x}}=\sqrt{\Delta_{AU_{R_x}}^2+\Delta_{BU_{R_x}}^2}$$

$$\Delta_{AU_{R_s}}=\sqrt{\frac{1}{(n-1)}\sum_{i=1}^{n}(\overline{U_{R_s}}-U_{R_{si}})^2}$$

$$\Delta_{BU_{R_s}}=\alpha\%\overline{U_{R_s}},\quad \alpha=0.05$$

$$\Delta_{U_{R_s}}=\sqrt{\Delta^2_{AU_{R_s}}+\Delta^2_{BU_{R_s}}}$$

$$E_{R_x}=\frac{\Delta_{R_x}}{\overline{R_x}}=\sqrt{\left(\frac{\Delta_{U_{R_x}}}{\overline{U_{R_x}}}\right)^2+\left(\frac{\Delta_{U_{R_s}}}{\overline{U_{R_s}}}\right)^2+\left(\frac{\Delta_{R_s}}{R_s}\right)^2}$$

$$\Delta_{R_x}=E_{R_x}\cdot\overline{R_x}$$

$$R_x=\overline{R_x}\pm\Delta_{R_x}$$

【注意事项】

1. UJ-31 型电势差计量程为 17.1 mV 和 171 mV,待测电压一定要在量程内才可测量.

2. 在测量过程中,其工作条件可能发生变化(如电压 E 不稳定等),为了保证回路中电流保持不变,每次测量都要对工作电流重新校准.

3. 测量中所有电源正负极不能接错,否则补偿回路不可能调到补偿状态.

4. 标准电源使用时,正负极不能接错,严禁短路,流经标准电源的电流不能大于 10^{-5} A,不能用电压表去测量其电动势.

【预习思考题】

1. 电势差计所依据的基本原理是什么?

2. 电势差计有几个工作回路?其作用是什么?

【思考题】

1. 实验中发现检流计指针总往一边偏,调不到平衡状态,试分析有哪些原因?

2. 试简述在实验中你是如何把工作电流校准到准确值的.

3. 电势差计处于补偿状态时,补偿回路中有无电流通过对被测电路有何影响?

实验 3-5 铁磁材料居里温度的测定

目前多数的大学物理教材(如马文蔚等或程守洙等编著的教材)中都较详细地介绍了铁磁材料的一些特殊性质,如存在居里温度(居里点)等,并用较成熟的磁畴理论来说明铁磁材料磁化特性的内在根据.铁磁材料的居里温度在工程技术、家用电器上的应用也越来越广泛.

测量铁磁材料居里温度的方法很多,如磁称法、感应法、电桥法和差值补偿法等,它们都是利用铁磁物质磁矩随温度变化的特性,测量自发磁化消失时的温度.本实验采用感应法,测量感应电动势值随温度变化的规律,从而得到居里温度 T_C.本实验具有结构简单、易操作的特点,此外测温采用集成温度传感器 AD590,测温灵敏度高、线性度好、热响应快.

【实验目的】

1. 通过实验,对感应电压输出随温度升高而下降的现象进行观察,初步了解铁磁性材料在居里温度点由铁磁性变为顺磁性,从而使整个磁性材料参数变化的微观机理.

2. 用感应法测定磁性材料的 $\mathscr{E}_{\mathrm{eff}(B)}-T$ 曲线,并求出其居里温度.

【实验原理】

1. 物质的磁性

物质的磁性可分为抗磁性、顺磁性和铁磁性三种.具有铁磁性的物质称为铁磁体.铁(Fe)、镍(Ni)、钴(Co)、钆(Gd)、镝(Dy)等五种元素的多种合金就是铁磁体.在铁磁体中,相邻原子间存在着非常强的交换耦合作用,这个相互作用促使相邻原子的磁矩平行排列起来,形成一个自发磁化达到饱和状态的区域.自发磁化只发生在微小的区域(体积约为 $10^{-8}\ \mathrm{m}^3$,其中含有 $10^{17}\sim10^{21}$ 个原子),这些区域称为磁畴.在没有外磁场作用时,在每个磁畴中,原子的分子磁矩均取向同一方位,但对不同的磁畴,其分子磁矩的取向各不相同,如图 3-5-1 所示,其中图 3-5-1(a)为单晶磁畴结构示意图,图 3-5-1(b)为多晶磁畴结构示意图.磁畴的这种排列方式,使磁体能处于最小能量的稳定状态.因此,对整个铁磁体来说,任何宏观区域的平均磁矩为零,物体不显示磁性.

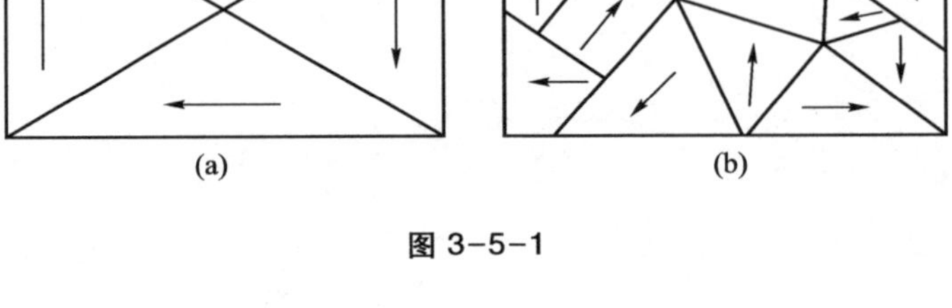

图 3-5-1

在外磁场作用下,磁矩与外磁场同方向排列时的磁能低于磁矩与外磁场反方向排列时的磁能.结果是自发磁化磁矩与磁场成小角度的磁畴处于有利地位,磁畴体积逐渐扩大;而自发磁化磁矩与外磁场成较大角度的磁畴体积逐渐缩小.随着外磁场的不断增强,取向与外磁场成较大角度的磁畴全部消失,留存的磁畴将向外磁场的方向旋转,以后再继续增加磁场,使所有磁畴沿外磁场方向整齐排列,这时磁化达到饱和,图 3-5-2(a)是某单晶结构磁体磁化过程的示意图.

铁磁性物质的磁化与温度有关,存在一个临界温度 T_C,称为居里温度(也称居里点).当温度增加时,由于热运动影响磁畴内磁矩的有序排列,但在未达到居里温度 T_C 时,铁磁体中分子热运动不足以破坏磁畴内磁矩基本的平行排列,此时物质仍具有铁磁性,仅其自发磁化强度随温度升高而降低.如果温度继续升高达居里点时,物质的磁性发生突变,磁化强度 M(实为自发磁化强度)剧烈下降.因为这时分子热运动足以使相邻原子(或分子)之间的交换耦合作用突然消失,从而瓦解了磁畴内磁矩有规律的排列,此时磁畴消失,铁磁性变为顺磁性,如图 3-5-2(b)所示.

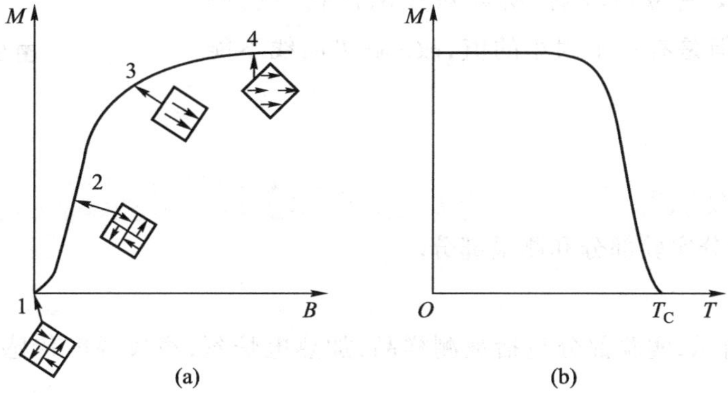

图 3-5-2

磁畴的出现或消失,伴随着晶格结构的改变,所以是一个相变过程.居里点和熔点一样,因物质不同而不同.例如,铁、镍、钴的居里点分别是 1 043 K、631 K、1 393 K.

2. 测量原理

在磁环上分别绕线圈 A、B,并在 A 线圈上通激励电流,则 B 线圈上感应电动势的有效值为

$$\mathscr{E}_{\text{eff}} = 4.44 f N \Phi_m \tag{3-5-1}$$

式中 f 为频率,N 为线圈匝数,Φ_m 为最大磁通,即

$$\Phi_m = B_m \cdot S \tag{3-5-2}$$

式中 S 是磁环的截面积,B_m 最大为磁感应强度,即磁感应强度正弦变化的幅值.

又因为

$$H=B/\mu \tag{3-5-3}$$

式中 μ 是磁导率，在 SI 中单位为亨每米，符号为 H/m.

将式(3-5-2)、式(3-5-3)代入式(3-5-1)，得

$$\mathscr{E}_{\mathrm{eff}}=4.44fNS\mu H_{\mathrm{m}} \tag{3-5-4}$$

式中 H_{m} 是磁场强度的幅值.当激励电流稳定成正弦变化，则 H_{m} 恒定，即得

$$\mathscr{E}_{\mathrm{eff}}\propto\mu$$

即当 $\mu=0$ 时，感应电动势 $\mathscr{E}_{\mathrm{eff}}=0$，此时的温度 T_{C} 即为居里点.

显然，我们完全可用测出的 $\mathscr{E}_{\mathrm{eff}}-T$ 曲线来确定温度 T_{C}. 具体地说，在 $\mathscr{E}_{\mathrm{eff}}-T$ 曲线斜率最大处作切线，其与横坐标轴相交的一点即为居里温度 T_{C}，如图3-5-3所示，这是因为有居里点时，铁磁材料的磁性才发生突变，所以要在斜率最大处作切线；又因为在居里点以上时，铁磁性已转化为顺磁性.因本实验交变磁场较弱，所以对顺磁性物质引起的磁化是很弱的，但是有一个很小的值，故 $\mathscr{E}_{\mathrm{eff}}-T$ 曲线不能与横坐标相交.

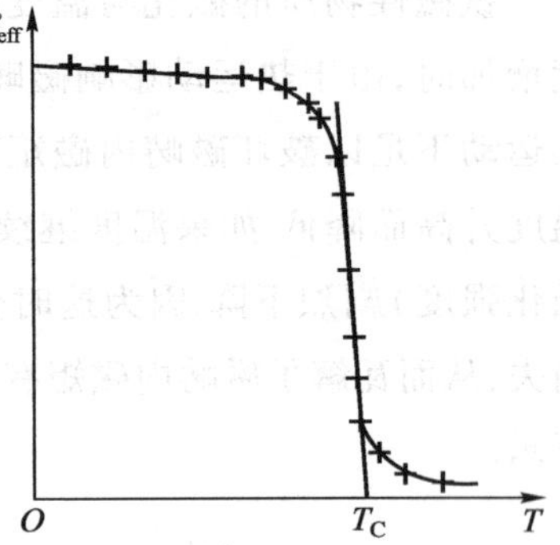

图 3-5-3

【实验仪器】

居里点实验仪分实验部分和测量部分.

1. 实验部分

如图 3-5-4 所示，实验部分包括被测样品，加热电炉丝，集成温度传感器，激励线圈和感应线圈等.

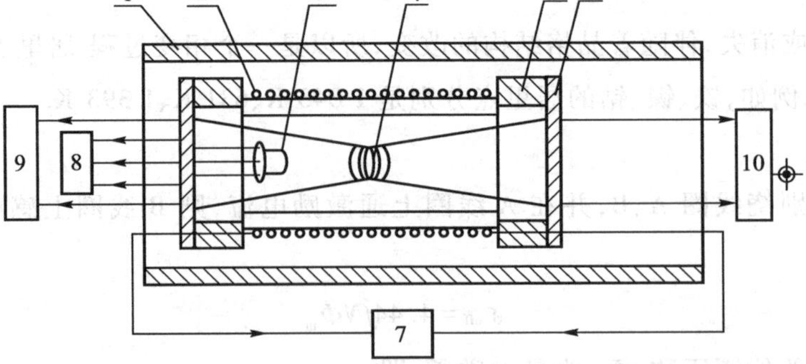

图 3-5-4

1—耐高温绝缘玻璃管；2—加热电炉丝；3—集成温度传感器 AD590；4—铁氧体（被测样品）；5—固定架；6—印刷板；7—提供加热电流的电源部分；8—测温显示部分；9—激励电源；10—感应电流测量部分

2. 测量部分

居里点实验仪面板如图 3-5-5 所示.接线柱“接激励线圈”为激励线圈 A 提供激励电源，为使 H_m 稳定，激励电源的输出电流应稳定；接线柱“接电热丝”为电炉丝提供加热直流电流；感应线圈 B 的感应电动势从接线柱“接感应线圈”一端输入；接线柱“接温度传感器”接的是集成温度传感器 AD590 的输入端，通过内部电路的补偿、放大，在“温度显示”框中显示当前温度值；切换开关打到“接激励线圈”一侧时，“电压显示”框中显示的是串联在线圈 A 上的取样电阻(51 Ω)上的电压.利用面板上的两个调节电位器可分别调节“加温控制”电流大小和加在线圈 A 上的激励电压的大小.温度定标在出厂前已经完成.

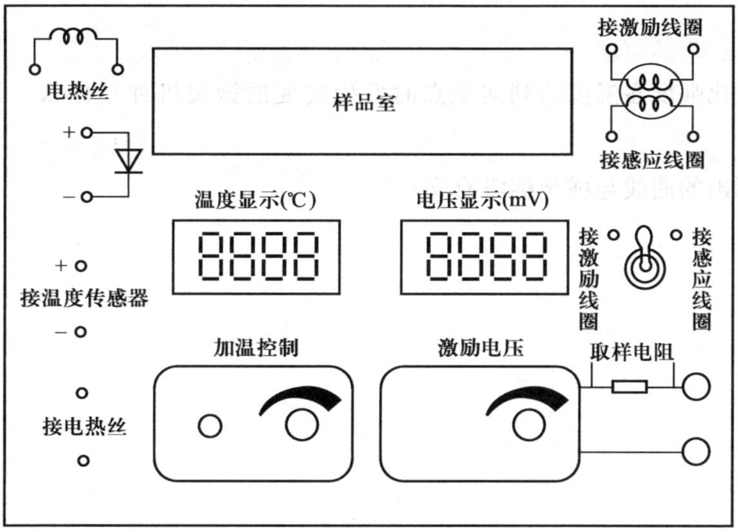

图 3-5-5

3. 居里点实验仪的连接

(1) 对照接线柱的颜色，把实验部分中加热电流的手枪插头插到面板对应的接线柱上.

(2) 再参照颜色把实验部分的感应电压、激励电压的手枪插头接到面板对应的接线柱上.

(3) 把集成温度传感器的手枪插头接到面板温度测量的接线柱上.

【实验内容与步骤】

对样品逐点测出 $\mathscr{E}_{\mathrm{eff}(B)}-T$ 曲线，并从中求出居里温度 T_C.

1. 参照仪器安装步骤，连好实验部分和测量部分(加温电流暂不接).

2. $\mathscr{E}_{\mathrm{eff}}-T$ 曲线的测量.

(1) 合上测量部分的电源开关，“温度显示”显示出室温温度，“电压显示”显示激励电压或感应电压值.

(2) 接上加温电流，把电流调到较小值(看发光二极管明暗指示).

(3) 温度每升高 5 ℃记下对应的$\mathscr{E}_{\text{eff}}$的值,直到其显示值接近零.

(4) 停止电炉加热(把连接线去掉),让其自然冷却,并记录$\mathscr{E}_{\text{eff}}$值直到炉温接近室温.

【数据处理】

1. 实验前应列出记录数据的表格,记录时准确定出有效数字位数.

2. 横坐标和纵坐标的数据的分度选取要适当,使曲线接近布满所用的毫米方格纸.

3. 实验数据的点在图中要明显点出,画曲线要求做到一笔完成,曲线要圆滑,粗细要均匀.

4. 对实验数据的处理过程、实验现象和误差进行分析讨论.

【思考题】

1. 样品的磁化强度在温度达到居里点时发生突变的微观机理是什么？试用磁畴理论进行解释.

2. 为什么测出的曲线与横坐标没有交点？

实验 3-6　示波器的使用

示波器是一种用途十分广泛的电子测量仪器,它能直接观察电信号的波形,也能测定电压信号的幅度、周期和频率等参量.用双踪示波器还可以测量两个信号之间的时间差或相位差.凡是能转换为电压信号的电学量或非电学量都可用示波器来观测.

【实验目的】

1. 了解示波器的工作原理,熟悉示波器的使用方法.
2. 用示波器观测不同频率的正弦波.
3. 观察互相垂直的振动合成的李萨如图形.学会一种测量正弦交变频率的方法.

【实验原理】

示波器的种类很多,但基本原理是相同的.它们都是由以下几个基本部分组成:竖直放大器、水平放大器、扫描发生器、触发同步和直流电源等(图 3-6-1).

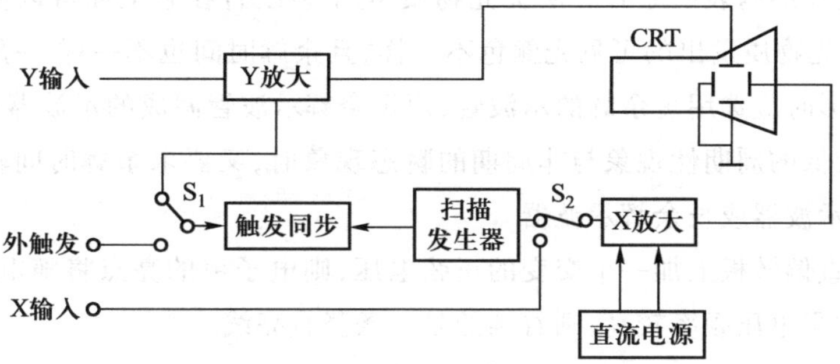

图 3-6-1

1. 示波管的基本结构

示波管是一种真空器件,其内部结构如图 3-6-2 所示,它包括电子枪、偏转系统和荧光屏三部分.它的作用是将被观测的电学量或非电学量变换成可见图形.

电子枪由灯丝 H、阴极 C、调制极 G、第一加速阳级 A_1、聚集电极 FA 和第二加速阳极 A_2 组成.阴极 C 被灯丝加热后发出电子,此电子在阳极的吸引下穿过调制极 G 并经阳极形成高速的电子射线向荧光屏直射.由于调制极对阴极来说加的是负电压,故用调节电位器来改变调制极对阴极的负电压,从而能控制射向荧光屏的电子流密度,使其在零与某一极大值之间连续可调,最终达到调制荧光屏上光点或波形亮度的目的.当调制极、第一阳极与第二阳极之间的相对电势调节合适时,电子枪的电子场对电子射线有聚集作用,所以,第一阳极也称为聚焦阳极.

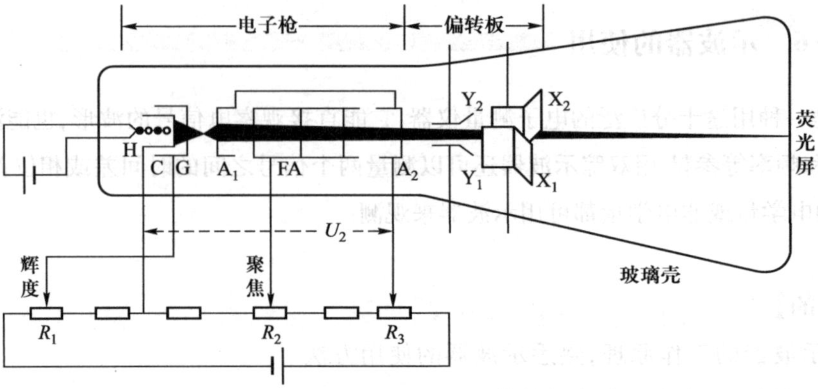

图 3-6-2

偏转系统：示波管的偏转系统由两对相互垂直的偏转板组成，一对竖直偏转板控制 YY′方向，一对水平偏转板控制 XX′方向的偏转.若偏转板的结构完全平行并且不考虑其两端的边缘效应，在偏转板上加以适当电压，电子束通过时，其运动方向发生偏转，从而使电子束在荧光屏上产生的光斑位置也发生改变.

荧光屏：在荧光屏内表面涂有一层荧光物质.电子射线打在它上面可以使它受激发光，形成光斑.不同的荧光物质发出的可见光颜色不一样，且余辉时间也不一样.一般来说，观测频率高的周期函数图形时应选用短余辉的示波管，用短余辉示波管制成的示波器称为高频示波器.相反，研究频率较低的周期性现象与非周期的瞬态现象时，又要求余辉时间较长，这种示波器一般叫做慢扫描示波器或长余辉示波器.

如果只在竖直偏转板上加一个交变的正弦电压，则电子束的亮点将随电压的变化在竖直方向来回运动，如果电压频率较高，则看到的是一条竖直亮线.

要显示波形，必须同时在水平偏转板上加一个扫描电压，使电子束的光束沿水平方向拉开.这种扫描电压的特点是电压随时间以线性关系增加到最大值，然后突然回到最小，此后重复地变化.这种随时间变化的扫描电压称为锯齿波电压.当只有锯齿波电压在水平偏转板上时，如果频率足够高的话，则荧光屏上只显示一条水平亮线.

在竖直偏转板加正弦电压，同时在水平偏转板上加锯齿波电压，电子受竖直、水平两个方向的力的作用，电子的运动是两个相互垂直的运动的合成，当锯齿波电压比正弦电压变化周期稍大时，将在荧光屏上显示出完整周期所加正弦电压的波形图，如图 3-6-3 所示.

2. 同步的概念

不难理解，扫描周期是 Y 轴信号周期的 n 倍时，屏上将稳定出现几个周期正弦电压 U_r 的函数波形.但是，两个独立发生的电振荡频率在技术上难以调节成准确的整数倍，因而屏上波形发生横向移动，不能稳定，造成观测困难.为了使观测顺利进行，用 Y 轴信号频率去控制扫描发生器的频率，使 Y 轴信号频率准确地等于扫描频率（或成整数倍）.电路的这个控制作用，称为同步，它是由放大后的 Y 轴电压作用于锯齿发生器来完成的.

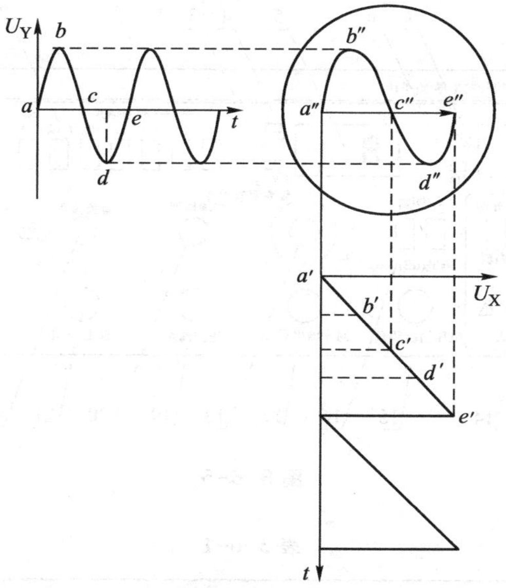

图 3-6-3

【实验仪器】

YB4320 示波器,SG1646 函数信号发生器.

1. YB4320 示波器

本示波器是可同时测量频率不超过 20 MHz 的两个信号的双踪示波器,如图 3-6-4所示.

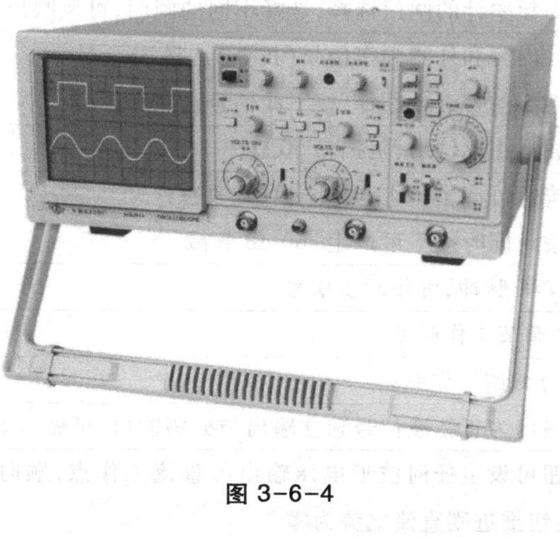

图 3-6-4

2. SG1646 函数信号发生器

SG1646 信号发生器是具有多功率输出的函数信号发生器,它能直接产生正弦波、三角波、方波、对称可调脉冲波和 TTL 脉冲波.它可产生频率为0. 02 Hz~2 MHz的正弦电压.面板布置如图 3-6-5 所示,部分旋钮和按键功能及使用方法如表 3-6-1 所示.

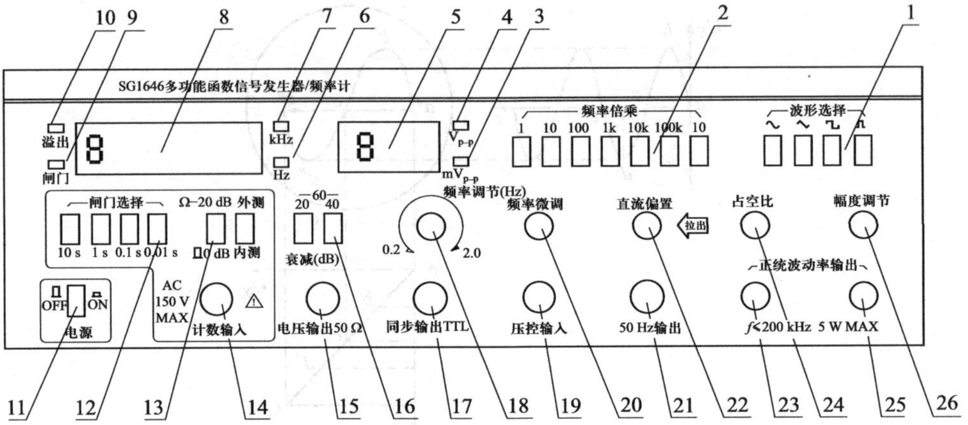

图 3-6-5

表 3-6-1

序号	面板状态	作　　用
1	波形选择	(1) 输出波形选择； (2) 波形选择脉冲波时，可与“24”配合使用改变脉冲占空比
2	频率倍乘	频率倍乘开关与“18”“20”配合选择工作频率
5	三位 LED	指示电压输出的输出幅度，在不按输出衰减状态，功率输出幅度可参考此值
6	Hz	指示频率单位，灯亮有效
8	数字 LED	所有内部产生频率或外测时的频率均由此 6 个 LED 显示
10	溢出	当频率超过 6 个 LED 所显示范围时灯亮
12	闸门选择	此四挡键为频率计的闸门选择，选择不同的闸门，可反映出频率显示精度
13	计数	(1) 频率计内测和外测频率信号（按下）选择； (2) 外测频率信号衰减选择，按下此信号衰减-20 dB
15	电压输出	电压输出波形由此输出，阻抗为 50 Ω
16	衰减(dB)	(1) 按下按钮可产生-20 dB 或-40 dB 衰减； (2) 两个按钮同时按下可产生-60 dB 衰减
17	同步输出	输出波形 TTL 脉冲，可作同步信号
18	频率调节	与“2”配合调节工作频率
20	频率微调	与“18”配合微调工作频率
21	50 Hz 输出	此高频头输出为正弦波信号独立输出与振荡输出，可做李萨如图实验
22	直流偏置	拉出此旋钮可设定任何波形电压输出的直流工作点，顺时针方向为正，逆时针方向为负，将此旋钮推进则直流电势为零
23 25	正弦波功率输出	(1) 当波形选择为正弦波时，有正弦波输出； (2) 当选择其他波形时输出为零； (3) 当 $f>200$ kHz 时，电路会保护而无输出
26	幅度	调节幅度电位器可以同时改变电压输出和正弦波功率输出幅度

【实验内容与步骤】

1. 熟悉示波器和信号发生器面板中各旋钮及作用.

2. 取信号参量为 $f=50$ Hz, $U=1$ V,衰减挡为零,把信号输入到示波器 Y 轴.选择适当的扫描范围,调出稳定、清晰的正弦图形来.

3. 取 $f=500$ Hz、5 kHz、50 kHz,调出稳定的图形.

4. 取 $f=50$ Hz, $U=5$ V,依次将信号发生器的输出衰减设为−20 dB、−40 dB、−60 dB,观察图形的变化情况.

5. 在示波器上分别加上正弦电压.观察 $\frac{f_Y}{f_X}=1$、$\frac{1}{2}$、$\frac{3}{1}$、$\frac{3}{2}$时的李萨如图形,X 轴的正弦电压用示波器本身的试验信号,频率为 50 Hz.

【思考题】

1. 打开示波器电源开关后,在屏上看不到亮点,是因为哪个旋钮的位置不适合,才会造成这种情况?如何操作才能得到亮点?

2. 观察李萨如图形,如果图形不稳定,而且是一个形状不断变化的椭圆,那么图形变化的快慢与两个信号频率之差有什么关系?

实验 3-7 霍尔效应法测磁场

霍尔效应是导电材料中的电流与磁场相互作用而产生电动势的效应.1879 年美国霍普金斯大学研究生霍尔在研究金属导电机构时发现了这种电磁现象,故称为霍尔效应.它具有频率响应宽(从直流到交流)、牢靠、小型、测量时无接触、使用寿命长和成本低等优点.它不仅可以测量磁场、电流、压力、转速等物理量,还可测定半导体材料的导电类型、载流子数密度(载流子浓度)、载流子迁移率等重要参量.因此,在自动化控制与检测、计算机和信息技术等方面,霍尔效应(霍尔元件)均有着极其广泛的作用.近年来,霍尔效应实验不断有新发现.1980 年物理学家冯·克利青(K.von Klitzing)研究二维电子系统的输运特性,在低温和强磁场下发现了量子霍尔效应,这是凝聚态物理领域最重要的发现之一.目前对量子霍尔效应正在进行深入研究,并取得了重要应用,例如用于确定电阻的自然基准,可以极为准确地测量光谱精细结构常量等.

在磁场、磁路等磁现象的研究和应用中,霍尔效应及其元件是不可缺少的,利用它观测磁场直观、干扰小、灵敏度高、效果明显.本实验应用霍尔元件测量电磁铁两极之间的磁场.

【实验目的】

1. 了解霍尔效应原理及霍尔元件有关参量的含义和作用.

2. 测绘霍尔元件的 I_S-U_H、I_M-U_H 曲线.了解霍尔电势差 U_H 与霍尔元件控制(工作)电流 I_S、磁感应强度 B 及励磁电流 I_M 之间的关系.

3. 学习利用霍尔效应测量磁感应强度 B 及磁场分布.

4. 学习用"对称交换测量法"消除负效应产生的系统误差.

【实验原理】

霍尔效应从本质上讲是运动的带电粒子在磁场中受洛伦兹力的作用而引起的偏转.当带电粒子(电子或空穴)被约束在固体材料中,这种偏转就导致在垂直于电流和磁场的方向上产生正负电荷在不同侧面的聚积,从而形成附加的横向电场.

如图 3-7-1 所示,磁感应强度 $\boldsymbol{B}$ 沿 z 轴正向,与之垂直的半导体薄片上沿 x 轴正向通过电流 I_S(称为控制电流或工作电流),假设载流子为电子(N 型半导体材料),它沿着与电流 I_S 相反的 x 轴负向运动.

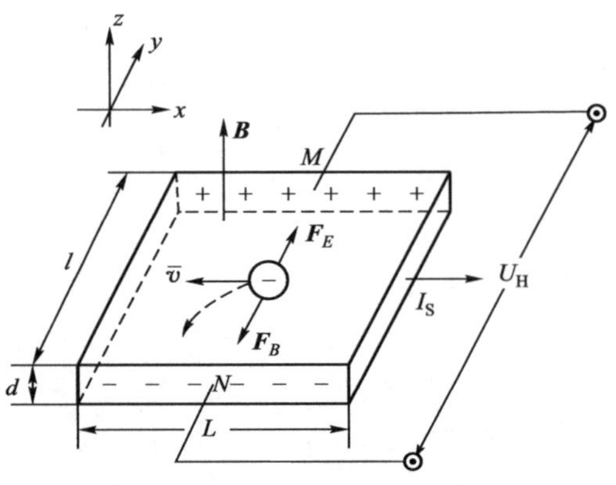

图 3-7-1

由于洛伦兹力 $\boldsymbol{F}_B$ 的作用,电子沿图中虚线箭

头所指向位于 y 轴负方向的 N 侧偏转，并使 N 侧形成电子积累，而相对的 M 侧形成正电荷积累.与此同时，运动的电子还受到由于两侧积累的异种电荷形成的反向电场力 $\boldsymbol{F}_E$ 的作用.随着电荷积累的增加，F_E 增大，当两力大小相等（方向相反）时，$\boldsymbol{F}_B=-\boldsymbol{F}_E$，则电子积累达到动态平衡.这时在 M、N 两端面之间建立的电场称为霍尔电场 $\boldsymbol{E}_H$，相应的电势差称为霍尔电势差 U_H.

设电子按平均速度 $\bar{v}$，向图示的 x 负方向运动，在磁场作用下，所受洛伦兹力为

$$F_B=-e\bar{v}B$$

式中 e 为元电荷，$\bar{v}$ 为电子漂移平均速度，B 为磁感应强度.

同时，电场作用于电子的力为

$$F_E=eE_H=eU_H/l$$

式中 E_H 为霍尔电场强度，U_H 为霍尔电势差，l 为霍尔元件的宽度.当达到动态平衡时，有

$$F_B=-F_E,\quad \bar{v}B=U_H/l \tag{3-7-1}$$

设霍尔元件宽度为 l，厚度为 d，载流子数密度为 n，则霍尔元件的控制（工作）电流为

$$I_S=ne\bar{v}ld \tag{3-7-2}$$

由式（3-7-1）、式（3-7-2）可得

$$U_H=E_Hl=\frac{1}{ne}\cdot\frac{I_SB}{d}=R_H\frac{I_SB}{d} \tag{3-7-3}$$

即霍尔电势差 U_H（M、N 间电压）与 I_S、B 的乘积成正比，与霍尔元件的厚度成反比，比例系数 $R_H=\dfrac{1}{ne}$称为霍尔系数，它是反映材料霍尔效应强弱的重要参量，根据材料的电导率 $\sigma=ne\mu$ 的关系，还可以得到

$$R_H=\mu/\sigma=\mu\rho \text{ 或 } \mu=\sigma R_H \tag{3-7-4}$$

式中 ρ 为材料的电阻率，μ 为载流子的迁移率，即单位电场下载流子的运动速度，一般电子迁移率大于空穴迁移率，因此霍尔元件大多采用 N 型半导体材料.

当霍尔元件的材料和厚度确定时，设

$$K_H=R_H/d=1/(ned) \tag{3-7-5}$$

将式（3-7-5）代入式（3-7-3）中，得

$$U_H=K_HI_SB \tag{3-7-6}$$

式中 K_H 称为元件的灵敏度，它表示霍尔元件在单位磁感应强度和单位控制电流下的霍尔电势差大小，其单位是 mV/（mA · T），一般要求 K_H 越大越好.

若需测量霍尔元件中载流子迁移率 μ，则有

$$\mu=\frac{\bar{v}}{E_l}=\frac{\bar{v}\cdot L}{U_l} \tag{3-7-7}$$

式中 V_l 为垂直于 I_S 方向的霍尔元件两侧面之间的电势差，E_l 为由 V_l 产生的电场强度，L、l 分别为霍尔元件长度和宽度.将式（3-7-2）、式（3-7-5）和式（3-7-7）联立，得

$$\mu = K_H \cdot \frac{L}{l} \cdot \frac{I_S}{U_l} \tag{3-7-8}$$

由于金属的电子浓度(n)很高,所以它的 R_H 或 K_H 都不大,因此不适宜作霍尔元件.此外元件厚度 d 越薄,K_H 越高,所以制作时,往往采用减少 d 的办法来增加灵敏度,但不能认为 d 越薄越好,因为此时元件的输入和输出电阻将会增加,这对元件是不利的.

应当注意,当磁感应强度 $\boldsymbol{B}$ 和元件平面法线成一角度时,如图 3-7-2 所示,作用在元件上有效磁场是其法线方向上的分量 $B\cos\theta$,此时

$$U_H = K_H I_S B\cos\theta \tag{3-7-9}$$

所以一般在使用时应调整元件两平面方位,使 U_H 达到最大,即 $\theta=0$,$U_H=K_H I_S B\cos\theta=K_H I_S B$.

由式(3-7-9)可知,当控制(工作)电流 I_S 或磁感应强度 $\boldsymbol{B}$,两者之一改变方向时,霍尔电势差 U_H 的方向随之改变;若两者方向同时改变,则霍尔电势差 U_H 极性不变.

霍尔元件测量磁场的基本电路如图 3-7-3 所示,将霍尔元件置于待测磁场的相应位置,并使元件平面与磁感应强度 $\boldsymbol{B}$ 垂直,在其控制端输入恒定的工作电流 I_S,霍尔元件的霍尔电势差输出端接毫伏表,测量霍尔电势差 U_H 的值.

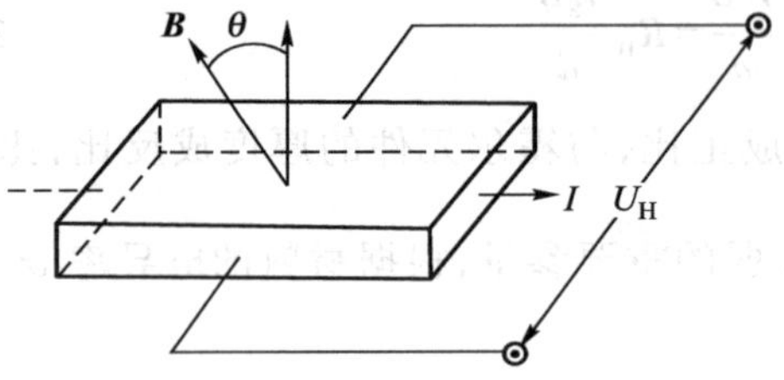

图 3-7-2

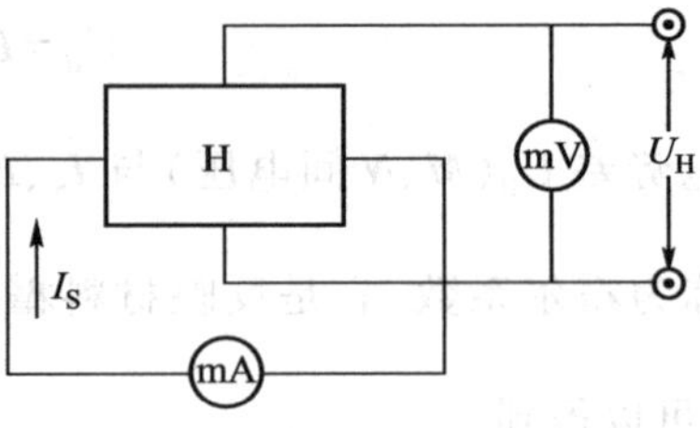

图 3-7-3

【实验仪器】

ZKY-HS 霍尔效应实验仪,ZKY-HC 霍尔效应测试仪.

【实验内容与步骤】

1. 连接线路

按仪器面板上的文字和符号提示将 ZKY-HS 霍尔效应实验仪与 ZKY-HC 霍尔效应测试仪正确连接.

(1) ZKY-HC 霍尔效应测试仪面板右下方供给励磁电流 I_M 的直流恒定电流输出端(0~1 000 mA),接霍尔效应实验仪上的电磁铁线圈电流的输入端(将接线口与接线柱连接).

(2)"测试仪"左下方供给霍尔元件控制(工作)电流 I_S 的直流恒流源(0~10 mA 输出端),接"实验仪"霍尔元件工作电流输入端(将插头插入插座).

(3)"实验仪"上霍尔元件的霍尔电势差 U_H 输出端,接"测试仪"中部下方的霍尔电势差

输入端.将测试仪与 220 V 交流电源连通.

注意以上三组线千万不能接错,以免烧坏元件.

2. 研究霍尔效应与霍尔元件特性

(1) 测量霍尔元件的零位(不等势)电势差 U_0 和不等势电阻 R_0.

① 短路中间霍尔电势差输入端,调节调零旋钮使电压表显示 00.00 mV.

② 断开励磁电流 I_M,调节霍尔元件标尺,使霍尔元件远离电磁铁间隙,以免电磁铁剩磁影响测量数据.

③ 调节霍尔控制(工作)电流 $I_S=10.00$ mA,利用转换开关改变霍尔工作电流输入方向,分别测出零位霍尔电势差 U_{01}、U_{02},并计算出不等势电阻 $R_{01}=\dfrac{U_{01}}{I_S}$,$R_{02}=\dfrac{U_{02}}{I_S}$.

(2) 测量霍尔元件电势差 U_H 与工作电流 I_S 的关系.

霍尔元件移至电磁铁间隙中心,调节 $I_M=1\ 000$ mA,调节 $I_S=1.00$ mA、2.00 mA、…、10.00 mA,分别测出其相应的霍尔电势差 U_H,填入表 3-7-1.绘出 I_S-U_H 曲线,验证线性关系.

表 3-7-1　$I_M=1\ 000$ mA,I_S 由 1.00 mA 到 10.00 mA 等间隔增加,共 10 个值

I_S/mA	U_1/mV ($+I_M$、$+I_S$)	U_2/mV ($+I_M$、$-I_S$)	U_3/mV ($-I_M$、$-I_S$)	U_4/mV ($-I_M$、$+I_S$)	$U_H\left(=\dfrac{U_1-U_2+U_3-U_4}{4}\right)$/mV
1.00					
2.00					
3.00					
…					
…					
10.00					

(3) 测量霍尔电势差 U_H 与励磁电流 I_M 的关系.

霍尔元件仍位于间隙中心,调节 $I_S=10.00$ mA,调节 $I_M=100$ mA、200 mA、…、1 000 mA,分别测量霍尔电势差 U_H,填入表 3-7-2,并绘出 I_M-U_H 曲线,验证线性关系的范围,分析当 I_M 达到一定值以后,I_M-U_H 直线斜率变化的原因.

表 3-7-2　$I_S=10.00$ mA,I_M 由 100 mA 到 1 000 mA 等间距增加,共 10 个值

I_M/mA	U_1/mV ($+I_M$、$+I_S$)	U_2/mV ($+I_M$、$-I_S$)	U_3/mV ($-I_M$、$-I_S$)	U_4/mV ($-I_M$、$+I_S$)	$U_H\left(=\dfrac{U_1-U_2+U_3-U_4}{4}\right)$/mV
100					
200					
300					

续表

I_M/mA	U_1/mV ($+I_M$、$+I_S$)	U_2/mV ($+I_M$、$-I_S$)	U_3/mV ($-I_M$、$-I_S$)	U_4/mV ($-I_M$、$+I_S$)	$U_H\left(=\dfrac{U_1-U_2+U_3-U_4}{4}\right)$/mV
…					
…					
1 000					

3. 测量电磁铁间隙中磁感应强度 B 的分布

(1) 将霍尔元件置于电磁铁间隙中心，调节 $I_M=1\ 000$ mA，$I_S=10.00$ mA，测量相应的 U_H.

(2) 将霍尔元件从中心向边缘移动，每隔 5 mm 选一个点测出相应的 U_H，填入表 3-7-3.

表 3-7-3 $I_M=1\ 000$ mA，$I_S=10.00$ mA

x/mm	U_1/mV ($+I_M$、$+I_S$)	U_2/mV ($+I_M$、$-I_S$)	U_3/mV ($-I_M$、$-I_S$)	U_4/mV ($-I_M$、$+I_S$)	$U_H\left(=\dfrac{U_1-U_2+U_3-U_4}{4}\right)$/mV
0					
5					
10					
15					
…					

(3) 由以上所测 U_H 值，由公式

$$U_H=K_H I_S B,\quad B=\frac{U_H}{K_H I_S}$$

计算出各点的磁感应强度，并绘出 $x-B$ 曲线，显示电磁铁间隙内的 B 的分布状态.

注意为消除附加电势差引起霍尔电势测量的系统误差，除霍尔元件的零位（不等势）电势差 U_0 按 I_S、$-I_S$ 两种状态测量外，其他霍尔电势差 U_H 一般按 $\pm I_M$、$\pm I_S$ 的四种组合测量求其绝对值的平均值.

4. 实验系统误差及其消除

测量霍尔电势差 U_H 时，不可避免地会产生一些副效应，由此而产生的附加电势差叠加在霍尔电势差上，形成测量系统误差，这些副效应有：

(1) 不等势电势差 U_0

由于制作时，两个霍尔电极不可能绝对对称地焊在霍尔片两侧，如图3-7-4(a)所示，霍尔片电阻率不均匀、控制电流极的端面接触不良等，如图3-7-4(b)所示，都可能造成 M、N 两极

不处在同一等势面上，此时虽未加磁场，但 M、N 间存在电势差 U_0，称为不等势电势差. $U_0 = I_S R$，R 是两等势面间的电阻，由此可见，在 R 确定的情况下，U_0 与 I_S 的大小成正比，且其正负随 I_S 的方向而改变.

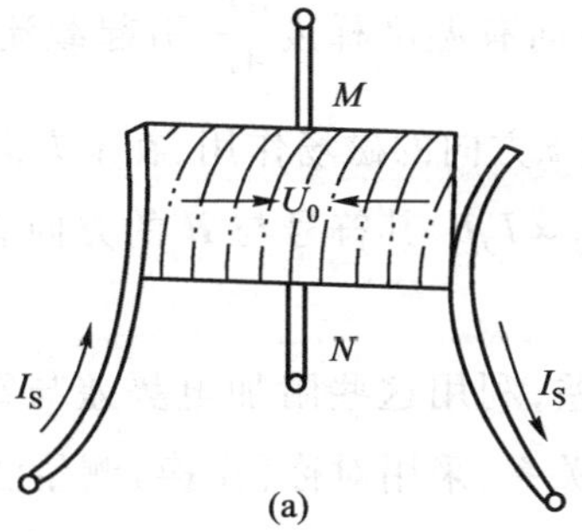

图 3-7-4

(2) 埃廷斯豪森效应

当元件的 x 方向通过工作电流 I_S，z 方向加磁感应强度 $\boldsymbol{B}$ 时，由于霍尔片内的载流子速度服从统计分布，有快有慢，在达到动态平衡时，在磁场的作用下慢速与快速的载流子将在洛伦兹力和霍尔电场的共同作用下，沿 y 轴分别向相反的两侧偏转，这些载流子的动能将转化为热能，使两侧的温度不同，因而造成 y 方向上的两侧的温差 $(T_A - T_B)$.

因为霍尔电极和元件两者材料不同，电极和元件之间形成温差电偶，这一温差在 M、N 间产生温差电势 U_E，$U_E \propto IB$（图 3-7-5）.

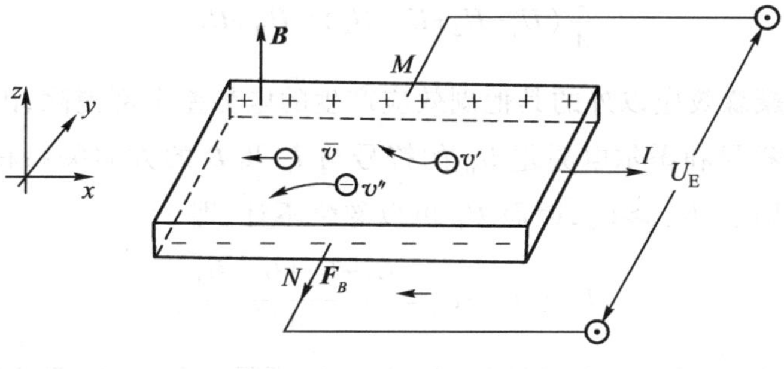

图 3-7-5

$\bar{v}$ 为电子运动平均速度（图中 $v' < \bar{v}$，$v'' > \bar{v}$）

这一效应称为埃廷斯豪森效应，U_E 的大小及正负符号与 I、$\boldsymbol{B}$ 的大小和方向有关，跟 U_H 与 I、$\boldsymbol{B}$ 的关系相同，所以不能在测量中消除.

(3) 能斯特效应

由于控制电流的两个电极与霍尔元件的接触电阻不同，控制电流在两电极处将产生不同的焦耳热，引起两极间的温差电动势，此电动势又产生温差电流（称为热电流）I_Q，热电流在磁场作用下将发生偏转，结果在 y 方向上产生附加的电势差 U_N 且 $U_N \propto I_Q B$，这一效应称为能斯特效应，U_N 的符号只与 $\boldsymbol{B}$ 的方向有关.

（4）里吉-勒迪克效应

如"（3）能斯特效应"所述，霍尔元件在 x 方向有温度梯度 $\frac{\mathrm{d}T}{\mathrm{d}x}$，引起载流子沿梯度方向扩散而有热电流 I_Q 通过元件，在此过程中载流子受 z 方向的磁场作用，在 y 方向引起类似埃廷斯豪森效应的温度差 T_M-T_N，由此产生的电势差 $U_R \propto I_Q B$，其符号与 $\boldsymbol{B}$ 的方向有关，与 I_S 的方向无关.

为了减少和消除以上效应引起的附加电势差，利用这些附加电势差与霍尔元件控制（工作）电流 I_S、磁感应 $\boldsymbol{B}$（即相应的励磁电流 I_M）的关系，采用对称（交换）测量法进行测量.

当 $+I_M$、$+I_S$ 时，有

$$U_1=+U_H+U_0+U_E+U_N+U_R$$

当 $+I_M$、$-I_S$ 时，有

$$U_2=-U_H-U_0-U_E+U_N+U_R$$

当 $-I_M$、$-I_S$ 时，有

$$U_3=+U_H-U_0+U_E-U_N-U_R$$

当 $-I_M$、$+I_S$ 时，有

$$U_4=-U_H+U_0-U_E-U_N-U_R$$

对以上四式作适当运算，可得

$$\frac{1}{4}(U_1-U_2+U_3-U_4)=U_H+U_E$$

可见，除埃廷斯豪森效应以外的其他副效应产生的电势差全部消除，因埃廷斯豪森效应所产生的电势差 U_E 的符号和霍尔电势差 U_H 的符号与 I_S 及 $\boldsymbol{B}$ 的方向关系相同，故无法消除.但在非大电流、非强磁场下，$U_H \gg U_E$，因而 U_E 可以忽略不计，即

$$U_H \approx U_H+U_E=\frac{U_1-U_2+U_3-U_4}{4}$$

一般情况下，当 U_H 较大时，U_1 与 U_3 同号，U_2 与 U_4 同号，而两组数据反号，故用四次测量值的绝对值之和求平均值即可.

【注意事项】

1. 霍尔元件及二维移动标尺易产生折断、变形等损坏，应注意避免受挤压、碰撞等.实验前应检查两者及电磁铁是否松动、移位，并加以调整.

2. 霍尔电势 U_H 测量的条件是霍尔元件平面与磁感应强度 $\boldsymbol{B}$ 垂直，此时 $U_H=I_S B\cos\theta=I_S B$，即 U_H 取得最大值，仪器在组装时已调整好.为防止搬运、移动中发生的形变、位移，实验前

应将霍尔元件移至电磁铁间隙中心，调整霍尔元件方位，使其在 I_M、I_S 相同时，达到输出 U_H 最大.

3. 为了不使电磁铁过热而受到损害，或影响测量精度，除在短时间内读取有关数据，通过励磁电流 I_M 外，其余时间最好断开励磁电流开关.

【预习思考题】

1. 采用霍尔效应法测量磁场时，具体要测量哪些物理量？
2. 何为霍尔效应的副效应？如何消除其影响？

实验 3-8　灵敏检流计特性研究

在电磁精密测量技术中，为了提高测试装置的灵敏度，减小测量误差，往往采用补偿法和电桥平衡法进行测量.在这些方法中，要有能够测量或检查微小电流（电压）的灵敏检流计.磁电式灵敏检流计就是一种灵敏度高、用途十分广泛的测量仪器，它常用来检测回路中的微弱电流（$10^{-10}\sim10^{-6}$ A）、微弱电压（$10^{-6}\sim10^{-3}$ V）、生物电流、光电流和温差电势，或用作精密电桥、电势差计的平衡指示器.

灵敏检流计在具有高灵敏度的同时，也带来了如何控制灵敏检流计指示迅速稳定和迅速回零的问题.为此，除了应知道灵敏度和内阻外，还必须了解灵敏检流计的构造及其线圈在磁场中的运动特性、最佳工作状态，这对于灵敏检流计的使用和调整具有实际意义.本实验就是研究灵敏检流计的运动特性，掌握运动状态与回路电阻关系，用观察灵敏检流计运动状态与外接电阻关系的方法来确定临界外电阻的大小，用等偏法测定灵敏检流计的内阻及灵敏检流计的灵敏度.

【实验目的】

1. 了解灵敏检流计的工作原理及线圈的阻尼运动规律.
2. 测定灵敏检流计的特性常量——内阻、电流和外临界电阻等.
3. 学会正确使用灵敏检流计的方法.

【实验原理】

1. 灵敏检流计的主要构造与原理

灵敏检流计的基本构造如图 3-8-1(a)所示，矩形线圈悬于永久磁铁的 N、S 极和柱形软铁芯 C 之间，以悬丝为轴转动，以光标指示读数.下面推导通过灵敏检流计的电流 I_g 和标尺读数 d 之间的关系.设检流计线圈的面积为 S，匝数为 N，磁极和软铁芯间隙中的磁感应强度为 B，当有电流 I_g 通过线圈时，根据电磁学原理，线圈所受的磁（偏转）力矩为

$$M_B=NBSI_g \tag{3-8-1}$$

线圈在偏转过程中悬丝产生的弹性恢复力矩为

$$M_\theta=-D\theta \tag{3-8-2}$$

式中 D 为悬丝的弹性扭转系数，负号表示 M_θ 与线圈的偏转角 θ 的方向相反.设线圈最后静止下来时的偏转角为 θ_0，则有

$$M_{\theta_0}=-D\theta_0 \tag{3-8-3}$$

此时 $M_B+M_{\theta_0}=0$，故 $NBSI_g=D\theta_0$，得

$$I_g=\frac{D}{NBS}\theta_0 \tag{3-8-4}$$

由线圈的偏转角 θ_0 即可确定 I_g 的大小.

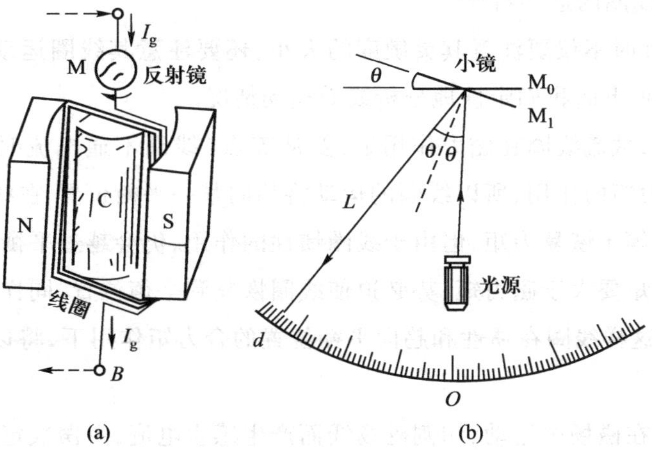

图 3-8-1

标尺读数和偏转角都是利用反射镜和标尺进行读数的.如图 3-8-1(b)所示,当反射镜 M 固定在线圈上,它把光源射来的光反射到标尺上,并形成光标.当电流通过线圈时,反射镜 M 随线圈偏转 θ 角,反射光线转过 2θ 角.根据反射定律,标尺上的读数 d 与 θ_0 的关系为 $d=2\theta_0 L$ 或 $\theta_0=\dfrac{d}{2L}$,式中 L 为标尺与反射镜间的距离.把 $\theta_0=\dfrac{d}{2L}$代入式(3-8-4),得

$$I_g=\frac{D}{2LNBS}d=Kd \tag{3-8-5}$$

式中

$$K=\frac{D}{2LNBS} \tag{3-8-6}$$

K 称为灵敏检流计的电流常量(分度值).它由检流计本身的结构决定,单位是 $\mathrm{A\cdot mm^{-1}}$,表示光标每偏转 1 mm 所对应的电流值.同时表明,通过灵敏检流计的电流 I_g 和标尺读数 d 成正比.因此,通过测量 d,即可测定电流 I_g.电流常量 K 的倒数为

$$S=\frac{1}{K}$$

S 称为灵敏检流计的电流灵敏度,它表示单位电流引起光标移动的距离.显然电流常量 K 越小或电流灵敏度 S 越大,灵敏检流计越灵敏.

由 $d=2\theta L$ 还可知,对于同样大的偏转角 θ 而言,如果镜面到标尺面之间的距离 L 越大,光标移动的距离 d 也越大.由于 L 可利用多次反射拉长,从而达到提高检流计灵敏度的目的.采用这种多次反射读数系统的灵敏检流计又称复射式灵敏检流计,如图 3-8-2 所示.它具有很高的灵敏度,结构也很紧凑,因此目前使用最为广泛.

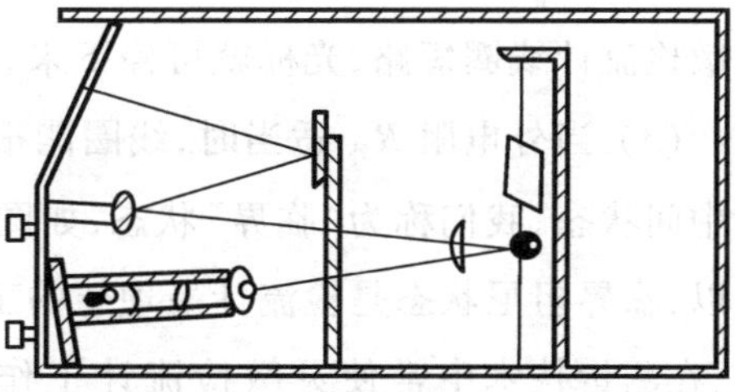

图 3-8-2

2. 灵敏检流计线圈的运动特性

使用灵敏检流计时不仅要注意其灵敏度的大小，还要注意其线圈运动的性质和线圈到达平衡位置所需的时间.下面我们定性地分析线圈运动情况.

首先，我们知道，载流线圈在磁力作用下，要从零点(线圈不通电流时)开始发生转动，但由于同时受到恢复力矩的作用，所以线圈的运动将趋向某一平衡位置.在线圈的运动未达到新平衡位置时，磁力矩等于恢复力矩，但由于线圈惯性的作用，仍会越过平衡位置；当线圈越过平衡位置以后，恢复力矩要大于磁力矩，势必迫使线圈恢复到平衡位置，同样由于惯性作用，线圈又会越过平衡位置.这样线圈在惯性和趋向平衡位置的合力矩作用下，将以新平衡位置为振动中心左右振动.

其次，载流线圈在磁场中运动，切割磁场线而产生感生电流，由楞次定律可知，这种感生电流始终是阻止线圈运动的，因此把感生电流引起阻碍线圈运动的这一特性称为电磁阻尼.电磁阻尼的大小取决于感生电流的大小，而感生电流的大小又取决于线圈回路电阻的大小，也就是说，电磁阻尼的大小将随回路电阻的变化而改变.

所以灵敏检流计在工作时，由它的内阻 R_g 和外电阻 $R_外$ 构成闭合回路，当线圈在磁场中运动时，就有感生电流通过，感生电流与磁场相互作用，产生阻止线圈运动的电磁阻尼力矩 M_p：

$$M_p=\frac{(NBS)^2}{R_g+R_外}\cdot\frac{d\theta}{dt} \tag{3-8-7}$$

由此可见，控制 $R_外$ 的大小就能改变 M_p 的大小，从而控制线圈的运动状态.

如图 3-8-3 所示，我们分为三种状态讨论线圈的运动：

(1) 当外电阻 $R_外$ 较大时，M_p 较小，线圈作振幅逐渐衰减的振动，光标经过很长时间才逐渐停在新的平衡位置上.外电阻 $R_外$ 越大，M_p 越小，振动时间也越长.这种运动状态称为“欠阻尼”状态，如图 3-8-3 中曲线 Ⅰ 和 Ⅰ′.

(2) 当外电阻 $R_外$ 较小时，M_p 较大，线圈缓慢地趋向新的平衡位置.外电阻 $R_外$ 越小，M_p 越大，达到平衡位置的时间越长.这种运动状态称为“过阻尼”状态，如图 3-8-3 中曲线 Ⅱ 和 Ⅱ′.

利用过阻尼特性，可在检流计两端并联一个开关 S，如图 3-8-4 所示.当 S 闭合时，$R_外=0$，阻尼力矩 M_p 很大.在实验中，当光标移动到需要它停下的位置附近，只需反复按下 S 数次，使灵敏检流计线圈短路，光标就可停下来，具有这种作用的开关通常称为阻尼开关.

(3) 当外电阻 $R_外$ 适当时，线圈能很快地到达平衡位置而又不发生振动，这是前两种状态的中间状态，我们称为“临界”状态，如图 3-8-3 中曲线 Ⅲ 和 Ⅲ′；这时称 $R_外$ 为临界电阻(R_c).所以，临界阻尼状态是检流计最理想的工作状态，因为它能迅速地对电路中电流的变化作出反映，在测量技术中常使灵敏检流计工作在或接近工作在临界阻尼状态.为此可采用下面的方法：

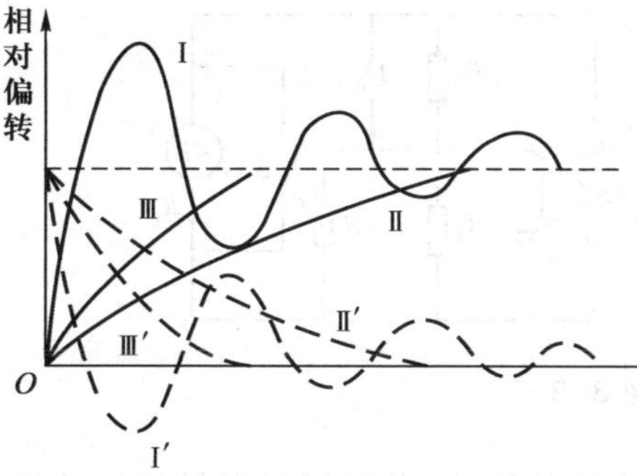

图 3-8-3

实线为通电达到稳定偏转时的情况；

虚线为切断电流后返回零点的情况

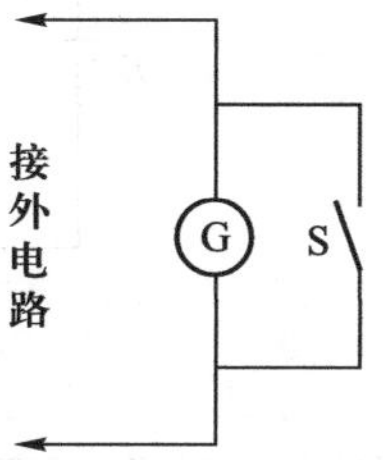

图 3-8-4

① 选择适当的灵敏检流计使它的 R_c 接近 $R_外$.

② 对给定的灵敏检流计,则当 $R_c \gg R_外$ 时,可在灵敏检流计上串联一个电阻 R',使($R'+R_外$)$\approx R_c$,如图 3-8-5 所示,但此时对 R'的引进,将使整个电路中的灵敏度受到影响.

③ 当 $R_c \ll R_外$时,可在灵敏检流计上并联一个电阻 R',使 $R'R_外/(R'+R_外)\approx R_c$,如图 3-8-6 所示,同样 R'的存在会影响整个电路的灵敏度.

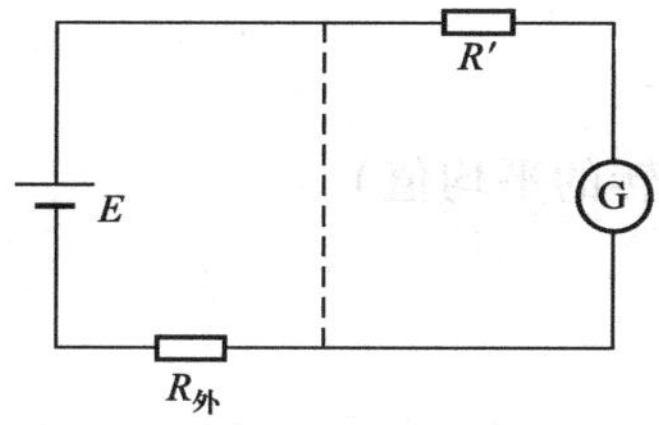

图 3-8-5

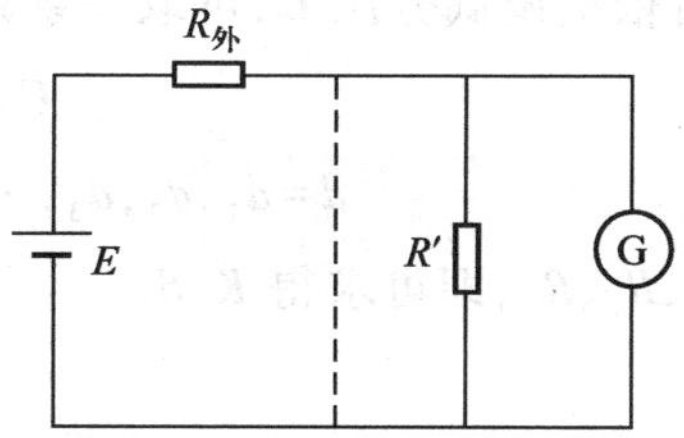

图 3-8-6

3. 灵敏检流计主要参量的测定

虽然一般在灵敏检流计铭牌上已标出灵敏检流计的常量 K、内阻 R_g 和外临界电阻值 R_c,但在灵敏检流计使用一段时间或维修调整后,有必要重新测定.

重新测定可利用如图 3-8-7 所示的测量线路,由于通常的直流低压电源的电动势远远超过灵敏检流计所能承受的电压,故需二次分压才能获得适宜而且可调的电压,经二次分压后,在 R_b 两端的电压为

$$U_0=\frac{R_0}{R_a+R_b}U$$

其中 U 为一次分压输出,可由电压表读出.R_0 为 R_b 和(R_g+R)并联的电阻值,通常 $R_g+R\gg R_b$,故

$$U_0\approx\frac{R_b}{R_a}U \qquad (3-8-8)$$

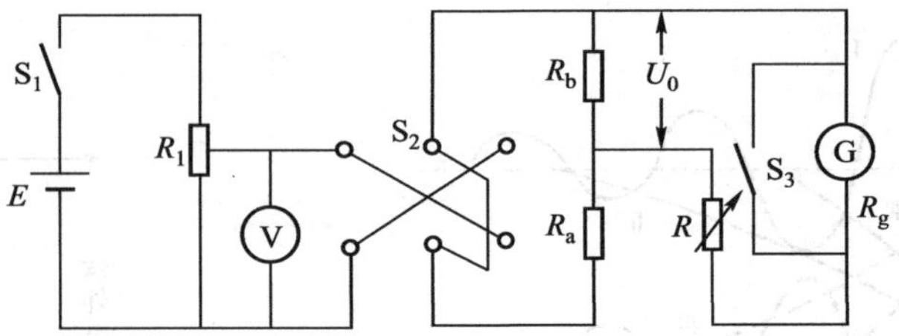

图 3-8-7

式(3-8-8)表明,二次分压不受灵敏检流计支路的影响,此时通过灵敏检流计的电流 I_g 为

$$I_g=Kd=\frac{U_0}{R_g+R}=\frac{R_bU}{R_a(R_g+R)} \tag{3-8-9}$$

测量时,用等偏法,当 $U=U_1$ 时,调 $R=R_1$,使灵敏检流计偏转一定格数 d(偏转40 mm),以后改变电压至 U_2,同时调节 R 至 R_2,使灵敏检流计偏转格数不变,这样可取得一系列数据,即

$$U=U_1,U_2,U_3,\cdots$$

和对应的 $R=R_1,R_2,R_3,\cdots$

利用这些数据可求得 R_g、K 和 S 的数值.

另外在已知 R_g 的情况下,可以用临界阻尼法进行测量(取 $R=R_c$).当 $U=U_1$ 时,读取光标偏移 d_1,以后依次调低分压 U,可取一系列数据

$$U=U_1,U_2,U_3,\cdots$$

和对应的 $d=d_1,d_2,d_3,\cdots$(d 为左右偏转的平均值)

同时记录 R_g、R_a、R_b,即可求得 K、S.

【实验仪器】

AC15/4 型直流复射式检流计,直流电源,滑线变阻器,电阻箱,单、双刀开关,按钮开关.

AC15/4 型直流复射式检流计的面板如图 3-8-8 所示.使用方法及注意事项如下:

(1) 在接通电源前(220 V),应检查电源插头是否插在"220 V"插口里,电源开关是否置于"220 V"一侧.注意,千万不要将 220 V 电源插在 6 V 插口内.

(2) 接通电源后,在标尺上应有光标出现.如果找不到,可将"分流器"开关置于"直接"处.如果有光标掠过,则可调节"零点调节"器将光标调至标尺零点."零点调节"器为零点粗调,若要细调零点,可使用标尺右上方的金属小圆柱左右移动标尺,达到细调的目的.

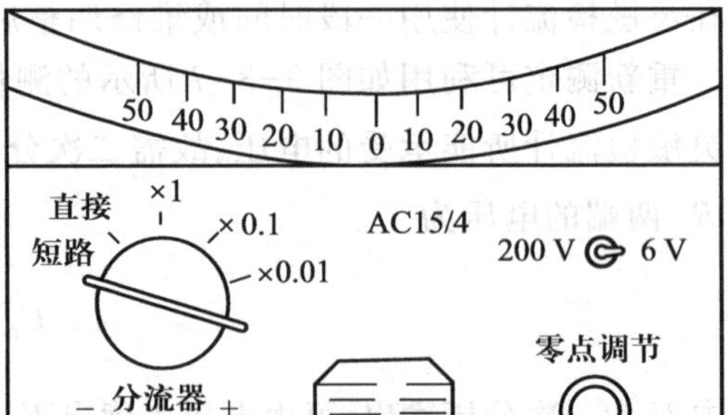

图 3-8-8

(3) 测量时，检流计的"分流器"应从最低灵敏度挡(×0.01)开始，可逐步提高到高灵敏挡(×0.1、×1、直接挡)测量.在改变电路或结束测量时，应将检流计的"分流器"置于短路挡，使检流计线圈处于短路状态.

【实验内容与步骤】

1. 按图 3-8-7 连接电路

开关 S_1、S_2 和 S_3 断开，经指导教师检查电路无误后，接通电源.注意将滑线变阻器的输出电压置于零处，两分压电阻 R_a(R_a 取 10 000 Ω)和 R_b(R_b 取1.0 Ω)接同一电阻箱的不同倍率的接线柱(R_a 接 9 999.9 Ω，R_b 接 9.9 Ω，$R_b \ll R_a$)，R 取外临界电阻(由仪器铭牌上读取)的 4 倍.

2. 观察阻尼运动

为了使观察现象明显，应将"分流器"置于"直接"挡.合上开关 S_1 和 S_2，缓慢调节 R_1 使电压读数增大，同时观察光标的移动.当光标移动到 40 mm 左右时，断开 S_2，观察光标回零时的运动方式，判断它属于哪一种运动状态.当光标回零时，按下阻尼开关 S_3，观察阻尼开关的作用，多次重复上述观察过程.

3. 测定外临界电阻 R_c

逐次递减电阻箱的阻值 R，同时调节 R_1，使光标始终保持偏转处于 40 mm 左右.每调节一次，断开 S_2，观察光标回零的运动方式，直到减小到刚能使光标不发生振动，即光标能很快地回到零点，但又不超过零点的临界阻尼状态.记录此时电阻箱的阻值(为 R')，则 $R_c=R'+R_b$.

4. 用等偏法测定内阻 R_g 及灵敏检流计常量 K、灵敏度 S

测量时保持光标偏转 d 不变，改变 U 及 R 得一系列数据，可求 R_g、K 及 S.

5. 用临界阻尼法测定灵敏检流计常量 K 及灵敏度 S

(1) 取 $R=R_c$，调节电压 U 使光标偏转到 40 mm 处，记下读数.

(2) 将 S_2 换向，记下另一侧的光标偏转读数 d'.

(3) 依次降低电压 U，重复以上步骤，读取 5 组数据，并记录 R_a、R_b 的数值，利用式(3-8-9)即可求得 K 及 S(此时 R_g 要事先测得或给定).

【数据处理】

1. 临界外电阻的测量

R 从__________到__________Ω 变化，测得 R_c =__________.

2. 等偏法测 R_g、K、S 的数据处理

(1) 列表记录所有测量数据.

(2) 计算 R_g、K 及 S 的值.

将测量所得数据对应分成 5 组，例如 U_1 和 U_6 为一组，U_2 和 U_7 为一组，U_3 和 U_8 为一组……

由式(3-8-9)及第一组数据得

$$\frac{U_1}{R_1+R_g}=\frac{U_6}{R_6+R_g}$$

$$R_g=\frac{U_1R_6-U_6R_1}{U_6-U_1} \tag{3-8-10}$$

以此类推,可求得$\overline{R_g}$、$\overline{K}$、$\overline{S}$:

$$\overline{R_g}=\frac{1}{n}\sum R_{gi}$$

不确定度为

$$\Delta_{AR_g}=\sqrt{\frac{1}{(n-1)}(\overline{R_g}-R_{gi})^2}$$

$$\Delta_{BR_g}=\Delta_{ins}$$

$$\Delta_{R_g}=\sqrt{\Delta_{AR_g}^2+\Delta_{BR_g}^2}$$

$$E_{R_g}=\frac{\Delta_{R_g}}{\overline{R_g}}$$

测量结果为

$$R_g=\overline{R_g}+\Delta_{R_g}$$

$$\overline{K}=\frac{1}{n}\sum K_i$$

$$\overline{S}=\frac{1}{n}\sum S_i$$

【预习思考题】

1. 什么叫灵敏检流计的灵敏度？它有什么意义？
2. 为什么在测灵敏检流计的 K 和 R_g 时,测量线路要用二次分压？
3. 如何测定灵敏检流计的内阻？
4. 灵敏检流计的工作状态与哪些因素有关？实验中要求工作在什么状态？

实验 3-9 铁磁材料动态磁滞回线和磁化曲线的测量

磁性材料在科研和工业中有着广泛的应用,种类也相当繁多,因此各种材料的磁特性测量,是电磁学实验中一个重要内容.磁特性测量分为直流磁特性测量和交流磁特性测量.本实验用交流正弦电流对磁性材料进行磁化,测得的磁感应强度与磁场强度关系曲线称为动态磁滞回线,或称为交流磁滞回线,它与直流磁滞回线是有区别的.可以证明:磁滞回线所包围的面积等于使单位体积磁性材料反复磁化一周时所需的功,并且因功转化为热而表现为损耗.测量动态磁滞回线时,材料中不仅有磁滞损耗,还有涡流损耗,因此,同一材料的动态磁滞回线所包围的面积要比静态磁滞回线所包围的面积稍大些.本实验重点学习用示波器显示和测量磁性材料动态磁滞回线和基本磁化曲线的方法,了解软磁材料和硬磁材料交流磁滞回线的区别.

【实验目的】

1. 了解磁性材料的磁滞回线和磁化曲线的概念,加深对铁磁材料的重要物理量——矫顽力、剩磁和磁导率的理解.

2. 用示波器测量软磁材料(软磁铁氧体)的磁滞回线和基本磁化曲线,求该材料的饱和磁感应强度 B_m、剩磁 B_r 和矫顽力 H_c.

3. 学习示波器的 X 轴和 Y 轴用于测量交流电压时,各自分度值的校准.

4. 用示波器显示硬铁磁材料的交流磁滞回线,并与软磁材料进行比较.

5. 学习精确测量电阻和电容的实验方法,测量不同阻值电阻和未知电容.

6. 学习用计算机测量磁性材料动态磁滞回线和磁化曲线的方法(选配计算机接口后完成).

【实验原理】

1. 铁磁物质的磁滞现象

铁磁性物质的磁化过程很复杂,这主要是由于它具有磁性,一般都是通过测量磁化场的磁场强度 H 和磁感应强度 B 之间关系来研究其磁化规律的.

如图 3-9-1 所示,当铁磁物质中不存在磁化场时,H 和 B 均为零,在 $B-H$ 图中则相当于坐标原点 O.随着磁化场 H 的增加,B 也随之增加,但两者之间不是线性关系.当 H 增加到一定值时,B 不再增加或增加得十分缓慢,这说明该物质的磁化已达到饱和状态.H_m 和 B_m 分别为饱和时的磁场强度和磁感应强度(对应于图中 A 点).如果再使 H 逐步退到零,则与此同时 B 也逐渐减小.然而,其轨迹并不沿原曲线 AO,而是沿另一曲线 AR 下降到 B_r,当 H 下降为零时,铁磁物质中仍保留一定的磁性.将磁化场反向,再逐渐增加其强度,直到$H=-H_m$,这时曲线达到 A'点(即反向饱和点),然后,先使磁化场退回到 $H=0$;再使正向磁化场逐渐增大,直到饱和值 H_m 为止.如此就得到一条与 ARA'对称的曲线 $A'R'A$,而自 A 点出发又回到 A 点的轨迹为一条闭合曲线,称为铁磁物质的磁滞回线,它属于饱和磁滞回线.其中,磁滞回线和 H 轴的交点 H_c 和 H_c' 称为矫顽力,磁滞回线与 B 轴的交点 B_r 和 B_r',称为剩余磁感应强度.

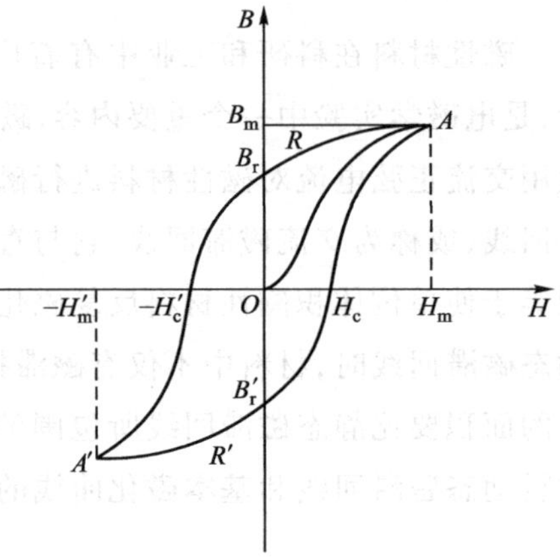

图 3-9-1

2. 利用示波器观测铁磁材料动态磁滞回线

电路原理图如图 3-9-2 所示,将样品制成闭合环状,其上均匀地绕以磁化线圈 N_1 及副线圈 N_2.交流电压 u 加在磁化线圈上,线路中串联了一个取样电阻 R_1,将 R_1 两端的电压 u_1 加到示波器的 X 轴输入端上.副线圈 N_2 与电阻 R_2 和电容 C 串联成一个回路,将电容 C 两端的电压 u_C 加到示波器的 Y 轴输入端,这样的电路在示波器上就可以显示和测量铁磁材料的磁滞回线.

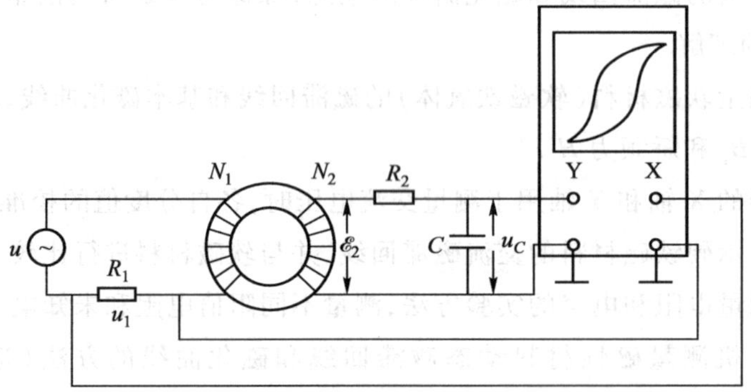

图 3-9-2　用示波器测动态磁滞回线的电路图(图中正弦交流电源浮地)

(1) 磁场强度 H 的测量

设环状样品的平均周长为 l,磁化线圈的匝数为 N_1,磁化电流为交流正弦波电流 i_1,由安培环路定理有 $Hl=N_1i_1$,而 $u_1=R_1i_1$,所以可得

$$H=\frac{N_1\cdot u_1}{l\cdot R_1} \tag{3-9-1}$$

式中 u_1 为取样电阻 R_1 上的电压.由式(3-9-1)可知,在已知 R_1、l、N_1 的情况下,测得 u_1 的值,即可用式(3-9-1)计算磁场强度 H 的值.

(2) 磁感应强度 B 的测量

设样品的截面积为 S,根据电磁感应定律,在匝数为 N_2 的副线圈中感生电动势 $\mathscr{E}_2$ 为

$$\mathscr{E}_2=-N_2S\frac{\mathrm{d}B}{\mathrm{d}t} \tag{3-9-2}$$

式中 $\frac{\mathrm{d}B}{\mathrm{d}t}$ 为磁感应强度 B 对时间 t 的导数.

若副线圈所接回路中的电流为 i_2，且电容 C 上的电荷量为 Q，则有

$$\mathscr{E}_2=R_2i_2+\frac{Q}{C} \tag{3-9-3}$$

在式(3-9-3)中，考虑到副线圈匝数不太多，因此自感电动势可忽略不计.在选定线路参量时，将 R_2 和 C 取较大值，使电容 C 上电压降 $u_C=\dfrac{Q}{C}\ll R_2i_2$，可忽略不计，于是式(3-9-3)可写为

$$\mathscr{E}_2=R_2i_2 \tag{3-9-4}$$

把电流 $i_2=\dfrac{\mathrm{d}Q}{\mathrm{d}t}=C\dfrac{\mathrm{d}u_C}{\mathrm{d}t}$代入式(3-9-4)得

$$\mathscr{E}_2=R_2C\frac{\mathrm{d}u_C}{\mathrm{d}t} \tag{3-9-5}$$

把式(3-9-5)代入式(3-9-2)得

$$-N_2S\frac{\mathrm{d}B}{\mathrm{d}t}=R_2C\frac{\mathrm{d}u_C}{\mathrm{d}t}$$

再将上式两边对时间积分，由于 B 和 u_C 都是交变的，故积分常数项为零.于是，在不考虑负号(在这里仅仅指相位差 $\pm\pi$)的情况下，磁感应强度

$$B=\frac{R_2Cu_C}{N_2S} \tag{3-9-6}$$

式中 N_2、S、R_2 和 C 皆为常量，通过测量电容两端电压幅值 u_C，代入公式(3-9-6)，可以求得材料磁感应强度 B 的值.

当磁化电流变化一个周期，示波器的光点将描绘出一条完整的磁滞回线，以后每个周期都重复此过程，形成一个稳定的磁滞回线.

(3) B 轴(Y 轴)和 H 轴(X 轴)的校准

虽然示波器 Y 轴和 X 轴上有分度值可读数，但该分度值只是一个参考值，存在一定误差，且 X 轴和 Y 轴增益可微调，同时会改变分度值.所以，用数字交流电压表测量正弦信号电压，并且将正弦波输入 X 轴或 Y 轴进行分度值校准是必要的.

将被测样品(铁氧体)用电阻替代，从 R_1 上将正弦信号输入 X 轴，用交流数字电压表测量 R_1 两端电压 $U_{有效}$，从而可以计算示波器该挡的分度值(单位为 V/cm)，如图 3-9-3 所示.须注意：

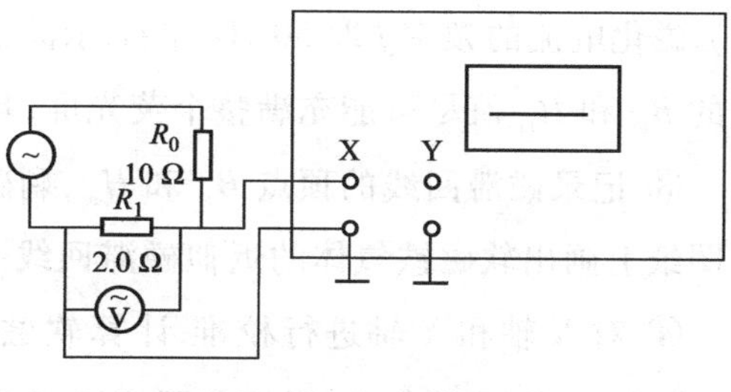

图 3-9-3　X 轴校准电路

① 数字电压表测量交流正弦信号，测得的值为有效值 $U_{有效}$，而示波器显示的该正弦信号值为

正弦波电压峰-峰值 $U_{峰-峰}$.两者关系是

$$U_{峰-峰}=2\sqrt{2}U_{有效} \tag{3-9-7}$$

② 用于校准示波器 X 轴挡和 Y 轴挡分度值的波形必须为正弦波,不可用失真波形.

用上述方法可以对示波器 Y 轴和 X 轴的分度值进行校准.

【实验仪器】

动态磁滞回线和磁化曲线实验仪由正弦信号发生器、交流数字电压表、实验电路模块(包括待测样品 2 个、取样电阻 R_1 和 R_2、电容 C)等组成,其仪器装置外形如图 3-9-4 所示.

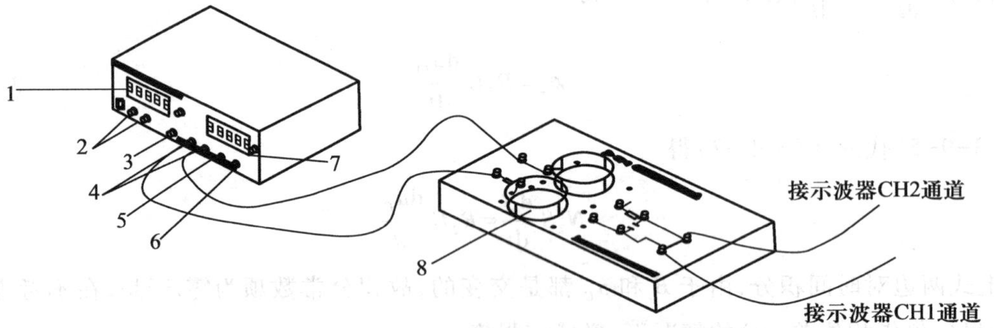

图 3-9-4　动态磁滞回线和磁化曲线实验仪

1—交流数字电压表;2—交流电压输入;3—正弦信号输出;4—功率信号输出;

5—幅度调节;6—频率调节;7—频率计;8—待测样品

【实验内容与步骤】

1. 必做实验

(1) 观察和测量软磁铁氧体的动态磁滞回线

① 按图 3-9-2 要求接好电路图.

② 把示波器光点调至荧光屏中心.磁化电流从零开始,逐渐增大磁化电流,直至磁滞回线上的磁感应强度 B 达到饱和(即 H 值达到足够高时,曲线有变平坦的趋势,这一状态属于饱和).磁化电流的频率 f 取 50 Hz 左右.示波器的 X 轴和 Y 轴分度值调整至适当位置,使磁滞回线的 B_m 和 H_m 值尽可能充满整个荧光屏,且图形为不失真的磁滞回线图形.

③ 记录磁滞回线的顶点 B_m 和 H_m,剩磁 B_r 和矫顽力 H_c 四个读数值(以长度为单位),在作图纸上画出软磁铁氧体的近似磁滞回线.

④ 对 X 轴和 Y 轴进行校准.计算软磁铁氧体的饱和磁感应强度 B_m 和相应的磁场强度 H_m、剩磁 B_r 和矫顽力 H_c.磁感应强度以 T 为单位,磁场强度以 A/m 为单位.

⑤ 测量软磁铁氧体的基本磁化曲线.现将磁化电流慢慢从大至小,退磁至零.从零开始,

由小到大测量不同磁滞回线顶点的读数值 B_i 和 H_i，记入表 3-9-1，用作图纸作铁氧体的基本磁化曲线（$B-H$ 关系）及磁导率与磁感应强度关系曲线（$\mu-H$ 曲线），其中 $\mu=\dfrac{B}{H}$.

（2）观测硬磁 Cr12 模具钢（铬钢）材料的动态磁滞回线

① 将样品换成 Cr12 模具钢硬磁材料，经退磁后，从零开始电流由小到大增加磁化电流，直至磁滞回线达到磁感应强度饱和状态.磁化电流频率约为 $f=50$ Hz.调节 X 轴和 Y 轴分度值使磁滞回线为不失真图形.

注意：硬磁材料交流磁滞回线与软磁材料有明显区别，硬磁材料在磁场强度较小时，交流磁滞回线为椭圆形回线，而达到饱和时为近似矩形图形，硬磁材料的直流磁滞回线和交流磁滞回线也有很大区别.

② 对 X 轴和 Y 轴进行校准，并记录相应的 B_m、H_m、B_r 和 H_c 值，在作图纸上近似画出硬磁材料在达到饱和状态时的交流磁滞回线.

2. 选做实验：测量取样电阻 R_1 和电阻 R_2、电容 C 的值

（1）电阻的测量

将电阻箱 R 和待测电阻 R_2（或 R_1）串联，并与正弦交流信号源相接，用交流电压表测量信号输出电压 u 和电阻箱两端电压 u_R，则由 $\dfrac{u_R}{R}=\dfrac{u-u_R}{R_2}$，得 $R_2=\dfrac{u-u_R}{u_R}R$.同样，可测得 R_1 的值.R_2 约为 50 kΩ，R_1 约为 2 Ω，但测量时应考虑怎样测量误差最小，测小电阻时，电源又不短路.测量电路如图 3-9-5 所示.

（2）电容的测量

电容 C 的值约为 4.7 μF.若交流电频率 $f=50$ Hz，即其阻抗约为 $Z_C=\dfrac{1}{\omega C}=\dfrac{1}{2\pi fC}=\dfrac{1}{100\pi\times4.7\times10^{-6}}\ \Omega=677.3\ \Omega$，测量电容的接线图如图 3-9-6 所示.取 $R=677\ \Omega$，测量电源电压 u 和电阻两端电压 u_R，在已知频率 f 和 R 时可得电容 C 的值，即由

$$u^2=u_R^2+u_C^2$$

得

$$u_C=\sqrt{u^2-u_R^2}$$

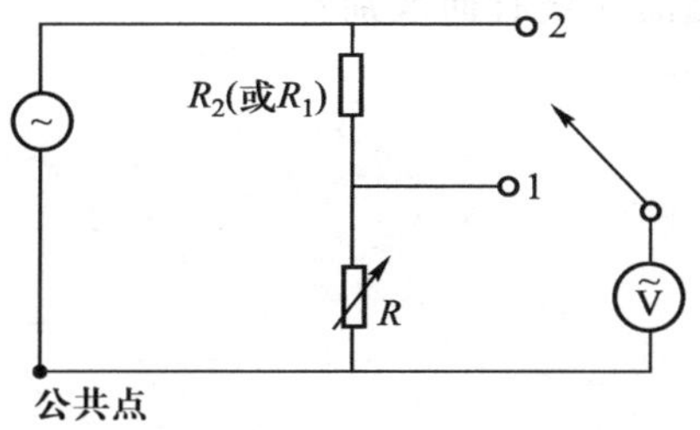

图 3-9-5　用交流电压表测电阻

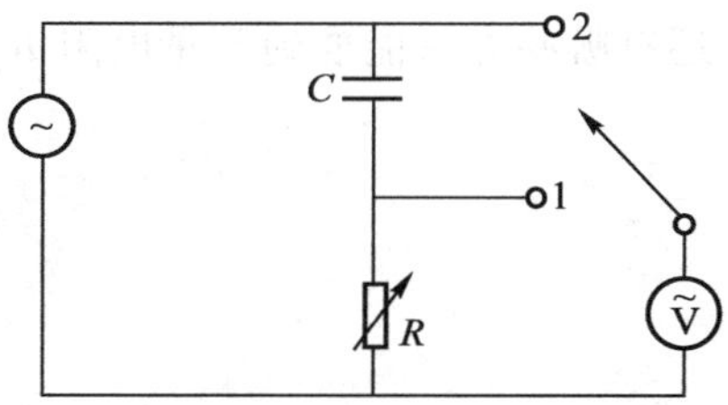

图 3-9-6　用交流电压表测电容

所以

$$u_C=Z_C\cdot I=\frac{1}{2\pi fC}\cdot\frac{u_R}{R}$$

则

$$C=\frac{u_R}{2\pi fR\cdot u_C} \tag{3-9-8}$$

【数据处理】

表 3-9-1　基本磁化曲线与 μ-H 曲线

u_1/cm	H/(A·m^{-1})	u_C/cm	B/T	u_1/cm	H/(A·m^{-1})	u_C/cm	B/T
0.20				2.40			
0.40				2.60			
0.60				2.80			
0.80				3.00			
1.00				3.20			
1.20				3.40			
1.40				3.60			
1.60				3.80			
1.80				4.00			
2.00				4.20			
2.20				4.40			

【思考题】

1. 在式(3-9-3)中，$u_C \ll R_2 i_2$ 时可将 u_C 忽略，得 $\mathscr{E}_2=R_2 i_2$.考虑一下，由这项忽略引起的不确定度有多大？

2. 在测量 B-H 曲线过程中，为何不能改变 X 轴和 Y 轴的分度值？

3. 示波器显示的正弦波电压值与交流电压表显示的电压值有何区别？两者之间如何换算？

4. 硬磁材料的交流磁滞回线与软磁材料的交流磁滞回线有何区别？

5. 还有哪些方法能准确测量电阻 R_1、R_2 和电容 C？

实验 3-10 载流导体磁场的测量

【实验目的】

1. 测定直导体和圆形导体环路激发的磁感应强度与导体电流的关系.
2. 测定直导体激发的磁感应强度与距导体轴线距离的关系.
3. 测定圆形导体环路激发的磁感应强度与环路半径及距环路距离的关系.

【实验原理】

如图 3-10-1 所示,根据毕奥-萨伐尔定律,导体所载电流为 I 时,在空间 P 点处,由导体线元产生的磁感应强度 $\boldsymbol{B}$ 为

$$\mathrm{d}\boldsymbol{B}=\frac{\mu_0}{4\pi}\cdot\frac{I}{r^2}\cdot\mathrm{d}\boldsymbol{s}\times\frac{\boldsymbol{r}}{r} \tag{3-10-1}$$

式中 $\mu_0=4\pi\times10^{-7}\ \mathrm{N\cdot A^{-1}}$,称为真空磁导率;线元长度、方向由矢量 $\mathrm{d}\boldsymbol{s}$ 表示;从线元到空间 P 点的方向矢量由 $\boldsymbol{r}$ 表示.

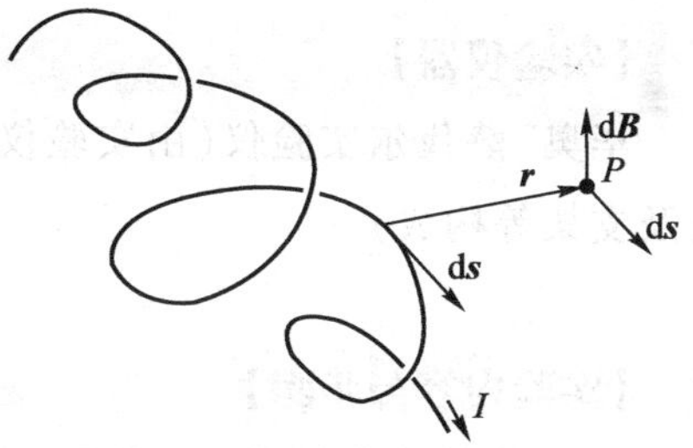

图 3-10-1 导体线元在空间 P 点所激发的磁感应强度

计算总磁感应强度意味着积分运算,只有当导体具有确定的几何形状,才能得到相应的解析解.例如,一根无限长载流直导体,在距轴线 r 的空间产生的磁感应强度为

$$B=\frac{\mu_0}{4\pi}\cdot I\cdot\frac{2}{r} \tag{3-10-2}$$

其磁感线为同轴圆柱状分布,如图3-10-2 所示.

半径为 R 的圆形导体环路在沿圆环轴线距圆心 x 处产生的磁感应强度为

$$B=\frac{\mu_0}{4\pi}\cdot I\cdot 2\pi\cdot\frac{R^2}{(R^2+x^2)^{\frac{3}{2}}} \tag{3-10-3}$$

其磁感线平行于轴线,如图 3-10-3 所示.

本实验中,上述导体产生的磁场将分别利用轴向和切向磁感应强度探测器来测量.磁感应强度探测器件非常薄,对于垂直其表面的磁场分量响应非常灵敏.因此,不仅可以测量磁场的大小,也可以测量其方向.对于直导体,实验测定了磁感应强度 B 与距离 r 之间的关系;对于圆环形导体,测定了磁感应强度 B 与轴向坐标 x 之间的关系.另外实验还验证了磁感应强度 B 与电流 I 之间的关系.

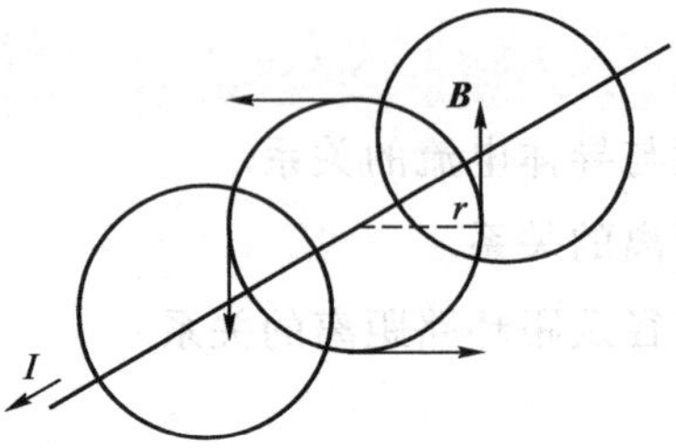

图 3-10-2 无限长载流直导体激发的磁场

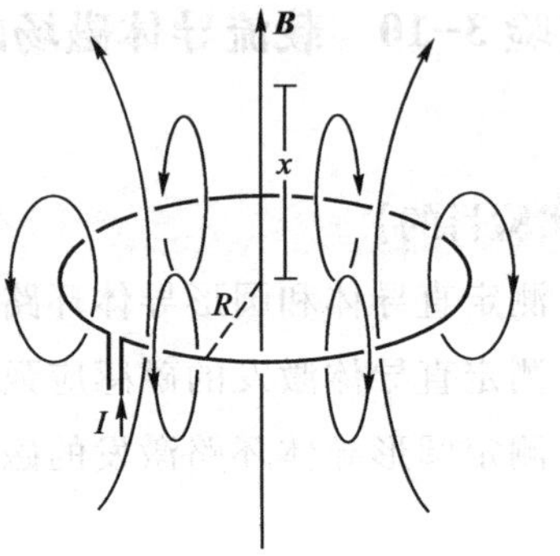

图 3-10-3 圆形导体环路激发的磁场

【实验仪器】

毕奥-萨伐尔实验仪(由实验仪主机、电流源、待测圆环、待测直导体、黑色铝合金槽式导轨及支架等构成).

【实验内容与步骤】

1. 直导体激发的磁场(表 3-10-1,表 3-10-2)

(1) 将导线插入支座,直导体接至恒流电源.

(2) 将磁感应强度探测器与毕奥-萨伐尔实验仪连接,方向切换为垂直方向,并调零.

(3) 将磁感应强度探测器与直导体中心对准.

(4) 向探测器方向移动直导体,尽可能使其接近探测器(距离 $r=0$).

(5) 从 0 开始,逐渐增加电流 I,每次增加 1 A,直至 10 A.逐次记录测得的磁感应强度 B 的值.

(6) 令 $I=10$ A,逐步向右移动磁感应强度探测器,测量磁感应强度 B 与距离 r 的关系,并记录相应数值.

2. 圆形导体环路激发的磁场(表 3-10-3,表 3-10-4)

(1) 将直导体换为 $R=40$ mm 的圆环导体,圆环导体接至恒流电源.

(2) 将磁感应强度探测器与毕奥-萨伐尔实验仪连接,方向切换为水平方向,并调零.

(3) 调节磁感应强度探测器的位置至导体环中心.

(4) 从 0 开始,逐渐增加电流 I,每次增加 1 A,直至 10 A.逐次记录测得的磁感应强度 B 的值.

(5) 令 $I=10$ A,逐步向右或向左移动磁感应强度探测器,测量磁感应强度 B 与坐标 x 的关系,记录相应数值.

(6) 将 40 mm 导体环替换为 20 mm 及 60 mm 导体环,分别测量磁感应强度 B 与坐标 x 的关系.

表 3-10-1　长直导体激发的磁感应强度 B 与电流 I 的关系($r=0$)

I/A	0	1	2	3	4	5
B/mT						
I/A	6	7	8	9	10	
B/mT						

表 3-10-2　长直导体激发的磁感应强度 B 与距离 r 的关系($I=10$ A)

r/mm	5.7	6.7	7.7	8.7	10.7	14.7
B/mT						
r/mm	17.7	21.7	26.7	37.7	55.7	
B/mT						

表 3-10-3　$R=40$ mm 圆形导体环路激发的磁感应强度 B 与电流 I 的关系

I/A	0	1	2	3	4	5
B/mT						
I/A	6	7	8	9	10	
B/mT						

表 3-10-4　圆形导体环路激发的磁感应强度 B 与坐标 x 的关系

x/cm	B/mT ($R=20$ mm)	B/mT ($R=40$ mm)	B/mT ($R=60$ mm)
-10.0			
-7.5			
-5.0			
-4.0			
-3.0			
-2.5			
-2.0			
-1.5			
-1.0			
-0.5			

续表

x/cm	B/mT (R=20 mm)	B/mT (R=40 mm)	B/mT (R=60 mm)
0.0			
0.5			
1.0			
1.5			
2.0			
2.5			
3.0			
4.0			
5.0			
7.5			
10.0			

【数据处理】

1. 直导体激发的磁场

图 3-10-4 给出了磁感应强度 B 与电流 I 之间的关系.在测量精度内,测量值位于一条直线上,即磁感应强度 B 正比于电流 I.

图 3-10-5 给出的是根据表 3-10-2 中数据所画曲线.图 3-10-6 是对应的$1/B$-r 曲线,从图可知,实验数值近似于一条直线.

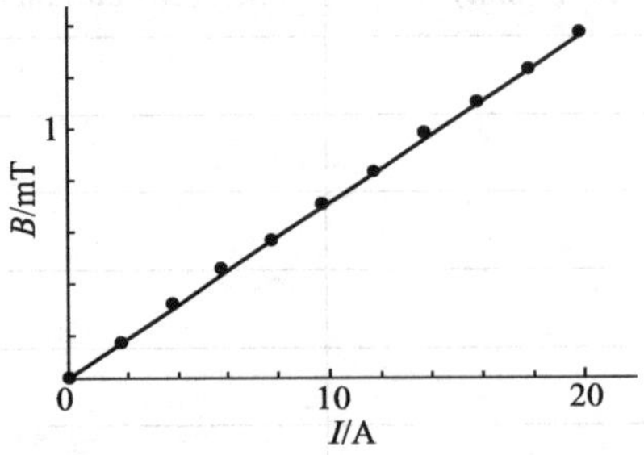

图 3-10-4 直导体 B-I 关系曲线

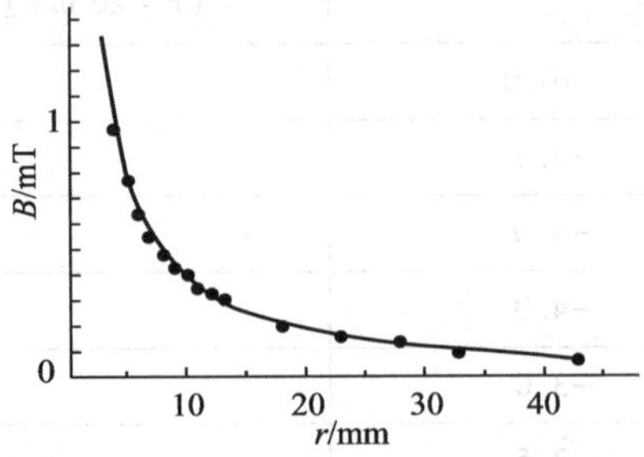

图 3-10-5 直导体 B-r 关系曲线

2. 圆形导体回路激发的磁场

图 3-10-7 给出了圆形导体环路激发的磁感应强度 B 与电流 I 之间的关系,在该情形下,实验值(表 3-10-3)也同样呈直线分布,验证了磁感应强度 B 与电流 I 之间的正比关系.

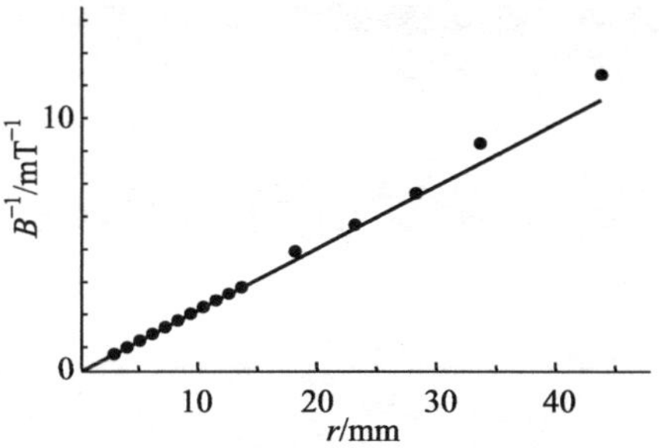

图 3-10-6　直导体 $1/B-r$ 关系曲线

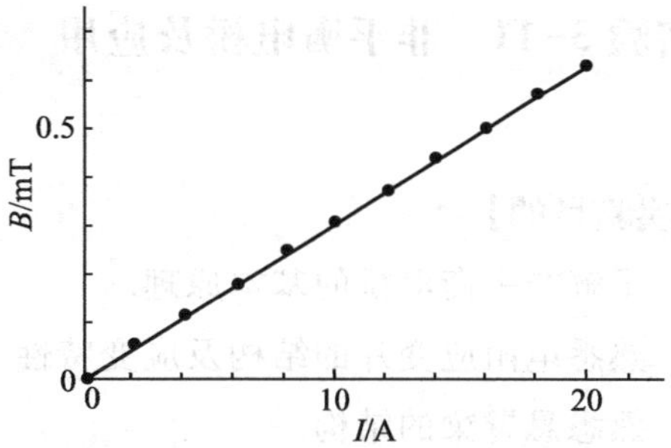

图 3-10-7　圆形导体环路(直径 40 mm)
$B-I$ 关系曲线

图 3-10-8 给出的是对于 3 个不同大小的圆形导体回路,各自激发的磁感应强度 B 与坐标 x 的关系.这些曲线是根据式(3-10-2)的计算结果.

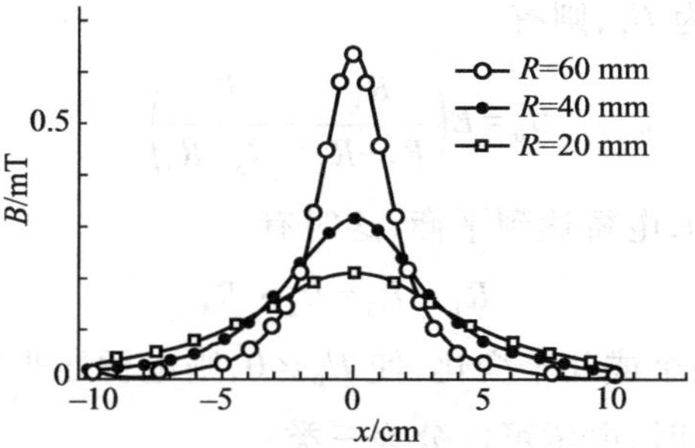

图 3-10-8　不同半径的圆形导体环路
$B-x$ 关系曲线

实验 3-11 非平衡电桥及应用

【实验目的】

1. 了解非平衡电桥的基本原理.
2. 熟悉电阻应变片的结构及应变特性.
3. 熟悉悬臂梁的结构.
4. 学会测量等强度悬臂梁的应力.

【实验原理】

1. 非平衡电桥的基本原理

电阻 R_1、R_2、R_3 和 R_4 接成如图 3-11-1 所示的直流桥路，cd 两端接稳压电源 E，ab 两端为电桥电压输出端，输出电压为 U_0，则有

$$U_0=E\left(\frac{R_1}{R_1+R_2}-\frac{R_4}{R_3+R_4}\right) \tag{3-11-1}$$

如果电桥 ab 两端电压 $U_0=0$，电桥达到平衡，这时有

$$R_1\cdot R_3=R_2\cdot R_4 \tag{3-11-2}$$

若 R_1、R_2、R_3 和 R_4 当中有一个或几个变化，使 $U_0\neq0$，则电桥处非平衡状态.

当桥臂电阻取不同的值时，电桥可以分为三类：

(1) 等臂电桥：$R_1=R_2=R_3=R_4=R$.

(2) 输出对称电桥，也称卧式电桥：$R_1=R_2=R$，$R_3=R_4=R'$，且 $R\neq R'$.

(3) 电源对称电桥，也称立式电桥：$R_2=R_3=R$，$R_1=R_4=R'$，且 $R\neq R'$.

假设电桥中 R_1、R_2、R_3 和 R_4 的阻值发生改变，改变量分别为 ΔR_1、ΔR_2、ΔR_3 和 ΔR_4，R_1 和 R_3 增加，R_2 和 R_4 减少，则改变后的阻值变分别变为 $R_1+\Delta R_1$、$R_2-\Delta R_2$、$R_3+\Delta R_3$ 和 $R_4-\Delta R_4$，如图 3-11-2 所示，则式(3-11-1)变为

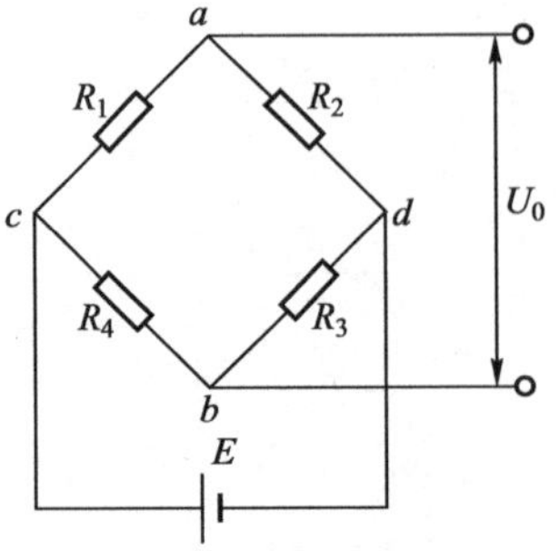

图 3-11-1 直流电桥

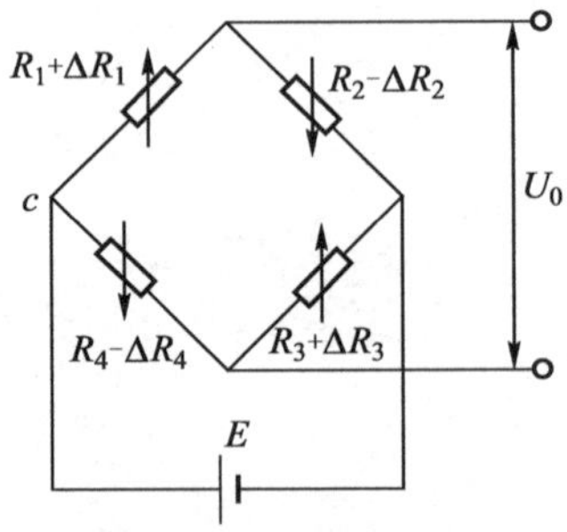

图 3-11-2 非平衡电桥

$$U_0=E\left(\frac{R_1+\Delta R_1}{R_1+\Delta R_1+R_2-\Delta R_2}-\frac{R_4-\Delta R_4}{R_3+\Delta R_3+R_4-\Delta R_4}\right) \tag{3-11-3}$$

若图 3-11-2 中 $R_1=R_2=R_3=R_4=R,\Delta R_1=\Delta R,\Delta R_2=\Delta R_3=\Delta R_4=0$，即 R_1 工作，由式(3-11-3)可得

$$U_0=E\cdot\left(\frac{\Delta R}{4R}\right) \tag{3-11-4}$$

此时称为单臂电桥.

如果 $R_1=R_2=R_3=R_4=R,\Delta R_1=\Delta R_2=\Delta R,\Delta R_3=\Delta R_4=0$，即 R_1,R_2 工作，由式(3-11-3)可得

$$U_0=E\cdot\left(\frac{\Delta R}{2R}\right) \tag{3-11-5}$$

此时称为双臂电桥，又称为半桥.

如果 $R_1=R_2=R_3=R_4=R,\Delta R_1=\Delta R_2=\Delta R_3=\Delta R_4=\Delta R$，即 R_1,R_2,R_3 和 R_4 均工作，此由式(3-11-3)可得

$$U_0=E\cdot\left(\frac{\Delta R}{R}\right) \tag{3-11-6}$$

此时称为全桥.

式(3-11-4)、式(3-11-5)和式(3-11-6)是在电桥的三种工作方式下，输出电压与输入电压、电阻变化量的关系.在相同条件下，半桥、全桥比单桥工作输出信号大，半桥输出是单臂输出的 2 倍，全桥输出是单臂输出的 4 倍.因此，全桥工作时输出电压最大，检测的灵敏度最高.

2. 电阻应变片的结构及其工作原理

这里介绍常用的金属丝式和箔式两种应变片.

金属丝式电阻应变片的结构如图 3-11-3 所示，它由四个基本部分组成：敏感栅、基片、覆盖层和引线.敏感栅是应变片中的重要组成部分，是由栅丝弯曲成如图 3-11-3 所示的几何形状而成.栅丝的直径很细，一般为 0.015～0.05 mm.基片又称为基底，用以保持敏感栅及引线的几何形状和相对位置，并将被测构件上的应变迅速地传递到敏感栅上.覆盖层起保护敏感栅的作用.引线常用直径为 0.10～0.15 mm 的镀锡铜线，并与敏感栅两输出端焊接.敏感栅、基片及覆盖层由黏结剂黏结在一起.在使用应变片时也可采用黏结剂将应变片与被测试件粘牢.

箔式应变片如图 3-11-4 所示，其敏感栅由很薄的金属箔片制成，箔厚只有 0.003～0.10 mm，用光刻技术制作.与金属丝式应变片相比，箔式应变片有如下优点：① 敏感栅可以制成各种复杂的形状，即应变花；② 横向效应小；③ 允许通过电流大，散热性好；④ 疲劳寿命长、蠕变小；⑤ 生产效率高.但是箔式应变片的电阻值的分散性要比金属丝式大，有的能相差几十欧姆，需要作阻值的调整.由于箔式应变片的一系列优点，它将逐渐取代金属丝式应变片而占据主要地位.

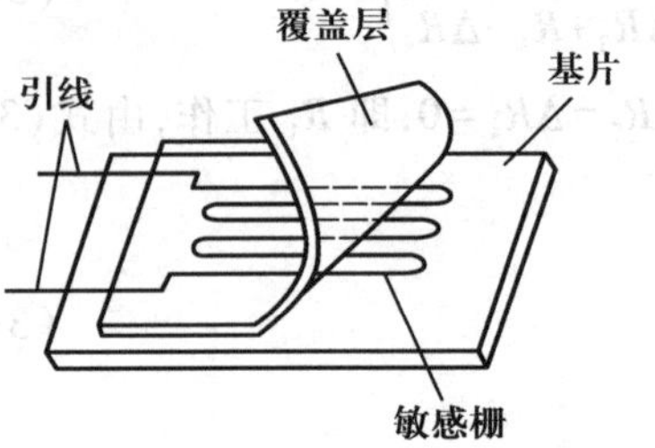

图 3-11-3 金属丝式应变片的基本结构

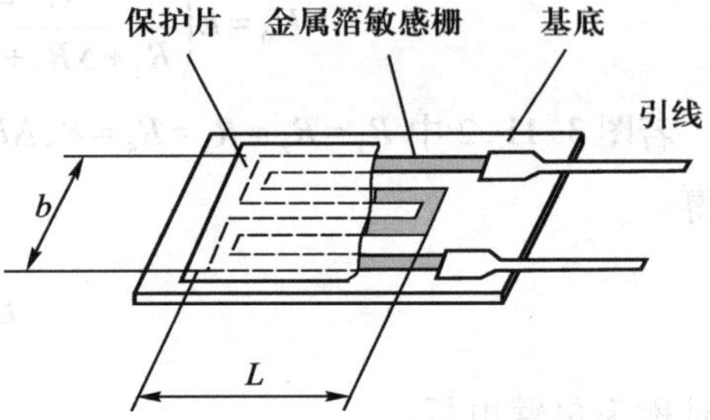

图 3-11-4 箔式应变片基本结构

电阻应变片的工作原理是将电阻应变片粘贴在构件待测应变处，当试件产生机械变形时，电阻应变片亦随之伸缩，其电阻值也随之改变，电阻变化与试件的机械形变之间存在着如下关系：

$$\frac{\Delta R}{R}=K_0\varepsilon \qquad (3-11-7)$$

式中 K_0 为电阻丝的灵敏系数，一般情况下为常量；ε 为试件应变.

若采用全桥形式，由式(3-11-6)和式(3-11-7)可知

$$\frac{U}{E}=K_0\varepsilon \qquad (3-11-8)$$

令 $S=\frac{U}{E}$(S 称为传感器的输出灵敏度，单位为 mV/V)，有

$$S=K_0\varepsilon \qquad (3-11-9)$$

若测得 S，通过式(3-11-9)即可求出应变 ε，进而由公式 $\sigma=\varepsilon E_Y$ 可求得测试件所受的应力.

3. 应力理论值

等强度悬臂梁所受正应力的理论值可由下式求得：

$$\sigma=\frac{M}{W} \qquad (3-11-10)$$

式中 M 为被测点的力矩，$M=FL$，F 为对悬臂梁所施加的力，即载荷，L 为力的作用点到固定点的距离；W 为抗弯截面系数，$W=bh^2/6$，b 为梁的宽度，h 为梁的厚度.所以式(3-11-10)可写为

$$\sigma=\frac{6FL}{bh^2} \qquad (3-11-11)$$

实验中，若测得悬臂梁的尺寸及荷载，即可求得应力的理论值.

【实验仪器】

等强度悬臂梁实验仪，精密数字测量仪，砝码，砝码盘，数据线，游标卡尺，钢尺.

本实验对等强度悬臂梁施加力的作用使梁产生弯曲形变，通过粘在悬臂梁的应变片、精密

数字测量仪将传感器的输出灵敏度 S 值测出，再通过公式求得等强度悬臂梁所受的应力并与理论值比较.现将涉及的主要仪器介绍如下：

（1）等强度悬臂梁实验仪

工程中的梁是以弯曲为主要变形的杆件，悬臂梁是一端固定另一端自由的梁.为了使梁各个截面的弯曲应力相同，随着弯矩的大小相应地改变截面尺寸，这样制成的悬臂梁称为等强度悬臂梁.

如图 3-11-5 所示，等强度悬臂梁实验仪由已粘贴好电阻应变片的等强度悬臂梁、支座、水平仪、调节螺钉和加载砝码等组成.

（2）精密数字测量仪

如图 3-11-6 所示，精密数字测量仪是常用的应变传感器测量仪.它提供一个电路，将粘贴在悬臂梁上的应变片连接在电路中.当电阻应变片的阻值发生变化后，可将电阻的变化量转化为电压，经过放大器的放大处理，经 A/D 转换，将模拟电信号转换成数字信号输出.

图 3-11-5 等强度悬臂梁实验仪

图 3-11-6 精密数字测量仪

【实验内容与步骤】

1. 实验准备

（1）按规定位置粘贴电阻应变片，焊线、防护（已预先准备好）.

（2）制定加载方案，三级加载：1 kg、2 kg、3 kg.

（3）将精密数字测量仪与等强度悬臂梁实验仪的数据线连接起来，开启测量仪，预热 10 min.

（4）测量并记录等强度悬臂梁的长、宽、厚.

2. 进行实验

（1）加砝码之前按下“清零”键，清除由于砝码盘重量带来的 S 值的变化.

（2）逐级增加砝码，每增加一次砝码，记录测量仪的输出数值 S（单位为 mV/V），重复三次.注意加载缓慢，勿超载.

（3）卸掉载荷，复原仪器.

【数据处理】

1. 应力的理论计算

将所测的相关数据代入式(3-11-11),可得到不同负载时悬臂梁所受应力的理论值 $\sigma_{i理}$.

2. 应力实验值的计算

(1) 将测量仪输出的传感器灵敏度 S 和 $K_0(K_0=2.1)$ 代入式(3-11-9),得到不同负载时的应变 ε_i,求出其平均值.

(2) 由公式 $\sigma=\varepsilon E_Y$,计算不同负载时应力的实验值.

3. 相对误差的计算

利用公式

$$E_i=\frac{|\sigma_{i实}-\sigma_{i理}|}{\sigma_{i理}}\times 100\%$$

计算不同负载时应力的相对误差.

【思考题】

1. 结合测量结果并查阅有关资料进行讨论,分析等强度梁不同点的应力是否相同?产生误差的原因是什么?

2. 将理论值和实验值进行比较,分析产生误差的原因.

第四章 光学实验

实验 4-1 光路调整与透镜焦距的测量

光学仪器种类繁多,透镜是光学仪器中最基本的光学成像元件.描述透镜特性的一个重要物理量就是焦距,它决定着透镜成像的规律.在不同的光学仪器中,由于透镜所起作用的不同,常常涉及选择透镜焦距的问题.因此,为了正确地使用光学仪器,必须熟练掌握透镜成像的一般规律,学会光路调节技术和测量焦距的方法.

【实验目的】

1. 掌握简单光路的分析和调整方法.
2. 学习测量薄透镜焦距的几种方法.

【实验原理】

薄透镜是最常见的基本光学元件,其应用十分广泛.透镜是由两个折射面组成的透明体,其折射面的形状通常为两个球面,或是一个球面和一个平面.各种折射面的不同组合主要构成双凸透镜、平凸透镜、凸凹透镜(正月透镜)、双凹透镜、平凹透镜、凹凸透镜(负月透镜)六种形状.前三种透镜统称为凸透镜(或称正透镜、会聚透镜),后三种统称为凹透镜(或称负透镜、发散透镜).凸透镜具有使光线会聚的作用.当一束平行于透镜主光轴的光线通过凸透镜后,将会聚于主光轴上.会聚点 F 称为透镜的焦点,透镜光心 O 到焦点 F 的距离为焦距 f(图 4-1-1).凸透镜的焦距越短,其会聚作用越大.凹透镜具有使光发散的作用.当一束平行于透镜主光轴的光线通过凹透镜后将散开,把发散光的反向延长线与主光轴的交点 F 称为该凹透镜的焦点,凹透镜光心 O 到焦点 F 的距离为焦距 f(图 4-1-2).凹透镜的焦距越短,其发散作用越强.

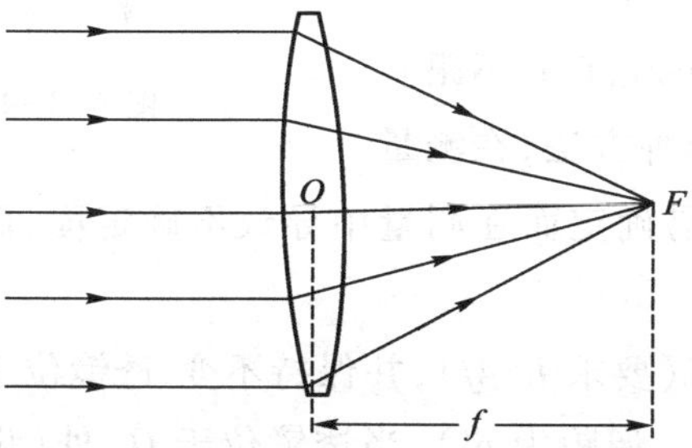

图 4-1-1

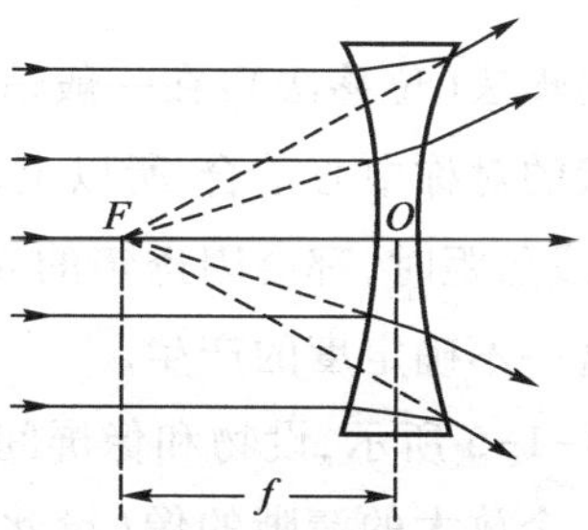

图 4-1-2

所谓薄透镜是一个相对的概念.若透镜中心部位的厚度与其焦距相比很小时,这种透镜就称为薄透镜.例如,一个厚度约为 4 mm 而焦距为 150 mm 的透镜,即可将它视为薄透镜.

如图 4-1-3 所示，在近轴光线条件即光线靠近光轴并且与光轴的夹角很小的情况下，薄透镜的成像规律可表示为

$$\frac{1}{p}+\frac{1}{p'}=\frac{1}{f} \qquad (4-1-1)$$

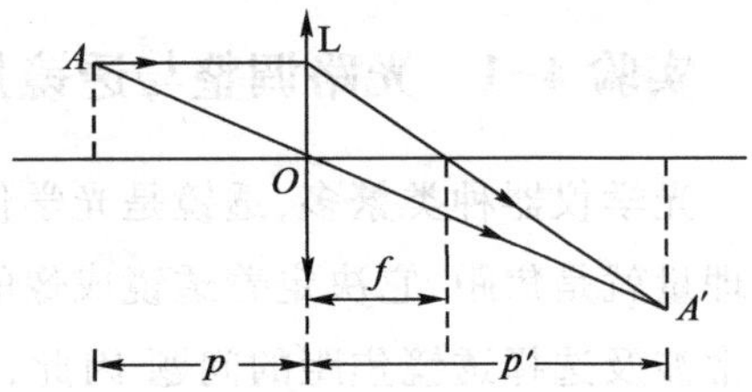

图 4-1-3

式中 p 为物距，p' 为像距，f 为薄透镜的焦距. p、p' 和 f 均从薄透镜的光心 O 点算起，物距 p 恒取正值，像距 p' 和焦距 f 对凸透镜取正值，对凹透镜取负值. 运算时，已知量需添加符号，未知量则根据所标结果的符号判定其或凸或凹意义.

式(4-1-1)表明，当 $p\to\infty$ 时，则 $p'=f$，即自无穷远物点射来的平行光线经凸透镜后聚于像方焦点 F 处；当 $p=f$ 时，则 $p'\to\infty$，即置于物方焦点 F 处的光源经凸透镜后出射平行光线. 这些性质常用于光学仪器的调整中.

为了便于计算薄透镜的焦距 f，式(4-1-1)可改写成

$$f=\frac{pp'}{p+p'} \qquad (4-1-2)$$

1. 凸透镜焦距的测量原理

(1) 物距像距法：自物体发出的光线，经过透镜折射后成像在透镜的另一侧，测出的物距 p 和像距 p'，代入式(4-1-2)即可算出薄透镜的焦距.

(2) 自准直法：如图 4-1-4 所示，光点 A 置于透镜一侧，平面镜 M 垂直主光轴置于透镜的另一侧，当光点 A 处在凸透镜的焦点处，它发出的光线通过透镜后成为平行光. 平行光遇平面镜 M 后沿原光路返回，仍会聚于 A 点，即光源和光源的像都在透镜的焦点处. 若光源不是点光源，而是有一定形状的发光物屏，则只要该物屏是位于透镜焦平面上，那么其像必然也在该焦平面上，此时物屏至透镜光心的距离便是焦距 f.

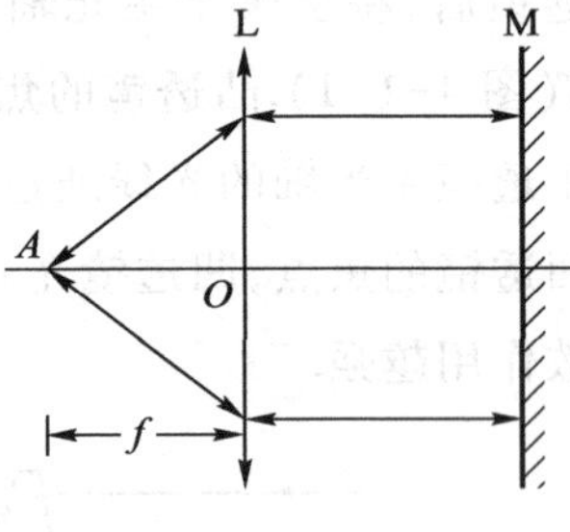

图 4-1-4

(3) 共轭法(位移法)：在一般情况下，透镜的光心并不跟它的物体形状的对称中心重合. 所以上面介绍的两种方法，在测量物距、像距或焦距时，都会因透镜的光心位置不易确定而在测量中导致不确定度，而共轭法却可以避免这一不确定度的产生.

如图 4-1-5 所示，设物和像屏间的距离为 L(要求 $L>4f$)，并保持不变. 透镜位于 O_1 处时，屏上出现一个放大的清晰的像(设此时物距为 p_1，像距为 p_1')；当透镜位于 O_2 处(设 O_1、O_2 间的距离为 e)，屏上出现一个缩小的清晰像(设此时物距为 p_2，像距为 p_2'). 根据薄透镜成像公式(4-1-1)，则在 O_1 处，有

$$\frac{1}{p_1}+\frac{1}{p_1'}=\frac{1}{f}$$

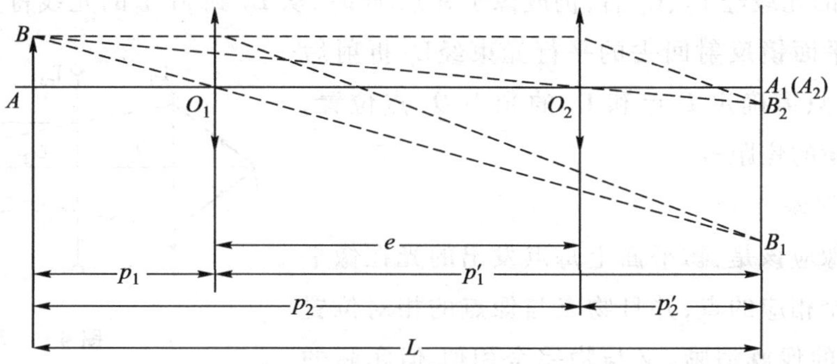

图 4-1-5

在 O_2 处，有

$$\frac{1}{p_1+e}+\frac{1}{p_1'-e}=\frac{1}{f}$$

将 $p_1'=L-p_1$ 代入以上两式，解得

$$f=\frac{L^2-e^2}{4L} \tag{4-1-3}$$

共轭法的测量中，把对焦距的测量归结为对可以准确测定的量 L 和 e 的测量，从而避免由于薄透镜光心位置估计不准而产生的不确定度，因此，以上介绍的三种测量方法中，共轭法是最为准确的测量方法.

2. 凹透镜焦距的测量原理

（1）物距像距法：如图 4-1-6 所示，由于凹透镜对光线有发散作用，因而 A 点处实物不能通过单一凹透镜 L_2 得到实像，即这时像屏接收不到像.为此必须借助一个凸透镜 L_1 使光线会聚，以得到屏幕上的像.这样，从物点 A 发出的光线经凸透镜 L_1 后并未会聚于 B 点，而是在凹透镜发散的作用下，会聚于 B'点.根据光线传播的可逆性，就可以视 B 为透镜 L_2 的虚物，而 B'恰为虚物经凹透镜 L_2 所生成的像.因此，令 $O_2B=p$，$O_2B'=p'$，同时考虑到凹透镜的 f 与 p'均为负值，由式（4-1-1）得

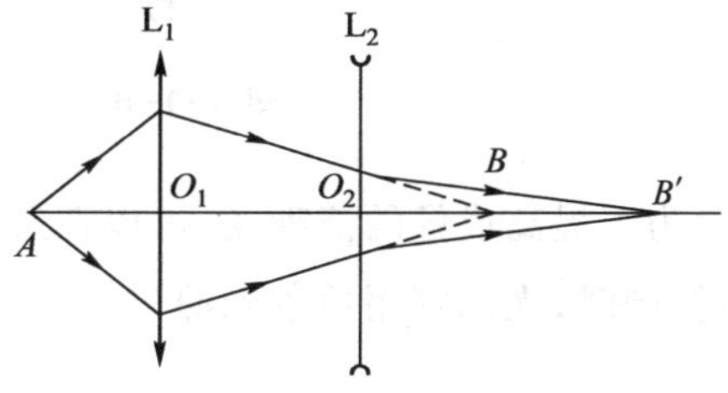

图 4-1-6

$$\frac{1}{p}-\frac{1}{p'}=-\frac{1}{f}$$

即

$$f=\frac{pp'}{p-p'} \tag{4-1-4}$$

（2）自准直法：如图 4-1-7 所示，将物点 A 置于凸透镜 L_1 的主光轴上，测出它的成像位置 B.固定物点 A 和透镜 L_1，在 L_1 和像点 B 之间插入凹透镜 L_2 和平面镜 M.移动凹透镜 L_2 可

使 M 反射回去的光线经 L_2、L_1 后，仍成像于 A 点.此时，从 L_2 到 M 上的光线将是一束平行光，B 点就成为由平面镜反射回去的平行光束经 L_2 折射后的虚像点，所以只需确定 B 点和 L_2 的光心 O_2 点位置，即可得到凹透镜的焦距 $-f$.

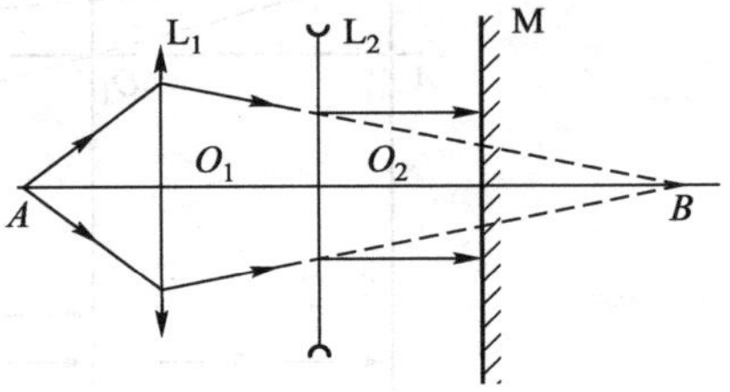

图 4-1-7

3. 透镜的误差

理想的成像应该是，物平面上每点发出的光在像平面上都会有一个相应的点，并且物点与像点的相对位置是一定的.这样的像既清晰，又与物完全相似.但实际的像与物并不能完全相似，存在着偏差（失真）.透镜的这种现象称为像差.像差有许多种类，最常见的是球面差和色差.

球面差简称为球差，其产生的原因是简单的球面透镜不能把照射于透镜所有部位的光线都会聚于一点.如图 4-1-8 所示，从物点 A 发出的近轴光线会聚于 B_1 点，而从同一个物点 A 发出的张角较大的光线则会聚于 B_2 点，张角连续变化，会聚点也连续变化，因而球差影响着成像的清晰度.

色差的产生是由于透镜材料的折射率随波长不同而略有差异，因而即便物点发出的光线都满足近轴的要求，对于不同波长的光，其像点也不能完全重合（图 4-1-9）.

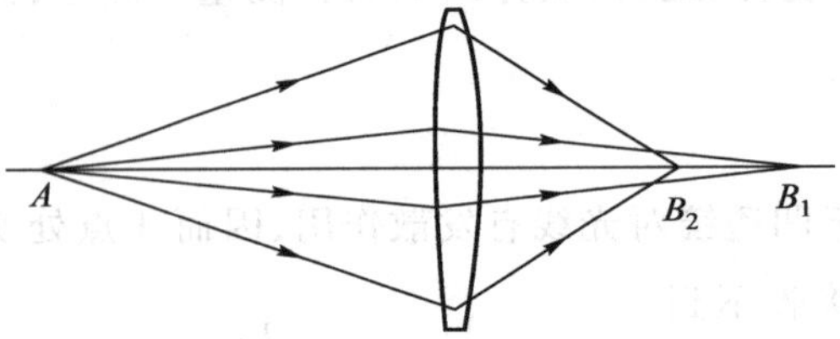

图 4-1-8

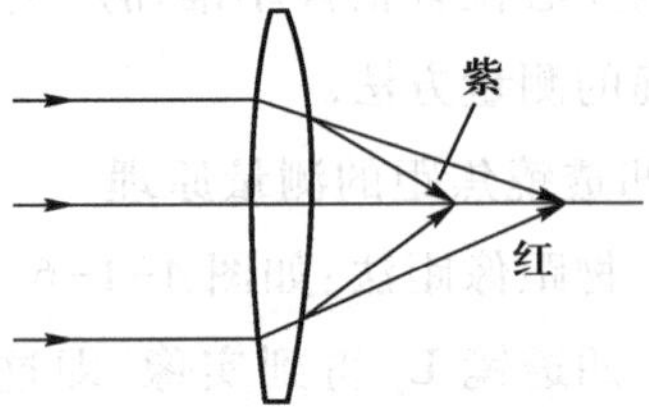

图 4-1-9

为了提高成像的清晰度，可以在透镜上加一个光阑，遮住张角大的光线，只允许近轴光线通过，同时，光源宜用单色光源.

【实验仪器】

激光光源，光具座，光具夹，扩束镜，物屏，像屏，凸（凹）透镜等多种光学器件.

【实验内容与步骤】

1. 光学系统的等高共轴调节

为了使薄透镜成像公式（4-1-1）成立，或者为了减小像差以得到高清晰度的成像，都需要保证近轴光线的条件，因此，对于单一透镜的装置，应使物的中心位于透镜的主光轴上；对于由多个透镜或不同光学元件组成的装置，则应使各光学元件的主光轴重合.习惯上把各光学元件的主光轴调整至重合的过程称为光学系统等高共轴调节，它是光路调整的基本技术，也是光学实验必不可少的步骤之一.

因为各光学元件都要放置在光具座上，因此光具座轨道与激光器发出的激光束是否平行非常重要.等高共轴调节需要先将光具座导轨与激光束调平行.具体做法是：在光具座轨道上放置像屏，注意观察激光光束在像屏上所形成亮点的位置（应使亮点处于像屏的中心），沿光具座轨道移动像屏，通常情况下，屏上的亮点位置会随之改变，这说明轨道与光束不平行，认真仔细地调节激光光束的出射方位，调节轨道的四脚螺旋高度及轨道的摆置方位，直至当像屏在轨道上任意位置放置时，像屏上的亮点位置均无变化.

当光具座轨道与激光束调平行后，可进行轨道各光学元件的共轴调节，具体做法如下：依次在轨道上放置扩束镜、物屏、透镜和像屏.每放一个器件，都要注意观察像屏上所成像中心是否重合.在共轴的情况下，不同的光学器件放上轨道后，像屏上的成像形状可能是不一样的，但它们成像的中心不可移位.

2. 测量凸透镜的焦距

（1）物距像距法

激光光源发出的光束经扩束镜后照射在物屏上，从物屏射出的光束经凸透镜后在像屏上成像，通过移动凸透镜，找到清晰的放大像.由于人眼对像清晰程度的判断总不免有一定的误差，故采用左右逼近法读数.先使凸透镜自左向右缓慢移动，当像清晰时停止，记下透镜位置；再使透镜自右向左缓慢移动，当像清晰时停止，记下透镜位置.最后取两次读数的平均值作为凸透镜的位置.通过记录物屏、凸透镜和像屏在导轨上的位置读数，得出物距 p、像距 p'，根据式(4-1-2)便可计算出凸透镜焦距 f，以上过程重复 10 次.

注意：重复多次测量过程中，物屏和像屏的位置应是固定不变的.（为什么？是否可以使物屏和凸透镜保持位置不动而达到同样的目的？）

（2）共轭法

取物屏与像屏的距离 $L>4f$，移动凸透镜，当像屏上出现清晰的放大像和缩小像时，记录透镜所在位置读数，同时记录固定不动的物屏和像屏的位置读数，从而得出 L 和 e，代入式(4-1-3)便可计算出凸透镜的焦距 f.

注意：物屏和像屏的距离 L 不要取得太大，否则就会因缩小像太小而难以确定最清晰的成像位置.

3. 物距像距法测量凹透镜的焦距

先将凸透镜 L_1 置于轨道的某个位置 O_1 处，移动像屏，直至缩小像清晰为止，记下像屏位置读数 B.然后在凸透镜与像屏之间放入待测凹透镜 L_2，记下 L_2 的位置读数 O_2，移动像屏直至屏上像清晰为止，记下像屏的位置读数 B'.由此得出 $p=|B-O_2|$，$p'=|B'-O_2|$，以上过程重复 6 次.最后将测得数据代入式(4-1-4)即可计算出凹透镜 L_2 的焦距 f.

注意：实验过程中不得触摸光学仪器或器件的光学表面.

【数据处理】

物距像距法测量凸透镜和凹透镜的焦距(表 4-1-1,表 4-1-2).

表 4-1-1　凸透镜焦距测量数据记录与处理表

测量次数	物位置坐标/cm	凸透镜位置坐标/cm	屏位置坐标/cm	物距 p/cm	像距 p'/cm	焦距 f/cm
1						
2						
3						
4						
5						
6						
平均值						

表 4-1-2　凹透镜焦距测量数据记录与处理表

测量次数	物位置坐标/cm	凹透镜位置坐标/cm	屏位置坐标/cm	物距 p/cm	像距 p'/cm	焦距 f/cm
1						
2						
3						
4						
5						
6						
平均值						

由以上各数据可进行下面的计算:

焦距的平均值为

$$\bar{f}=\frac{\overline{p}\,\overline{p'}}{\overline{p}+\overline{p'}}\quad 或\quad \bar{f}=\frac{\overline{p}\,\overline{p'}}{\overline{p}-\overline{p'}}$$

物距 p 和像距 p' 的不确定度分别为

$$\Delta_{Ap}=\sqrt{\frac{1}{n-1}\sum_{i=1}^{n}(p_i-\overline{p})^2}$$

$$\Delta_{Ap'}=\sqrt{\frac{1}{n-1}\sum_{i=1}^{n}(p'_i-\overline{p'})^2}$$

$$\Delta_{Bp}=\Delta_{Bp'}=\Delta_{ins}=0.1\ \mathrm{cm}$$

$$\Delta_p = \sqrt{\Delta_{Ap}^2 + \Delta_{Bp}^2}$$

$$\Delta_{p'} = \sqrt{\Delta_{Ap'}^2 + \Delta_{Bp'}^2}$$

焦距的相对不确定度为

$$E = \frac{\Delta_f}{\bar{f}} = \sqrt{\left[\frac{\overline{p'}}{\bar{p}(\bar{p}+\overline{p'})}\right]^2 \Delta_p^2 + \left[\frac{\overline{p'}}{\bar{p}(\bar{p}+\overline{p'})}\right]^2 \Delta_{p'}^2}$$

焦距的合成不确定度为

$$\Delta_f = E\bar{f}$$

测量结果为

$$f = \bar{f} \pm \Delta_f$$

【预习思考题】

1. 光学系统为什么要进行等高共轴调节？

2. 何谓物距像距法、自准直法和共轭法？

【思考题】

1. 本实验中产生不确定度的主要原因有哪些？

2. 你能否设计一个简单快捷的粗略测定凸透镜焦距的方案？

3. 在多次重复测量中，为什么要求物屏与像屏位置固定不变？假如各次测量中物屏与像屏位置是变化的，如何进行不确定度的估算？

实验 4-2　分光计的调整与光栅衍射实验

分光计是分光测角仪的简称，它是一种能够准确测量角度的光学仪器.分光计常用来测量光的反射角、折射角、衍射角和观测光谱线等，同时它还可以通过直接测量角度来确定许多与角相关的光学量，如折射率、光波波长、色散率、光栅常量等.此外，分光计调整思想、方法与技巧在光学仪器中具有一定的代表性，学会对它的调整与使用有助于掌握操作更为复杂的光学仪器.因此熟悉分光计的基本结构、调整原理、使用方法与技巧是十分必要的.

光栅是一种根据多缝衍射原理制成的分光元件.由于它能产生亮度较大、间距较宽、排列规则的光谱，且分辨本领较大，故常用于光谱分析和准确测量光波波长.光栅不仅适用于可见光，也适用于 X 射线、紫外线、红外线甚至远红外线，因此，它不仅用于光谱学的研究，还在计量、光通信、信息处理等方面有着广泛的应用.

光栅通常分为透射光栅和反射光栅两种.透射光栅是用金刚石刻刀在平板玻璃上刻划许多平行线而制成的，被刻划的线是光栅中不透光的间隙，光线只能在刻痕间的狭缝中通过.因此，透射光栅实际上是一排密集、均匀而又平行的狭缝.反射光栅是在磨光的硬质合金上刻划许多平行线而制成的.实验室中通常使用的光栅是由原刻光栅复制而成或利用激光技术制作的全息光栅.普通光栅一般每毫米有 250~600 条线，精密光栅每毫米超过 1 000 条线.

本实验欲通过光栅常量及光波波长的测定，使大家对光栅特性有所了解，同时熟悉分光计的调整及使用方法.

【实验目的】

1. 了解分光计的结构和原理，学习调整方法.
2. 观察光通过透射光栅的衍射现象，了解透射光栅的主要特性.
3. 学会用透射光栅测定光波波长、光栅常量及光栅分辨本领和角色散率.

【实验原理】

1. 分光计的结构与原理

由于应用目的和测量要求各异，不同的分光计的结构和测量的准确度可能有很大差别，但其光学原理基本相同.分光计装有能产生平行光的平行光管、能接收平行光的望远镜、能承载光学元件的载物台，并且为了测出角度，还配有可与望远镜同步转动的刻度盘.图 4-2-1 为实验中常用的分光计外形结构示意图.下面介绍分光计的各主要部件的名称及其功能.

(1) 望远镜

分光计中采用的是自准直望远镜（本身带有平行管的望远镜），用以观察和确定光线方向.它由物镜、目镜、分划板和光源（照明电珠）等组成，分别装在三个套筒中，彼此可以相对滑动以便调节.望远镜结构如图 4-2-2 所示，分划板上刻有“双十字”形叉丝，与分划板紧贴的小棱

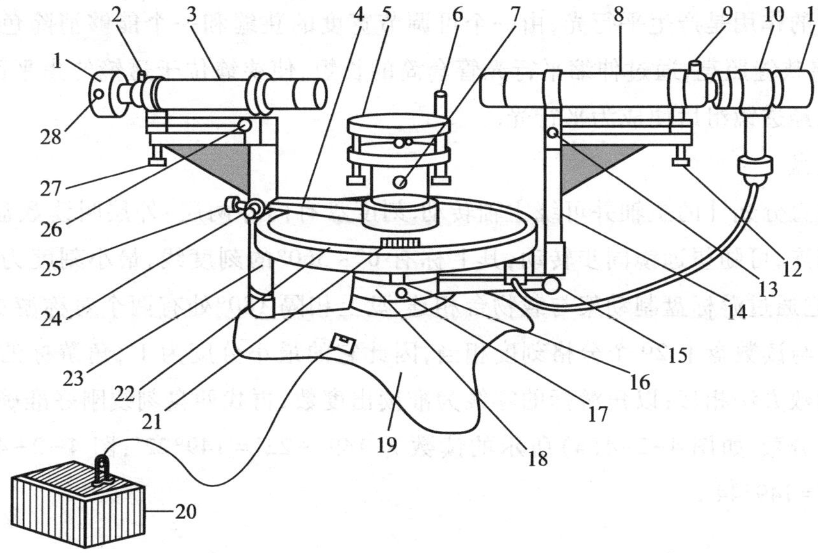

图 4-2-1

1—狭缝装置;2—狭缝装置锁紧螺钉;3—平行光管;4—标盘制动架;5—载物台;6—载物台调平螺钉(3 个);
7—载物台锁紧螺钉;8—望远镜;9—目镜锁紧螺钉;10—阿贝目镜;11—目镜调节手轮;12—望远镜倾斜度调节螺钉;
13—望远镜水平调节螺钉;14—支臂;15—望远镜微调螺钉;16—刻度盘制动螺钉;17—望远镜制动螺钉;
18—望远镜制动架;19—底座;20—电源;21—刻度盘;22—游标盘;23—立柱;24—游标盘微调螺钉;25—游标盘制动螺钉;
26—平行光管水平调节螺钉;27—平行光管倾斜度调节螺钉;
28—狭缝宽度调节手轮

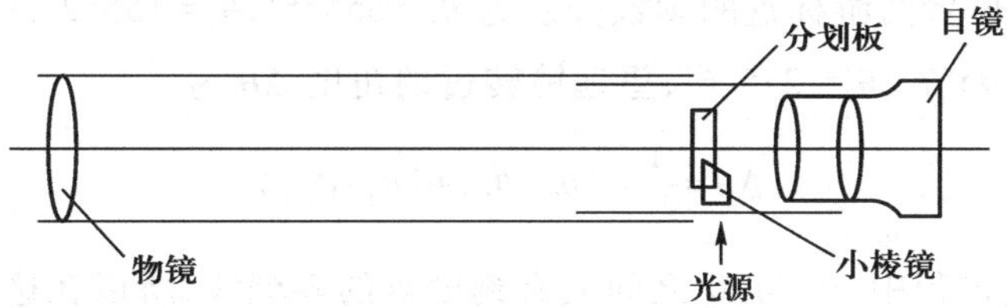

图 4-2-2

镜的一面刻有透光的十字窗,小棱镜的另一面与套筒壁上的透光小孔正对,绿色的照明光线由此进入并经小棱镜反射照亮十字窗.若十字窗平面恰好处于物镜的焦平面上,从十字窗发出的光经物镜后形成平行光束.若前方有一个平面镜将这束光反射出来,再经物镜成像于焦平面上,那么从目镜中可以同时看到“双十字”形叉丝与十字窗的反射像.当望远镜光轴与平面镜的光线平行时,在目镜里看到的十字窗反射像就与分划板上“双十字”形叉丝的上交点相重合,如图 4-2-3 所示.

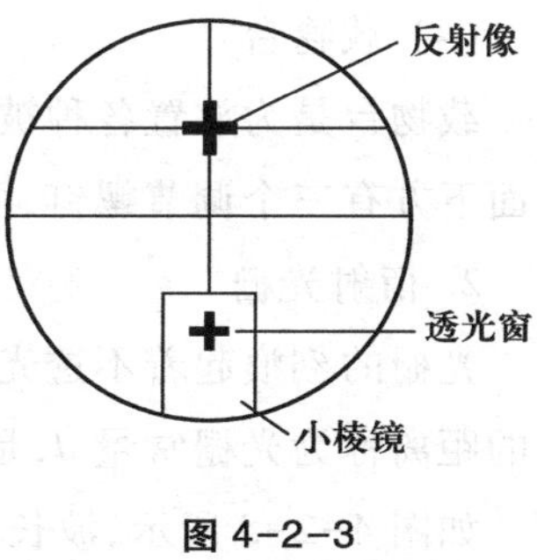

图 4-2-3

（2）平行光管

平行光管的作用是产生平行光，由一个可调节宽度的狭缝和一个能够消除色差的透镜组构成.当光源将狭缝照亮，通过伸缩平行光管套筒的长短，使狭缝位于透镜的焦平面上，则从狭缝照进来的光经透镜组后便成为平行光.

（3）刻度盘

刻度盘垂直分光计的主轴并可绕主轴转动.刻度盘有内外两层，外层叫读数盘（或度盘），它与望远镜相连，可随望远镜同步转动，其上标有 0°～360°的刻度线，最小刻度为 30′；内层盘叫做游标盘，它通过游标盘制动架与载物台相连.盘上相隔 180°处有两个对称游标刻度，其中有 30 个分格，与读数盘上 29 个分格刻度相当，因此它的最小分度为 1′，角游标的读数方法与游标卡尺的读数方法相似；以角游标的零线为准读出度数，再找两盘刻线刚好准确对准的游标盘的刻线读出分数.如图 4-2-4（a）所示的读数为 149°+22′=149°22′；图 4-2-4（b）读数为 149°+30′+14′=149°44′.

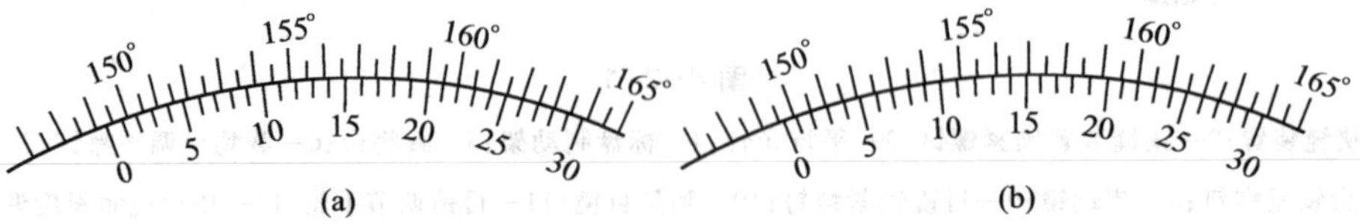

图 4-2-4

由于刻度圆盘中心和游标中心因机械制造的原因不一定重合，真正转过的角度同读出的角度之间会稍有偏差，这个偏差叫“偏心误差”.消除偏心误差的方法是将两游标盘读数取平均值.例如，望远镜初始位置两游标盘的读数分别为 $\theta_1=355°5'$，$\theta_1'=155°2'$，望远镜转过某一角度后的位置读数为 $\theta_2=95°7'$，$\theta_2'=275°6'$，望远镜转过的角度 $\Delta\theta$ 为

$$\Delta\theta=\frac{1}{2}(|\theta_2-\theta_1|+|\theta_2'-\theta_1'|)$$

因为在角度改变过程中，θ_1 与 θ_2 之间夹有刻度盘的零刻线，所以在这种情况下，其角度的实际改变量应为 $(360°-|\theta_2-\theta_1|)$，故

$$\Delta\theta=\frac{1}{2}[(360°-|95°7'-355°5'|)-|275°6'-155°2'|]=110°3'$$

（4）载物台

载物台是为放置各种被测光学元器件如棱镜、光栅等而设置的.载物台可绕中心轴转动，台面下方有三个调节螺钉，可用于调节平台的高度和倾斜度.

2. 衍射光栅

光栅的刻痕起着不透光的作用.理想的光栅可看作许多平行、等距离、等宽度的狭缝.刻痕间的距离称为光栅常量 d，是缝的宽度 b 与刻痕宽度 a 之和，即 $d=a+b$（图 4-2-5）.

如图 4-2-5 所示，波长为 λ 的单色光经平行光管形成平行光束后垂直照射在光栅面上，光波将在各个狭缝处发生衍射，衍射光又彼此发生干涉，干涉条纹定域于无穷远，因而实验中衍射光的干涉条纹都是由望远镜来观测的，即将各方向的衍射光会聚到望远镜的焦平面上，各方向的光在此叠加而形成锐细的光线衍射条纹（称为光谱的谱线）.由此得到，相邻两缝对应点射出的光束的光程差为

$$\delta=(a+b)\sin\varphi=d\sin\varphi$$

式中 φ 称为衍射角（衍射光与光栅平面法线之间的夹角），当其满足条件

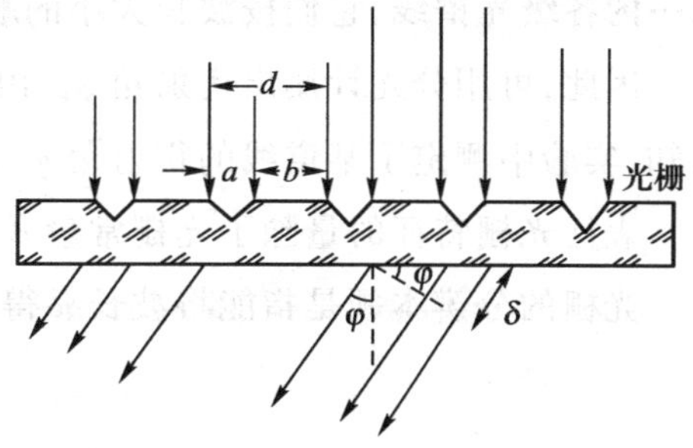

图 4-2-5

$$d\sin\varphi_k=k\lambda\quad(k=0,\pm1,\pm2,\cdots)\tag{4-2-1}$$

时，则该衍射角方向上的光将得到加强，称为主极大；而其他方向的衍射光或因完全抵消，或因强度很弱而形成很暗的背景.式（4-2-1）称为光栅方程，式中 λ 是光波波长，k 为光谱线的级次，d 为光栅常量.当 $k=0$ 时，相应于衍射角为零，$\varphi_0=0$，形成极强的零级光谱，称其为光谱的中央（0 级）极大.对于 k 的其他数值，其光谱出现在不同的方向上，k 的正负不同，表明相对应的两组光谱线对称地分布在零级光谱的两侧，分别称作正负第一级极大、第二级极大……如图 4-2-6 所示.

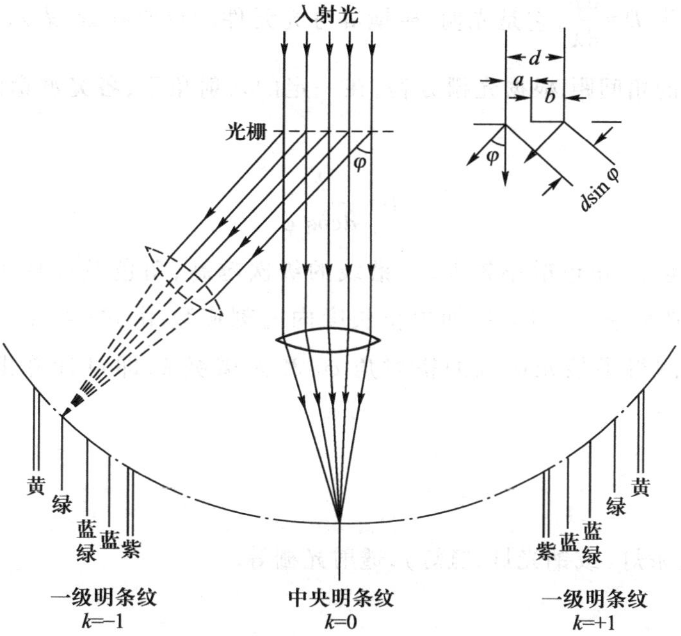

图 4-2-6

图 4-2-6 中的入射光不是单色光，而是复色光（含有多种不同波长的光）.由光栅方程可以看出，光的波长不同，其衍射角各不相同.只有 $k=0,\varphi=0$ 时，各波长的光是重叠在一起的，组

成明亮的中央条纹；而对其他各 k 值，不同波长的光将在中央明条纹两侧对称地分布着 $k=1,2,\cdots$ 的各级光谱线，它们按波长大小的顺序依次排成彩色谱线，称为光栅谱线.

因此，可用分光计测出衍射角 φ_k，由已知波长 λ 可以测出光栅常量 d；反之，若光栅常量为已知，实验中测定了某谱线的衍射角 φ_k 和对应的光谱线 k，则可以求出该谱线的波长 λ.

表征光栅特征的量除了光栅常量 d 之外，还有光栅的分辨本领 R 和角色散率 D.

光栅的分辨本领是指能将波长靠得很近的两条谱线分辨清楚的本领，分辨本领 R 定义为

$$R=\frac{\lambda}{\Delta\lambda} \tag{4-2-2}$$

式中 λ 为恰能分辨的两条光谱线的平均波长，$\Delta\lambda$ 为这两条光谱线的波长差.

由光栅光谱的理论可以证明

$$R=kN \tag{4-2-3}$$

根据瑞利判据，所谓两条光谱线恰能被分开的条件是：其中一条光谱线的极强应落在另一条光谱线的极弱上.由此可推出，分辨本领表达式(4-2-3)中的 N 是光栅受到光波照射的光缝总数，若受照面的宽度为 l，则 $N=\frac{l}{d}$，l 一般取平行光管的通光孔径即可.通常衍射级数 k 不会很高，因而要想提高光栅的分辨本领就要增加刻痕数.

角色散率定义为 $D=\frac{\mathrm{d}\varphi}{\mathrm{d}\lambda}$，它是光栅、棱镜等分光元件的重要参量，表示单位波长间隔内两条单色光谱线之间的角间距.根据光栅方程，在一定的入射角下，各光波谱线的衍射角随波长 λ 而变化，因此

$$D=\frac{k}{d\cos\varphi} \tag{4-2-4}$$

可见，光栅常量 d 越小，角色散率越大，光谱线的级次越高，角色散也越大.为了得到大的角色散率，光栅常量必须很小，即应增加单位长度内的刻痕数.由式(4-2-4)还可知，当光栅常量 d 已知时，如测得了某光谱线的衍射角 φ_k 和光谱级 k，即可计算出这个波长的角色散率.

【实验仪器】

JJY 型分光计，汞灯(或钠光灯、氦灯)，透射光栅等.

【实验内容与步骤】

1. 分光计的调节

调节分光计的要求是：使平行光管发出平行光，望远镜接收平行光；平行光管和望远镜的光轴与仪器的转轴(中心轴)相垂直.

（1）目测粗调

用眼睛粗略估测，调节望远镜和平行光管的倾斜度调节螺钉，使望远镜、平行光管大致呈水平状态.调节载物台下的三个调平螺钉，使载物台大致水平.

（2）目镜调焦

此步的目的是让眼睛通过目镜能够看清楚镜筒内分划板的刻线.为此，慢慢地转动目镜调焦手轮，使目镜前后伸缩，直到眼睛通过目镜能够清晰地看到分划板上的“双十字”形叉丝.

（3）望远镜的调焦

望远镜调焦的目的是把分划板上的十字线调整到物镜的焦平面上，即望远镜对无穷远处调焦.把望远镜光轴高低调节螺钉和光轴水平调节螺钉调到适中位置.按图 4-2-7 将光栅片放置在分光计载物台上，尽量使光栅平行于载物台调解螺钉 b、c 的连线.然后使望远镜照明灯按要求通电，从目镜中可看见一个亮斑.松开目镜，锁紧螺钉，前后移动目镜筒，可使亮斑聚成亮十字的清晰像，即光栅平面反射回来的十字叉丝像.最后利用载物台的调平螺钉 b、c 和望远镜的微调螺钉使十字叉丝像与分划板上方十字线重合，如图 4-2-8 所示，并且微动目镜调焦手轮，消除二者之间的视差.这时，望远镜已调焦到无穷远处，即能观察平行光了.

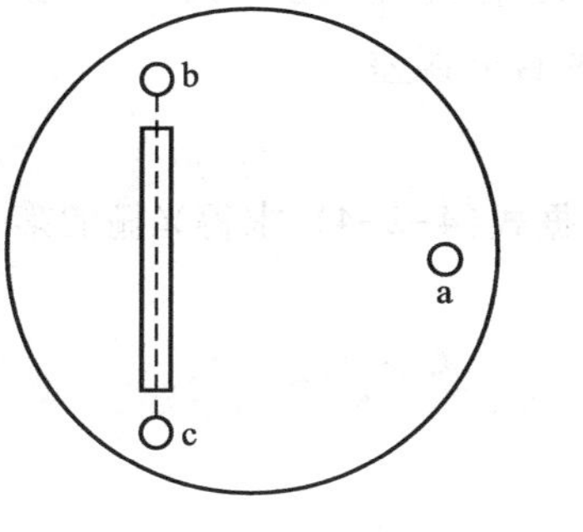

图 4-2-7

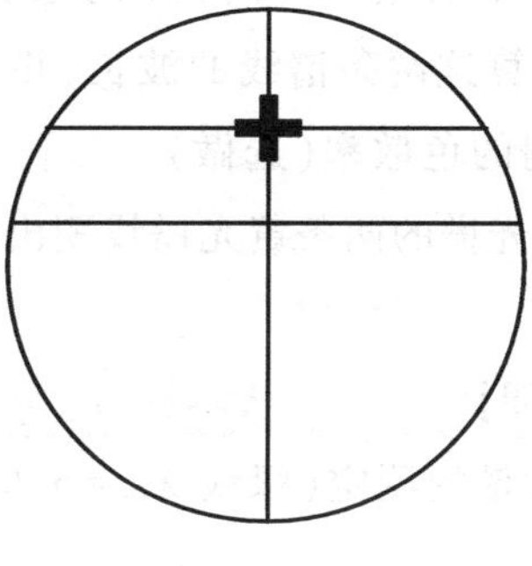

图 4-2-8

（4）使望远镜的光轴垂直于中心转轴

当十字叉丝像与分划板上方十字线重合（图 4-2-8）时，把游标盘连同载物台及光栅转动 180°，可能会使十字叉丝像向上或向下偏移，说明望远镜光轴仅与光栅的一个面相互垂直，并且与分光计中心转轴垂直.要做到望远镜光轴与中心转轴垂直，当游标盘连同载物台转过 180°后，十字叉丝像必须仍与分划板上方十字线重合.具体做法是：选调载物台的一个调平螺钉，使叉丝像移向分划板上方十字线，移动一半距离后，改调望远镜倾斜度调节螺钉，将偏离的另一半距离消除.重复这样的调整，直到被光栅平面两面反射的叉丝像都能够与分划板上方的十字线重合为止.上述调节方法称为二分之一调节法，也叫各半调节法，在光学仪器调节中这是一种很常用的方法.

(5) 调节平行光管

用光源照明平行光管的狭缝，把调整好的望远镜转到对准平行光管的位置，这时从望远镜的目镜中可观察到狭缝像.调整平行光管的狭缝与物镜之间的距离，直至能看到清晰的狭缝像，转动狭缝使它的像与分划板的垂直线无视差地重合.然后，再调节平行光管的俯仰角度，使狭缝像处于目镜视场的中间位置.这样，平行光管已能发射平行光，它的光轴也垂直于分光计的转轴.至此，分光计调节完毕.

注意：光栅是精密光学器件，严禁用手触摸刻痕.

2. 光栅常量的测定

用望远镜对准汞灯光谱中明亮的绿线(波长 546.1 nm)，分别记录左右一级两个角度位置于表 4-2-1 中，即对应 $k=1$，记下 θ_1 和 θ_1'；对应 $k=-1$，记下 θ_2 和 θ_2'.二者之差等于衍射角的 2 倍，设为 2φ，则

$$\varphi=\frac{1}{4}(|\theta_1-\theta_2|+|\theta_1'-\theta_2'|) \tag{4-2-5}$$

把 λ 和 φ 代入式(4-2-1)，计算出光栅常量.并按仪器读数可能产生的最大误差，估算光栅常量的不确定度.

3. 测光谱线波长

汞灯光谱中各有一条较强的紫光谱线和绿光谱线，通过对其一级谱线的测量，按式(4-2-1)计算这两条谱线的波长，并计算两波长的百分误差.

4. 测光栅的色散率(选做)

利用汞灯光谱的两条黄光谱线测出 φ 和 λ，并根据式(4-2-4)，求得光栅的第一级色散率.

【数据处理】

1. 光栅常量的测定(绿线 $\lambda_{绿}=546.1$ nm)

表 4-2-1

测量次数	$k=+1$		$k=-1$		$\varphi_i=\frac{1}{4}(\lvert\theta_1-\theta_2\rvert+\lvert\theta_1'-\theta_2'\rvert)$
	左盘 θ_1	右盘 θ_1'	左盘 θ_2	右盘 θ_2'	
1					
2					
3					

$$\overline{\varphi}=\frac{1}{n}\sum_{i=1}^{n}\varphi_i$$

$$\overline{d}=\frac{\lambda}{\sin\overline{\varphi}}$$

$$\Delta_{A\varphi}=\sqrt{\frac{1}{n-1}\sum_{i=1}^{n}(\varphi_i-\overline{\varphi})^2}$$

$$\Delta_{B\varphi}=1'$$

$$\Delta_{\varphi}=\sqrt{\Delta_{A\varphi}^2+\Delta_{B\varphi}^2}$$

$$\Delta_d=\frac{\lambda\cos\overline{\varphi}}{\sin^2\overline{\varphi}}\Delta_{\varphi}$$

$$E_d=\frac{\Delta_d}{\overline{d}}$$

$$d=\overline{d}\pm\Delta_d$$

2. 求紫光谱线波长

d 用绿谱线计算结果，$\varphi_{紫}$ 测量 3 次，则

$$\lambda=d\sin\overline{\varphi_{紫}}$$

相对误差为

$$E=\frac{|\lambda-\lambda_{公}|}{\lambda_{公}}\times100\%\ \ (\lambda_{公}=435.8\ \text{nm})$$

【预习思考题】

1. 分光计有哪几个主要部件？各部件的作用是什么？

2. 分光计测量角度之前需要调节仪器使它符合哪些要求？

3. 调节望远镜适合于观察平行光的主要步骤是什么？当你观察到什么现象时就可以判断望远镜已适合观察平行光了？

4. 当反复转动载物台调节使望远镜光轴垂直于分光计主轴时，载物台是否也同时调节到垂直于主轴的状态了，为什么？

5. 利用衍射原理测光栅常量或波长时，对分光计调整有何特殊要求？

【思考题】

1. 分光计为什么要调整到望远镜光轴与仪器的主轴相垂直？不垂直对测量结果有何影响？

2. 如用钠黄光（平均波长 $\lambda=589.3$ nm）垂直入射到 1 mm 内有 500 条刻痕的平面透射光栅上，试问最多能看到几级光谱？若换上 1 mm 内有 1 000 条刻痕的光栅，能否看到更多级的光谱？能否提高仪器的分辨本领？

3. 在分光计调节过程中，如发现光谱线倾斜，说明什么问题，如何调整？

实验 4-3　牛顿环法测曲率半径

光的干涉现象证实了光的波动性.由光源发出的光,以一定入射角入射到不平行透明物质界面上时,介质上、下表面反射的光在空间相遇就会形成等厚干涉条纹.牛顿环干涉现象便是一种典型的等厚干涉,它在科学研究和工业技术中均有着广泛的应用.虽然这种干涉实验装置较简单,但它不仅可以精密地测量光波波长,还可以测量平凸、平凹透镜中球面的曲率半径、厚度和角度,检验物体表面的光洁度和平整度,以及在半导体技术中测量硅片上氧化层的厚度等.

【实验目的】

1. 观察光的等厚干涉现象,了解等厚干涉的特点.
2. 掌握用牛顿环测定透镜曲率半径的方法.
3. 熟练使用读数显微镜.

【实验原理】

1. 牛顿环

当一个曲率半径较大的平凸透镜与一块光学平板玻璃相接触时,在平凸透镜和平板玻璃之间形成空气薄膜,空气层厚度从中心到边缘逐渐增加,如图 4-3-1 所示.若以平行波长为 λ 的单色光垂直照射在此装置上,入射光则经空气层上、下表面反射形成具有固定光程差的两束相干光;它们在空气层表面附近产生等厚干涉,这是一组明暗相间的同心圆环,如图 4-3-2 所示.这种干涉图样最早由牛顿发现,故称为牛顿环.

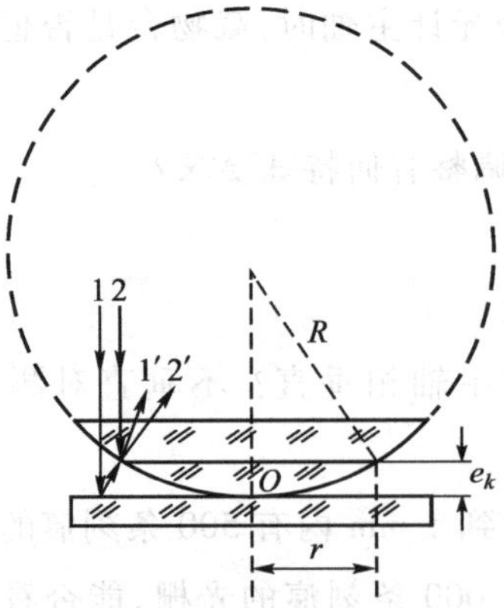

图 4-3-1

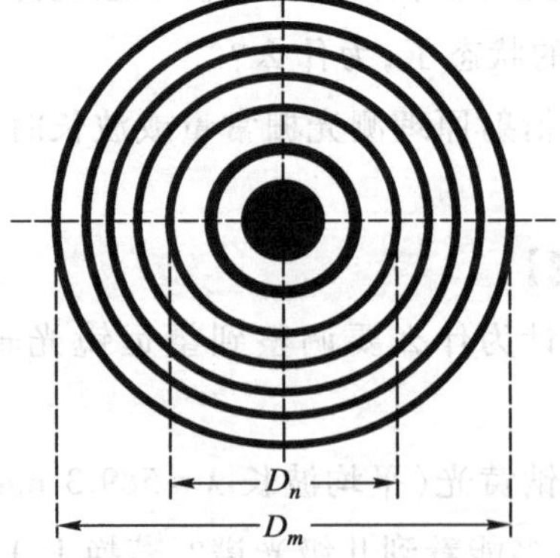

图 4-3-2

由图 4-3-1 可见,如设透镜 L 的曲率半径为 R,与接触点 O 相距为 r 处的空气薄膜的厚度为 e_k,则由其几何关系可知

$$R^2=(R-e_k)^2+r^2=R^2-2Re_k+e_k^2+r^2$$

因 $R\gg e_k$，故可略去 e_k^2 项，得

$$r^2=2Re_k$$

则

$$e_k=\frac{r^2}{2R} \tag{4-3-1}$$

由图 4-3-1 可见，$2e_k$ 恰为两光线在空气层间的光程差.当光线垂直入射时，计算光程差时要考虑光波在平板玻璃上反射会有半波损失，从而带来 $\lambda/2$ 的附加光程差，所以图中的光线 1 和 2 在空气层间的总光程差为

$$\delta=2e_k+\frac{\lambda}{2} \tag{4-3-2}$$

将式(4-3-1)代入式(4-3-2)，就可得以 O 为圆心、以 r 为半径的圆上各点处的光程差为

$$\delta=\frac{r^2}{R}+\frac{\lambda}{2}$$

由干涉条件可知，当 $\delta=\frac{r^2}{R}+\frac{\lambda}{2}=(2k+1)\frac{\lambda}{2}$时，反射光相消，即干涉条纹为暗条纹.于是得

$$r_m^2=mR\lambda \quad (m=0,1,2,\cdots) \tag{4-3-3}$$

即

$$R=\frac{r_m^2}{m\lambda} \tag{4-3-4}$$

如果已知入射光的波长 λ，并测得第 m 级暗条纹的半径为 r_m，则由上式可算出透镜的曲率半径 R.相反，当 R 为已知时，也可算出入射光的光波波长 λ.

由于干涉条纹有一定的宽度，式(4-3-4)中的 r_m 是第 m 级牛顿环纹中心到圆环中心的距离.根据两光波干涉的理论可知，各级牛顿环的条纹宽度并不相同，m 越小，即距圆环中心越近，条纹越粗；反之，距环心越远，条纹越细.

实际上，由于玻璃存在弹性形变，平凸透镜的凸面与平板玻璃之间的接触点不可能是一个理想的几何点；另外，两接触点之间难免附着尘埃等杂物，这些原因都会引起附加光程差，从而使干涉圆环中心为一个不甚清晰的或暗或明的圆斑，其几何中心以及各个级数均难以确定.可见，直接由式(4-3-4)来测定 R 是十分困难的.为此，将式(4-3-4)作如下变换.

假设对 m 级和 n 级暗环，其半径分别为 r_m 和 r_n，即

$$r_m^2=mR\lambda,\quad r_n^2=nR\lambda$$

两式相减，得

$$R=\frac{r_m^2-r_n^2}{(m-n)\lambda} \tag{4-3-5}$$

如以牛顿环的直径 D 代替环的半径，则上式可表示为

$$R=\frac{D_m^2-D_n^2}{4(m-n)\lambda} \tag{4-3-6}$$

式(4-3-4)经过变换后，得到式(4-3-6)，其物理意义不同了.以环数差 $m-n$ 代替级数 m 后，在实验中就不再需要确切知道 m 级究竟是第几级.因为直径的平方差等于弦的平方差(不难证明)，这样，就不必准确确定圆环的中心，即实验中不再需要将显微镜的十字叉丝的横丝严格地调到通过环纹的中心.也就是说，所测量的 D 并不是直径(半径)，而是牛顿环的弦长，即由式(4-3-6)，只要测出两个环的两条弦长 D_m 和 D_n，若已知光波长 λ，就可算得透镜的曲率半径 R.

2. 图解法处理数据

本实验也可通过作图来求出被测凸透镜的曲率半径，同样不必确定牛顿环的中心，只需测出牛顿环的直径(或弦长)即可.由 $r_m^2=mR\lambda$ 得

$$D_m^2=4R\lambda\cdot m\quad(m=0,1,2,\cdots)$$

上式表明，D_m^2 与 m 呈线性关系，直线的斜率为 $4R\lambda$，若已知单色光的波长，即可由作出的直线求出曲率半径 R.

3. 平凸透镜与平板玻璃之间有间隙的情况下的数据处理方法

作出 D_m^2-m 曲线后，直线可能不通过原点.从 $r_m^2=mR\lambda$ 来看，截距应为零，但将直线延长，却不通过原点，从而引出平凸透镜与平板玻璃之间不是理想的点接触，所以实际观察到的牛顿环的中心往往是一个不太清晰的暗斑或明斑.这是因为两者接触时，由于接触压力引起形变，使接触处为一个圆面.或者由于尘埃存在使凸面与平面之间有间隙形成.考虑到如图 4-3-3 所示具有间隙的普遍情况，设透镜的曲率半径为 R，与平板玻璃间隙为 ω，通过 A 点的牛顿环半径 r_m.A 点两相干光的光程差为

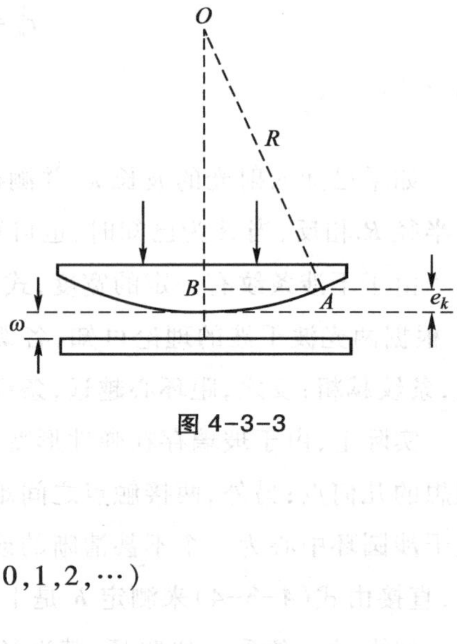

图 4-3-3

$$\delta=2(e_k+\omega)+\frac{\lambda}{2}$$

出现暗条纹的条件为

$$2(e_k+\omega)+\frac{\lambda}{2}=\left(m+\frac{1}{2}\right)\lambda\quad(m=0,1,2,\cdots)$$

将式(4-3-1)代入上式得

$$2\left(\frac{r_m^2}{2R}+\omega\right)=m\lambda$$

即
$$r_m^2=mR\lambda-2R\omega$$

或
$$D_m^2=4mR\lambda-8R\omega\qquad(4-3-7)$$

通过实验测得各环直径 D_m 的一组数据，已知单色光波长 λ，用最小二乘法按式(4-3-7)可求得 R 和 ω 的最佳估计值.根据间隙值 ω 就可以判断出，透镜凸面和平板玻璃之间是由于

有间隙还是由于受压力而发生形变.

【实验仪器】

牛顿环装置,读数显微镜,钠光灯.

如图 4-3-4 所示,牛顿环装置由待测平凸透镜 L 和平板玻璃 P 组合装在金属框架 F 中构成.框架边上有三个螺旋 H(图中只画出两个),用以调节 L 和 P 之间的接触,以改变干涉环纹的形状和位置.调节 H 时,螺旋不可旋得过紧,以免接触压力过大造成透镜弹性形变,甚至损坏透镜和平板玻璃.

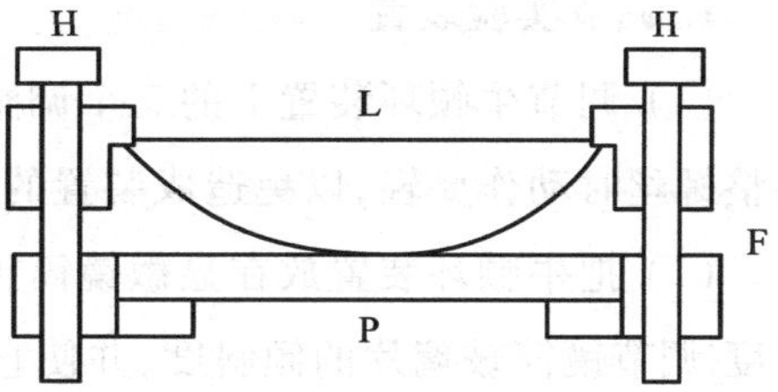

图 4-3-4

读数显微镜是一种既可作长度测量又可作观察用的光学仪器.主要由显微镜(用于观察)、读数用主尺和附尺(用于测量)及照明设备三部分组成,如图 4-3-5 所示.测量前,把待测物(牛顿环装置)放在由毛玻璃制成的工作台上,要求被测物表面与镜筒垂直.测量时,通过底垫的手轮使显微镜上下移动进行粗调,再用调焦手轮进行微调,使像清晰.调节目镜时,清楚地看见视场中的十字叉丝后,转动测微刻度轮,使十字叉丝交点对准被测的第一位置,即可在标尺上读数.主尺有 0~50 mm 刻度线,每格为 1 mm,刻度轮上的附尺将圆周等分为 100 格,即度轮尺将圆周等分为 100 格,即将主尺 1 mm 等分为 100 格,因此刻度轮上每一小格代表 0.01 mm.所以,读数时毫米以上部分由主尺读出,毫米以下部分由刻度轮(称为微调刻度轮)读出.两者相加即为所测物的位置坐标读数(准确到 0.01 mm,估读到 0.001 mm).

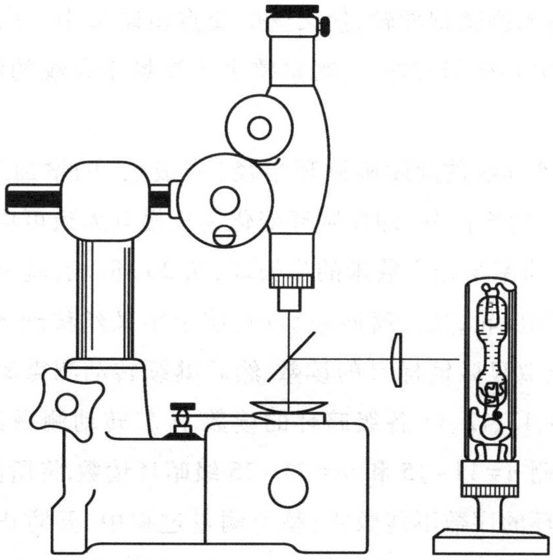
图 4-3-5

使用时，测微轮应沿同一方向旋转，不可中途反向.这是因为显微镜的移动是靠测微螺旋丝杆推动，螺纹接触之间有间隙，当反方向旋转时，必须转过这个间隙显微镜才能跟着螺旋丝杆移动，从而产生所谓的回程误差(非统计不确定度).

【实验内容与步骤】

1. 调节实验装置

(1) 调节牛顿环装置上的三个调整螺旋 H，使干涉条纹成圆形并处于平面透镜的光轴上.调整螺丝时动作要轻，以免造成装置的损坏.

(2) 把牛顿环装置放在显微镜筒正下方的载物台上，调节支持镜筒的立架，使镜筒有适当高度.调节镜筒玻璃片的倾斜度，并使它的转轴大体上与光源方向垂直.开启钠光灯后，钠黄光经玻璃片反射入牛顿环装置，使显微镜视场充满黄光.

(3) 转动目镜对十字叉丝聚焦.调节读数显微镜的镜筒与牛顿环装置之间的距离，可以找到清晰的干涉环纹，并使干涉环纹与十字叉丝无视差.消除视差的方法是把眼睛放在目镜前，稍微左右移动，若十字叉丝与干涉环纹无相对移动，说明无视差，否则就再仔细调整与调节十字叉丝焦平面的位置，直至视差消除.注意在调节镜筒与牛顿环装置之间的距离寻找干涉环纹时，必须先使镜筒接近牛顿环装置，然后自下而上地移动镜筒，切不可反向移镜筒，以免镜筒与牛顿环装置相挤压.

(4) 转动显微镜的测微刻度轮，显微镜的镜筒将沿着与其光轴垂直的方向平行移动，至此，实验装置已经调节好.

2. 测量凸透镜的曲率半径

测量前应旋转显微镜的测微刻度轮，使叉丝的交点由暗斑中心向右移到干涉环纹的较外层，然后反过来向左越过中心移到较外层，观察整个干涉场中条纹的清晰度，以选择干涉环的测量范围.

实验测量时，由于干涉环纹的间距随圆环半径(或级数)的增加逐渐减小，而且中心变化快，边缘变化慢.因此，选择边缘部分，即在圆环变化比较慢且大致可以看成是均匀的部分进行测量，是比较合理的.对于曲率半径为数米的牛顿环，从 20 环以后就可以看作均匀的.

测量时，先转动测微刻度轮，让镜筒向左移动，使十字叉丝移到 30 环.再反向转到 25 环，使叉丝与环的外侧相切读取显微镜标尺的读数.然后继续转动测微刻度轮，依次测出 $m=25$、24、23、22、21 与 $n=15$、14、13、12、11 各级暗环的读数.接着转动测微刻度轮，超过圆心并到达圆心的另一侧，测出这一侧 $n=11\sim15$ 和 $m=21\sim25$ 级暗环读数.将所测数据记入表 4-3-1 中.

测量时要注意：干涉环的序数不能数错；整个测量过程中，要防止实验台的震动引起干涉环的变化；测量中，测微主轮只能向一个方向转动，不可倒转；读数时，叉丝应与干涉环相切，注意消除视差，正确读取有效数字.

【数据处理】

钠光波长 $\lambda=589.3$ nm.

1. 将所测数据填入表 4-3-1 中，利用逐差法求得 $D_{25}^2-D_{15}^2$，$D_{24}^2-D_{14}^2$，$D_{23}^2-D_{13}^2$，$D_{22}^2-D_{12}^2$，$D_{21}^2-D_{11}^2$.取平均值代入式(4-3-6)，求出凸透镜曲率半径 R.

表 4-3-1　测量数据记录与处理表

环的级数	m	25	24	23	22	21
环的位置读数/mm	$x_{右}$					
	$x_{左}$					
环的弦长($\lvert x_{右}-x_{左}\rvert$)/mm	D_m					
环的级数	n	15	14	13	12	11
环的位置读数/mm	$x_{右}$					
	$x_{左}$					
环的弦长($\lvert x_{右}-x_{左}\rvert$)/mm	D_n					
D_m^2/mm^2						
D_n^2/mm^2						
$(D_m^2-D_n^2)$/mm^2						

求曲率半径：

$$\overline{D_m^2-D_n^2}=\frac{1}{n}\sum_{i=1}^{n}(D_{mi}^2-D_{ni}^2)$$

$$\Delta_{A(D_m^2-D_n^2)}=\sqrt{\frac{1}{n-1}\sum_{i=1}^{n}\left[(D_{mi}^2-D_{ni}^2)-(\overline{D_m^2-D_n^2})\right]^2}$$

$$\Delta_{B(D_m^2-D_n^2)}=0.01\ \text{mm}^2$$

$$\Delta_{(D_m^2-D_n^2)}=\sqrt{\Delta_{A(D_m^2-D_n^2)}^2+\Delta_{B(D_m^2-D_n^2)}^2}$$

$$\Delta_{(m-n)}=\Delta_{B(m-n)}=0.1$$

$$\overline{R}=\frac{\overline{D_m^2-D_n^2}}{4(m-n)\lambda}$$

$$E_R=\sqrt{\left[\frac{\Delta_{(D_m^2-D_n^2)}}{\overline{D_m^2-D_n^2}}\right]^2+\left[\frac{\Delta_{(m-n)}}{m-n}\right]^2}$$

$$\Delta_R=\overline{R}\cdot E_R$$

$$R=\overline{R}\pm\Delta_R$$

2. 用图解法处理数据，以 D_m^2 为纵坐标，m 为横坐标作图.作图求出其斜率为 $4R\lambda$ 后，再求 R，即

$$D_m^2=4R\lambda m$$

$$4R\lambda=k$$

$$R=\frac{k}{4\lambda}$$

3. 用最小二乘法处理数据，按式(4-3-7)求 R 和 ω 的最佳估计值.

令 $y_i=D_m^2$，$x_i=4m\lambda$，$b=R$，$a=-8R\omega$，则式(4-3-7)变为 $y_i=a+bx_i$，这是一个直线方程，求出其斜率 b 和截距 a，即可判断出凸面和平板玻璃之间是有间隙还是受压力而发生了形变.

【预习思考题】

1. 什么叫牛顿环？用来测定透镜曲率半径的理论公式是什么？
2. 为什么实验中可用扩展光源代替平行光源？
3. 牛顿环干涉条纹形成在哪一个面上(即定域在何处)？产生的条件是什么？
4. 实验中测量的是牛顿环的直径、半径还是弦长？

【思考题】

1. 牛顿环中心是亮斑而非暗斑，对实验结果有无影响？为什么？
2. 测量 D 时，叉丝交点没有通过环心，因而测量的是弦而非直径，对实验结果有无影响？为什么？
3. 若将钠光灯换成白光光源，看到的牛顿环将会有什么特点？
4. 若牛顿环装置中落入尘埃，因而平凸透镜面与平板玻璃间离开了 δ 距离，若仍要测量透镜的曲率半径 R，其测量关系式是怎样的？为什么？
5. 试讨论曲率半径 R 的测量不确定度计算公式.

实验 4-4　双棱镜法测光波波长

早在 17 世纪时,人们就试图解释光的本性.当时出现了两种学说——微粒说和波动说.由于牛顿以他的权威支持微粒说,使波动说被摒弃一个世纪之久.直至 1802 年,英国物理学家托马斯·杨进行了双缝干涉实验,继而法国物理学家菲涅耳用双棱镜成功地获得了光的干涉条纹后,人们才普遍对光的波动理论予以承认.

本实验是根据分波阵面法,利用菲涅耳双棱镜将光束一分为二,形成相干光源,用以观察光的干涉及其特点,并测定光波的波长.

【实验目的】

1. 观察利用菲涅耳双棱镜产生的干涉现象及其规律.
2. 掌握用菲涅耳双棱镜测量光波波长的方法.
3. 熟练使用测微目镜.

【实验原理】

菲涅耳双棱镜是一个主截面呈等腰三角形的三棱镜,其顶角近于 180°,两底角仅 30′~1°,如图 4-4-1 所示.从光源 S(单缝)发出的光经棱镜界面的两次折射,光的波阵面分成沿不同方向传播的两束光.这两束光相当于由两个虚光源 S_1、S_2 发出的两束相干光,在它们相重叠的空间区域内产生干涉.将光屏 E 插进上述区域中的任何位置,均可看到明暗交替的干涉条纹.因为干涉空间区域比较狭窄,干涉条纹的间距也很小,所以一般要用测微目镜来观测.

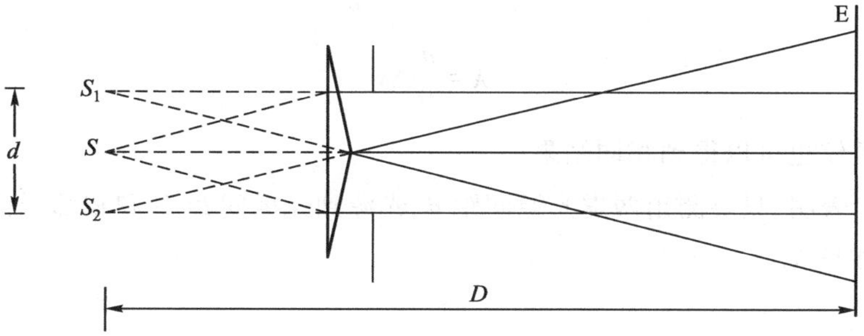

图 4-4-1

如图 4-4-2 所示.设两虚光源 S_1 和 S_2 的平面间距为 d,由 S_1 和 S_2 到观察屏 E 的距离为 D.若屏上的 P_0 点到 S_1 和 S_2 的距离相等,则 S_1 和 S_2 发出的光波到 P_0 的光程相等,因而在 P_0 点相互加强而形成中央明纹.

设 P_1 是屏上的任意一点,S_1 和 S_2 到 P_1 点的光程差设为 δ,P_1 和 P_0 的距离为 x_k,当 $D \gg d$ 时,$\triangle SP_0P_1 \backsim \triangle S_1S_2M$,由图 4-4-2 得到

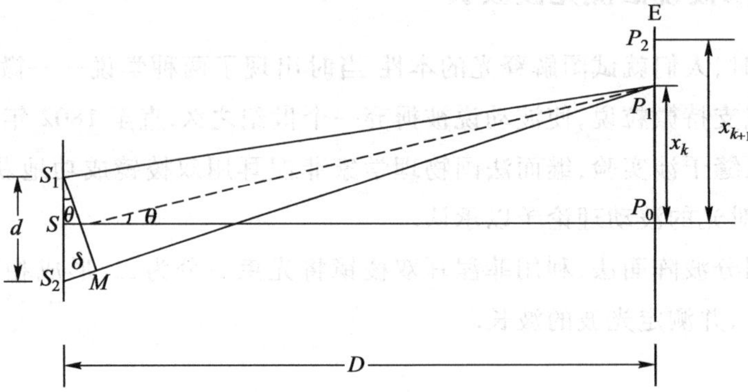

图 4-4-2

$$\delta=\frac{x_k}{D}d \tag{4-4-1}$$

当光程差 δ 为半波长的偶数倍，即满足

$$\delta=\pm 2k\frac{\lambda}{2}=\pm k\lambda \quad (k=0,1,2,\cdots) \tag{4-4-2}$$

时，得到明条纹.由以上两式可得

$$x_k=\pm\frac{k\lambda D}{d} \tag{4-4-3}$$

由式(4-4-3)可知，相邻两明条纹的间距是

$$\Delta x=x_{k+1}-x_k=\frac{D}{d}\lambda \tag{4-4-4}$$

即

$$\lambda=\frac{d}{D}\Delta x \tag{4-4-5}$$

同理对暗条纹也可以得到相同结果.

式(4-4-5)表明，只要测出两虚光源间距 d、光源到光屏间距 D 和相邻干涉条纹间距 Δx，就可算出光波波长 λ.

【实验仪器】

光具座，单色光源，扩束镜，可调狭缝，菲涅耳双棱镜，凸透镜，测微目镜，光屏等.

测微目镜又称测微镜头，一般作为光学仪器的附件，也可以单独使用，主要用于光学系统的长度测量.它测量范围小，准确度高.测微目镜的结构如图 4-4-3所示.当旋动测微鼓轮时，传动丝杆带动活动分划板可左右移动.该板由薄玻璃片制成，其上刻有毫米标度线，人眼贴近目镜筒观察时，即可在近距离处看到玻璃尺放大刻像及其重叠的叉丝，如图 4-4-4 所示.测微鼓轮每转一周，活动分划板移动1 mm.由于鼓轮上又均匀有 100 条线，分成 100 小格，所以鼓轮每

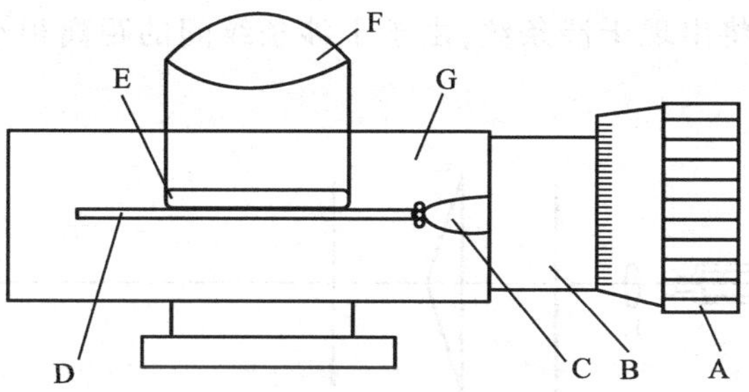

图 4-4-3

A—测微鼓轮；B—固定套筒；C—传动丝杆；D—活动分划板；E—固定分划板；F—目镜；G—本体盒

转过 1 小格，活动分划板及叉丝相应地移动 0.01 mm.当叉丝对准待测物上某一标志（如长度的起始线、终止线等）时，该标志位置的毫米读数由固定分划板的刻度读出，毫米以下的位数由测微鼓轮上读出（图 4-4-4 中的读数为 3.440 mm）.

有些分划板只有十字叉丝，固定分划板上也没有任何标度线（图 4-4-5）.使用这种测微目镜时，毫米读数由固定在镜筒上的主尺刻度确定，毫米以下的位数仍由测微鼓轮上读出.即读数方法与螺旋测微器相似，其准确度为 0.01 mm，可以估读至 0.001 mm.

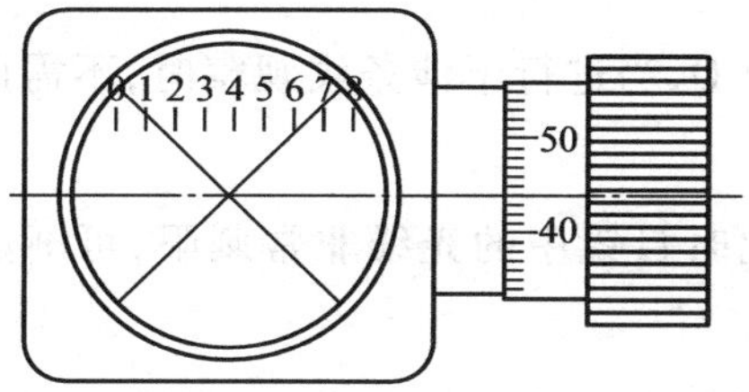

图 4-4-4

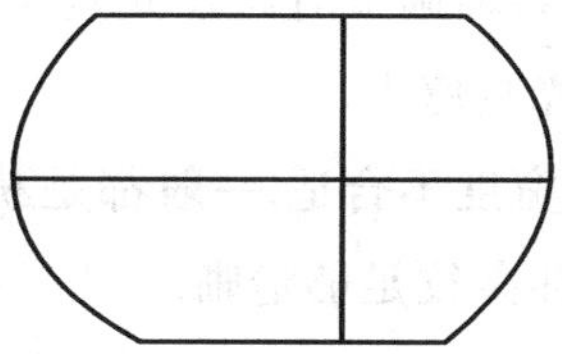

图 4-4-5

使用测微目镜测量时，应先调节目镜，看清楚叉丝，然后转动鼓轮，推动分划板，使叉丝的交点或双线与被测物的像重合，便可得到一个读数.转动鼓轮，使叉丝交点或双线移动到被测物的像的另一端，又可得一个读数，两读数之差，即为被测物的尺寸.

测微目镜是较精密的仪器，旋转测微鼓轮时，动作要平稳、缓慢，注意观察叉丝所处位置，如已达一端，则不能再强行旋转，否则会损坏仪器.每次测量时，鼓轮应沿同一方向旋转，不要中途反向.这是由于丝杆与螺纹之间存有间隙，在反向旋转瞬间，会出现鼓轮转动而分划板却尚未被带动的现象，由此而引入测量不确定度（属于非统计不确定度）.

【实验内容与步骤】

1. 光学系统等高共轴调节

实验装置简图如图 4-4-6 所示.利用 He-Ne 激光器 M 产生单色光，经扩束镜 L 后均匀地照射在单缝 S 上，S 作为次级光源将光源照射在双棱镜 B 的棱脊上，然后光被双棱镜折射成两束.在两束光的交叠区内将出现干涉条纹,由于干涉条纹间的距离很小,所以要借助测微目镜F对其观察和测量.

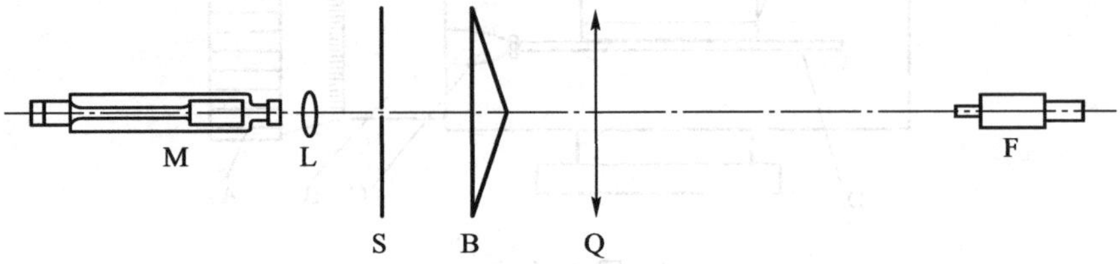

图 4-4-6

(1) 打开光源,在光具座上放置光屏,将光具座与激光光束调整平行(参阅实验 4-1).

(2) 依次将扩束镜 L、狭缝 S、双棱镜 B、会聚透镜 Q 与测微目镜 F 放置在光具座上,将其调节到等高共轴状态(参阅实验 4-1).

(3) 调节测微目镜,使目镜的视场中清晰地出现干涉条纹.最初可能看不到干涉条纹,而只在目镜中看到红色的亮带,或者目镜中什么光亮都没有,可能的原因是:

① 狭缝射出的光束经棱镜后并未进入目镜.这时可用光屏在测微目镜前截取光线,判断相干光束的交叠区是否在目镜的视场内.

② 等高共轴调节时需在光具座上放置透镜 Q,当进行干涉条纹观察时,不需此镜,检查透镜是否还在光具座上.

③ 狭缝宽度不合适.一般都是狭缝过宽,此时目镜中的光线非常刺眼,可渐渐调窄缝宽,使视场中干涉条纹足够清晰.

④ 最常见的情况是狭缝射出的光没有准确打在双棱镜的棱脊上,原因有两个,一是狭缝是水平的,而棱脊不水平;二是狭缝与棱脊都水平但不等高.为判明原因,不妨先在目镜前方放置光屏,轻轻地绕水平轴(平行于光轴)旋转狭缝或双棱镜,严格使狭缝与棱脊既平行且等高,然后撤掉光屏,使测微目镜视场中出现清晰的干涉条纹.

至此,光学系统等高共轴调节完毕,测微目镜中也已出现较理想的干涉条纹.在以后的调节和测量中不要破坏该光学系统的共轴性,特别要注意在一些实验中,工作台是木制的,极易因压动变形造成光学系统共轴性的破坏.

2. 利用双棱镜测光波波长

测出 Δx、D 和 d,根据式(4-4-5)求出 λ.

(1) 看到干涉条纹后,将双棱镜或测微目镜前后移动,使干涉条纹宽度适当.若条纹不够清晰,可按上述步骤重新调节,直到条纹清晰为止.

利用测微目镜测量条纹间距 Δx.为了提高测量准确度,可测出 n 个干涉条纹的间距,再除以 n,即得 Δx,n 一般大于 10(10~15 条).具体做法是,将测微目镜的十字叉丝从干涉区域的一端沿着与干涉条纹垂直的方向逐步移向另一端,初始位置记作 x_1,叉丝越过 n 条条纹后,终止

位置记作 x_2.x_2 和 x_1 之差被 n 除即得 Δx，即 $\Delta x=\dfrac{x_2-x_1}{n}$.重复数次，求出平均值$\overline{\Delta x}$.

还可以运用逐差法处理数据求出 Δx.做法如下：将测微目镜叉丝首先从干涉区域的一端开始移动，依次测出第 1、2、3 和 $n+1$、$n+2$、$n+3$ 条明条纹或暗条纹位置（条纹 1 的位置是任意选定的），相应得出 $n\Delta x_1$、$n\Delta x_2$、$n\Delta x_3$，从而求出 Δx.

（2）由于光具座上标有米尺刻度，所以由狭缝和测微目镜叉丝平面所在光具座上的位置读数，可得两者之间的距离 D.但应注意狭缝和叉丝平面的实际位置与光具座所指示的位置并不一致，必须进行修正，修正值由实验室给出.由于 D 的测量不确定度较大，因而只测一次即可.

（3）测量两虚光源间的距离 d

S_1 和 S_2 既然是虚像，就无法直接用尺测量其间距，但是利用透镜成像的规律，将虚像变成实像，就能够进行测量了.做法如下：在双棱镜 B 和测微目镜 F 之间加上凸透镜 Q，调整这个透镜与目镜等高共轴，沿光具座前后移动透镜，使在目镜视场中能观察到虚光源的两个清晰的像.两个清晰的像的间距 d_1 可以用测微目镜测量出来，由透镜的物像公式可知

$$d=\frac{p}{p'}d_1 \tag{4-4-6}$$

式中 p 是狭缝 S 到透镜 Q 的距离（物距）；p'是 Q 到测微目镜 F 分划板的距离（像距），这两个距离可以根据 S、Q 和 F 在光具座标尺上的位置计算出来.p、p'各测一次即可，d_1 可测数次，求出平均值$\overline{d_1}$.

虚光源距离 d 还可以用另一种方法（共轭法）求出来.用这种方法求 d 时，须先使狭缝与测微目镜之间的距离 D 取得较大（若凸透镜焦距为 f，应有 $D\geqslant 4f$）.移动凸透镜时，只要满足 $D\geqslant 4f$，总可以在两个不同的位置上，从目镜中看到虚光源的两个清晰的像，其中一次为放大的实像，另一次为缩小的实像.如果分别测得放大像的间距 d_1 和缩小像间距 d_2，根据物像公式，有

第一次成像 $$d=\frac{p_1}{p_1'}d_1$$

第二次成像 $$d=\frac{p_2}{p_2'}d_2$$

而根据光路的对称性，由图 4-4-7 可得

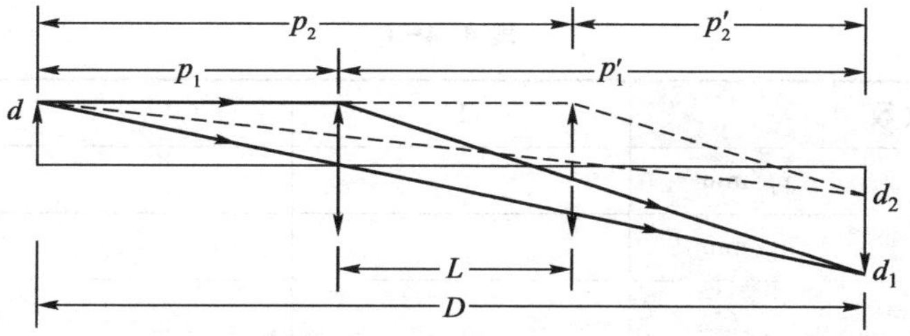

图 4-4-7

$$p_1 = p_2', \quad p_2 = p_1' \tag{4-4-7}$$

故

$$d^2 = d_1 d_2$$

即

$$d = \sqrt{d_1 d_2} \tag{4-4-8}$$

(4) 计算光波波长 λ

将测得的 Δx、D 和 d 的实验值，代入式(4-4-5)，求出波长的实验值 λ.

(5) 观察现象

① 改变狭缝与测微目镜之间的距离，观察干涉条纹的变化并作定性解释.

② 改变狭缝与双棱镜之间的距离，观察干涉条纹的变化并作定性解释.

【数据处理】

1. 测 Δx 的数据记录于表 4-4-1

表 4-4-1

干涉条纹序号	1	2	3
干涉条纹位置/mm			
干涉条纹序号	11	12	13
干涉条纹位置/mm			
$(10\Delta x)$/mm			
Δx/mm			
$\overline{\Delta x}$/mm			

2. 测 D、u、v 数据记录于表 4-4-2

表 4-4-2

D/cm	p/cm	p'/cm

3. 测 d_1 数据记录于表 4-4-3

表 4-4-3

测量次数		1	2	3
两狭缝像位置读数	x_1/mm			
	x_2/mm			
d_1/mm				
$\overline{d_1}$/mm				

4. 根据测得数据计算不确定度和实验结果

单次测得量　　$\Delta_D = 1\ \text{mm},\quad \Delta_p = \Delta_{p'} = 1\ \text{mm}$

多次测得量

$$\Delta_{A\Delta x} = \sqrt{\frac{\sum_{i=1}^{n}(\Delta x_i - \overline{\Delta x})^2}{(n-1)}},\quad \Delta_{B\Delta x} = 0.01\ \text{mm}$$

$$\Delta_{\Delta x} = \sqrt{\Delta_{A\Delta x}^2 + \Delta_{B\Delta x}^2}$$

$$\Delta_{Ad_1} = \sqrt{\frac{\sum_{i=1}^{n}(d_{1i} - \overline{d_1})^2}{(n-1)}},\quad \Delta_{Bd_1} = 0.01\ \text{mm}$$

$$\Delta_{d_1} = \sqrt{\Delta_{Ad_1}^2 + \Delta_{Bd_1}^2}$$

$$\overline{\lambda} = \frac{p\ \overline{d_1}}{Dp'}\overline{\Delta x}$$

相对不确定度为

$$E_\lambda = \frac{\Delta_\lambda}{\overline{\lambda}} = \sqrt{\left(\frac{\Delta_{\Delta x}}{\overline{\Delta x}}\right)^2 + \left(\frac{\Delta_{d_1}}{\overline{d_1}}\right)^2 + \left(\frac{\Delta_D}{D}\right)^2 + \left(\frac{\Delta_p}{p}\right)^2 + \left(\frac{\Delta_{p'}}{p'}\right)^2}$$

合成不确定度为

$$\Delta_\lambda = E_\lambda \cdot \overline{\lambda}$$

实验结果为

$$\lambda = \overline{\lambda} \pm \Delta_\lambda$$

【预习思考题】

1. 双棱镜是怎样实现双光束干涉的？

2. 使干涉条纹清晰的主要调节步骤是什么？关键步骤是什么？

【思考题】

1. 为什么要使狭缝尽量窄，而且取向必须与双棱镜的棱脊平行等高，才能看到干涉条纹？

2. 在成像调节中，若两虚光源 S_1、S_2 强度不等，是什么原因造成的？将有何现象？应怎样调节？

3. 干涉条纹的宽度与哪些因素有关？

4. 分析本实验中产生不确定度的原因.

5. 改变光源波长时，双棱镜产生的干涉条纹有无变化？假如光源是复色光，干涉图样会是什么样的？

6. 如果狭缝水平，双棱镜棱脊竖直，能否得到干涉图样？

第五章　近代物理实验

实验 5-1　迈克耳孙干涉仪的调整与使用

迈克耳孙干涉仪在近代物理和近代精确计量技术中占据着极其重要的地位.在近代物理发展史上,迈克耳孙和莫雷合作,利用迈克耳孙干涉仪完成了著名的迈克耳孙-莫雷实验,得到了“以太”存在性的否定结果.迈克耳孙干涉仪在进行光谱的精细结构分析和极细微长度的测量和标定等工作中发挥着重要的作用,为近代物理学的发展作出了重大贡献,也在生产实践、科学研究和计量技术等领域中有着广泛的应用.

【实验目的】

1. 了解迈克耳孙干涉仪的构造原理和调整方法.
2. 观察等倾干涉和等厚干涉条纹.
3. 测定 He-Ne 激光的波长.

【实验原理】

1. 仪器原理和干涉条纹的形成

迈克耳孙干涉仪是一种利用光的干涉现象进行微小长度量及其变化测量的精密仪器,它的测量精度可达半个光学波长.该仪器由一套精密的机械传动系统和固定在底座上的四个精密光学镜片组成,其外形如图 5-1-1 所示.光路原理如图 5-1-2 所示,其中 G_1 是一面镀有铝膜的平行平面玻璃,称为分光板.来自光源 S 的光到达 O 点后有一半反射到达反射镜 M_1,另一半透射光经过(光程)补偿片 G_2 到达反射镜 M_2;两部分光经 M_1、M_2 反射后返回(透射部分在返回过程中再次由 G_2 补偿)到达 O 点会合,并指向观察方向 E.

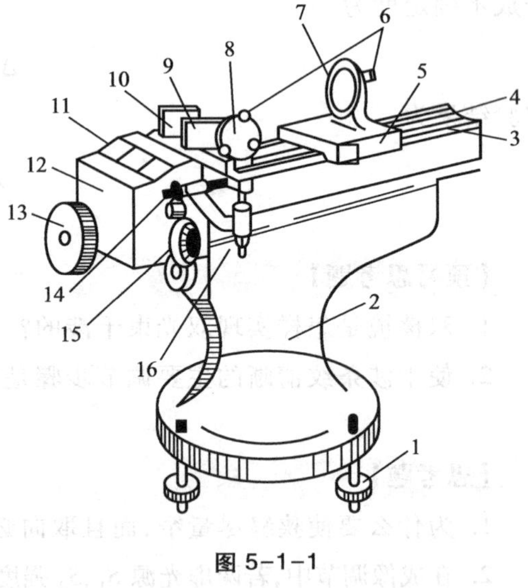

图 5-1-1

1—水平调节螺丝;2—底座;3—导轨;4—精密丝杆;5—M_1 镜座;6—反射镜调节螺丝;7—可移动反射镜 M_1;8—固定反射镜 M_2;9—补偿片 G_2;10—分光板 G_1;11—读数窗口;12—传动系统罩;13—粗调手轮;14—水平拉簧螺丝;15—微调手轮;16—垂直拉簧螺丝

G_2 是与 G_1 等厚度和折射率的平行平面玻璃板,其放置方向与 G_1 平行,它的作用是使透射光返回到 O 点时与反射光所经过的玻璃介质光程相等,因此称为补偿片,于是,两部分光的光程差只有空气中的光程差.仪器中的反射镜 M_2 固定,反射镜 M_1 则垂直放置在导轨上,并且可以由导轨上的精密丝杠带动，便于进行光程差调整，因此是可移动反射镜.可移动反射镜 M_1 的位置由三个读数装置显示.主尺装在导轨的侧面，由拖板上的短标志线指示读数，精确读数可到毫米.毫米以下的读数由百分尺显示，百分尺是一个直接与丝杠相连的圆盘，从读数窗口看去，粗调手轮转动盘每转动一个分度，反射镜 M_1 移动 0.01 mm，另一个测微尺在仪器右侧微动手轮上，这个手轮每转动一个分度，反射镜 M_1 移动 0.000 1 mm.通过这套传动及读数系统可以对 M_1 位置准确控制到10^{-4} mm，粗略控制到 10^{-5} mm.M_1 和 M_2 的反面各有三个调节螺钉，用以轻微调整其平面方向.M_2 镜装在与底座相连的悬臂上，转动水平和垂直的拉簧螺丝，可以调节拉簧的松紧，更加精确调节镜面的方位.

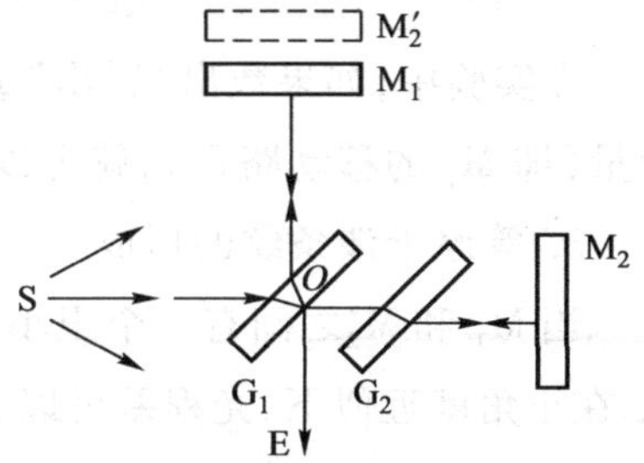

图 5-1-2

图 5-1-2 中的 M_2' 是平面镜 M_2 由 G_1 半反膜形成的虚像.观察者由 E 方向观察到的光，相当于 M_1 和 M_2'反射的两部分光的合成.因此看到的现象等同于 M_1 和 M_2'间的空气薄膜干涉图样.

2. 等倾干涉条纹的形成

进行精细调整，使得 $M_1 \perp M_2$，则 $M_1 /\!/ M_2'$.如图 5-1-3 所示，若 M_1 和 M_2'间的距离为 d，入射角为 i 的光线经过 M_1 和 M_2'反射后成为平行的相干光 1 和 2，它们的光程差为

$$\delta = |AB| + |BC| - |AD| = 2d\cos i \quad (5-1-1)$$

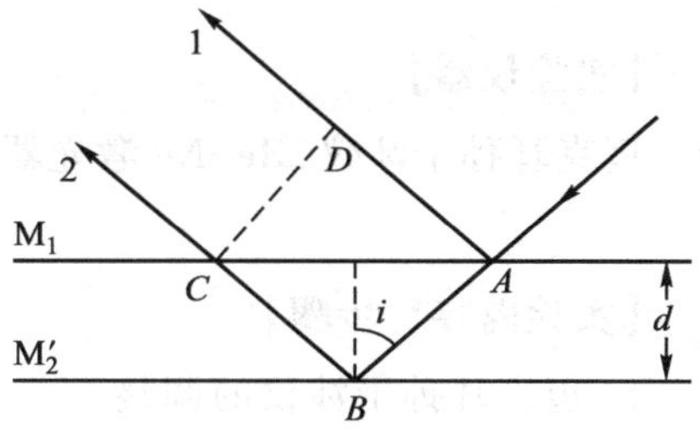

图 5-1-3

因此，当 d 一定时，光程差仅随入射光的倾角 i 而变化，即入射角相同的光线将具有相同的光程差，两束光在无穷远处相遇而干涉，这就是等倾干涉.以视线为中心，入射角为 i 的光线经两平面镜反射后，在无穷远处形成的干涉条纹为同心的圆环.

由干涉的加强条件可推知第 k 级亮纹所应满足的光程差条件为

$$\delta = 2d\cos i = k\lambda \quad (k=0,1,2,\cdots) \qquad (5-1-2)$$

式中 λ 为实验中所使用的单色光的波长，由式(5-1-2)可见：

(1) 当 d 一定时，若倾角 i 越小，则光程差越大，形成的干涉条纹的级次越高，干涉圆环的直径越大.在圆环中心，因为 $i=0$ 时光程差最大，$\delta = 2d = k\lambda$，所以圆心处干涉条纹的级次最高.

(2) 考虑 d 变化时的情况，如果追踪视场中的某条亮纹(第 k 级)，则根据 $2d\cos i_k = k\lambda$ 会发现，当 d 变小时，为保持 $2d\cos i_k$ 不变，$\cos i_k$ 必须增大，即 i_k 必定逐渐减小，因此视场中的条纹表现为随着 d 的减小而逐渐向中央收拢，同时条纹逐渐变疏变粗.

由式(5-1-2)可见，$d=k\lambda/2$ 时，即 $\Delta d = N\lambda/2$ 时，则对应有 N 个条纹从中心“冒出”或“缩

入”.据此可得到

$$\lambda=2\Delta d/N \tag{5-1-3}$$

在实验中,如果数出“冒出”或“缩入”的数目,同时从读数机构上读出 M_1 和 M_2 间距的改变量(即 M_1 的移动路程),就可以根据式(5-1-3)计算出光源的波长.

3. 等厚干涉条纹的形成

当 M_1 和 M_2'之间有一个很小的夹角时,即形成一个楔形空气间隙,这时将出现等厚干涉现象.在小角度近似下,光程差可以近似表示为

$$\delta=2d\cos i \tag{5-1-4}$$

式中 d 为间隙厚度,i 为入射角.在 M_1 和 M_2'相交处,$d=0$,则 $\delta=0$,应当出现直条纹,称为中央条纹.在中央条纹附近,因为入射角 i 很小,上式中的 $\cos i$ 展开成幂级数,则

$$\delta=2d(1-i^2/2!+i^4/4!-\cdots)\approx 2d \tag{5-1-5}$$

所以干涉条纹大体上平行于中央明纹,并且呈等距离分布.离中间条纹较远处,由于入射角 i 的增大,式(5-1-5)中的高次项的作用不可忽略,因此条纹将发生弯曲.弯曲方向为凸向中间条纹.

实验观察时,必须使 M_1、M_2'夹角很小,而且两平面距离很近(几乎重合)时,才可见到直条纹,在其两侧,随 d 的增加,条纹逐渐变得弯曲了,而弯曲的方向恰恰相反.

【实验仪器】

迈克耳孙干涉仪,He-Ne 激光器,扩束透镜,针孔板.

【实验内容与步骤】

1. 迈克耳孙干涉仪的调整

(1) 对照教材,熟悉仪器的各个部件及其工作原理.

(2) 将水平仪置于干涉仪的导轨上,调节调平螺丝 1(图 5-1-1)使仪器水平,调好后用锁紧圈锁紧.

(3) 用目测法使激光束大致与导轨垂直(注意:不可用肉眼直视激光,以防灼伤).

(4) 调节粗调手轮 13,使得 M_1 与分光板 G_1 的距离和 M_2 与 G_1 的距离近似相等.

(5) 在光源与仪器间放入针孔板,这时在接收屏上可见到两组针孔板的像,如图 5-1-4 所示.其中一组为动镜反射,另一组为定镜反射.缓慢调节定镜 M_2 后部的三个调节螺丝,使两组针像重合,则表明两平面反射镜表面垂直.

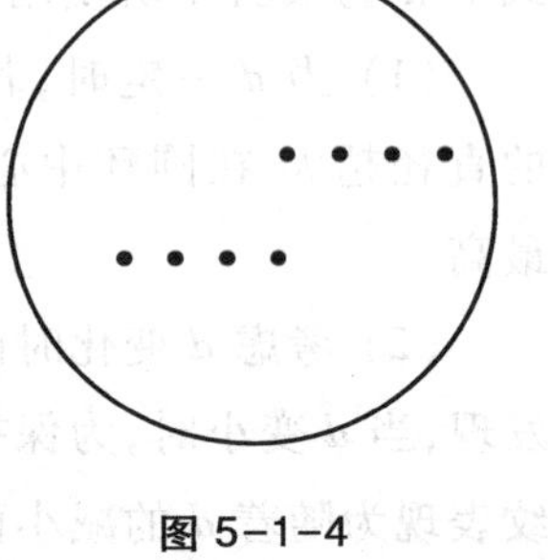

图 5-1-4

2. 观察等倾干涉条纹

(1) 拿掉针孔板,用扩束透镜将激光扩束后照亮分光板 G_1,此时在接收屏上可以看到干涉条纹(若此时见不到条纹,可以试探着转动一下微调手轮,使动镜稍微移动).

(2) 轻轻调整反射镜 M_2 的两个拉簧螺丝,把干涉条纹变粗,曲率变大,直到干涉环的中心位于视场的中央(思考此时 M_1、M_2'之间有何关系?)

(3) 旋转微调手轮,观察干涉环的“冒出”或“缩入”现象.

3. 观察等倾干涉条纹测 He-Ne 激光的波长

(1) 选定干涉环清晰的区域,调节仪器零点(因为转动微调手轮时,粗调手轮随之转动,而在转动粗调手轮时微调手轮并不随之转动).先将微调手轮向着某一方向旋转到零点,然后侧向转动粗调手轮,对齐读数窗中的某一刻度,此时仪器的零点即调整完毕.在以后的调节和测量过程中,应当只使用微调手轮并且单向转动,以免引入回程误差.

(2) 缓慢单向转动微调手轮,每“冒出”或“缩入”20 个干涉环,记录一次动镜 M_1 的位置读数(标尺、读数窗、微调手轮三者读数之和),一直读到第 180 条.测量数据填入表 5-1-1 中,用逐差法进行处理,计算波长的近似值及其误差和不确定度.

(3) 观察等厚干涉条纹.缓慢转动微调手轮,使干涉环逐渐向中心缩入,同时可见条纹逐渐变粗、变疏,直到整个视场内条纹消失,此时 M_1、M'_2 的距离 $d=0$.调整反射镜 M_2 的方位螺丝,使得两镜之间成一微小角度,则视场内会出现直线形状的平行干涉条纹,在小范围内转动微调手轮(此时可以双向进行),观察并记录条纹及其变化特点.

【数据处理】

表 5-1-1 测量 He-He 激光波长数据

条纹移动数目 k_1	0	20	40	60	80
动镜 M_1 的位置读数 d_1/mm					
条纹移动数目 k_2	100	120	140	160	180
动镜 M_1 的位置读数 d_2/mm					
$\Delta d(=d_2-d_1)$/mm					

$$\overline{\Delta d}=\frac{1}{n}\sum_{i=1}^{n}\Delta d_i$$

$$\Delta_{A\Delta d}=\sqrt{\frac{\sum_{i=1}^{n}(\Delta d_i-\overline{\Delta d})^2}{n-1}}$$

$$\Delta_{B\Delta d}=0.000\ 1\ \text{mm}$$

$$\Delta_{\Delta d}=\sqrt{\Delta_{A\Delta d}^{2}+\Delta_{B\Delta d}^{2}}$$

$$\Delta N=100,\quad \Delta_{\Delta N}=0.1,\quad \overline{\lambda}=2\frac{\overline{\Delta d}}{\Delta N}$$

$$E_{\lambda}=\sqrt{\left(\frac{\Delta_{\Delta d}}{\overline{\Delta d}}\right)^{2}+\left(\frac{\Delta_{\Delta N}}{\Delta N}\right)^{2}}$$

$$\Delta_{\lambda}=\overline{\lambda}\cdot E_{\lambda}$$

$$\lambda=\overline{\lambda}\pm\Delta_{\lambda}$$

【思考题】

1. 调出等倾干涉条纹的关键是什么？

2. 等倾干涉和等厚干涉条纹有何区别？

3. 使用复色光(白光)照射 G_1,视场中会出现什么样的干涉条纹？调整微调手轮会观察到什么现象？

实验 5-2 光学全息照相

全息照相技术能够记录拍摄对象的全部光学信息(振幅和相位),而且可以完全再现对象.全息照相术的基本原理是以光的干涉和衍射为基础,因此对光源的要求较高.早在 1948 年就由 D. Gabor 提出了全息术的基本原理,但是由于当时没有理想的光源,因此直到 20 世纪 60 年代出现激光之后,全息照相术才逐步得以发展.现在,这种技术已经广泛应用于立体显示、精密测量、信息存储等诸多领域,而且发展出多种全息方法,大大地拓展了应用空间.

【实验目的】

1. 了解全息照相技术的基本原理.
2. 学会全息照片拍摄和全息影像再现的方法.

【实验原理】

根据惠更斯-菲涅耳原理,一个物体表面发出的光,可以看成该物体的表面上各点所发出的光波(次光波)的总和,可以表示为数学形式:

$$Y=\sum_{i=1}^{n}A_i\cos\left(\omega t+\varphi_i-\frac{2\pi x}{\lambda}\right)=A\cos\left(\omega t+\varphi-\frac{2\pi x}{\lambda}\right) \tag{5-2-1}$$

式中,振幅 A 和相位$\left(\omega t+\varphi-\frac{2\pi x}{\lambda}\right)$为该光波的主要特征,又称为信息.普通的照相过程仅仅将光波的强度(振幅)分布记录下来,而不能反映相位分布状况,因此不能反映物体表面的全部光学特性,成像没有立体感.全息照相则不仅反映了光强信息,还能反映相位信息,因此它反映的是“立体”的信息.

全息照相技术分为波前记录和波前再现两个步骤.

1. 波前记录

波前记录的光路图如图 5-2-1 所示.利用分束镜 B 将激光器 S 发出的一束激光分为两束,一束光直接投射到记录介质 H(全息底片或称全息干板)上,称为参考光 R;另一束光投射到被摄对象 O′上,经过漫反射返回到全息底片 H 上,称为物光 O.这样,全息底片上就记录下来两种光波的干涉合成图样,完成了全息图的拍摄.

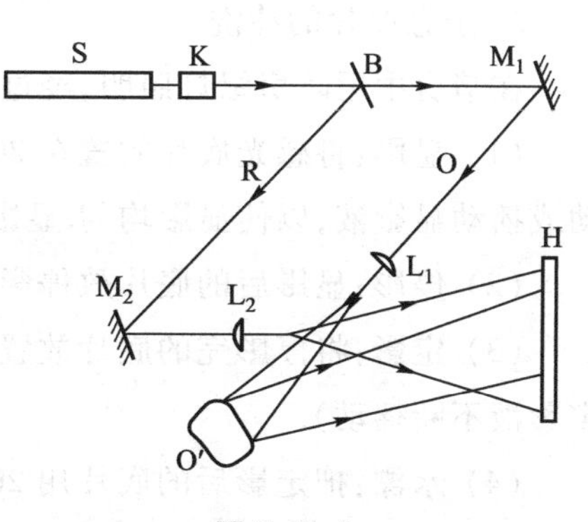

图 5-2-1

参考光 R 和物光 O 的振幅和相位是空间坐标的参量,设 A_O 和 A_R 分别为物光和参考光的复振幅,I_O 和 I_R 分别为各自单独照射的光强度,I 为合成光强度,则

$$I=|A_O+A_R|^2=(A_O+A_R)(A_O+A_R)^* \tag{5-2-2}$$

显然,式(5-2-2)当中出现复共轭的两项为干涉项,它们反映了振幅和相位的相对信息,并且这一干涉信息被记录到全息底片上,经过显影、定影处理后就成为一张全息图.

2. 波前再现

全息图上细密的干涉条纹是一个复杂的衍射光栅,与拍摄过程相逆,用与拍摄时同方向的单色光照射该光栅,经过衍射就可以重现原来的物光波,呈现出被摄对象的全息图像.光路原理如图 5-2-2 所示.

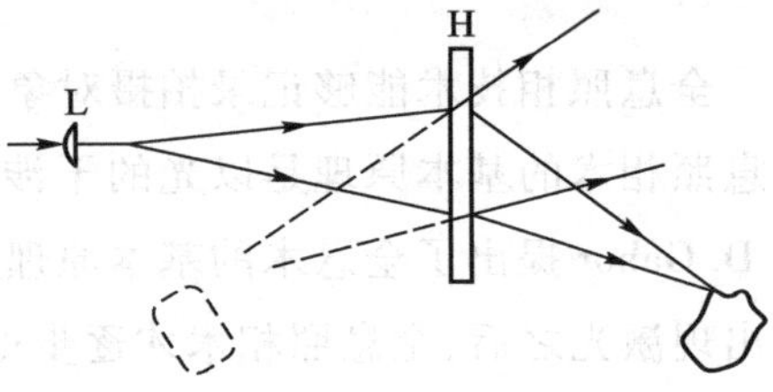

图 5-2-2

【实验仪器】

He-Ne 激光器 1 台,激光全息实验台,分光镜 1 个,扩束镜 2 个,反射镜 2 个,全息底片 1 张.

【实验内容与步骤】

1. 静物的波前拍摄

(1) 设置光路,调整光学器件,使之中心等高;调整光路,使参考光和物光的光程大致相等,光程差小于 3 mm;参考光和物光的夹角 θ 设置在 30°~50°之间.由 $d=\lambda k/\sin\theta$ 可知,夹角 θ 过大,条纹间距过小,不易成像.

(2) 调整参考光和物光的光强,同时使参考光和物光都能均匀照射到全息底片处.利用透光率不同的分束镜或移动扩束镜的位置改变光强,使参考光和物光的光强之比在 2∶1 和 5∶1 之间.

(3) 根据物的大小、表面状况、底片的感光度和光强度调整曝光定时器,定时间隔一般在几秒至几十秒之间,可试拍确定.

(4) 关闭激光器,打开暗房绿灯,识别胶片,将乳胶面朝向光照方向,安置于光具夹具上,然后接通激光器,拍摄全息图.

2. 全息照片的冲洗

在暗房中用暗房绿灯照明,经过显影、定影、水漂和晾干等过程处理好全息底片.

(1) 显影:将感光底片放置在 20 ℃左右的显影液中显影 1~3 min,显影过程中应不断搅动或摇动显影液,以使显影均匀.显影后的底片一般呈灰色.

(2) 停影:显影后的底片放停影液中停影 1~2 min.

(3) 定影:将停影完的底片放置到 20 ℃左右的定影液中定影 5~10 min(定影过程中应使定影液不断摇动).

(4) 水漂:把定影后的底片用 20 ℃左右的清水冲洗 5~10 min,然后用木夹夹起晾干或用冷风吹干.

(5) 冲洗后的底片,还可经过漂白处理,以增强衍射效果,利于观察.

3. 底片质量的鉴别

将底片对准复色光源,一边观察一边转动,若出现彩虹般的衍射图样,则表明底片记录了参考光和物光的合成干涉图样,一般而言,底片显示的“彩虹”越亮,影像的再现性就越好.

4. 影像的再现

按照图 5-2-2 的光路,即可在透光方向上观察到全息图景.

注意:激光(包括扩束激光)不可直接射入肉眼,以免灼伤.

【思考题】

1. 用某一波长的光拍摄的全息图,而用不同波长的单色光波前再现,图像的大小是否会改变?

2. 为什么要求参考光和物光的光程要尽量相等?

3. 全息图像的再现为什么具有三维立体特性?

实验 5-3　光电效应和普朗克常量的测定

光电效应是指一定频率的光照射在金属表面时会有电子从金属表面逸出的现象.光电效应实验对于认识光的本质及早期量子理论的发展,具有里程碑式的意义.

19 世纪末,物理学已经有了相当的发展,在力、热、电、光等领域,都已经建立了完整的理论体系,在应用上也取得了巨大成果.正当物理学家普遍认为物理学发展已经到达顶峰时,从实验上陆续出现了一系列重大发现,揭开了近代物理学革命的序幕,光电效应实验在其中起了重要的作用.

光电效应的实验规律与经典的电磁理论是矛盾的.按经典理论,电磁波的能量是连续的,电子接收光的能量获得动能,应该是光越强,能量越大,电子的初速度越大;实验结果是电子的初速度与光强无关.按经典理论,只要有足够的光照和照射时间,电子就应该获得足够的能量逸出金属表面,与光波频率无关;实验事实是对于一定的金属,当光波频率高于某一值时,金属一经照射,立即有光电子产生;当光波频率低于该值时,无论光强多强,照射时间多长,都不会有光电子产生.光电效应使经典的电磁理论陷入困境,包括勒纳德在内的许多物理学家,提出了种种假设,企图在不违反经典理论的前提下,对上述实验事实作出解释,但都过于牵强附会,经不起推理和实践的检验.

1900 年,普朗克在研究黑体辐射问题时,提出了一个符合实验结果的经验公式.为了从理论上推导出这一公式,他采用了玻耳兹曼的统计方法,假定黑体内的能量是由不连续的能量子构成的,能量子的能量为$h\nu$.能量子的假说具有划时代的意义,但是无论是普朗克本人还是他的许多同时代的科学家当时对这一点都没有充分认识.爱因斯坦以他惊人的洞察力,最先认识到量子假说的伟大意义并予以发展.

1916 年密立根通过实验证实了爱因斯坦光电效应方程,并且精确地测定了微观物理学中的物理常量——普朗克常量.现在,光电效应广泛地应用于光电管、光电池、光电倍增管等领域,它们在现代生产技术和科学实践中已成为不可或缺的重要器件.

【实验目的】

1. 了解光电效应的规律,加深对光的量子性的理解.
2. 测量普朗克常量 h.

【实验原理】

光电效应的实验原理如图 5-3-1 所示.入射光照射到光电管阴极 K 上,产生的光电子在电场的作用下向阳极 A 迁移构成光电流,改变外加电压 U_{AK},测量出光电流 I 的大小,即可得出光电管的伏安特性曲线.

光电效应的基本实验事实如下:

(1) 对应于某一频率 ν,光功率 P 不同时光电效应的 $I-U_{AK}$ 关系如图 5-3-2 所示.从图中可见,对于一定的频率,存在一个电压 U_0,当 $U_{AK}\leqslant U_0$ 时,电流为零,这个相对于阴极的负值的阳极电压 U_0 称为截止电压.

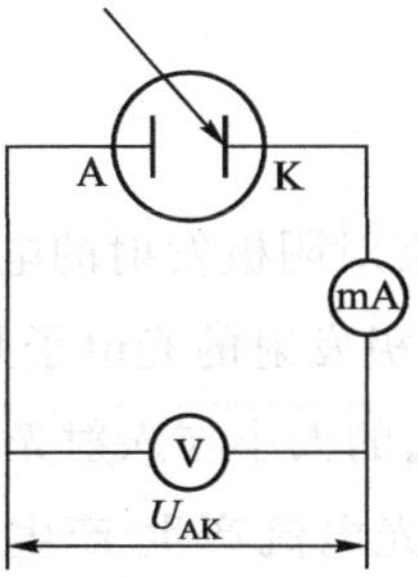

图 5-3-1

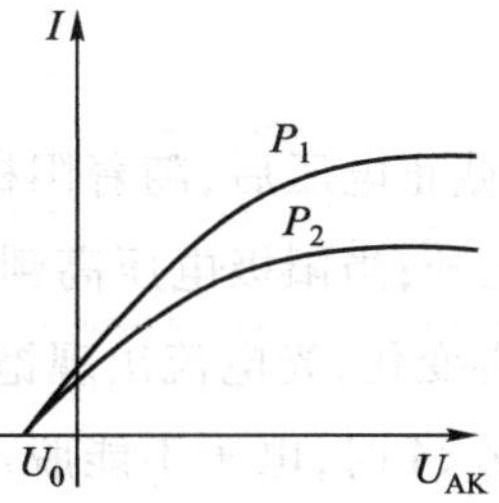

图 5-3-2

(2) 当 $U_{AK}\geqslant U_0$ 后,I 迅速增加,然后趋于饱和,饱和光电流 I_M 的大小与入射光的强度成正比.

(3) 对于不同频率的光,其截止电压的值不同,如图 5-3-3 所示.

(4) 作截止电压 U_0 与频率 ν 的关系图,如图 5-3-4 所示,U_0 与 ν 成正比关系.当入射光频率低于某极限值 ν_0(ν_0 随不同金属而异)时,不论光的强度如何,照射时间多长,都没有光电流产生.

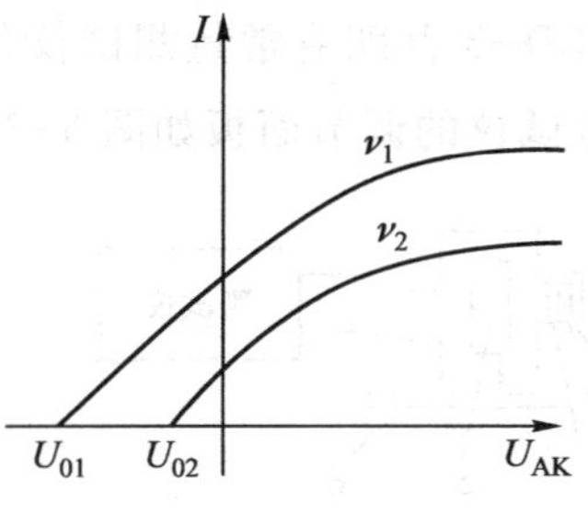

图 5-3-3

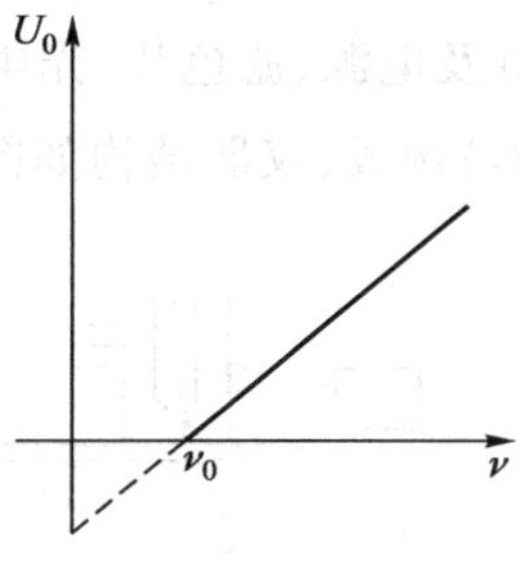

图 5-3-4

(5) 光电效应是瞬间效应.即使入射光的强度非常微弱,只要频率大于 ν_0,在开始照射后立即有光电子产生,所经过的时间至多为 10^{-9} s 的数量级.

按照爱因斯坦的光量子理论,光能并不像电磁波理论所想象的那样,分布在波阵面上,而是集中在被称为光子的微粒上,但这种微粒仍然保持着频率(或波长)的概念.频率为 ν 的光子具有能量 $E=h\nu$,h 为普朗克常量,当光子照射到金属表面上时,一次被金属中的电子全部吸收,而无需积累能量的时间.电子把这些能量的一部分用来克服金属表面对它的吸引力,余下的就变为电子离开金属表面后的动能,按照能量守恒定律,爱因斯坦提出了著名的光电效应方程:

$$h\nu=\frac{1}{2}mv_0^2+A \tag{5-3-1}$$

式中 A 为金属的逸出功，$\frac{1}{2}mv_0^2$ 为光电子获得的初始动能.由该式可见，入射到金属表面的光频率越高，逸出的电子动能越大，所以即使阳极电势比阴极电势低时也会有电子落入阳极形成光电流，直至阳极电势低于截止电压，光电流才为零，此时有

$$eU_0=\frac{1}{2}mv_0^2 \tag{5-3-2}$$

阳极电势高于截止电压后，随着阳极电势的升高，阳极对阴极发射的电子的收集作用越来越强，光电流随之上升；当阳极电压高到一定程度，已把阴极发射的光电子几乎全收集到阳极，再增加 U_{AK} 时 I 不再变化，光电流出现饱和，饱和光电流 I_M 的大小与入射光的强度 P 成正比.

光子的能量 $h\nu_0<A$ 时，电子不能脱离金属，因而没有光电流产生.产生光电效应的最低频率（截止频率）为 $\nu_0=A/h$.

将式（5-3-2）代入式（5-3-1），得

$$eU_0=h\nu-A=h(\nu-\nu_0) \tag{5-3-3}$$

此式表明截止电压 U_0 是频率 ν 的线性函数，直线斜率 $k=h/e$.只要用实验方法得出不同的频率对应的截止电压，求出直线斜率，就可算出普朗克常量 h.

爱因斯坦的光量子理论成功地解释了光电效应规律.

【实验仪器】

仪器由汞灯及电源、滤色片、光阑、光电管、ZKY-CD-3 普朗克常量测试仪（含光电管电源和微电流放大器）构成，仪器结构如图 5-3-5 所示，测试仪的调节面板如图 5-3-6 所示.

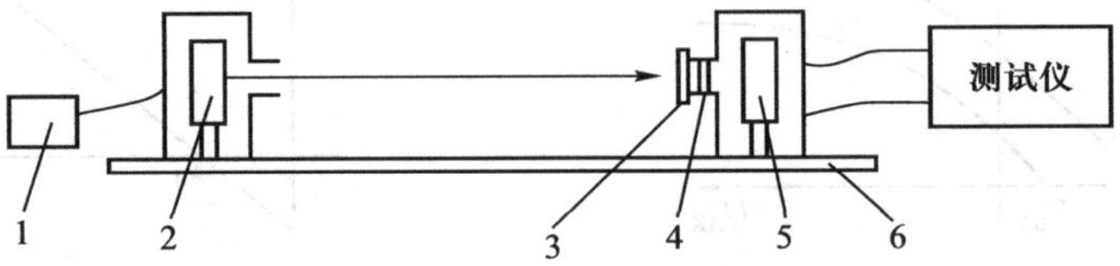

图 5-3-5

1—汞灯电源；2—汞灯；3—滤色片；4—光阑；5—光电管；6—基座

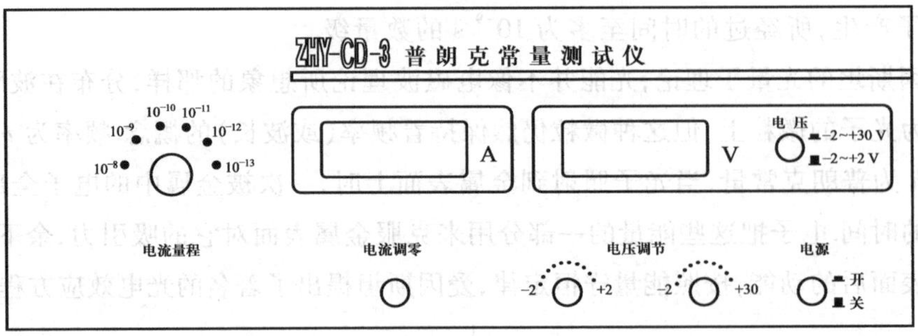

图 5-3-6

汞灯:可用谱线 365.0 nm、407.0 nm、435.8 nm、546.1 nm、577.0 nm、579.0 nm.

滤色片:5 片,透射波长分别为 365.0 nm、404.7 nm、435.8 nm、546.1 nm、577.0 nm.

光阑:3 个,直径为 2 mm、4 mm、8 mm.

光电管:光谱响应范围为 320~700 nm.

光电管电源:2 挡,-2~+2 V,-2~+30 V,三位半数显,稳定度优于 0.1%.

微电流放大器:6 挡,10^{-13}~10^{-8} A,分辨率为 10^{-14} A,三位半数显,稳定度优于 0.2%.

【实验内容与步骤】

1. 测试前准备

将测试仪及汞灯电源接通,预热 20 min.

把汞灯及光电管暗箱遮光盖盖上,将汞灯暗箱光输出口对准光电管暗箱光输入口,调整光电管与汞灯距离为 40 cm 并保持不变.

用专用连接线将光电管暗箱电压输入端与测试仪电压输出端(后面板上)连接起来(红—红,蓝—蓝).

将“电流量程”选择开关置于所选挡位,仪器在充分预热后,进行测试前调零,旋转“调零”旋钮使电流指示为 0.

用高频匹配电缆将光电管暗箱电流输出端与测试仪微电流输入端(后面板上)连接起来.

2. 测普朗克常量 h

(1) 问题讨论

理论上,测出各频率的光照射下阴极电流为零时对应的 U_{AK},其绝对值即该频率的截止电压,然而实际上由于光电管的阳极反向电流、暗电流、本底电流及极间接触电势差的影响,实测电流并非阴极电流,实测电流为零时对应的 U_{AK} 也并非截止电压.

光电管制作过程中阳极往往被污染,沾上少许阴极材料,入射光照射阳极或入射光从阴极反射到阳极之后都会造成阳极光电子发射,U_{AK} 为负值时,阳极发射的电子向阴极迁移构成了阳极反向电流.

暗电流和本底电流是热激发产生的光电流与杂散光照射光电管产生的光电流,可以在光电管制作或测量过程中采取适当措施以减小或消除他们的影响.

极间接触电势差与入射光频率无关,只影响 U_0 的准确性,不影响 $U_0-\nu$ 直线的斜率,对测定 h 无影响.

此外,由于截止电压是光电流为零时对应的电压,若电流放大器灵敏度不够,或稳定性不好,都会给测量带来较大误差.

在测量各谱线的截止电压 U_0 时,可不用难于操作的“拐点法”而用“零电流法”或“补偿法”.

零电流法是直接将各谱线照射下测得的电流为零时对应的电压 U_{AK} 的绝对值作为截止电

压 U_0.此法的前提是阳极反向电流、暗电流和本底电流都很小,用零电流法测得的截止电压与真实值相差很小,且各谱线的截止电压都相差 ΔU 对 $U_0-\nu$ 曲线的斜率无大的影响,因此对 h 的测量不会产生大的影响.

补偿法是调节电压 U_{AK} 使电流为零后,保持 U_{AK} 不变,遮挡汞灯光源,此时测得的电流 I_0 为电压接近截止电压时的暗电流和本底电流.重新让汞灯照射光电管,调节电压 U_{AK} 使电流值至 I_0,将此时对应的电压 U_{AK} 的绝对值作为截止电压 U_0,此法可补偿暗电流和本底电流对测量结果的影响.

(2) 测量

将电压选择按键置于-2～+2 V 挡;将"电流量程"选择开关置于 10^{-13} A 挡,将测试仪电流输入电缆断开,调零后重新接上;将直径 4 mm 的光阑及 365.0 nm 的滤色片装在光电管暗箱光输入口上.

从低到高调节电压,用"零电流法"或"补偿法"测量该波长对应的 U_0,并将数据记入表 5-3-1 中.

表 5-3-1　$U_0-\nu$ 关系　　　光阑直径 Φ=4 mm

波长 λ_i/nm	365.0	404.7	435.8	546.1	577.0
频率 ν_i/(10^{14} Hz)	8.214	7.408	6.879	5.490	5.196
截止电压 U_{0i}/V					

依次换上 404.7 nm、435.8 nm、546.1 nm、577.0 nm 的滤色片,重复以上测量步骤.

3. 测光电管的伏安特性曲线

将电压选择按键置于-2～+30 V 挡;将"电流量程"选择开关置于 10^{-11} A 挡;将测试仪电流输入电缆断开,调零后重新接上,将直径 2 mm 的光阑及435.8 nm的滤色片装在光电管暗箱光输入口上.

(1) 从低到高调节电压,记录电流从零到非零点所对应的电压值作为第一组数据,以后电压每变化一定值记录一组数据到表 5-3-2 中.

换上直径 4 mm 的光阑及 546.1 nm 的滤色片,重复上述测量步骤.

用表 5-3-2 中数据在坐标纸上作对应于以上两种波长及光强的伏安特性曲线.

(2) 在 U_{AK} 为 30 V 时,将"电流量程"选择开关置于 10^{-10} A 挡;将测试仪电流输入电缆断开,调零后重新接上,在同一谱线同一入射距离下,记录光阑直径分别为2 mm、4 mm、8 mm 时对应的电流值并填入表 5-3-3 中.

由于照到光电管上的光强与光阑面积成正比,可用表 5-3-3 数据验证光电管的饱和光电流与入射光强成正比.

也可以在 U_{AK} 为 30 V 时,将"电流量程"选择开关置于 10^{-10} A 挡并调零,测量并记录在同一谱线、同一光阑下光电管与入射光源距离不同时所对应的电流值，并填入表 5-3-4 中，同样验证与入射光成正比.

表 5-3-2　I-U_{AK} 关系　　$L=40$ cm

435.8 nm	U_{AK}/V									
光阑 2 mm	$I/(10^{-11}$ A)									
546.1 nm	U_{AK}/V									
光阑 4 mm	$I/(10^{-11}$ A)									

表 5-3-3　I_M-P 关系　　$U_{AK}=30$ V, $L=40$ cm

435.8 nm	光阑直径/mm			
	$I/(10^{-10}$ A)			
546.1 nm	光阑直径/mm			
	$I/(10^{-10}$ A)			

表 5-3-4　I_M-P 关系　　$U_{AK}=30$ V, $\Phi=8$ mm

435.8 nm	入射距离 L/cm									
	$I/(10^{-10}$ A)									
546.1 nm	入射距离 L/cm									
	$I/(10^{-10}$ A)									

【数据处理】

可用以下方法处理表 5-3-1 中的实验数据.

用表 5-3-1 中数据在坐标纸上作出 U_0-ν 直线，由图求出直线斜率 k.求出 k 后，可用 $h=ek$（$e=1.602\times10^{-19}$ C）求出普朗克常量，并与 h 的公度值 h_0 比较，求出相对误差

$$E=\frac{h-h_0}{h_0}$$

式中 $h_0=6.626\times10^{-34}$ J · s.

实验 5-4　密立根油滴实验

19 世纪末,英国物理学家 J.J.汤姆孙利用阴极射线实验装置发现了电子,并且测出了电子的荷质比(又称比荷);1911 年,美国物理学家密立根经过多年的努力,成功地采用油滴法测量了电子的电荷量,并且证明了所有的电荷量只能是元电荷的整数倍,换言之,自然界中的电荷量是量子化的,从而揭示了电的量子本质.今天重复这一实验,不仅有助于构筑我们的实验思维方式,也可以对物理世界的量子本质有一个直观的理解.

【实验目的】

1. 测定电子的电荷量.
2. 验证电荷的量子性.

【实验原理】

1. 基本原理

一般而言,由于摩擦,从喷雾器喷出的油滴都是带电的.如果使一个质量为 m、电荷量为 Q 的油液落在间距为 d、电压为 U 的平行平板电极之间,如图 5-4-1 所示,适当调节平行平板之间的电压数值和极性,使得油滴处于悬浮平衡状态,则有

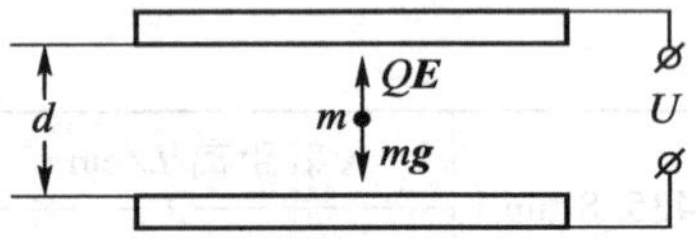

图 5-4-1

$$mg=\frac{QU}{d} \tag{5-4-1}$$

因此,只要测出 m、d、U,就可以间接测得油滴所带的电荷量.

实验证明,对于同一个油滴,如果改变其电荷量 Q,使其为 Q_1、Q_2、Q_3、…,则所需的平衡电压 U_1、U_2、U_3、…只能是一些不连续的数值.这一实验事实揭示了电荷存在最小的基本单元 e,油滴的电荷量只能是这一最小基本单元的整数倍,即

$$Q=ne \quad (n=1,2,3,\cdots)$$

在实验当中,只要测出一系列的电荷量 Q_1、Q_2、Q_3、…,然后求出它们的最大公约数,这个最大公约数就是元电荷 e.

实验中很重要的一点是油滴的质量称量问题,由于油滴的质量 m 很小,需要采用特殊的方法测定.

2. 油滴质量 m 的测定

油滴在表面张力的作用下一般呈球状,因此其质量为

$$m=\frac{4}{3}\pi r^3\rho \tag{5-4-2}$$

式中 r 为油滴半径,ρ 为油滴密度.

球状油滴的黏性与油滴半径 r 有关,因此可以通过研究油滴在空气中的运动特性间接测定 r.

在图 5-4-1 中,平板电极未加电压时,油滴受重力作用而下降,同时又受黏性阻力 F_f 的作用.F_f 与油滴的速度成正比,经过一小段距离后,油滴的速度达到极限(称为终极速度)而匀速下降(此时黏性阻力和重力相平衡,浮力忽略不计).由斯托克斯定律可得

$$F_f = 6\pi r\eta v \tag{5-4-3}$$

式中 η 为空气的黏度,v 为油滴的终极速度.

由式(5-4-2)和式(5-4-3)可得油滴的半径为

$$r=\sqrt{\frac{9\eta v}{2\rho g}} \tag{5-4-4}$$

对于半径小于 10^{-6} m 的小球,空气不能再看成连续的介质,斯托克斯定律修正为

$$F_f=\frac{6\pi r\eta v}{1+b/(pr)} \tag{5-4-5}$$

式中 b 为修正常量,$b=8.22\times10^{-3}$ m · Pa,p 为大气压强.

修正后,式(5-4-4)变为

$$r=\left[\frac{9\eta v}{2\rho g}\cdot\frac{1}{1+b/(pr)}\right]^{1/2} \tag{5-4-6}$$

式(5-4-6)右端仍然含有半径 r,但是由于它位于修正项当中,因此不需十分精确,仍可用式(5-4-4)表示,由式(5-4-6)与式(5-4-2)得

$$m=\frac{4}{3}\pi\rho\left[\frac{9\eta v}{2\rho g}\cdot\frac{1}{1+b/(pr)}\right]^{3/2} \tag{5-4-7}$$

3. 油滴终极速度 v 的测定

当两极板间施加的电压 $U=0$ 时,设油滴匀速下降的距离为 l,所用的时间为 t,则

$$v=\frac{l}{t} \tag{5-4-8}$$

4. 油滴所带电荷量的计算公式

由式(5-4-1)、式(5-4-4)、式(5-4-7)和式(5-4-8)得

$$Q=\frac{18\pi}{\sqrt{2\rho g}}\cdot\frac{d}{U}\left[\frac{\eta l}{t\left(1+\frac{b}{p}\sqrt{\frac{2\rho g t}{9\eta l}}\right)}\right]^{3/2} \tag{5-4-9}$$

令 $A=\frac{18\pi}{\sqrt{2\rho g}}(\eta l)^{3/2}d$,$B=\frac{b}{p}\sqrt{\frac{2\rho g}{9\eta l}}$,则油滴所带的电荷量可以表达为

$$Q=\frac{A}{\left[t(1+B\sqrt{t})\right]^{3/2}U} \tag{5-4-10}$$

由上式可见,测定油滴所带的电荷量,只需测定平衡电压 U,然后撤去电压,使其自由下

落,达到匀速时,测出给定下落距离 l 所需的时间 t 即可.

5. 实验装置简介

仪器主要由油滴盒、CCD 电视显微镜、电源及电路部分、监视器等组成.

油滴盒如图 5-4-2 所示,由上下两块圆形的平行板组成,板边缘用绝缘的胶木圆环隔开,间距为 $d=6.00\times10^{-3}$ m 的上极板中心有直径为 0.4 mm 的小孔,油滴经此孔进入油滴盒上下极板间.在胶木圆环上开有 CCD 显微镜观察孔、照明孔.电路部分有产生高压、测量显示等电路.底部装有三只调平手轮,面板结构如图 5-4-3 所示.

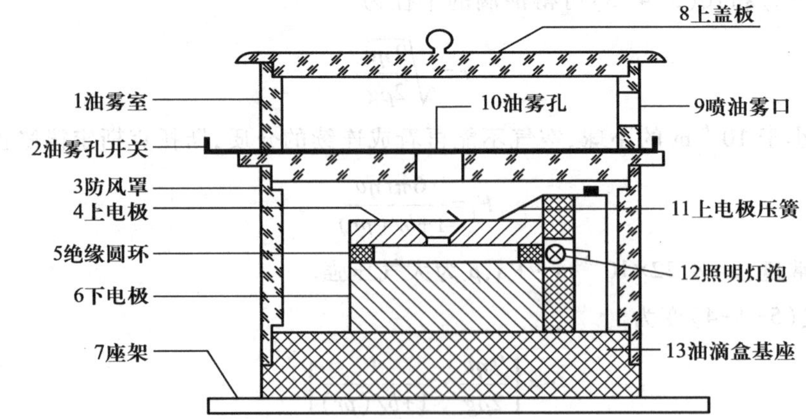

图 5-4-2

由测量显示电路产生的电子分划板刻度,与 CCD 摄像头的行扫描严格同步,相当于刻度线是做在 CCD 器件上的,所以即使监视器本身有非线性失真,刻度值仍是固定不变的.分划板是 8×3 结构,垂直线视场为3 mm,分 6 格,每格为 0.5 mm.

面板上有两只控制平行极板电压的三挡开关,S_1 控制极板电压的极性,S_2 控制极板电压的大小.当 S_2 处于中间位置即"平衡"挡时,可用电位器调节平衡电压;打向"提升"挡时,自动在平衡电压的基础上增加 200~300 V 的提升电压;打向"0 V"挡时,极板上电压为 0 V.

为了提高测量精度,S_2 的"平衡""0 V"挡与计时器的"计时/停"联动.在 S_2 由"平衡"打向"0 V"时,油滴开始匀速下落的同时开始计时,油滴下落到预定距离时,迅速将 S_2 由"0 V"挡打向"平衡"挡,油滴停止下落的同时停止计时.这样,在屏幕上显示的是油液实际的运动距离及对应的时间.

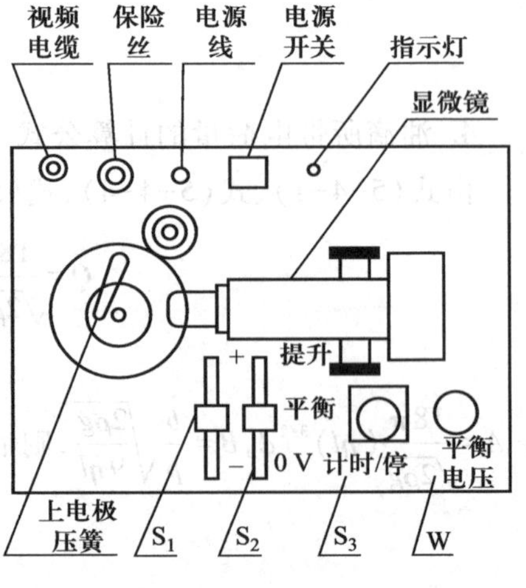

图 5-4-3

由于空气阻力的存在,油滴是先经过变速运动然后进入匀速运动的.但变速运动时间非常短,小于 0.01 s,与计时器精度相当,所以可以看作当油滴自静止开始运动时,油滴是立即作匀速运动的,运动的油滴突然加上原平衡电压时,将立即静止下来.

计时器采用“计时/停”方式,即按一下开关,清零的同时立即开始计时,再按一下,停止计时,并保存数据.

【实验仪器】

油滴仪,计时器,电路,电源,油滴盒,CCD 显微镜,监视器,喷雾器.

【实验内容与步骤】

1. 仪器调整

(1) 调节油滴仪上的调平螺丝,使电极板水平,保证电场方向与重力方向平行.

(2) 将 CCD 显微镜聚焦到油滴区,以便清晰地观察和测量油滴的运动状态.操作时将调焦针(金属针)插入上极板小孔中,然后调节 CCD 显微镜,直到可以清晰地看到分划板和调焦针.由于在此过程中上下极板被短路,因此必须将“平衡电压”开关置于“0”位置,使上下极板处于短路状态,以免损伤仪器和人员.

2. 练习选择和控制油滴

在喷雾器中注入少许油,将油从喷雾室中喷入,视场中将出现大量油滴.选取大小适中的油滴:油滴过大,则下降太快,不易达到匀速,也不易测量;油液过小,布朗运动明显,导致运动的随机性增加会引入较大测量误差;一般选取平衡电压在 250 V 左右,匀速下降四格(1 格 = 0.500 cm)所需时间 20~30 s 的油滴为宜;调节平衡电压(约 250 V),使其平衡,再去掉平衡电压使其自由下落.经过多次反复演练,直至熟练操控油滴.

3. 测量

(1) 测量平衡电压 U:将油滴悬浮于分划板某一横线附近,调节平衡电压使之静止,读取平衡电压 U.

(2) 测量油滴下降 l 所需的时间 t:为了保证油滴匀速下降,应先使之下降一小段距离,再测量时间.一般 l 选取 0.200 cm,测量时间 t.

(3) 选取不同的油滴(不少于 5 个),进行反复测量.

(4) 按照式(5-4-10)计算各个油滴所带电荷量 Q_i,再求这些电荷量的最大公约数,从而求出元电荷,并与标准值 $e=1.60\times10^{-19}$ C 比较,得出适当的结论.

【思考题】

1. 如果两个极板不平行,将对实验结果产生什么影响?

2. 实验中如何保证油滴匀速下降?

实验 5-5　弗兰克-赫兹实验

1913 年，玻尔建立了原子模型，提出了原子的定态假设.次年，弗兰克和赫兹利用加速电子碰撞原子的方法，使原子激发，通过对碰撞过程中能量交换的分析，证明了玻尔的定态假设，揭示了达到原子尺度范围内的相互作用图像，推动了量子力学的发展.

【实验目的】

证明原子定态的存在，测出汞原子的第一激发电势.

【实验原理】

1. 基本原理

玻尔的原子模型指出，原子中的电子绕核运动，“运动”的状态（能量 E 状态）不是任意的，只能取某些分立的状态 E_1、E_2、E_3、….在定态原子中，绕核运动的电子虽然在作加速运动，但并不向外辐射能量，只有从一个定态跃迁到另一个状态时，才会吸收或放出能量，因此电子的能量状态改变具有量子性，在原子辐射（放出能量）时，电子从较高的能级 E_n 过渡到较低能级 E_m，释放出光子，光子的能量和两能级之间的关系为

$$h\nu=E_n-E_m \tag{5-5-1}$$

式中 h 为普朗克常量，ν 为光子的频率.

一个原子从高能级到低能级的跃迁并且释放能量（发射光子）一般是自发进行的，而从低能级跃迁到高能级则需外界提供能量，用加速后的电子（或其他微观粒子）与原子相碰撞就是使原子激发（从低能级跃迁到高能级）的有效途径.原子在没有外界碰撞或运动的情形下，处于基态能量最低状态，记为 E_1；与基态最近的能量状态称为第一激发态（E_2），第一激发态与基态之间能量差称为临界能量 ΔE：

$$\Delta E=E_2-E_1 \tag{5-5-2}$$

式中 E_2 为第一激发态能量，E_1 为基态能量.

当电子的能量低于临界能量时，没有足够的能量改变原子的状态，电子和原子之间只进行弹性碰撞，没有能量交换.只有当电子的能量高于临界能量时，两者将产生非弹性碰撞，实现能量交换，导致原子激发，碰撞过程中的一部分能量（相当于临界能量）传递给束缚电子，剩余能量仍为系统的动能.由于单个电子的质量远小于原子质量，因此可认为促使电子激发的能量全部由电子提供.

实验中，电子的动能来自于电场的加速作用.初速为零的电子经过加速电压 U 的作用，获得的动能为 eU，如果此动能恰好等于原子的临界能量 ΔE，则此时的加速电压称为原子的第一激发电势 U_g，有

$$U_g=\frac{\Delta E}{e} \tag{5-5-3}$$

2. 弗兰克-赫兹实验规律

弗兰克-赫兹实验装置如图 5-5-1 所示.在弗兰克-赫兹实验中,电子与原子的碰撞是在密封玻璃管中进行的,管内为低压汞蒸气,管内装有阴极 K、栅极 G、板极 A,该管称为弗兰克-赫兹(F-H)管.实验时,弗兰克-赫兹管放在控温炉中,实验温度在 120~200 ℃,管中的汞为气态.

在弗兰克-赫兹管中,电子从阴极 K 发射出,经过栅极 G 和阴极间的可调电压 U_{GK} 加速,在板极 A 和栅极之间施加反向的拒斥电压,并且在板极回路中接有检流计 A,用来检测板极电流,该电流由可能到达板极的电子形成.如果汞原子的能态是连续的,则无论施加多大的加速电压,汞原子都有可能吸收能量,电子由于失去能量而最终无法到达板极,检流计中没有电流通过;如果汞原子没有吸收能量,则板极电流将随着加速电压的升高而增加,直到饱和为止.然而,实验结果恰好与以上两种结果相悖,得到的是如图 5-5-2 所示带有吸收峰的曲线,该曲线有如下特征:

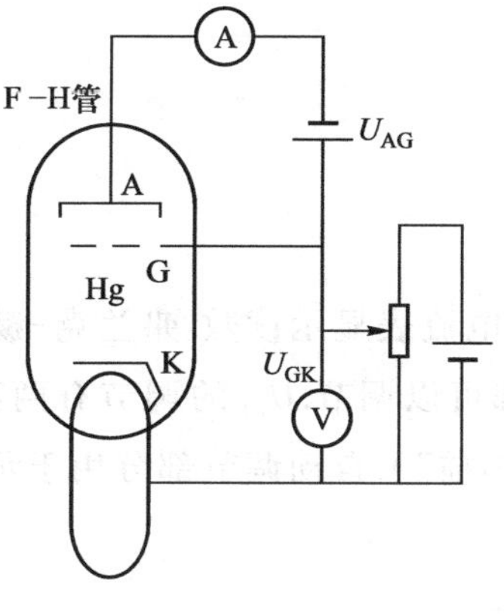

图 5-5-1

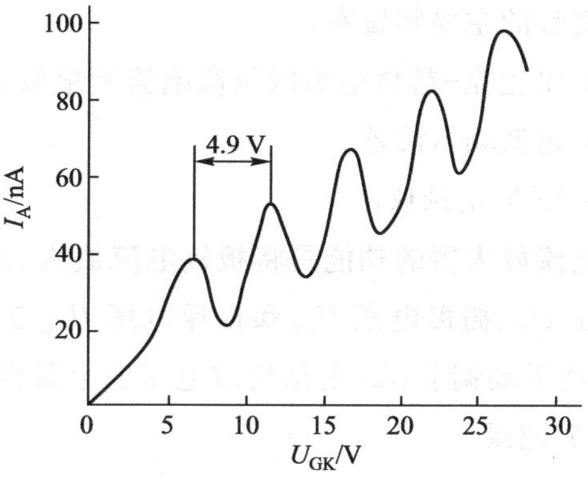

图 5-5-2

(1) 改变电压时,电流不是单调地上升,曲线上出现多个峰.

(2) 相邻峰尖之间相应的加速电压差值均为 4.9 V,只有第一个不是 4.9 V,这是由于存在接触电势差,使曲线发生了整体平移的缘故.

3. 对弗兰克-赫兹实验的解释

(1) 当 U_{GK}<4.9 V 时,电子的动能随 U_{GK} 的增大而增大.但是由于大部分电子的动能小于汞原子的临界能量,而不足以使汞原子激发,只能与汞原子发生弹性碰撞而不损失能量.考虑电子的速率分布,就可以解释板极电流随着加速电压增高而增大的实验结果.

(2) 当 U_{GK} 达到 4.9 V 时,那些在栅极附近的电子由于其动能已大于或等于临界能量,和汞原子碰撞后就极有可能将汞原子激发,这时将发生非弹性碰撞,电子的动能转移为原子的内能而损失掉,这样的电子不能克服栅极和板极之间的拒斥电势到达板极,因此板极电流开始下降.

（3）当 $U_{GK}>4.9$ V 时，随着 U_{GK} 的增加，电子的动能逐渐增大，在没有到达栅极之前就有充足的动能与汞原子发生非弹性碰撞，碰撞后的电子又被加速，与未被碰撞吸收的电子，克服拒斥场飞向板极，形成可观的板极电流；当 $U_{GK}=2\times4.9$ V 时，将有相当数量的电子具有足够的动能，与汞原子发生两次非弹性碰撞，将动能损失殆尽，因此没有足够的动能克服拒斥电场到达板极，此时板极电流开始减小；依次类推，当加速电压为临界能量的整数倍时，电子将可能导致整数倍次数的非弹性碰撞，剩余能量减小，进而使板极电流减小. 由此可以推理，汞原子的第一激发电势为 4.9 V，在吸收了 4.9 eV 的能量后，汞原子跃迁到第一激发态，而后自发跃迁回基态，释放出4.9 eV 的光量子，该光子的波长为实验测得的弗兰克-赫兹管中发出的光波波长，为

$$\lambda=\frac{hc}{eU_g}=\frac{6.63\times10^{-34}\times3.00\times10^{8}}{4.9\times1.6\times10^{-19}}\ \text{m}=2.5\times10^{-7}\ \text{m}=2.5\times10^{2}\,\text{nm}$$

与理论值符合得很好，因此，原子的定态假设就得到了直接的实验验证.

4. 实验装置

本实验的主要装置有：

（1）弗兰克-赫兹电源以及微电流测量放大器.

（2）超低频示波器.

（3）X-Y 记录仪.

微电流放大器的功能是将板极电流放大，然后由直流电流表显示读数. 弗兰克-赫兹管的灯丝电压 U_N、栅极电压 U_{GK} 和拒斥电压 U_{AG} 三者的大小都可以调节. U_{GK} 的调节有两种方法：① 电位器手动调节；② 由锯齿波电压发生器自动调节（“扫描”）. 自动调节部分用于示波器显示和 X-Y 记录.

【实验仪器】

弗兰克-赫兹管，控温加热炉，弗兰克-赫兹电源，微电流放大器，超低频示波器.

【实验内容与步骤】

1. 测试前的准备工作

（1）将控温炉接通电源，预热 15~30 min，调节温度调节旋钮，选择一定的炉温.

（2）接通微电流放大器，预热 20 min，进行“零点”和“满度”校准.

（3）选择直流（DC）栅极电压，并且调到最小.

（4）将微电流放大器和控温炉各对应电极（A、G、K、H）连接好.

2. 测量极板电流-加速电压（I_A-U_{AK}）曲线

（1）将“工作状态”拨到“激发”，缓慢增加 U_{GK}，全面观察一次 I_A 的变化情况（注意：当电

流表满刻度应及时改换倍率).

(2) 数据测量:将 U_{GK} 从“0”起缓慢上调,每一次增加电压,读取一次数据,在峰谷处数据密集一些.

(3) 作 I_A-U_{GK} 曲线(应与图 5-5-2 相近).取小于 4 个邻峰的电压差,取平均值,得到汞原子的第一激发电势.

(4) 用锯齿波连续改变加速电压,观察板极电流曲线.

(5) 用 X-Y 记录仪记录曲线.

【思考题】

1. 第一峰为什么没有在 4.9 V 处出现?
2. 使弗兰克-赫兹管的温度低些,会产生什么现象?
3. 此法能否测量汞原子的第二激发电势?需采取什么辅助措施?

实验 5-6　核磁共振测磁场

核磁共振(nuclear magnetic resonance,NMR),是指处在某个静磁场中具有核磁矩的原子核受到相应频率的电磁辐射作用时,受激发发生共振跃迁的现象.

最先把核磁共振方法引入微观研究的是美国科学家拉比(Raby).他在原子束实验中巧妙地运用了核磁共振方法,将磁矩的测量精度提高了两个数量级,但是实验中直接测量的是粒子的踪迹,这和今天的核磁共振方法完全不一样.核磁共振方法的根本改进是俄国科学家柴伏依斯基于 1944 年完成的,他在顺磁盐中首先观察到电子自旋共振信号.柴伏依斯基在实验中直接观测的是作用于磁矩体系上的射频场在发生共振吸收时的能量变化,而不是粒子的踪迹,这个基本原理甚至在今天最现代化的核磁共振仪器中仍然得到体现.第二次世界大战以后,核磁共振技术有了长足的进步.1946 年哈佛大学的珀塞尔(Purcell)和斯坦福大学的布洛赫(Bloch)独立地发现了石蜡和水中质子的核磁共振信号,为此,珀塞尔和布洛赫获得了 1952 年的诺贝尔物理学奖.此后,核磁共振技术得到了迅速发展,在物理学、化学、生物学、医学、地质学等学科得到了广泛的应用,成为研究物质微观结构的重要手段.

【实验目的】

1. 掌握核磁共振的实验基本原理和方法.
2. 观察核磁共振稳态吸收现象并测量磁场.
3. 测量原子核的磁旋比 γ 或核磁矩 μ.

【实验原理】

1. 核自旋

原子核具有自旋,其自旋角动量为

$$L=\sqrt{I(I+1)}\,\hbar \tag{5-6-1}$$

式中 $\hbar=\dfrac{h}{2\pi}$,h 为普朗克常量,I 是核自旋量子数,其值为半整数或整数;当质子数和质量数均为偶数时,$I=0$;当质量数为偶数而质子数为奇数时,$I=0,1,2,\cdots$;当质量数为奇数时,$I=n/2$ $(n=1,3,5\cdots)$.

2. 核磁矩

原子核带有电荷,因而具有自旋磁矩,其大小为

$$\mu_I=g\frac{e}{2m_{\mathrm{N}}}L=g\mu_{\mathrm{N}}\sqrt{I(I+1)} \tag{5-6-2}$$

$$\mu_{\mathrm{N}}=\frac{e\hbar}{2m_{\mathrm{N}}} \tag{5-6-3}$$

式中 g 为原子核的朗德 g 因子，对质子有 $g=5.586$，m_N 为原子核质量，μ_N 为核磁子，$\mu_N=5.509\times10^{-27}\ \mathrm{J\cdot T^{-1}}$. 令

$$\gamma=\frac{e}{2m_N}g \tag{5-6-4}$$

显然有

$$\mu_I=\gamma L \tag{5-6-5}$$

γ 称为核的磁旋比.

3. 核磁矩在外磁场中的能量

核自旋磁矩在外磁场中会进动，进动的角频率为

$$\omega_0=\gamma B_0 \tag{5-6-6}$$

式中 B_0 为外恒定磁场. 表 5-6-1 列出了一些原子核的自旋量子数、磁矩和回旋频率.

核自旋角动量 L 的空间取向是量子化的，设 B_0 沿 z 轴方向，L 在 z 方向分量只能取

$$L_z=m\hbar\quad(m=I,I-1,\cdots,-I+1,-I) \tag{5-6-7}$$

$$\mu_{Iz}=\gamma L_z \tag{5-6-8}$$

表 5-6-1

核素	自旋量子数 I	磁矩 μ/μ_N	回旋频率/$(\mathrm{MHz\cdot T^{-1}})$
^{1}H	1/2	2.792 70	42.577
^{2}H	1	0.857 38	6.536
^{3}H	1/2	2.978 8	45.414
^{12}C	0		
^{13}C	1/2	0.702 16	10.705
^{14}N	1	0.403 57	3.076
^{15}N	1/2	-0.283 04	4.315
^{16}C	0		
^{17}O	5/2	-1.893 0	5.772
^{18}O	0		
^{19}F	1/2	2.627 3	40.055
^{31}P	1/2	1.130 5	17.235

则核磁矩所具有的势能为

$$E=-\mu_I\cdot B_0=-\mu_{Iz}B_0=-\gamma\hbar mB_0 \tag{5-6-9}$$

对于氢核（^1H），有

$$I=\frac{1}{2},\quad m=\pm\frac{1}{2},\quad E=\pm\frac{1}{2}\gamma\hbar B_0 \tag{5-6-10}$$

E 正比于 B_0，核自旋为电子自旋的 1/1 840，故在同样的外磁场 B_0 中，核磁能级裂距约为电子自旋能级裂距的 1/1 840，这表明核磁共振信号比电子自旋共振信号弱得多，观测起来更困难.

4. 核磁共振

自旋角动量 L 不等于零的原子核都具有自旋磁矩 μ，在静磁场 B_0 作用下，将以一定夹角 α 和角频率 ω_0 围绕 B_0 作进动.由式(5-6-2)可知，核磁矩的绝对值为 $|\mu|=g\mu_N\sqrt{I(I+1)}$，原子核的角动量 L 与磁矩 μ 之间关系用磁旋比 γ 联系起来：

$$\gamma=\frac{|\mu|}{|L|}=\frac{g\mu_N\sqrt{I(I+1)}}{\hbar\sqrt{I(I+1)}}=\frac{g\mu_N}{\hbar} \tag{5-6-11}$$

原子核磁矩的投影为：$\mu_z=\gamma L_z=\frac{g\mu_N}{\hbar}L_z=g\mu_N m$，投影的最大值即为通常所说的核磁矩 $\mu_z=g\mu_N I$.

如果有一个射频场(B_1)，其工作频率为 ν，以与 B_0 垂直的方向作用于核，且其频率满足共振条件：

$$\nu=\gamma B_0/2\pi \tag{5-6-12}$$

则将发生核磁矩对射频能量的共振吸收，该核吸收此旋转磁场能量，实现能级间的跃迁，即发生核磁共振，此时

$$\Delta E=\omega_0\hbar=h\nu \tag{5-6-13}$$

$$\omega_0=\gamma B_0 \tag{5-6-14}$$

式中 h 为普朗克常量，$h=6.626\times10^{-34}$ J · s.

5. 仪器工作原理

当发生核磁共振时，原子核系统对射频场(RF)产生能量吸收，为了观察到核磁共振现象，必须把吸收的能量转化为可以观察到的电信号.检测核磁共振现象的基本原理如图 5-6-1 所示.

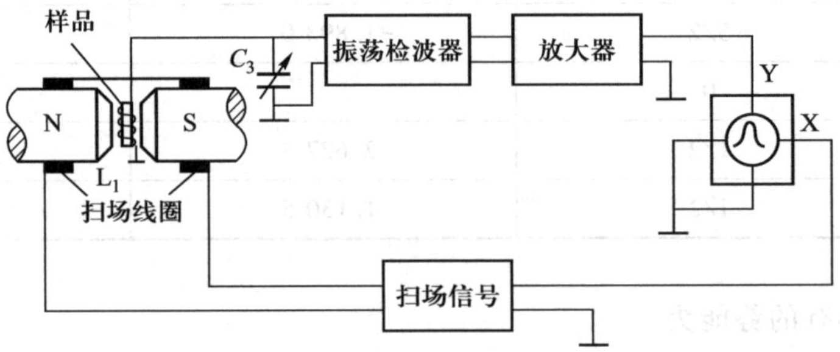

图 5-6-1　观察核磁共振信号原理图

把样品放在与静磁场垂直的射频线圈 L_1 中，线圈 L_1 与可调电容 C_3 组成振荡检波器的振荡回路，振荡检波器产生射频场 B_1，改变电容 C_3 可使射频场 B_1 的频率发生变化，当其频率满

足共振条件 $\nu=\gamma B_0/2\pi$ 时，样品中的原子核系统就吸收线圈中的射频场能量，使振荡器回路的 Q 值下降，导致振荡幅度下降，振荡幅度的变化由检波器检出，并经放大送到示波器的 Y 轴显示.为了不断满足共振条件，扫场信号源和扫场线圈对静磁场进行扫场，同时又把扫场信号输入到示波器的 X 轴(即外同步端)，使示波器的扫描与磁场扫场同步，以保证示波器上观察到稳定的共振信号.振荡器工作应在接近临界状态，通过调节"工作电流"及"反馈"旋钮，使振荡器处于边限振荡状态，以提高核磁共振信号的检测灵敏度，并避免信号饱和.

扫场信号采用 50 Hz 交流信号，通过扫场线圈，在静磁场 B 上叠加一个小于 50 Hz 交变磁场，实现扫场作用.

【实验仪器】

核磁共振仪，频率计，示波器.

【实验内容与步骤】

正确组装实验装置，观察核磁共振吸收信号.把样品放入探头中并将测试探头缓缓伸入磁体的磁极间隙中，启动"电源"开关和"扫场电源"开关.同时打开示波器与频率计开关，示波器的"扫描范围"旋钮至"外接"位置，若示波器荧光屏上的水平扫描线不够长，或太长超出荧屏范围，应调节至与荧屏宽度相同.增益旋至最小位置.频率计的"量程"移动开关置于"100 MHz"位置.电源面板上的"扫场调节"旋钮调至最大位置，"反馈"及"工作电流"旋至中间位置，此时示波器立即显示出一条具有高频噪音的水平线，可认为振荡器已产生振荡，若是一条平整的水平线，表示振荡器没有振荡.可调节"工作电流"，直至出现噪声为止，此时频率计上会显示振荡频率的数字.缓慢旋转"频率调节"旋钮(频率计的数字随之变化)，搜索共振信号，在旋转旋钮时，在示波器上可能会看到振荡器出现高频或低频自激现象，只要沿顺时针方向稍稍旋转主机上的"工作电流"旋钮，同时慢慢沿逆时针方向调节"反馈"旋钮，使振荡器处于最佳工作状态，此时噪音最小，信噪比最大.把示波器的扫描旋至合适的扫描挡，此时示波器上出现 4~8 个稳定的信号，且信号的距离相等，此时频率计上的计数就是振荡器的频率，也即共振信号的频率.从频率计上读出振荡频率，即可用式(5-6-11)求出 ^{1}H 的磁旋比 γ(设外磁场 B_0 已知).

【数据处理】

1. ^{1}H 的 g 值与核磁矩 μ 的计算.已知

$$g=h\gamma/2\pi\mu_N \tag{5-6-15}$$

$$\mu=\gamma Ih/2\pi \tag{5-6-16}$$

式中 h 是普朗克常量，$h=6.626\times10^{-34}$ J·s；μ_N 为核磁子，$\mu_N=5.050\ 8\times10^{-27}$ J·T^{-1}.

已知磁场 B_0 的值，只要测出共振频率，通过式(5-6-15)和式(5-6-16)即可算出 ^{1}H 的 γ、

g_N 和 μ 值(其中 μ 是以核磁子 μ_N 为单位的).

2. ^{19}F 的 g 值和核磁矩的计算.测量方法和计算方法与 ^1H 基本相同,只是 ^{19}F 的共振频率为 ^1H 的 0.94 倍,信号较 ^1H 弱许多.

3. 如果磁场强度未知,又没有精确的磁场计,则用频率计测出 ^1H 的共振频率 ν_1,^{19}F 的频率 ν_2,若已知 ^1H、^{19}F 中的一个磁旋比,就可算出另一个核的磁旋比.即设 ^1H 的共振频率为 ν_1,磁旋比为 γ_1;^{19}F 的频率为 ν_2,磁旋比为 γ_2,则由

$$\nu=\frac{\gamma}{2\pi}B_0$$

可得
$$\frac{\nu_1}{\nu_2}=\frac{\gamma_1/2\pi}{\gamma_2/2\pi},\quad \gamma_1=\frac{\nu_1}{\nu_2}\gamma_2$$

例如,在一定的磁场强度下(无磁场计测定 B_0 的值),测得 ^{19}F 的共振频率 ν_2 为 15.474 47 MHz,已知 ^{19}F 的 $\frac{\gamma_2}{2\pi}$ 为 $4.005\ 41\times10^7\ T^{-1}\cdot s^{-1}$,并测出在同一磁场下 ^1H 的共振频率 ν_1 为 16.448 74 MHz,则

$$\frac{\gamma_1}{2\pi}=\frac{\nu_1}{\nu_2}\frac{\gamma_2}{2\pi}=\frac{16.448\ 74}{15.474\ 47}\times4.005\ 41\times10^7\ T^{-1}\cdot s^{-1}=4.257\ 59\times10^7\ T^{-1}\cdot s^{-1}$$

把上述结果和 h 及 μ_N 的值代入 $g=\frac{\gamma}{2\pi}h/\mu_N$,算出

$$g=5.585\ 4$$

又将 ^1H 的 $I=1/2$ 和式(5-6-15)代入式(5-6-16),算出 ^1H 的磁矩为

$$\mu=\frac{\gamma}{2\pi}hI=g\mu_N I=2.792\ 7\mu_N(\text{以核磁子 }\mu_N\text{ 为单位})$$

【思考题】

1. 如何确定对应于磁场为 B_0 时核磁共振的共振频率 ν?
2. B_0 和 B_1 的作用是什么?

实验 5-7 利用光拍法测光速

光速是物理学中重要的常量之一，由于它的测定与物理学中许多基本物理问题有密切的联系，如天文测量、地球物理测量，以及空间技术的发展等计量工作的需要，所以对光速的精确测量显得更为重要，它已成为近代物理学中的重点研究对象之一.

17 世纪 70 年代，人们就开始对光速进行测量，由于光速的数值很大，所以早期的测量都是用天文学的方法.到了 1849 年，菲佐(Fizeau)利用转齿法实现了在地面实验室测定光速，其测量方法是通过测量光信号的传播距离和相应时间来计算光速，由于测量仪器的精度限制，其精度不高.而 19 世纪 50 年代以后，对光速的测量都采用测量光波波长 λ 和它的频率 f，由 $c=f\lambda$ 得出光的传播速度.到了 20 世纪 60 年代，高稳定的崭新光源——激光的出现，使光速测量精度得到很大的提高.目前公认的光速度为 299 792 458 m/s.

测量光速的方法很多，本实验采用声光调制形成光拍的方法来测量.实验集声、光、电于一体，所以通过本实验，不仅可以学习一种新的测量光速的方法，还可以对声光调制的基本原理、衍射特性等有所了解.

【实验目的】

1. 了解光拍的原理.
2. 掌握用光速测量仪测量光速的方法.

【实验原理】

光拍法测量光速是利用光拍的空间分布，测出同一时刻相邻同相位点的光程差和光拍频率，从而间接测出光速.

1. 光拍的形成

根据振动叠加原理，两列速度相同、振动和传播方向相同、频差又较小的简谐波叠加形成拍.

假设有两列振幅相同(只是为了简化讨论)、角频率分别为 ω_1 和 ω_2 的简谐波沿 x 方向传播：

$$E_1=E_0\cos(\omega_1 t-k_1x+\varphi_1)$$
$$E_2=E_0\cos(\omega_2 t-k_2x+\varphi_2)$$

式中 $k_1=\dfrac{2\pi}{\lambda_1}$、$k_2=\dfrac{2\pi}{\lambda_2}$称为角波数，$\varphi_1$ 和 φ_2 为初相位，这两列简谐波叠加得

$$E=E_1+E_2=2E_0\cos\left[\frac{\omega_1-\omega_2}{2}\left(t-\frac{x}{c}\right)+\frac{\varphi_1-\varphi_2}{2}\right]\cdot\cos\left[\frac{\omega_1+\omega_2}{2}\left(t-\frac{x}{c}\right)+\frac{\varphi_1+\varphi_2}{2}\right] \tag{5-7-1}$$

由上式可见，E 是角频率为$\dfrac{\omega_1+\omega_2}{2}$、振幅为 $2E_0\cos\left[\dfrac{\omega_1-\omega_2}{2}\left(t-\dfrac{x}{c}\right)+\dfrac{\varphi_1-\varphi_2}{2}\right]$ 的前进波.注意到其

振幅以角频率 $\Delta\omega=\frac{\omega_1-\omega_2}{2}$ 随时间作周期性缓慢变化，所以称 E 为拍频波，其中 $\Delta\omega=\frac{\omega_1-\omega_2}{2}=\pi\Delta f$，$\Delta f$ 称为拍频，$\Delta\lambda$ 是拍的波长，如图 5-7-1 所示.

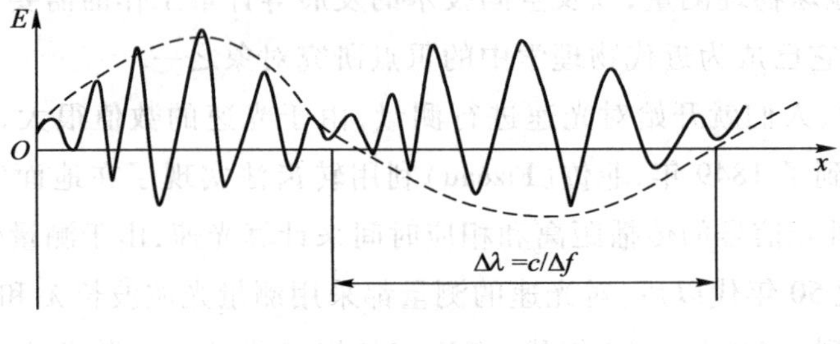

图 5-7-1 拍的形成

2. 相拍二光束的获得——声光调制

光拍的形成要求相互叠加的两光束具有一定（较小）的频差，为了获得具有这样特性的两束光，可以设法使激光束产生一个固定的频移.本实验是利用超声和激光同时在某些介质中相互作用来实现的，我们称它为声光调制.

声光调制是基于某些介质的声光效应.由于超声波是弹性波，当它在声光介质中传播时，会引起介质的弹性应力或应变（或介质的密度发生周期性的疏密变化），从而引起介质中光折射率的相应变化，影响光在介质中的传播特性，此即弹光效应.这种效应使声光介质形成一个相位光栅，光栅常量为超声的波长 λ.当波长 $\lambda=632.8$ nm 的平面单色激光束通过这一相位光栅时，其波阵面将发生变化，如图 5-7-2 所示.

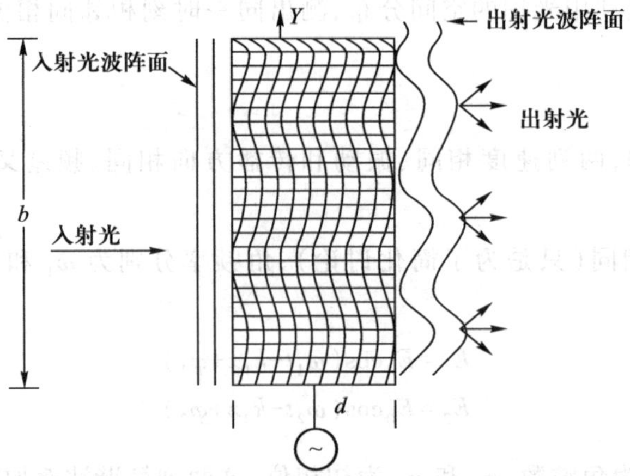

图 5-7-2

出射光发生多级衍射，使激光束在传播方向、频率和光强分布等方面都按一定规律发生变化，这种现象称为声光效应.

假设超声波 $U(y,t)=U_0\cos(\omega_s t-k_s y)$ 沿 y 方向以行波传播，它引起介质在 y 方向的应变为

$$S=\frac{\partial U}{\partial y}=U_0k_s\sin(\omega_st-k_sy)=S_0\sin(\omega_st-k_sy) \tag{5-7-2}$$

式中 S_0 为应变量的幅值，$k_s=\frac{\omega_s}{v_s}$为介质中的声波数，v_s 是介质中的超声波速度，由于应变是周期函数，它引起介质的密度在 y 方向发生疏密相间的变化，如图5-7-2所示.

若介质 y 方向的宽度 b 恰好是超声波半波长的整数倍，且在声源相对的端面覆上反射材料，使超声波反射，在介质中形成驻波超声场

$$U(y,t)=2U_0\cos\omega_st\cos k_sy$$

它使介质在 y 方向的应变为

$$S=\frac{\partial U}{\partial y}=2U_0k_s\cos\omega_st\sin k_sy=2S_0\cos\omega_st\sin k_sy \tag{5-7-3}$$

即，用同样的超声波源激励，驻波引起的应变量幅值是行波的两倍，这样光通过介质产生衍射的强度比行波强得多，所以本实验采用驻波法.

介质的应变引起其折射率发生相应的变化，其变化可表示为

$$\Delta\left(\frac{1}{n^2}\right)=PS \tag{5-7-4}$$

式中 n 是介质的折射率，P 是单位应变引起的$\frac{1}{n^2}$的变化，称为光弹系数.

在各向同性的介质中，P 和 S 都是标量，于是对于驻波声场，有

$$\Delta n=-\frac{n^3}{2}PS=-n^3PS_0\cos\omega_s\sin k_sy=-2A\cos\omega_st\sin k_sy \tag{5-7-5}$$

$$n(y)=n_0+\Delta n=n_0+2A\cos\omega_st\sin k_sy \tag{5-7-6}$$

式中 $A=n^3PS_0/2$ 为超声波引起介质折射率变化的幅度，此时介质在 y 方向的折射率（图 5-7-3）表示不同瞬间驻波场中折射率的分布情况.在驻波场中形成折射率分布层不以声速 v_s 沿 y 方向移动，而是在某些地方总是 n_0，在其他一些地方 n 以两倍超声频作涨落变化.当平面激光束通过介质超声驻波场时，利用光衍射极大的两次干涉法可获得超声波光学像.这种情况可以用阴影法来解释：在超声驻波场折射率波节处（即 n 始终等于 n_0 处），光束基本上不改变传播方向，而在折射率波腹处（即 n 在 $n_0\pm\Delta n$ 范围

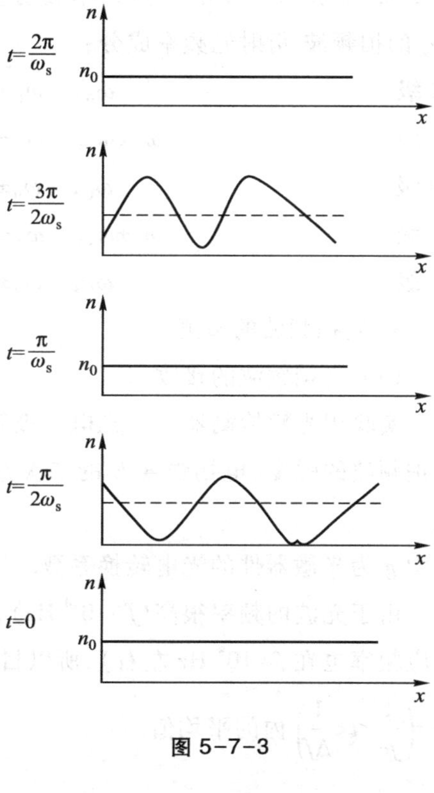

图 5-7-3

内变化)，光束改变了传播方向，这意味着波节对应于亮条纹，波腹对应于暗条纹，条纹间距为超声波半波长.

当 x 方向射入平面激光，通过厚度为 d 的介质后，其相位发生变化：

$$\Delta\varphi=n(y)k_0d=n_0k_0d+2Ak_0d\cos\,\omega_st\,\sin\,k_sy \tag{5-7-7}$$

式中 k_0 是真空中的光波数，n_0 为未加超声波作用时介质的折射率，n_0k_0d 为光通过未加超声波作用的介质后的相位变化量，$Ak_0d\cos\,\omega_st\sin\,k_sy$ 为光通过未加超声波作用的介质后在 x 方向的附加相位变化在 y 方向的分布.当声光相互作用介质厚度 d 较薄时，此声光介质相当于一个薄光栅或相位光栅，其光栅常量等于 λ_s，相位光栅使出射光发生衍射，结果光的传播方向、频率和强度分布都受到声频的调制而发生变化.若激光束垂直入射这一相位光栅(经超声波作用的介质)，出射 L 级对称衍射，衍射光强的极大值满足关系式：

$$\lambda_s\sin\,\theta_L=L\lambda_0$$

第 L 级衍射光的角频率为

$$\omega_L=\omega_0+(L+2m)\omega_s \tag{5-7-8}$$

式中 L 是衍射级，$L=0,\pm1,\pm2,\cdots$.对于每一个 L 值，$m=0,\pm1,\pm2,\cdots$，即在同一衍射光束内就含有许多不同频率成分的光，其频率差都是 $2\omega_s,4\omega_s,\cdots$，如图 5-7-4所示.虽然各衍射级的光强度不同，但它们可以产生光拍频波.例如选取第一级衍射光，即 $L=1,m=0$ 和 $m=-1$ 的两种频率成分叠加，就可以得到拍频为 $2\omega_s$ 的拍频波.衍射光频率成分：

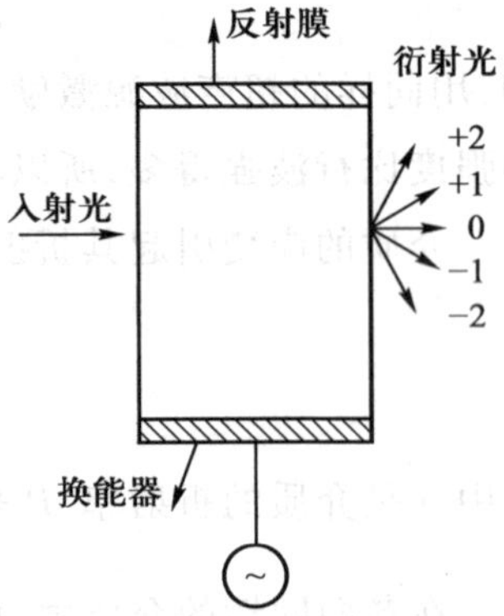

图 5-7-4　驻波声场产生的衍射频移

+2 级	ω_0，	$\omega_0\pm2\omega_s$，	$\omega_0\pm4\omega_s$，	…
+1 级	$\omega_0\pm\omega_s$，	$\omega_0\pm3\omega_s$，	$\omega_0\pm5\omega_s$，	…
0 级	ω_0，	$\omega_0\pm2\omega_s$，	$\omega_0\pm4\omega_s$，	…
−1 级	$\omega_0\pm\omega_s$，	$\omega_0\pm3\omega_s$，	$\omega_0\pm5\omega_s$，	…
−2 级	ω_0，	$\omega_0\pm2\omega_s$，	$\omega_0\pm4\omega_s$，	…

3. 光拍频波的检测

(1) 光拍频波的接收

实验用光敏检测器——光电二极管接收光拍频波，其光敏面上产生的光电流大小正比于光拍频波的强度(电场强度 E 的二次方)，所以光电流为

$$i_0=gE^2 \tag{5-7-9}$$

式中 g 为光敏器件的光电转换系数.

由于光波的频率很高($f>10^{14}$ Hz)，而且其光敏二极管的最短响应时间 $t\approx10^{-8}$ s(即最高的响应频率也在 $f=10^8$ Hz 左右)，所以目前光波照射光敏检测器所产生的光电流只能是响应时间 $t\left(\frac{1}{fc}<t<\frac{1}{\Delta f}\right)$ 内的平均值.

$$i_0 = \frac{1}{t}\int i_0 \mathrm{d}t \tag{5-7-10}$$

将式(5-7-1)和式(5-7-9)代入式(5-7-10)，i_0 积分中的高频项为零，只留下常数项和缓变项(光拍信号)，即

$$i_0 = \frac{1}{t}\int i_0 \mathrm{d}t = gE_0^2\{1+\cos[\Delta\omega(t-x/c)+\Delta\varphi]\} \tag{5-7-11}$$

式中 $\Delta\omega$ 是光拍频的角频率，$\Delta\varphi=\varphi_1-\varphi_2$ 为初相角.可见光检测器输出的光电流包含有直流成分 gE_0^2 和光拍信号成分，图 5-7-5 是光拍信号 i_0 在某一时刻的空间分布，如果接收电路把直流成分滤掉，检测器将输出频率为拍频 Δf，且相位与空间位置有关的光拍信号.

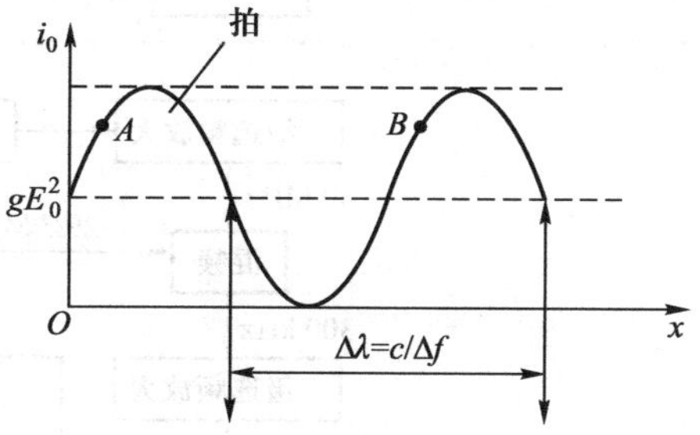

图 5-7-5

(2) 光速的测量

从图 5-7-5 和式(5-7-11)可见，光拍信号的相位与空间位置有关，处在不同空间位置的光敏检测器，在同一时刻有不同相位的光电流输出.

假设空间两点 A、B(图 5-7-5)的光程差为 $\Delta x'$，对应的光拍信号的相位差也为 $\Delta\varphi'$，即

$$\Delta\varphi' = \Delta\omega \cdot \Delta x'/c = 2\pi f\Delta x'/c$$

光拍信号的同相位诸点的相位差 $\Delta\varphi$ 满足下列关系：

$$\Delta\varphi = \Delta\omega\Delta x/c = 2\pi\Delta f\Delta x/c = 2\pi n$$

则

$$c = \Delta f\Delta x/n \tag{5-7-12}$$

式中，当取相邻两同相位点 $n=1$ 时，Δx 恰好是同相位点的光程差，即光拍频波的波长 $\Delta\lambda$，从而有

$$\Delta x = \Delta\lambda = c/\Delta f$$

或

$$c = \Delta f\Delta\lambda \tag{5-7-13}$$

因此，实验中只要测出光拍波的波长 $\Delta\lambda$(光程差 Δx)和拍频 Δf($\Delta f=2f$，为超声波频率)，根据式(5-7-13)可求得光速 c.

【实验仪器】

图 5-7-6 是测量光速实验装置图，(a)是光路示意图，(b)是电路原理图.

由超声功率信号源产生频率为 f 的超声波信号送到声光调制器，在声光介质中产生驻波超声场，此时声光介质形成相位光栅.当 He-Ne 激光束垂直射入声光介质，将产生 L 级对称衍射，任一级衍射光都含有 $\Delta f=2f$ 的光拍信号.假设选用第一级衍射光，可用光阑选出这一束光，经半透分光镜 M_1 将这束光分成两路：远程光束①依次经全反射镜 M_2、M_3 等多次反射后透过半反射镜 M 入射到光敏接收器；近程光束②由半反射镜 M 反射进入光敏接收器，在半透分光

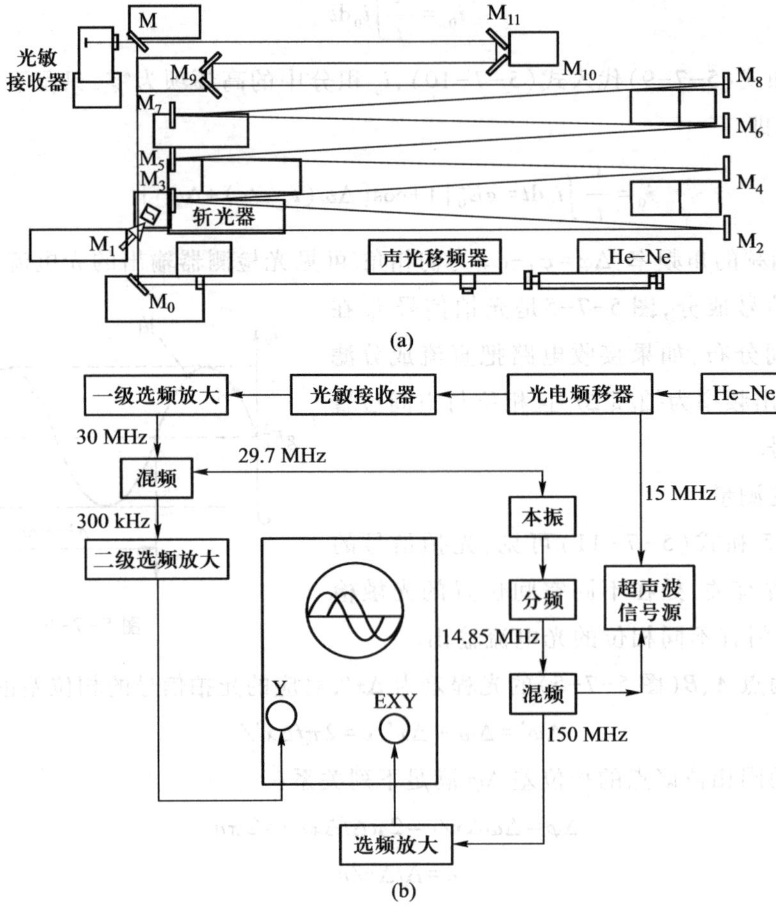

图 5-7-6　实验原理图

镜 M_1 后面接入斩光器，由小型电机带动，轮流挡住其中一路光束，让光敏接收器轮流接收①路或②路光信号.如果将这路光通过光敏接收器后直接加到示波器上观察它们的波形，是比较困难的，因为 He-Ne 激光束和频移光束包含许多频率成分，致使有用的拍频信号被淹没，所以难以观察.为了能够选出清晰的拍频信号，接收电路中采用选频放大电路，如图 5-7-6(b)所示，以滤除激光器的噪声和衍射光束中不需要的频率成分.而只让频率为($2f\pm0.25$ MHz)的拍频通过，从而提高了接收电路的信噪比.

实验中为了能用普通示波器观察拍频信号，在一级选频放大电路后面加入混频电路，把拍频信号差频为几百千赫(kHz)的较低频信号送到示波器 Y 轴.另外，还用超声信号源的信号经另一混频电路差频后作为示波器 X 轴同步触发信号，使扫描与信号同步，在示波器的屏幕上显示出清晰、稳定的两束电信号波形，然后通过移动滑动平台，改变两光束间的光程差，在示波器上观察到两束光的相位变化，当两束光相位相同时，光拍波波长 $\Delta\lambda$ 恰好等于两光束的光程差 Δx.所以测出超声波频率 f 和光拍频波的波长 $\Delta\lambda$，就可以计算出光的传播速度 c.

【实验内容】

1. 用 GSY-N 型光速测量仪测量光速 c,并求测量不确定度.

2. 与公认光速值比较,求相对误差.

【实验步骤】

1. 按图 5-7-6 连接好所用仪器.

2. 接通激光器电源开关,调节激光器工作电流在 5 mA 左右.

3. 接通稳压电源开关,仔细调节超声波频率,调节激光束通过声光介质并与驻波声场充分互相作用(可通过调节频移器底座上的螺丝完成),使之产生二级以上明显的衍射光斑.

4. 用光阑选取所需的(零级或一级)光束,调节 M_0、M_1 方位,使①②路光都能按预定要求的光路进行.

5. 用斩光器分别挡住①路或②路光束,调节①路或②路光使经其各自光路后分别射入光敏接收器,调节光敏接收器方位,使示波器荧屏上能分别显示出它们的清晰波形.

6. 接通斩光器电源开关,示波器上将显示相位不同的两列正弦波形.

7. 移动滑动平台,改变两光束的光程差,使两列光拍信号同相位(相位差为 2π),此时的光程差为 $\Delta\lambda$.

8. 精确测量两光束的光程,求出它们的光程差,并从频率计测出超声波的频率 f.

【注意事项】

1. 声光频移器引线等不得随意拆卸.

2. 切忌用手或其他物体接触光学元件的光学面,实验结束盖上防护罩.

3. 切勿带电触摸激光管电极.

4. 提高实验精度,防止虚假相移的产生.

为了提高实验精度,除准确测量超声波频率和光程差外,还要注意对两束光相位的精确比较.如果实验中调试不当,可能会产生虚假的相移,结果影响实验精度.如图 5-7-7 所示的近程光①沿透镜 L 的光轴入射并会聚于 P_1 点,远程光②偏离 L 的光轴入射并会聚于 P_2 点,由于光敏面 P_1 点和 P_2 点的灵敏度和光电子入射时间不同,使两束光产生虚假相移.检查是否产生虚假相移的办法是分别遮挡远、近程光,观察两路光束在光敏面上反射是否经透镜后都成像于光轴上.

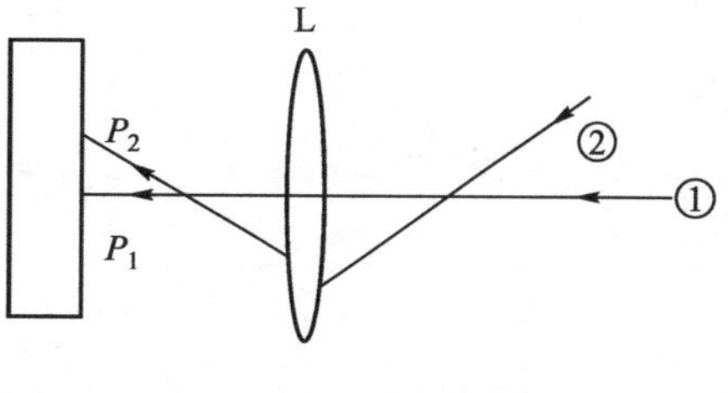

图 5-7-7

【思考题】

1. “拍”是怎样形成的？它有什么特性？

2. 声光调制器是如何形成驻波衍射光栅的？激光束通过它后其衍射有什么特点？

3. 根据实验中各个量的测量精度，估计本实验的误差.如何进一步提高本实验的测量精度？

实验 5-8　超声波探伤实验

超声波是频率高于 20 kHz 的声波.由于超声波的频率超过了人耳的听觉范围,因而人耳感觉不到声音.超声波具有声波所有的物理性质,但其频率高,波长短.产生超声波的方法有多种,现代超声波的产生主要是利用某些晶体(如石英、酒石酸钾钠、锆钛酸铅等)的特殊物理性质——压电效应.

当超声波在传播过程中遇到两种不同介质时,在介质分界面将产生反射.超声波在介面反射后,拥有剩余能量的超声波将进入第二种介质,称为透射.如果两种介质中的声速相同,透射声束的方向将平行于入射声束的方向.但如果两种介质中的声速不同,透射声束将发生方向的偏折,称为折射.剩余能量将以某一中心向空间各个方向传播,称为散射.散射后返回探头的回声信号强度明显减弱.超声波在传播的过程中,强度将随着所传深度的增加而减弱,称为衰减.超声波的衰减是由于超声波的反射、散射和吸收而引起的.

超声波探伤是无损检验的主要方法之一.它是利用材料本身或内部缺陷的声学性质对超声波传播的影响,非破坏性地探测材料内部或表面的缺陷(如裂纹、气泡、夹渣等)的大小、形状和分布状况,以及测定材料性质.超声波探伤具有灵敏度高、穿透力强、检验速度快、成本低、设备简单轻便和对人体无害等一系列优点.因此,它已广泛应用于机械制造、建筑、冶金、电力、石油、化工和国防等各工业部门,并已成为保证产品质量、确保设备安全运行的一种重要手段.

【实验目的】

1. 了解超声波的产生和接收.
2. 学习超声波探伤的原理和测量方法.
3. 熟练使用示波器.

【实验原理】

超声波探伤中,很多场合都需要知道材料中声波传播的速度.对于超声波探伤人员来说,测定声速最简单的方法是用超声波探伤仪来测定,由于现在的超声波探伤仪都是工作在脉冲波状态下,因此这种方法也可归结为脉冲测量方法.采用这种方法测量时,可用单探头方式,也可用双探头方式,可用于纵波声速的测量,也可用于横波声速的测量,而不同点只是在材料中激发声波和接收声速的方式以及声波的频率不同.

测定材料中声波传播速度的几种方法,如共振干涉法、相位比较法、脉冲法等,分别适用于不同的要求和不同的条件.其中由于脉冲法具有装置简单、方便易行和测量精度高等特点,因此应用得最为普遍.采用脉冲法时,通常我们使用脉冲反射法来测定声脉冲通过某一段声速所需的时间.

脉冲反射法是运用最广泛的一种超声波探伤法,它使用的不是连续波,而是有一定持续时间、按一定频率间隔发射的超声脉冲，探伤结果可以用示波器显示.发生器在一定时间间隔内发射一个触发脉冲信号，通过专用压电换能器的作用，使得信号以相同的频率作机械振动，这个高频脉冲信号相应地在示波器荧光屏上形成一个起始脉冲信号.当探头接触到所要探测的工件面时，超声波以一定的速度在其内部传播，当遇到缺陷或工件底面时，就会引起反射，反射后的超声波返回到探头.此时，压电换能器又将声脉冲转换成电脉冲并将信号再次传送到示波器，形成一个反射脉冲信号.由于电子束在荧光屏上的移动与超声波在均匀物质中的传播过程都是匀速的，所以来自缺陷或底面的反射脉冲信号距起始脉冲的距离与探头距缺陷或底面的距离成正比.脉冲反射法就是根据缺陷及底面反射信号的有无、反射信号幅度的高低以及反射信号在荧光屏上的位置来判断有无缺陷、缺陷的大小以及缺陷的深度.

脉冲反射法可以分为直接接触纵波脉冲反射法和斜角探伤法，这里我们主要介绍直接接触纵波脉冲反射法.我们知道，纵波是指材料中质点振动方向与声波传播方向一致的波.探伤时，当探头垂直于地面或以不大于第一临界角的角度耦合到工件上时，在工件内部都能获得纵波.直接接触纵波脉冲反射法通常分为一次脉冲反射法、多次脉冲反射法和组合双探头脉冲反射法.

(1) 一次脉冲反射法

如图 5-8-1 所示.当工件中无缺陷时，荧光屏上只有始波 T 与一次底波 B，如图 5-8-1(a)所示；当工件中有小缺陷存在时，荧光屏上除始波和底波之外还有缺陷波 F(此时的底波幅度可能会下降)，缺陷波位于始波和底波之间.缺陷在工件中的深度与缺陷波在荧光屏上距始波的位置相对应，如图 5-8-1(b)所示；当工件的缺陷大于声束直径时，荧光屏上将只有始波与缺陷波，如图 5-8-1(c)所示.

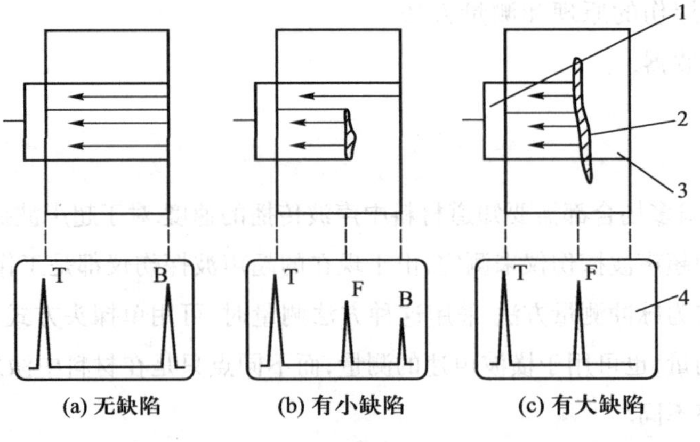

图 5-8-1　直接接触纵波一次脉冲反射法

1—探头；2—缺陷；3—被测物体；4—示波器荧光屏

(2) 多次脉冲反射法

这是以多次底面脉冲反射信号为依据进行探伤的一种方法.超声波在具有平行表面的工件中传播，在无缺陷的情况下，声波经底面反射回探头时，一部分能量为探头所接收，在荧光屏

上产生一次底波 B_1,另一部分能量又折回底面再反射回来,其中一部分能量又为探头所接收产生二次底波 B_2,剩余的能量再被折回……如此往复直至声能耗尽为止,在示波器荧光屏上将出现高度逐次递减的多次底波.多次反射之间的间距是相等的.

对于缺陷的判定大致可以分为两类:一类是吸收性缺陷(如疏松等),声波穿过时不引起反射,但声能的衰减很大,使声能在几次反射、甚至在一次反射后就消耗殆尽;另一类是非吸收性缺陷,若缺陷较小,在每次反射中缺陷波与底波同时存在,若缺陷大到覆盖这个声束截面时,声波只在表面与缺陷之间往复反射,荧光屏上没有底波,只有缺陷的多次反射波.本实验只做非吸收性缺陷实验.实验时要注意区分无缺陷和大于声束直径缺陷的波形(主要看各波之间的间距).

实验中,若要使探头有效地向工件中发射超声波以及有效地接收到由工件返回来的超声波,必须使探头和工件探测面之间有良好的声耦合.良好的声耦合可以通过填充耦合介质(这里我们采用凡士林)来实现,以避免其间有空气层存在,这是因为空气层的存在将使声能几乎完全被反射.

【实验仪器】

XYZ-3 型超声波综合实验仪,探头,待测缺陷金属块,数字示波器.

【实验内容与步骤】

1. 测声速

(1) 打开 XYZ-3 型超声波综合实验仪和示波器电源,预热 2 min.

(2) 将超声波综合实验仪面板上的接口,分别按提示连接至探头和示波器的输入端.

(3) 用探头紧密接触标准试块,注意:一定要涂抹耦合剂(凡士林).把探头放到如图 5-8-2 所示的 A,C,E 位置,在示波器上调出如图 5-8-3 所示的波形,分别测量回波的时间(每一位置取三个时间间隔的平均值),记入表 5-8-1.

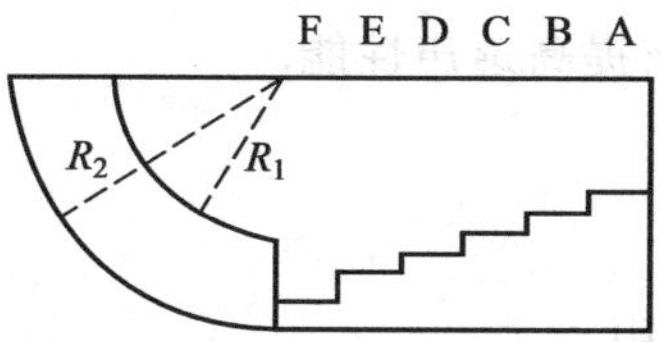

图 5-8-2

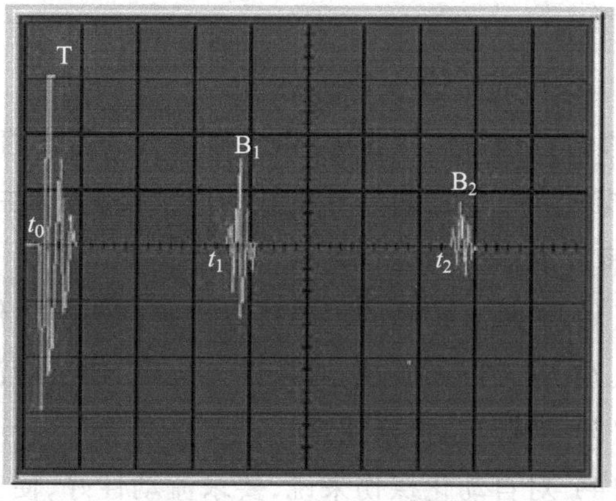

图 5-8-3　接收信号波形

表 5-8-1　超声波声速测定实验数据记录

d_i	已知 $d_A=3$ cm			已知 $d_C=5$ cm			已知 $d_E=7$ cm		
$\Delta t_i/\mu s$	Δt_{A1}	Δt_{A2}	Δt_{A3}	Δt_{C1}	Δt_{C2}	Δt_{C3}	Δt_{E1}	Δt_{E2}	Δt_{E3}
$\overline{\Delta t_i}/\mu s$									
$v_i/(m\cdot s^{-1})$									
$v_{金}/(m\cdot s^{-1})$									

(4) 通过公式$v_{金}=\dfrac{2d}{t}$，计算金属中的声速.

2. 测深度(厚度)

用探头紧密接触标准试块，注意：一定要涂抹耦合剂(凡士林)，将探头放到试块 B、D、F 处，用示波器观察回波波形并进行测量，数据记入表 5-8-2.

表 5-8-2　超声波探伤深度数据记录

金属中声波速度$v_{金}$=______m · s^{-1}

i	B			D			F		
$\Delta t_i/\mu s$	Δt_{B1}	Δt_{B2}	Δt_{B3}	Δt_{D1}	Δt_{D2}	Δt_{D3}	Δt_{F1}	Δt_{F2}	Δt_{F3}
$\overline{\Delta t_i}/\mu s$									
d_i/cm									

通过公式 $d=v_{金}\ t/2$，就可以知道金属中缺陷所在的位置深度.

【附录】

1. 耦合剂的选择

在直接接触法探伤中，由于声耦合的好坏直接影响到探伤灵敏度及判伤的准确性，因此必须使探头和工件之间具有良好的声学接触，这主要取决于探测表面的光洁度和耦合剂的性能.

良好的耦合剂应具备以下特点：

(1) 应具有较高的声阻抗以改善探头与工件间的声耦合，提高透声性能.

(2) 对工件无腐蚀，对人体无危害，便于清洗.

(3) 来源广、价格便宜。

(4) 对自动化探伤来说，要求流动性好，便于回收循环使用.

从具有高声阻抗的观点来看，水银和具有悬浮状金属粉末的液体最好，不过价格昂贵、有毒、一般难以使用.

经常使用的耦合剂是油类,一般情况采用中等黏度的机油,在平滑的表面上可采用低黏度油类,粗糙表面适宜用高黏度油类.当探测面垂直于地面时,应采用非流动性胶状体作耦合剂,如润滑脂,但价格较高,一般可用采用水溶性糨糊.

在所有适宜作耦合剂的常用液体中,甘油的声阻抗最高,且易溶于水,便于探头、工件和手的清洗,是一种很好的耦合剂.

2. 金属杨氏模量的测量

长度为 l,截面积为 S 的均匀金属丝或棒,在受到拉力时伸长 Δl.金属丝单位长度的伸长量 $\Delta l/l$ 叫做应变,金属丝单位截面积所受的外力 F/S 叫做应力,根据胡克定律:在弹性限度内,应变与应力成正比,比例系数 E 叫做金属的杨氏模量,它由下式决定:

$$E=\frac{Fl}{S\Delta l}$$

在实验中只要测得 F、l、S、Δl,就能求出金属的杨氏模量 E.F、l、S 比较容易测量,Δl 是一个很小的量,很难用普通方法测定它的准确值,因此通常使用光杠杆方法对 Δl 进行测量.

上述即为光杠杆伸长法测量杨氏模量的原理,这里着重介绍另一种更为先进的测量方法:超声波法测量金属杨氏模量.

我们先从动力学角度来分析波动过程,导出波动的动力学方程,从而将波速与介质的性质联系起来.

波扰动的传播速度是由介质的弹性和惯性两种性质决定的.在此,我们可以通过小球和弹簧模型上纵向扰动的传播的实验来演示这一点.在直线气垫上放置一系列物块,每个物块间可以用弹簧相连.当有扰动加于第 1 个质点时,此扰动就会以一定的速度向前传播.若增大物块的质量(例如在物块上加重物),传播速度就减小;若增大弹簧的硬度(例如增加一根弹簧),传播速度就增大.这种小球和弹簧模型是对实际弹性介质的一种模拟,上述实验从物理上是很容易理解的.质量越大,物块要达到前一物块那样的速度和位移所需要的时间就越长,传播速度就越慢;弹簧越硬,相邻物块受到的力就越大,加速度越大,达到前一物块的速度和位移所需的时间就越短,传播速度就越快.

下面列出每个小球的运动方程.第 n 个小球受到左、右两弹簧的作用力,设第 $n-1$ 个小球及第 $n+1$ 个小球的位移分别为 y_{n-1},y_{n+1},弹簧劲度系数设为 k,小球质量为 m,则第 n 个小球的运动方程为

$$m\ddot{y}_n=-k(y_n-y_{n-1})+k(y_{n+1}-y_n) \tag{5-8-1}$$

设振源作频率为 ω 的简谐振动,由实验可知,每个小球将相继作同频率、同振幅的简谐振动,但每个小球的相位逐点落后.设

$$y_n=A\cos(\omega t+\varphi_n)$$

$$y_{n-1}=A\cos(\omega t+\varphi_n+\Delta\varphi)$$

$$y_{n+1}=A\cos(\omega t+\varphi_n-\Delta\varphi)$$

则
$$\ddot{y}_n=-\omega^2A\cos(\omega t+\varphi_n)$$

代入式(5-8-1),得

$$-\omega^2A\cos\ (\omega t+\varphi_n)=\frac{k}{m}[A\cos\ (\omega t+\varphi_n+\Delta\varphi)+A\cos\ (\omega t+\varphi_n-\Delta\varphi)-2A\cos\ (\omega t+\varphi_n)]$$

利用公式

$$\cos\alpha+\cos\beta=2\cos\frac{\alpha+\beta}{2}\cos\frac{\alpha-\beta}{2}$$

可得

$$-\omega^2A\cos(\omega t+\varphi_n)=\frac{k}{m}[2A\cos(\omega t+\varphi_n)\cos\Delta\varphi-2A\cos(\omega t+\varphi_n)]$$

$$=\frac{k}{m}[2A\cos(\omega t+\varphi_n)(\cos\Delta\varphi-1)]$$

这是对任意 t 成立的等式,故有

$$1-\cos\Delta\varphi=\frac{\omega^2m}{2k}$$

当相邻小球间的距离 $\Delta x\ll\lambda$(模型是从连续介质中抽象出来的,这一点总可以满足),则 $\Delta\varphi\ll1$,于是

$$1-\cos\Delta\varphi=2\sin^2\frac{\Delta\varphi}{2}\approx\frac{1}{2}(\Delta\varphi)^2$$

则有
$$\frac{1}{2}(\Delta\varphi)^2=\frac{1}{2}\omega^2\frac{m}{k}$$

所以
$$\Delta\varphi=\omega\sqrt{\frac{m}{k}}$$

每个小球的相位比前一小球落后 $\Delta\varphi$,因而经过 $\Delta t=\dfrac{\Delta\varphi}{\omega}$时间后,小球的相位达到此刻前一小球的相位值,于是波的传播速度,即相位传播速度为

$$v=\frac{\Delta x}{\Delta t}=\frac{\Delta x}{\Delta\varphi/\omega}=\Delta x\sqrt{\frac{k}{m}} \qquad (5-8-2)$$

式(5-8-2)明显地说明了弹性与惯性对波速的制约.

如果传播的介质是质量连续分布的弹性棒,而不是小球弹簧体系,波将如何传播呢?

如图 5-8-4 所示,在棒中取横截面坐标为 x 到 $x+\Delta x$ 的一段作为考察对象,令棒的截面积为 S,密度为 ρ.当棒中有纵向扰动传播时,各截面的位移并不相同,棒中发生纵向形变,从而出现应力(弹性力).所考察的这段棒受左方介质所施的弹力 $F(x)$ 和右方介质所施弹力 $F(x+\Delta x)$ 的作用,$F(x)$ 由 x 处的相对形变决定.设 x 处的横截面的位移为 y,$x+\Delta x$ 处的横截面的位移为

$y+\mathrm{d}y$,则 x 处的相对形变为 $\mathrm{d}y/\mathrm{d}x$.根据胡克定律,作用在处横截面上的正应力 F_n 与该处纵向相对形变(应变)成正比:

$$F_n=E\frac{\mathrm{d}y}{\mathrm{d}x} \tag{5-8-3}$$

式中 E 为杨氏模量,于是,x 处的弹力为

$$F(x)=SE\left.\frac{\mathrm{d}y}{\mathrm{d}x}\right|_x \tag{5-8-4}$$

同理,$x+\Delta x$ 处的弹力为

$$F(x+\Delta x)=SE\left.\frac{\mathrm{d}y}{\mathrm{d}x}\right|_{x+\Delta x} \tag{5-8-5}$$

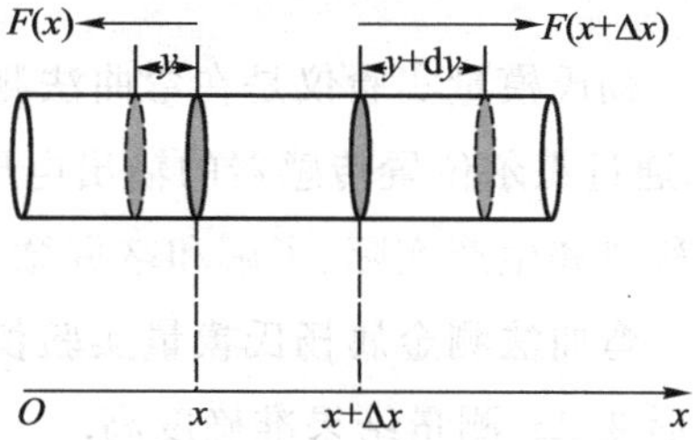

图 5-8-4

当 $\mathrm{d}y/\mathrm{d}x>0$ 时,为伸长形变,应力是张力,相应的 $F(x)$ 应取负号,$F(x+\Delta x)$ 应取正号,故所考察的这段棒的运动方程为

$$\rho S\Delta x\frac{\mathrm{d}^2y}{\mathrm{d}t^2}=SE\left.\frac{\mathrm{d}y}{\mathrm{d}x}\right|_{x+\Delta x}-SE\left.\frac{\mathrm{d}y}{\mathrm{d}x}\right|_x=SE\frac{\mathrm{d}^2y}{\mathrm{d}x^2}\Delta x$$

两边消去 $S\Delta x$,并将求导符号改为偏导符号,即得

$$\frac{\partial^2y}{\partial t^2}=\frac{E}{\rho}\frac{\partial^2y}{\partial x^2} \tag{5-8-6}$$

式(5-8-6)就是波动所满足的动力学方程,称为波动方程,它是一个线性偏微分方程.

既然简谐波可以在弹性介质中传播,简谐波的运动学方程应满足波动方程.将

$$y=A\cos\omega\left(t-\frac{x}{v}\right)$$

代入式(5-8-6),得

$$-\omega^2A\cos\omega\left(t-\frac{x}{v}\right)=\frac{E}{\rho}\left(-\frac{\omega^2}{v^2}\right)A\cos\omega\left(t-\frac{x}{v}\right)$$

当波速

$$v_{/\!/}=\sqrt{\frac{E}{\rho}} \tag{5-8-7}$$

时,方程成立,这就将波速与介质的常量 E、ρ 联系起来了.E 反映介质的弹性,ρ 反映介质的惯性.由于所讨论的是纵波,故 v 加了角标“$/\!/$”.

本实验中我们由式(5-8-7)可以得到 $E=\rho v^2$,ρ 为被测金属的密度,v 为超声波在金属中的声速,但由于上述模型建立在理想模型的前提下(截面积尺寸远小于波长),实际测量试块截面积要大得多,所以需再乘以一个系数才能得到较准确的测量值,即

$$v_{/\!/}=0.782\,v$$

实验 5-9 霍尔位置传感器的定标和杨氏模量的测定

杨氏模量实验仪是在弯曲法测量固体材料杨氏模量的基础上，加装霍尔位置传感器制成的.通过霍尔位置传感器的输出电压与位移量线性关系的定标和微小位移量的测量，有利于联系科研和生产实际，了解和掌握微小位移量的非电学量电测的新方法.

弯曲法测金属杨氏模量实验仪的特点是待测金属薄板只需受较小的力 F，便可产生较大的形变 Δz，测量结果准确度高.

【实验目的】

1. 熟悉霍尔位置传感器的特性.
2. 用弯曲法测量黄铜的杨氏模量.
3. 会对霍尔位置传感器定标.
4. 用霍尔位置传感器测量可锻铸铁的杨氏模量.

【实验原理】

1. 霍尔元件置于磁感应强度为 B 的磁场中，若在垂直于磁场方向通以电流 I，则在与这二者垂直的方向上将产生霍尔电势差 U_H：

$$U_H=K\cdot I\cdot B \tag{5-9-1}$$

式中 K 为元件的霍尔灵敏度.如果保持霍尔元件的电流 I 不变，而使其在一个均匀梯度的磁场中移动时，则输出的霍尔电势差变化量为

$$\Delta U_H=K\cdot I\cdot\frac{\mathrm{d}B}{\mathrm{d}z}\cdot\Delta z \tag{5-9-2}$$

式中 Δz 为位移量，此式说明若$\frac{\mathrm{d}B}{\mathrm{d}z}$为常量时，$\Delta U_H$ 与 Δz 成正比.

如图 5-9-1 所示，为实现均匀梯度的磁场，可以将两块相同的磁铁（磁铁截面积及表面磁感应强度相同）相对放置，即 N 极与 N 极相对，两磁铁之间留等间距间隙，霍尔元件平行于磁铁放在该间隙的中轴上.间隙大小要根据测量范围和测量灵敏度要求而定，间隙越小，磁场梯度就越大，灵敏度就越高.磁铁截面要远大于霍尔元件，以尽可能地减小边缘效应的影响，提高测量精确度.

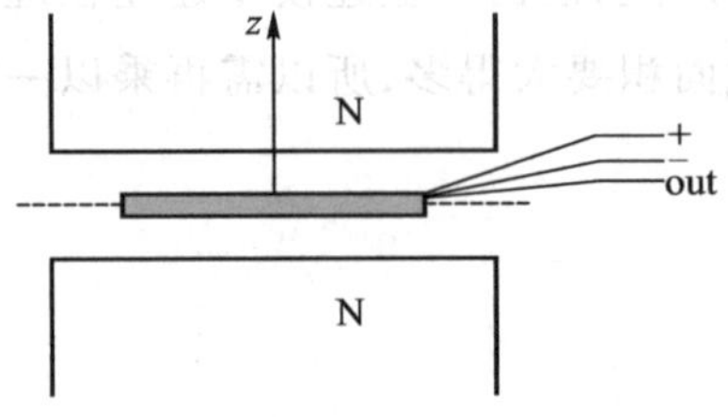

图 5-9-1

若磁铁间隙内中心截面处的磁感应强度为零，霍尔元件处于该处时，输出的霍尔电势差应该为零.当霍尔元件偏离中心沿 z 轴发生位移时，由于磁感应强度不再为零，霍尔元件也就产生相应的电势差输出，其大小可以用数字电压表测量.由此可以将霍尔电势差为零时元件所处的位置作

为位移参考零点.

霍尔电势差与位移量之间存在一一对应关系，当位移量较小（<2 mm）时，这种一一对应关系具有良好的线性.

2. 在横梁弯曲的情况下，杨氏模量 E 可以用下式表示：

$$E=\frac{d^3 \cdot mg}{4a^3 \cdot b \cdot \Delta z} \tag{5-9-3}$$

式中 d 为两刀口之间的距离，m 为所加拉力对应的质量，a 为梁的厚度，b 为梁的宽度，Δz 为梁中心由于外力作用而下降的距离，g 为重力加速度.

【实验仪器】

霍尔位置传感器测杨氏模量实验装置（如图 5-9-2 所示，包括底座固定箱、读数显微镜及调节机构，SS495A 型集成霍尔位置传感器、磁体、支架、加力机构，以及测试样品等，面板如图 5-9-3所示），直尺，游标卡尺，千分尺，砝码等.

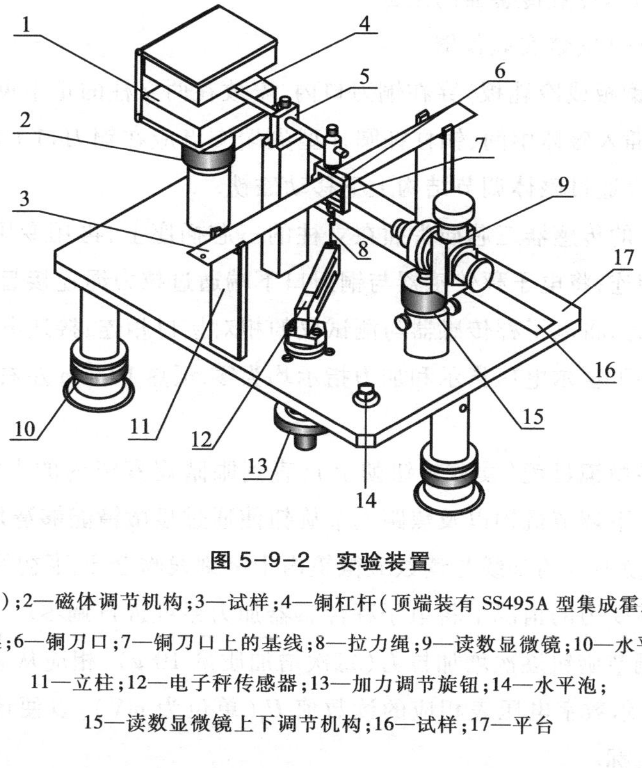

图 5-9-2　实验装置

1—磁体（磁铁对）；2—磁体调节机构；3—试样；4—铜杠杆（顶端装有 SS495A 型集成霍尔位置传感器）；5—杠杆支架；6—铜刀口；7—铜刀口上的基线；8—拉力绳；9—读数显微镜；10—水平调节机脚；11—立柱；12—电子秤传感器；13—加力调节旋钮；14—水平泡；15—读数显微镜上下调节机构；16—试样；17—平台

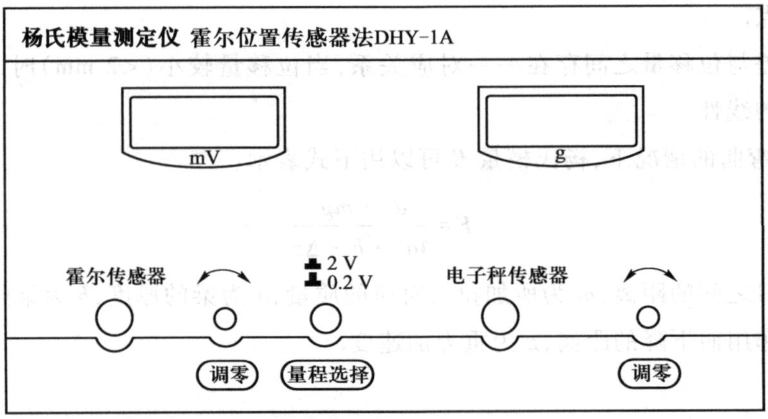

图 5-9-3 测试仪面板

【实验内容与步骤】

1. 杨氏模量和霍尔位置传感器的定标

(1) 按照图 5-9-2 安装实验仪器.

(2) 将试样(黄铜板或冷轧板)穿在铜刀口内,安放在两立柱的正中央位置.接着装上铜杠杆,有传感器的一端插入磁体中间,铜杠杆圆柱型尖端支点应在铜刀口上的小圆洞内,传感器若不在磁体中间,可以通过磁体调节结构上下移动磁铁.

(3) 将铜杠杆上的传感器三芯插头插在立柱的三芯插座上,再用专用连接线与测试仪上的霍尔传感器接口相连;将电子秤传感器与铜刀口下端通过拉力绳连接起来,调节加力调节旋钮,使拉力绳上不受力,将电子秤传感器与测试仪的相对接口相连;接通电源,调节仪器上调零电位器使在初始条件下霍尔电压指示和加力指示均为零.预热 10 min 左右,确保示值稳定后即可开始实验.

(4) 调节读数显微镜目镜(读数旋钮朝上),直到眼睛观察镜内的十字线和数字清晰,然后通过读数显微镜上下调节机构以及焦距调节旋钮使通过显微镜能够清楚看到铜刀口上的基线,再转动读数鼓轮使刀口的基线与读数显微镜内十字刻线吻合.记下初始读数值.

(5) 在拉力绳不受力的情况下将电子秤传感器加力系统进行调零.

(6) 通过加力调节旋钮逐次增加拉力(每次增加质量 10 g),相应从读数显微镜上读出梁的弯曲位移 Δz_i 及霍尔数字电压表相应的读数值 U_i(单位为 mV),以便计算杨氏模量和对霍尔位置传感器进行定标.

(7) 测量试样在两刀口间的长度 d、不同位置横梁宽度 b 以及横梁厚度 a.

(8) 用逐差法按公式(5-9-3)进行计算,求得黄铜材料的杨氏模量.并求出霍尔位置传感器的灵敏度 $\Delta U_i/\Delta z_i$.

(9) 把测量结果与公认值进行比较.

2. 选做内容:用霍尔位置传感器测量可锻铸铁的杨氏模量

(1) 通过加力系统逐次增加拉力,读出霍尔数字电压表相应的读数值.由霍尔传感器的灵敏度,计算出下降的距离 Δz_i.

(2) 测量不同位置横梁宽度 b 和横梁厚度 a,用逐差法按公式(5-9-3)计算可锻铸铁的杨氏模量.

【注意事项】

1. 霍尔位置传感器的定标.在进行测量之前,要检查杠杆的水平、刀口的垂直,铜刀口必须处于试样中间,要防止外来风的影响,杠杆安放在磁铁的中间,注意不要与金属外壳接触.一切正常后通过加力结构加力,使梁产生位移 Δz.精确测量霍尔传感器信号输出端的数值与铜刀口基线位置 z 的关系,也就是用读数显微镜对霍尔传感器输出量进行定标.

2. 必须准确测量梁的厚度.

3. 读数显微镜的准线对准铜刀口上的基线时,注意要区别是黄铜梁的边沿,还是基线.测量铜刀口基线位置时,刀口不能晃动.

4. 实验完成后,调节加力调节旋钮,使加力为零(拉力绳不受力).

【思考题】

1. 弯曲法测杨氏模量实验,主要测量误差有哪些?请估算各因素的不确定度.

2. 用霍尔位置传感器法测位移有什么优点?

【附录】

固体、液体及气体在受外力作用时,形状会发生或大或小的改变,统称为形变.当外力不太大,因而引起的形变也不太大时,撤掉外力,形变就会消失,这种形变称为弹性形变.弹性形变分为长变、切变和体变三种.

一段固体棒,在其两端沿轴方向施加大小相等、方向相反的外力 F,其长度 l 发生改变 Δl,以 S 表示横截面面积,称$\frac{F}{S}$为应力,相对长变$\frac{\Delta l}{l}$为应变.在弹性限度内,由胡克定律有

$$\frac{F}{S}=E\cdot\frac{\Delta l}{l}$$

式中 E 为杨氏模量,其数值与材料性质有关.以下具体推导公式:

$$E=\frac{d^3\cdot mg}{4a^3\cdot b\cdot\Delta z}$$

在横梁发生微小弯曲时,梁中存在一个中性面,面上部分发生压缩,面下部分发生拉伸,所以整体来说,可以理解横梁发生长变,即可以用杨氏模量来描写材料的性质.

如图 5-9-4 所示，虚线表示弯曲梁的中性面，易知其既不拉伸也不压缩.取弯曲梁长为 dx 的一小段，设其曲率半径为 $R(x)$，所对应的张角为 dθ.再取中性面上部距为 y 厚为 dy 的一层面为研究对象，那么，梁弯曲后其长变为 $[R(x)-y]\cdot \mathrm{d}\theta$，所以变化量为 $[R(x)-y]\cdot \mathrm{d}\theta-\mathrm{d}x$，又因为

$$\mathrm{d}\theta=\frac{\mathrm{d}x}{R(x)}$$

所以　$[R(x)-y]\cdot \mathrm{d}\theta-\mathrm{d}x=$

$$[R(x)-y]\frac{\mathrm{d}x}{R(x)}-\mathrm{d}x=-\frac{y}{R(x)}\mathrm{d}x$$

所以应变为 $-\frac{y}{R(x)}$，根据胡克定律有

$$\frac{\mathrm{d}F}{\mathrm{d}S}=-E\frac{y}{R(x)}$$

又因为　$\mathrm{d}S=b\cdot \mathrm{d}y$

所以　$\mathrm{d}F(x)=-\frac{E\cdot b\cdot y}{R(x)}\mathrm{d}y$

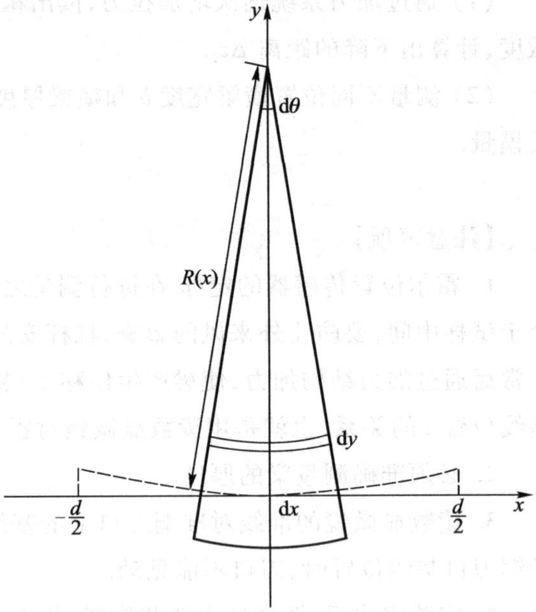

图 5-9-4

对中性面的转矩为

$$\mathrm{d}M(x)=|\mathrm{d}F|\cdot y=\frac{E\cdot b}{R(x)}y^2\cdot \mathrm{d}y$$

积分得

$$M(x)=\int_{-\frac{a}{2}}^{\frac{a}{2}}\frac{E\cdot b}{R(x)}y^2\cdot \mathrm{d}y=\frac{E\cdot b\cdot a^3}{12\cdot R(x)} \tag{5-9-4}$$

对梁上各点，有

$$\frac{1}{R(x)}=\frac{y''(x)}{[1+y'(x)^2]^{\frac{3}{2}}}$$

因梁的弯曲微小，则

$$y'(x)=0$$

所以有

$$R(x)=\frac{1}{y''(x)} \tag{5-9-5}$$

梁平衡时，梁在 x 处的转矩应与梁右端支撑力 $\frac{mg}{2}$ 对 x 处的力矩平衡，所以有

$$M(x)=\frac{mg}{2}\left(\frac{d}{2}-x\right) \tag{5-9-6}$$

根据式(5-9-4)、式(5-9-5)和式(5-9-6)可以得到

$$y''(x)=\frac{6mg}{E\cdot b\cdot a^3}\left(\frac{d}{2}-x\right)$$

根据所讨论问题的性质,有边界条件

$$y(0)=0,\quad y'(0)=0$$

解上面的微分方程得到

$$y(x)=\frac{3mg}{E\cdot b\cdot a^3}\left(\frac{d}{2}x^2-\frac{1}{3}x^3\right)$$

将 $x=\frac{d}{2}$ 代入上式,得右端点的 y 值为

$$y=\frac{mg\cdot d^3}{4E\cdot b\cdot a^3}$$

又因为

$$y=\Delta z$$

所以,杨氏模量为

$$E=\frac{d^3\cdot mg}{4a^3\cdot b\cdot \Delta z}$$

实验 5-10 传感器实验

能够感受规定的被测量并按照一定的规律转换成可输出信号的器件或装置称为传感器，传感器通常由敏感元件和转换元件组成.其中，敏感元件是指传感器中能直接感受或响应被测量的部分，转换元件是指传感器中能将敏感元件对被测量的感受或响应转换成适于传输或测量的电信号的部分.传感器是感知、获取、检测和转换信息的窗口，属于研究对象与传输处理系统的接口装置，被喻为计算机实现智能化的"五官"，因此可以说，传感器是实现信息化时代的主要技术基础.

在科学研究、民用新产品开发的各个领域，特别是在现代许多高科技应用中，传感器起着举足轻重的作用.传感器可以将声、压力、形变、转速、位移、液面、温度、加速度、光强等各种非电学量转换为电学量测量.高精度的传感器在航空、航天、军事等领域是不可缺少的.

【实验仪器】

本实验中使用的是 DH-CG2000 型综合传感器实验仪.仪器分为三部分：顶面——实验台(各种传感器件)；直立面——各种激励源和显示表；平台面——各处理电路单元.三大部分相互独立，彼此之间无连接，实验时根据实验内容的需要，用连接线与外部的平台部分连接.

实验台部分：装有双平行振动梁(应变片、热电偶、PN 结、热敏电阻、加热器、压电传感器、梁自由端的磁钢)、激振线圈、双平行梁测微头、光纤传感器的光电变换座、光纤及探头、小电机、电涡流传感器及支座、电涡流传感器引线插孔、霍尔传感器的两个半圆磁钢、振动平台(圆盘)测微头及支架、振动圆盘(圆盘磁钢、激振线圈、霍尔片、电涡流检测片、差动变压器的可动芯子、电容传感器的动片组、磁电传感的可动芯子)、半导体扩散硅压阻式差压传感器、气敏传感器及湿敏元件安装盒，热释电传感器、光电开关、硅光电池、光敏电阻元件安装盒.

激励源部分和显示表：包括电机控制单元、主电源、直流稳压电源(±2 V~±10 V，分 5 挡调节)、F/V 数字显示表[可作为电压表(200 mV~20 V)和频率表]、音频振荡器、低频振荡器、±15 V不可调稳压电源.

处理电路单元：包括电桥单元、差动放大器、电容变换放大器、电压放大器、移相器、相敏检波器、电荷放大器、低通滤波器、涡流变换器等单元.

(一) 金属箔式应变片性能——单臂电桥

【实验目的】

了解金属箔式应变片和单臂电桥的工作原理.

【实验原理】

本实验将说明箔式应变片及单臂直流电桥的原理和工作情况.

应变片是最常用的测力传感元件.当用应变片测试时,应变片要牢固地粘贴在测试体表面,当测件受力发生形变,应变片的敏感栅随同变形,其电阻也随之发生相应的变化,通过测量电路,转换成电信号输出显示.

电桥电路是最常用的非电学量测量电路中的一种,当电桥平衡时、桥路相对臂电阻乘积相等,电桥输出为零,在桥臂四个电阻 R_1、R_2、R_3、R_4 中,电阻的相对变化率分别为 $\Delta R_1/R_1$、$\Delta R_2/R_2$、$\Delta R_3/R_3$、$\Delta R_4/R_4$,当使用一个应变片时,$\sum R=\dfrac{\Delta R}{R}$;当两个应变片组成差动状态工作,则有 $\sum R=\dfrac{2\Delta R}{R}$;用四个应变片组成两个差动状态工作,且 $R_1=R_2=R_3=R_4=R$,$\sum R=\dfrac{4\Delta R}{R}$.

由此可知,单臂、半桥、全桥电路的灵敏度依次增大.

所需单元及部件:直流稳压电源,电桥,差动放大器,双平行梁,测微头,应变片,F/V 表,主、副电源.

旋钮初始位置:直流稳压电源打到±2 V 挡,F/V 表打到 2 V 挡,差动放大器增益最大.

【实验内容与步骤】

1. 了解所需单元、部件在实验仪上的所在位置,观察梁上的应变片.应变片为棕色衬底箔式结构小方薄片,上下两片梁的外表面各贴两片受力应变片和一片补偿应变片,测微头在双平行梁前面的支座上,可以上、下、前、后、左、右调节.

2. 将差动放大器调零:用连线将差动放大器的正(+)、负(-)、地短接.将差动放大器的输出端与 F/V 表的输入插口 V_i 相连;开启主、副电源,调节差动放大器的增益到最大位置,然后调整差动放大器的调零旋钮使 F/V 表显示为零.关闭主、副电源,如图 5-10-1 所示.

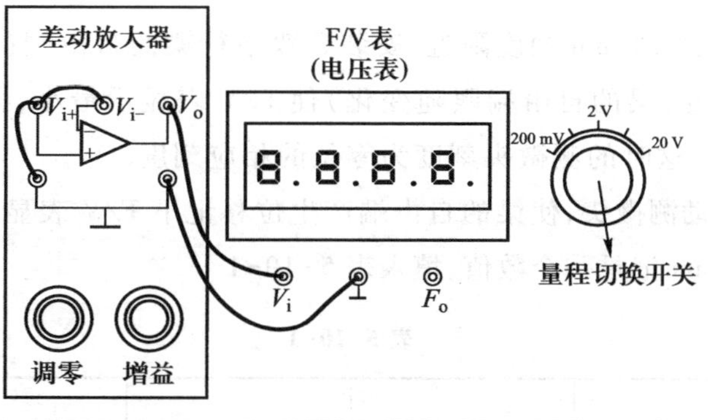

图 5-10-1

3. 根据图 5-10-2 接线.R_1、R_2、R_3 为电桥单元的固定电阻,$R_x=R_4$ 为应变片.将稳压电源的切换开关置±4 V 挡,F/V 表置 20 V 挡.调节测微头脱离双平行梁,开启主、副电源,调节电桥平衡网络中的 W_1,使 F/V 表显示为零,然后将F/V表置 2 V 挡,再慢慢地调节桥 W_1,使 F/V 表显示为零,如图 5-10-3 所示.

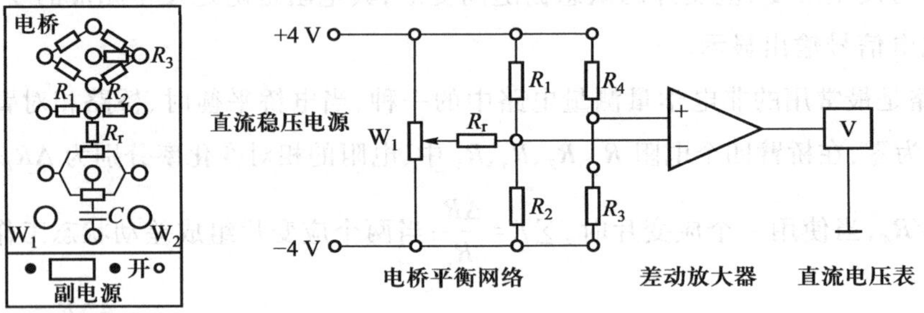

图 5-10-2

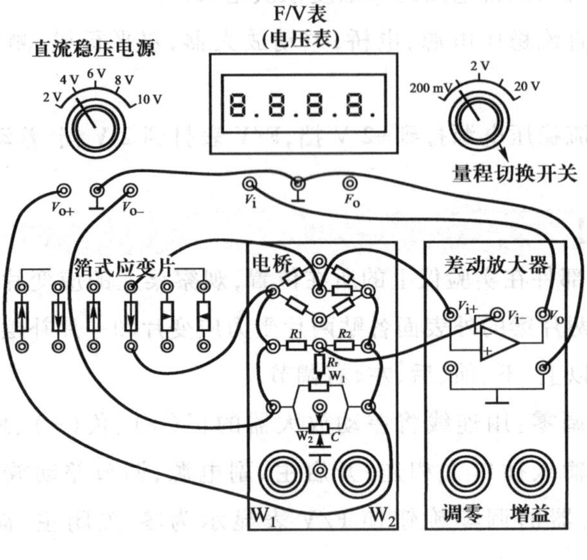

图 5-10-3

4. 将测微头转动到 10 mm 刻度附近,安装到双平行梁的自由端(与自由端磁钢吸合),调节测微头支柱的高度(梁的自由端跟随变化)使 F/V 表显示最小,再旋动测微头,使 F/V 表显示为零(细调零),这时的测微头刻度为零位的相应刻度.

5. 往下或往上旋动测微头,使梁的自由端产生位移记下 F/V 表显示的值.建议每旋动测微头一周即 $\Delta x=0.5$ mm 记录一个数值,填入表 5-10-1.

表 5-10-1

位移/mm					
电压/mV					

6. 根据所得结果计算灵敏度 $S=\Delta V/\Delta x$(式中 Δx 为梁的自由端位移变化,ΔV 为 F/V 表显示的电压相应变化).

7. 实验完毕,关闭主、副电源,所有旋钮转到初始位置.

【注意事项】

1. 电桥上端所示的四个电阻实际上并不存在,仅作为标记,为了在组桥时容易操作.

2. 做此实验时应将低频振荡器的幅度关至最小,以减小其对直流电桥的影响.

3. 电位器 W_1、W_2 在有的型号仪器中标为 RD、RA.

【思考题】

1. 本实验电路对直流稳压电源和放大器有何要求?

2. 根据所给的差动放大器电路原理图,分析其工作原理,说明它既能作差动放大器,又可作同相或反相放大器.

(二) 金属箔式应变片:单臂、半桥、全桥比较

【实验目的】

了解单臂、半桥、全桥的性能及相互之间的关系.

【实验原理】

已知单臂、半桥和全桥电路的 $\sum R$ 分别为 $\Delta R/R$、$2\Delta R/R$、$4\Delta R/R$,根据戴维南定理,可以得出测试电桥的输出电压 V 近似等于 $E/4$、$E/2$、E,电桥灵敏度

$$K=\frac{V}{\frac{\Delta R}{R}}$$

于是对应单臂、半桥和全桥的电压灵敏度 K_V 分别为 $E/4$、$E/2$ 和 E.由此可知,当 E 和电阻的相对变化一定时,电桥及电压灵敏度与各桥臂阻值的大小无关.

所需单元和部件:直流稳压电源,差动放大器,电桥,F/V 表,测微头,双平行梁,应变片,主、副电源.

有关旋钮的初始位置:直流稳压电源旋至±2 V 挡,F/V 旋至 2 V 挡,差动放大器增益旋至最大.

【实验内容与步骤】

1. 按实验(一)的实验内容与步骤中的方法将差动放大器调零后,关闭主、副电源.

2. 按图 5-10-3 接线，图中 $R_x = R_4$ 为工作片，R_r 及 W_1 为电桥平衡网络.

3. 调整测微头使双平行梁处于水平位置（目测），将直流稳压电源旋至±4 V 挡.选择适当的放大增益，然后调整电桥平衡电位器 W_1，使表头显示零（需预热几分钟表头才能稳定下来）.

4. 旋转测微头，使梁移动，每隔 0.5 mm 读一个数，将测得数值填入表 5-10-2，然后关闭主、副电源.

表 5-10-2

位移/mm					
电压/mV					

5. 保持放大器增益不变，将 R_3 固定电阻换为与 R_4 工作状态相反的另一应变片，即取两片受力方向不同的应变片，形成半桥，如图 5-10-4 所示.调节测微头使梁到水平位置（目测），调节电桥 W_1 使 F/V 表显示为零，重复步骤 4 的过程，同样测得读数，填入表 5-10-3.

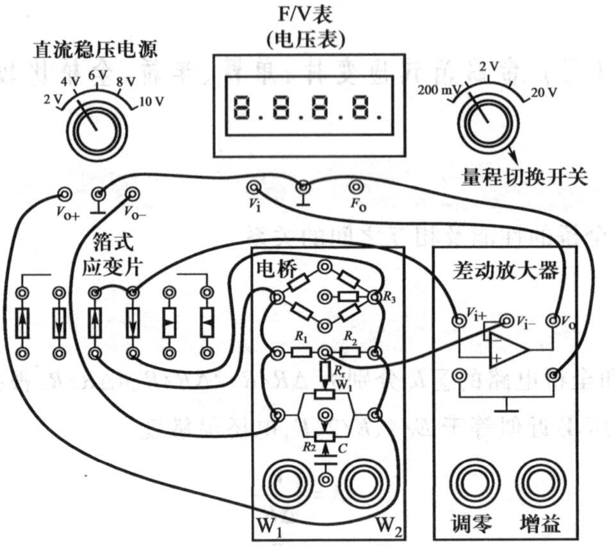

图 5-10-4

表 5-10-3

位移/mm					
电压/mV					

6. 保持差动放大器增益不变，将 R_1、R_2 两个固定电阻换成另两片受力应变片（即 R_1 换成 ↑，R_2 换成 ↓），组桥时只要掌握相对臂应变片的受力方向相同、邻臂应变片的受力方向相反即可，否则相互抵消没有输出.接成一个直流全桥，如图 5-10-5 所示，调节测微头使梁到水平位置，调节电桥 W_1 同样使 F/V 表显示为零.重复步骤 4 的过程，将读出数据填入表 5-10-4.

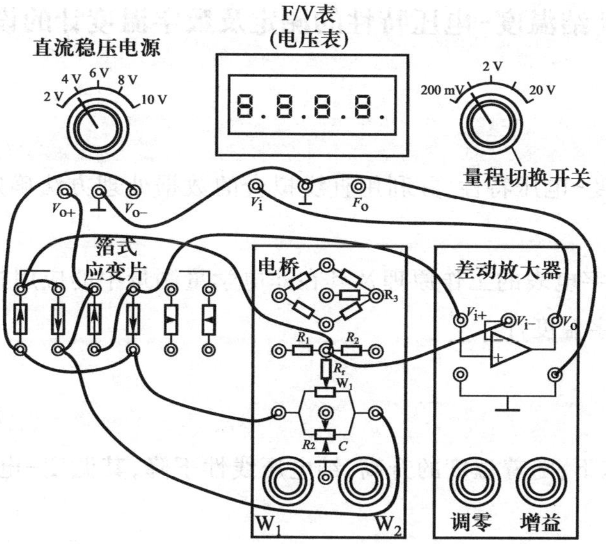

图 5-10-5

表 5-10-4

位移/mm					
电压/mV					

7. 在同一坐标纸上描出 $x-V$ 曲线，比较三种接法的灵敏度.

【注意事项】

1. 在更换应变片时应将电源关闭.
2. 在实验过程中如发现电压表发生过载，应将电压量程扩大.
3. 在本实验中只能将放大器接成差动形式，否则系统不能正常工作.
4. 直流稳压电源±4 V 不能旋至过大，以免损坏应变片或造成严重自热效应.
5. 接全桥时请注意区别各应变片的工作状态和方向.

实验 5-11 PN 结温度-电压特性的测定及数字温度计的设计

【实验目的】

1. 测定 PN 结温度-电压特性，并利用直线拟合的数据处理方法确定 PN 结温度-电压特性曲线的截距与斜率.

2. 了解双斜式数字电表的工作原理及其在非电学量测量中的应用技术.

3. 设计 PN 结数字温度计.

【实验原理】

PN 结在恒流状态下，随着温度的升高，结电压线性下降，其温度-电压特性的数学表达式可写成

$$V_s = a - K \cdot t \tag{5-11-1}$$

式中，a 对应 PN 结在 $t=0$ ℃时的结电压（单位为 mV）；K（单位为 mV/℃）是 PN 结结电压随温度变化的变化率，它们可通过实验测定.

1. 双斜式模数转换电路的基本工作原理

双斜式模数转换电路的工作原理非常简单，就是在一定的时间 T_1 内对极板上电荷量为零的电容器 C 充电，如果充电电流是恒定的并且与待测电压 V_x 成正比，则电容器 C 两极板上积累的电荷量 Q_C（或两极板间的电压）随时间也线性地增加，在充电结束时刻所积累的电荷量 Q_0 就与被测电压 V_x 成正比.在此以后，若让电容器 C 在极性与待测电压 V_x 相反的参考电压 V_{ref} 作用下放电，放电的电流与参考电压 V_{ref} 成正比，则电容器两极板上的电荷量 Q_C 就会从 Q_0 线性地减小.当 Q_0 减至零时停止放电，设 Q_C 减至零时放电过程所经历的时间为 T_2.在以上过程中，由于电容器 C 在充电结束时刻（即放电的开始时刻）所积累的电荷量 Q 与 V_x 成正比，所以电容器的以上放电过程所经历的时间 T_2 也与 V_x 成正比.如果用一个计数器在 T_2 开始时刻对时钟脉冲进行计数，在 T_2 结束时刻停止计数，则 T_2 时间内计数器的读数 N_2 就与 V_x 成正比.

目前常用的 3 位半数字万用表就是用 CMOS 的 7106/7 型单片模数转换器构成的，这些 A/D 转换器的工作原理就是基于电容器的以上充、放电过程中计数器读数 N 与 V_x 成正比的基本关系.图 5-11-1 是双斜式 A/D 转换器的工作原理及结构框图，为了保证电容器 C 的充、放电过程都是恒流过程，采用由运算放大器 A_1 组成的积分电路.整个转换过程分为三阶段：

第一阶段，通过控制电路使模拟开关（图中未画出）闭合，放掉由于各种原因使电容器 C 两极板上积累的电荷量，这一阶段称为自动调零阶段.

第二阶段，称为取样阶段，在此阶段控制电路令模拟开关将被测电压 V_x 与积分器相连，电容器 C 开始以恒定电流 V_x/R 充电，与此同时打开计数门，计数器开始计数，当计数器计到某

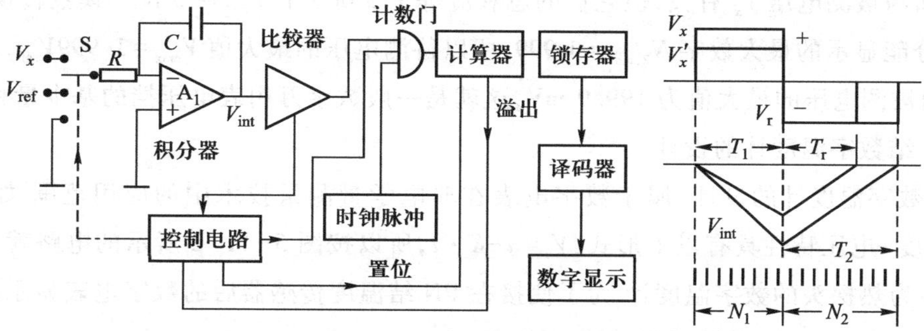

图 5-11-1　双斜式 A/D 转换器的工作原理及结构框图

一确定值 N_1 时,控制电路令取样过程结束.因此,取样时间 T_1 是固定的.取样阶段结束时刻积分器的输出电压为 $V_0=Q_0/C$,其中 Q_0 为取样阶段结束时刻积分电容 C 上积累的电荷量.因取样阶段的充电电流为 V_x/R,故 T_1 期间积分电容 C 上积累的电荷量 Q_0 由下式确定:

$$Q_0=\int_0^T\frac{-V_x}{R}\cdot \mathrm{d}t=\frac{-V_x}{R}T_1$$

所以

$$V_0=\frac{Q_0}{C}=\frac{-V_x}{RC}T_1 \tag{5-11-2}$$

式(5-11-2) 等号右边的负号表明 V_0 与 V_x 具有相反的极性,这是因为如果 V_x 为正,则图 5-11-1中电容器 C 右极板带负电荷,故 V_0 极性为负,反之 V_0 为正.

第三阶段,称为测量阶段.在此阶段,控制电路先对被测电压 V_x 作极性判断,然后再令模拟开关把与 V_x 极性相反的参考电压 V_{ref}与积分器相连,电容器 C 开始以恒定电流 V_{ref}/R 放电,与此同时,计数器开始计数.电容器 C 上的电荷量(电压)也从 $Q_0(V_0)$开始线性地减小,当电容器 C 上的电压降至零时,由零值比较器给控制电路一个信号,令计数器停止计数,所以测量阶段所经历的时间 T_2 应满足以下关系:

$$-\frac{T_1}{RC}V_x+\frac{1}{C}\int_0^{T_2}\frac{V_{ref}}{R}\cdot \mathrm{d}t=0,\quad \frac{T_1}{RC}V_x=\frac{T_2}{RC}V_{ref}$$

即

$$T_2=T_1V_x/V_{ref} \tag{5-11-3}$$

其中 T_1、V_{ref}在测量过程中均为常量,故 T_2 与 V_x 成正比.如果时钟脉冲的周期为 T_{cp},$T_1=N_1T_{cp}$,$T_2=N_2T_{cp}$,则式(5-11-3) 可改写为

$$N_2=\frac{N_1}{V_{ref}}V_x \tag{5-11-4}$$

这表明:在测量阶段的计数值 N_2 与被测电压 V_x 成正比.

双斜式单片模数转换器在控制电路作用下,就按以上三个步骤周期性地对被测电压进行测量.在 3 位半模数转换器中,N_1 设定为 1 000,N_2 的计数范围为 1~2 000,每个测量周期为 4 000个 T_{cp},在每个测量周期除了第二阶段取样时间总保持 1 000 个 T_{cp}不变外,其余两个阶段

持续的时间与被测电压 V_x 有关，但它们的总和应等于 3 000 个 T_{cp}.在 3 位半模数转换器中，由于数显部分能显示的最大数字 $N_{2,max}=1\,999$，所以待测电压的最大值 $V_{max}=1.999V_{ref}$，若取 $V_{ref}=100$ mV，则被测电压的最大值为 199.9 mV，这就是一般数字万用表电压挡的基本量程.

2. PN 结数字温度计的设计

PN 结数字温度计的设计，属于数字电表在非电学量测量技术中的应用范围.如前所述，PN 结的温度-电压特性具有以下形式：$V_s=a-K\cdot t$，所以按图 5-11-2 所示的电路就可构成一个以 PN 结为热探头的数字温度计.为了使接在 PN 结温度传感器后的数字电表显示的读数与被测温度 t 的数字一致，需做以下三件事情：

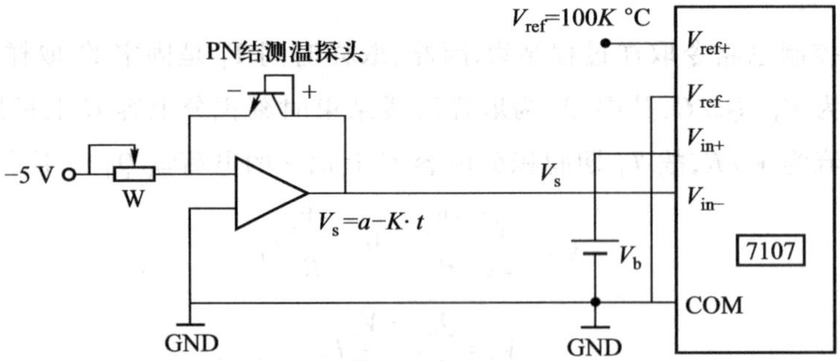

图 5-11-2　PN 结数字温度计的电路结构

（1）先要用一个数值上等于 a（单位为 mV）的补偿电压 V_b 接 7107 的 V_{in+} 脚，把式(5-11-1)中的常量 a 所代表的 PN 结在 $t=0$ ℃时的结电压抵消掉.

（2）因 PN 结温度特性具有负温度系数，所以温度传感器的输出端必须接至 7107 的 V_{in-} 脚.

（3）双斜式模数转换集成电路 ADC7107 的参考电压 V_{ref} 应调节至 100K ℃（单位为 mV）.

【实验仪器】

WDT-A 型 PN 结数字温度计设计实验仪，磁力搅拌电热器，数字万用表，水银温度计，烧杯.

本实验所用仪器为 WDJ-A 型 PN 结数字温度计设计实验仪，它由主机和加热器两部分组成.主机由 PN 结测温探头、PN 结温度特性测试电路、补偿电压源、双斜式模数转换电路及数字电压表等部分组成.主机前面板布局如图 5-11-3 所示.

【实验内容与步骤】

1. 恒流状态下 PN 结温度-电压特性的测定

（1）在仪器电源开关处于关闭状态下，调节仪器前面板"W 调节"旋钮，使 W 的阻值为 5 kΩ（用数字万用表电阻挡检测），这对应着 PN 结工作在 1 mA 左右的恒流状态.

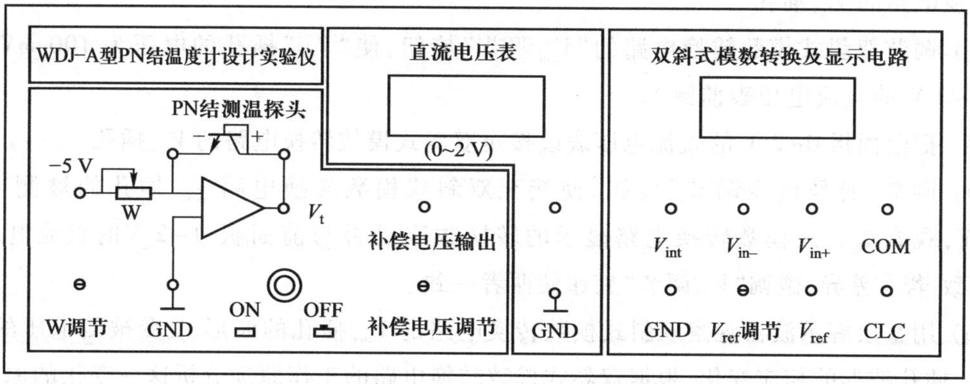

图 5-11-3 WDJ-A 型 PN 结数字温度计设计实验仪前面板布局图

(2) 把 PN 结测温探头插入主机前面板标有"PN 结测温探头"的相应插孔内(注意插孔和插头的红黑颜色对应),并用连线把主机前面板 0~2 V 的直流电压表接至 PN 结温度-电压特性测试电路的输出端 V_t.

(3) 把 PN 结热敏探头、水银温度计和加热器的控温探头一并置于盛有自来水的烧杯中,用本实验配备的加热器加热并搅拌烧杯中的自来水.从 25 ℃开始(对于室温高于 25 ℃的情形,应从 30 ℃开始),每隔 5 ℃温度读取一次 PN 结的温度、电压数值,直到 75 ℃或 80 ℃为止.用线性拟合方法对实验数据进行处理,求出 PN 结温度-电压特性数学表达式 $V_s = a - K \cdot t$ 中的 a 和 K.

为了使 PN 结温度-电压特性的测量准确,加热过程应按以下操作进行:

(1) 接通加热器电源之前,先把温度控制调节旋钮和磁转子搅拌速度控制旋钮反时针转到极限位置,然后接通电源开关.

(2) 沿顺时针方向缓慢旋转磁转子搅拌速度控制旋钮,使磁转子搅拌速度适当.

(3) 沿顺时针方向缓慢转动温度控制调节旋钮,当控温指示灯亮时停止转动,此时加热器开始加热,烧杯中的水温从室温开始上升.上升到温度控制调节旋钮当前位置所对应的温度时停止加热,控温指示灯熄灭.此后沿顺时针方向缓慢转动温度控制调节旋钮,当控温指示灯亮时停止转动,加热器继续加热,烧杯中的水温继续上升,上升到温度控制调节旋钮新位置所对应的温度时停止加热,控温指示灯熄灭.如此反复操作,直到水银温度计所指示的温度与需要读数的温度值相差 0.5~1.0 ℃时,切断电源开关,然后利用加热器的余热继续加热到需要读数的温度,并进行 PN 结温度-电压特性的读数.读数完成后,接通电源开关,重复以上操作,进行 PN 结温度-电压特性另一测试点的读数,直到按要求读取完所有的数据为止.

2. 双斜式数字电表工作原理及性能的实验

(1) 用导线连接仪器前面板右边双斜式模数转换电路的 GND、COM 和 V_{in-} 的三个插孔.

(2) 把仪器前面板中部的补偿电压作为被测电压,用另一导线将其输出插孔接至双斜式

模数转换电路的 V_{in+} 插孔.

（3）调节双斜式模数转换电路的"V_{ref}调节"旋钮，使"V_{ref}"插孔的电压为 100 mV（用前面板 0~2 V 的直流电压表监测）.

（4）把前面板 0~2 V 的直流电压表改接至双斜式模数转换电路的 V_{in+} 插孔.

（5）调节"补偿电压调节"旋钮，使接至双斜式模数转换电路 V_{in+} 插孔的被测电压为 199 mV，观察双斜式模数转换电路显示的转换数字是否与前面板 0~2 V的直流电压表的读数一致.若有差异，微调"V_{ref}调节"旋钮使两者一致.

（6）用长余辉示波器观察双斜式模数转换电路的 V_{in+} 插孔的波形.改变被测电压的大小，观察 V_{int} 插孔波形的相应变化，根据双斜式模数转换电路的工作原理分析这一变化的原因.

3. 以 PN 结为探头的数字温度计的设计

（1）根据双斜式模数转换电路的工作原理和 PN 结温度-电压特性具有负温度系数的性质，拟定出工作在 1 mA 恒流状态下的 PN 结数字温度计的电路结构（测温范围 0~100 ℃）.

（2）根据实验测得的 PN 结温度-电压特性（用数学表达式中的截距 a 和斜率 K 表征），计算 PN 结数字温度计的电路参量：补偿电压 V_b 和双斜式模数转换电路的参考电压 V_{ref}.

（3）PN 结数字温度计的组装与调试.

组装：按设计结果要求进行.

校准：正常情况下应按以下方法校准零点和量程.

零点调节，使 PN 结处于冰水混合环境下，通过调节补偿电压的大小实现.

量程调节，使 PN 结处于标准气压下沸水环境下，通过调节双斜式模数转换电路的参考电压 V_{ref} 的大小实现.

（4）按上述方式加热烧杯中的自来水，与水银温度计读数对比，考察所组装的 PN 结数字温度计的准确性.

实验 5-12 液晶电光效应实验

【实验目的】

1. 测定液晶样品的电光曲线.

2. 根据电光曲线,求出样品的阈值电压 U_{th}、饱和电压 U_r、对比度 D_r、陡度 β 等电光效应的主要参量.

3. 了解最简单的液晶显示器件(TN-LCD)的显示原理.

4. 用数字存储示波器可测定液晶样品的电光响应曲线,求得液晶样品的响应时间.

【实验原理】

1. 液晶

液晶态是一种介于液体和晶体之间的中间态,既有液体的流动性、黏度、形变等机械性质,又有晶体的热、光、电、磁等物理性质.液晶与液体、晶体之间的区别是:液体是各向同性的,分子取向无序;液晶分子有取向序,但无位置序;晶体则既有取向序又有位置序.

就形成液晶方式而言,液晶可分为热致液晶和溶致液晶.热致液晶又可分为近晶相、向列相和胆甾相,其中向列相液晶是液晶显示器件的主要材料.

2. 液晶电光效应

液晶分子是在形状、介电常量、折射率及电导率上具有各向异性的物质,如果对这样的物质施加电场(电流),随着液晶分子取向结构发生变化,它的光学特性也随之变化,这就是通常说的液晶的电光效应.

液晶的电光效应种类繁多,主要有动态散射型(DS)、扭曲向列相型(TN)、超扭曲向列相型(STN)、有源矩阵液晶显示(TFT)、电控双折射(ECB)等.其中应用较广的有:TFT 型——主要用于液晶电视、笔记本电脑等高档产品;STN 型——主要用于手机屏幕等中档产品;TN 型——主要用于电子表、计算器、仪器仪表、家用电器等中低档产品,是目前应用最普遍的液晶显示器件.

TN 型液晶显示器件显示原理较简单,是 STN、TFT 等显示方式的基础.本仪器所使用的液晶样品即为 TN 型.

3. TN 型液晶盒结构

TN 型液晶盒结构如图 5-12-1 所示.

在涂覆透明电极的两片玻璃基板之间,夹有正介电各向异性的向列相液晶薄层,四周用密封材料(一般为环氧树脂)密封.玻璃基板内侧覆盖着一层定向层,通常是一薄层高分子有机物,经定向摩擦处理,可使棒状液晶分子平行于玻璃表面,沿定向处理的方向排列.上下玻璃表面的定向方向是相互垂直的,这样,盒内液晶分子的取向逐渐扭曲,从上玻璃片到下玻璃片扭曲了 90°,所以称为扭曲向列型.

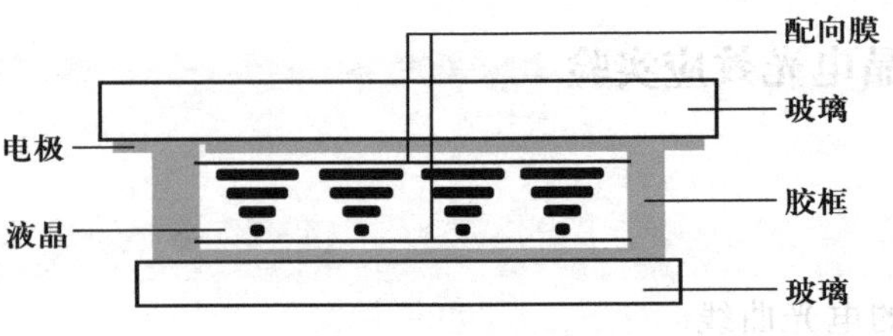

图 5-12-1 TN 型液晶盒结构图

4. 扭曲向列型电光效应

如图 5-12-2 所示,无外电场作用时,由于可见光波长远小于向列相液晶的扭曲螺距,当线偏振光垂直入射时,若偏振方向与液晶盒上表面分子取向相同,则线偏振光将随液晶分子轴方向逐渐旋转 90°,平行于液晶盒下表面分子轴方向射出[见图 5-12-2(a)中“不通电时”部分,其中液晶盒上下表面各附一片偏振片,其偏振方向与液晶盒表面分子取向相同,因此光可通过偏振片射出];若入射线偏振光偏振方向垂直于上表面分子轴方向,出射时,线偏振光方向亦垂直于下表面液晶分子轴;当以其他线偏振光方向入射时,则根据平行分量和垂直分量的相位差,以椭圆、圆或直线等某种偏振光形式射出.

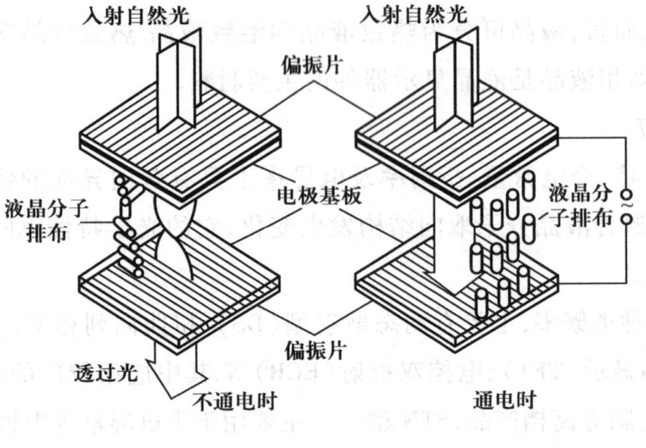

(a) TN型器件分子排布及透过光示意图

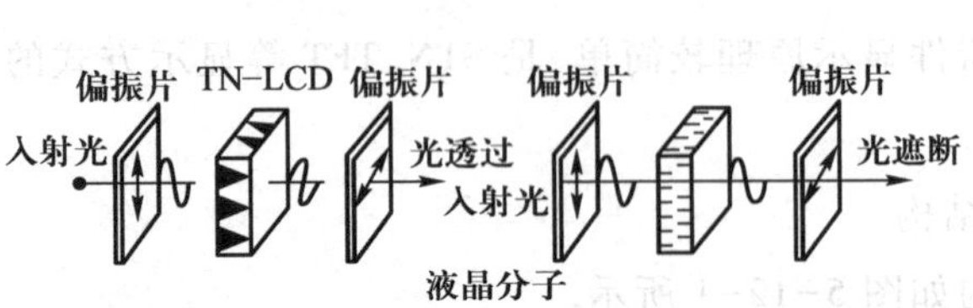

(b) TN型电光效应的原理示意图

图 5-12-2 液晶电光效应

对液晶盒施加电压,当达到某一数值时,液晶分子长轴开始沿电场方向倾斜,电压继续增加到另一数值时,除附着在液晶盒上下表面的液晶分子外,所有液晶分子长轴都按电场方向进行重排列[见图 5-12-2(a)中“通电时”部分],TN 型液晶盒 90°旋光性完全消失.

若将液晶盒放在两片平行偏振片之间,其偏振方向与上表面液晶分子取向相同.不加电压时,入射光通过起偏器形成的线偏振光,经过液晶盒后偏振方向随液晶分子轴旋转 90°,不能通过检偏器;施加电压后,透过检偏器的光强与施加在液晶盒上电压大小的关系如图 5-12-3 所示,其中纵坐标为透光强度,横坐标为外加电压.最大透光强度的 10%所对应的外加电压值称为阈值电压(U_{th}),标志了液晶电光效应有可观察反应的开始(或称起辉),阈值电压小,是光电效应好的一个重要指标.最大透光强度的 90%对应的外加电压值称为饱和电压(U_r),标志了获得最大对比度所需的外加电压数值,U_r 小则易获得良好的显示效果,且降低显示功耗,对显示寿命有利.对比度 $D_r = I_{max}/I_{min}$,其中 I_{max} 为最大观察(接收)亮度(照度),I_{min} 为最小亮度.陡度 $\beta = U_r/U_{th}$,即饱和电压与阈值电压之比.

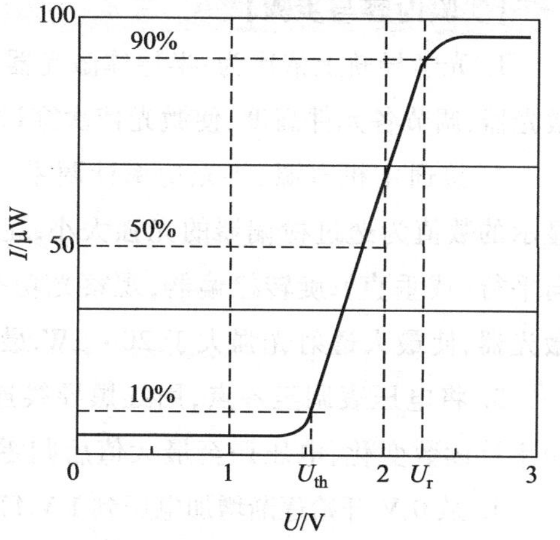

图 5-12-3 液晶电光曲线图

5. TN-LCD 结构及显示原理

TN 型液晶显示器件结构参考图 5-12-2,液晶盒上下玻璃片的外侧均贴有偏振片,其中上表面所附偏振片的偏振方向总是与上表面分子取向相同.自然光入射后,经过偏振片形成与上表面分子取向相同的线偏振光,入射液晶盒后,偏振方向随液晶分子长轴旋转 90°,以平行于下表面分子取向的线偏振光射出液晶盒.若下表面所附偏振片的偏振方向与下表面分子取向垂直(即与上表面平行),则为黑底白字的常黑型,不通电时光不能透过显示器(为黑态),通电时 90°旋光性消失,光可通过显示器(为白态);若偏振片与下表面分子取向相同,则为白底黑字的常白型.TN-LCD 可用于显示数字、简单字符及图案等,有选择地在各段电极上施加电压,就可以显示出不同的图案.

【实验仪器】

如图 5-12-4 所示,液晶电光效应实验仪主要由控制主机、导轨、滑块、半导体激光器、起偏器、液晶样品(液晶盒)、检偏器及光电探测器组成.

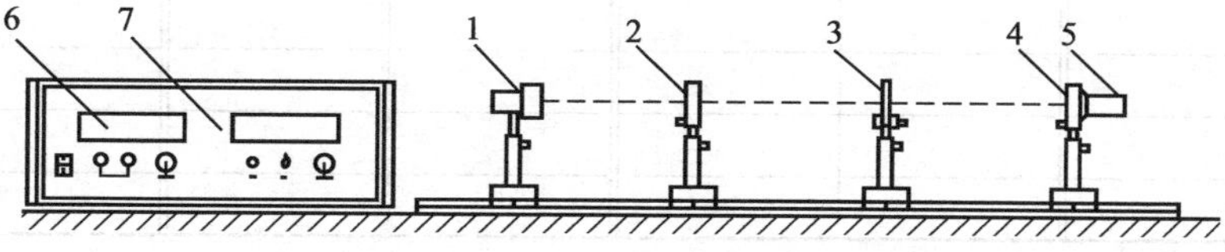

图 5-12-4 液晶光电效应实验仪器装置

1—半导体激光器;2—起偏器;3—液晶样品;4—检偏器;5—光电探测器;6—方波有效值电压表;7—光功率计

【实验内容与步骤】

1. 光学导轨上依次为:半导体激光器、起偏器、液晶盒、检偏器(带光电探测器).打开半导体激光器,调节各元件高度,使激光依次穿过起偏器、液晶盒、检偏器,打在光电探测器的通光孔上.

2. 接通主机电源,将光功率计调零,用话筒线连接光功率计和光电转换盒,此时光功率计显示的数值为透过检偏器的光强大小.旋转起偏器至 120°,使其偏振方向与液晶片表面分子取向平行(或垂直).旋转检偏器,观察光功率计数值变化,若最大值小于 200 μW,可旋转半导体激光器,使最大透射光强大于 200 μW.最后旋转检偏器,使透射光强达到最小.

3. 将电压表调至零点,用红黑导线连接主机和液晶盒,从 0 V 开始逐渐增大电压,观察光功率计读数变化,电压调至最大值后归零.

4. 从 0 V 开始逐渐增加电压到 1 V.每隔 0.2 V 或 0.3 V 记一次电压及透射光强值,1 V 后每隔 0.1 V 左右记一次数据,2.5 V 后再每隔 0.2 V 或 0.3 V 记一次数据,在关键点附近宜多测几组数据.

5. 作电光曲线图,纵坐标为透射光强值,横坐标为外加电压值.

6. 根据作好的电光曲线,求出样品的阈值电压 U_{th}、饱和电压 U_r、对比度 D_r 及陡度 β.

7. 演示黑底白字的常黑型 TN-LCD.拔掉液晶盒上的插头,光功率计显示为最小,即黑态;将电压调至 6~7 V,连通液晶盒,光功率计显示最大数值,即白态.注:可自配数字或字符型液晶片演示,有选择地在各段电极上施加电压,就可以显示出不同的图案.

8. 用数字存储示波器,可测试液晶样品的电光响应曲线,求得样品的响应时间.

【数据处理】

1. 将实验数据填入表 5-12-1.

表 5-12-1

U/V	I/μW	U/V	I/μW	U/V	I/μW	U/V	I/μW

2. 作电光曲线图.

实验 5-13　太阳能电池的特性测量及应用

太阳能电池(solar cell),也称为光伏电池,是将太阳光辐射能直接转化为电能的器件.由这种器件封装成太阳能电池组件,再按需要将一块以上的组件组合成一定功率的太阳能电池方阵,经与储能装置、测量控制装置及直流-交流变换装置等相配套,即构成太阳能电池发电系统,也称为光伏发电系统.它具有不消耗常规能源、寿命长、维护简单、使用方便、功率大小可任意组合、无噪声、无污染等优点.世界上第一块实用型半导体太阳能电池是美国贝尔实验室于 1954 年研制的.经过人们许多年的努力,太阳能电池的研究、开发与产业化已取得巨大进步.目前,太阳能电池已成为空间卫星的基本电源和地面无电、少电地区及某些特殊领域(通信设备、气象台站、航标灯等)的重要电源,如图 5-13-1 所示.随着太阳能电池制造成本的不断

(a) 天宫一号与神舟八号

(b) 太阳能工厂

(c) 路灯

(d) 航标灯

(e) 中继站

(f) 海洋气象监测标

(g) 太阳能计算器

(h) 光伏电站

图 5-13-1　太阳能电池的应用

降低，太阳能光伏发电将逐步地部分替代常规发电.近年来，在美国和日本等发达国家，太阳能光伏发电已进入城市电网.从地球上化石燃料资源的渐趋耗竭和大量使用化石燃料必将使人类生态环境污染日趋严重的战略观点出发，世界各国特别是发达国家对于太阳能光伏发电技术十分重视，将其放在可再生能源开发利用的首位.太阳能光伏发电有望成为21世纪的重要新能源.有专家预言，在21世纪中叶，太阳能光伏发电将占世界总发电量的15%~20%，成为人类的基础能源之一，在世界能源构成中占有重要地位.

【实验目的】

1. 测量不同照度下太阳能电池的伏安特性、开路电压 U_0 和短路电流 I_S.
2. 在不同照度下，测定太阳能电池的输出功率 P 和负载电阻 R 的函数关系.
3. 确定太阳能电池的最大输出功率 P_{max} 以及相应的负载电阻 R_{max} 和填充因数.

【实验原理】

当光照射在距太阳能电池表面很近的PN结时，只要入射光子的能量大于半导体材料的禁带宽度 E_g，则在P区、N区和结区，光子被吸收会产生电子-空穴对(图5-13-2).那些在PN结附近N区中产生的少数载流子由于存在浓度梯度而要扩散.只要少数载流子离PN结的距离小于它的扩散长度，总有一部分载流子扩散到结界面处.在P区与N区交界面的两侧，即结区，存在一空间电荷区，也称为耗尽区.在耗尽区中，正负电荷间形成电场，电场方向由N区指向P区，这个电场称为内建电场.这些扩散到结界面处的少数载流子(空穴)在内电场的作用下被拉向P区.同样，在PN结附近P区中产生的少数载流子(电子)扩散到结界面处，也会被内建电场迅速拉向N区.结区内产生的电子-空穴对在内电场的作用下分别移向N区和P区.这导致在N区边界附近有光生电子积累，在P区边界附近有光生空穴积累.它们产生一个与PN结的内建电场方向相反的光生电场，在PN结上产生一个光生电动势，其方向由P区指向N区.这一现象称为光伏效应(photovoltaic effect).

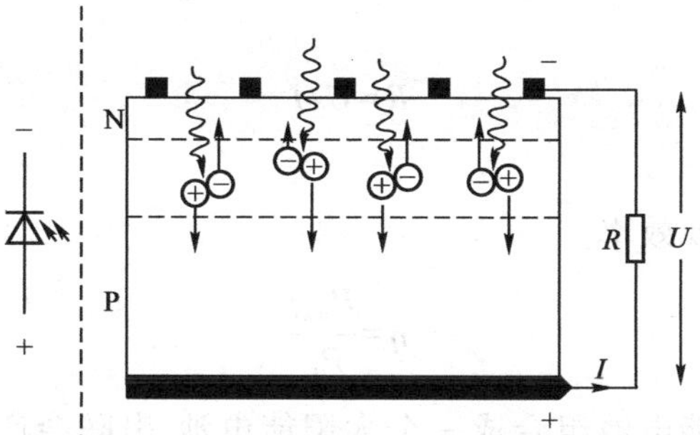

图 5-13-2　太阳能电池的工作原理

太阳能电池的工作原理就是基于光伏效应的.当光照射太阳电池时,将产生一个由 N 区到 P 区的光生电流 I_S.同时,由于 PN 结二极管的特性,存在正向二极管电流 I_D,此电流方向从 P 区到 N 区,与光生电流相反.因此,实际获得的电流 I 为两个电流之差:

$$I=I_S(\Phi)-I_D(U) \tag{5-13-1}$$

如果连接一个负载电阻 R,电流 I 可认为是两个电流之差,即取决于辐照度 Φ 的负方向电流 I_S,以及取决于端电压 U 的正方向电流 $I_D(U)$.

由此可以得到太阳能电池伏安特性的典型曲线(图 5-13-3).在负载电阻小的情况下,太阳能电池可以看作一个恒流源,因为正向电流$I_D(U)$可以被忽略.在负载电阻大的情况下,太阳能电池相当于一个恒压源,因为如果电压变化略有下降,那么电流 $I_D(U)$迅速增加.

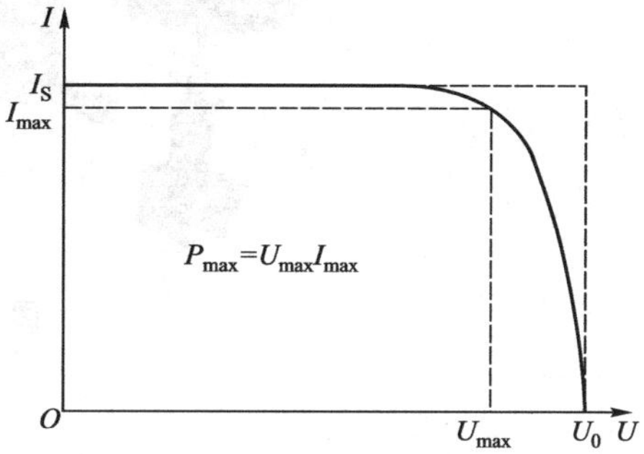

图 5-13-3　在一定光照强度下太阳能电池的伏安特性(U_{max},I_{max}:最大功率点)

当太阳能电池的输出端短路时,可以得到短路电流,它等于光生电流 I_S.当太阳能电池的输出端开路时,可以得到开路电压 U_0.

在固定的光照强度下,光电池的输出功率取决于负载电阻 R.太阳能电池的输出功率在负载电阻为 R_{max}时达到最大值 P_{max},R_{max}近似等于太阳能电池的内阻 R_i,而

$$R_i = U_0/I_S \tag{5-13-2}$$

这个最大的功率比开路电压和短路电流的乘积小(图 5-13-3),它们之比为

$$F=\frac{P_{max}}{U_0 \cdot I_S} \tag{5-13-3}$$

F 称为填充因数.

此外,太阳能电池的输出功率

$$P=UI \tag{5-13-4}$$

是负载电阻

$$R=U/I \tag{5-13-5}$$

的函数.

太阳能电池的光电转换效率

$$\eta=\frac{P_{max}}{P_{in}} \tag{5-13-6}$$

我们经常用几个太阳能电池组合成一个太阳能电池.串联会产生更大的开路电压 U_0，而并联会产生更大的短路电流 I_S.在本实验中，把两个太阳能电池串联，分别记录在四个不同的光照强度时的电流和电压特性.光照强度通过改变光源的距离和电源的功率来实现.

【实验仪器】

如图 5-13-4 所示，实验仪器包括太阳能电池，插件板，测试仪，光源，可变电阻，应用设计模块.

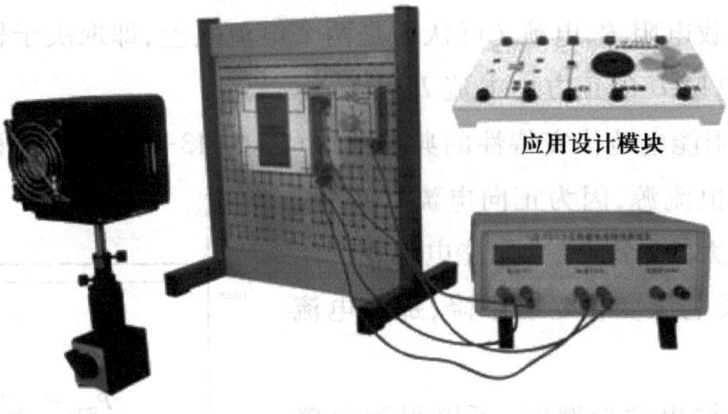

图 5-13-4　实验装置

【实验内容与步骤】

1. 仪器调整

(1) 把太阳能电池插到插件板上，用两个桥接插头把上面的负极和下面的正极连接起来，串联起两个太阳能电池.

(2) 插上电位器作为一个可变电阻，然后用桥接插头把它连接到太阳能电池上.

(3) 连接电流表，使它和电池、可变电阻串联.

(4) 连接电压表，使之与电池并联.

(5) 连接光源与电源，使灯与电池成一线，以使电池均匀受光.

2. 特性测量

(1) 接通电路，将可变电阻器阻值调为最小值以实现短路，并改变光源的距离和调节电源输出功率，使短路电流大约为 45 mA；

(2) 逐步改变负载电阻值，分别读取电流和电压值，记入表 5-13-1；

(3) 断开电路，测量并记录开路电压；

(4) 调节电源功率，分别使短路电流约为 35 mA，25 mA 和 15 mA，并重复上述测量；

(5) 根据表 5-13-1，用坐标纸或 Excel 绘出 $U-I$ 特性曲线；

(6) 根据表 5-13-2，用坐标纸或 Excel 绘出 $P-R$ 特性曲线；

(7) 计算对应于最大功率的负载电阻值 R_{max}，根据式(5-13-2)计算内阻值 R_i，记入表 5-13-3；

(8) 计算填充因数，记入表 5-13-4，并求其平均值；

(9) 计算太阳能的光电转换效率.

3. 太阳能电池的应用设计

(1) 根据太阳能电池的特性，用该仪器设计光功率计；

(2) 根据提供的太阳能电池应用模块，用该仪器设计太阳能充电器；

(3) 根据提供的太阳能电池应用模块，用该仪器设计太阳能 LED 灯；

(4) 根据提供的太阳能电池应用模块，用该仪器设计太阳能喇叭；

(5) 根据提供的太阳能电池应用模块，用该仪器设计太阳能风扇.

【数据处理】

表 5-13-1 测量太阳能电池的端电压 U 和通过负载电阻的电流 I（短路电流 I_S，开路电压 U_0）

第一组		第二组		第三组		第四组	
$I_S=$	$U_0=$	$I_S=$	$U_0=$	$I_S=$	$U_0=$	$I_S=$	$U_0=$
I/mA	U/V	I/mA	U/V	I/mA	U/V	I/mA	U/V

表 5-13-2　根据表 5-13-1 测量的 U 和 I 值计算得到的 P 和 R 值

第一组		第二组		第三组		第四组	
R/Ω	P/mW	R/Ω	P/mW	R/Ω	P/mW	R/Ω	P/mW

表 5-13-3　对应于最大功率的负载电阻值 R_{max} 和根据式(5-13-2)计算出的内阻值 R_i

	第一组	第二组	第三组	第四组
R_{max}/Ω				
R_i/Ω				
R_{max}/R_i				

表 5-13-4　最大功率 P_{max} 和开路电压与短路电流的乘积

	第一组	第二组	第三组	第四组
P_{max}/mW				
$U_0 \cdot I_S/\mathrm{mW}$				
$F=P_{max}/(U_0 \cdot I_S)$				

【注意事项】

1. 保持光源散热,不要用衣物覆盖光源!

2. 开启和关闭光源之前,先把光源电源调节旋钮逆时调到最小.

3. 不要触摸光源灯罩,以免烫伤.

【思考题】

1. 太阳能电池的短路电流与光照强度之间的关系是　(　　)

(a) 短路电流随光照强度的增加而增大

(b) 短路电流随光照强度的增加而减小

(c) 短路电流随光照强度的增加基本保持不变

(d) 短路电流随光照强度的增加先增大后减小

2. 太阳能电池的特性为　(　　)

(a) 对于小负载电阻,太阳能电池相当于一个恒压源,而对于大负载电阻,它相当于一个恒流源

(b) 太阳能电池相当于一个恒流源

(c) 对于小负载电阻,太阳能电池相当于一个恒流源,而对于大负载电阻,它相当于一个恒压源

(d) 太阳能电池相当于一个恒压源

3. 在一定的光照强度下,太阳能电池的输出功率 P 与负载电阻 R 之间的关系是　(　　)

(a) 随着负载电阻 R 的增大,P 增大

(b) 随着负载电阻 R 的增大,P 减小

(c) 随着负载电阻 R 的增大,P 先减小后增大

(d) 随着负载电阻 R 的增大,P 先增大后减小

4. 负载电阻 R、端电压 U 和光照强度之间的关系是　(　　)

(a) 在一定的光照强度下,随着负载电阻 R 的增大,U 一直增大

(b) 在一定的光照强度下,随着负载电阻 R 的增大,U 一直减小

(c) 在一定的光照强度下,随着负载电阻 R 的增大,U 不变

(d) U 的最大值,与光照强度基本无关

5. 在一定的负载电阻下,太阳能电池的输出功率 P 与光照强度之间的关系是　(　　)

(a) 光照强度越大,P 越大

(b) 光照强度越大,P 越小

(c) 光照强度越大,P 不变

(d) 光照强度越大,P 先增大,后减小

6. 在一定的光照强度下,太阳能电池的输出功率最大的是　(　　)

(a) 负载电阻小于太阳能电池的内阻

(b) 负载电阻接近太阳能电池的内阻

(c) 负载电阻大于太阳能电池的内阻

(d) 负载电阻为零

7. 在下面列举的应用中,没有利用太阳能电池供电的是　(　　)

(a) 太阳能热水器

(b) 太阳能计算器

(c) 太阳能路灯

(d) 光伏电站

8. 在下列方法中,不能提高太阳能电池输出功率的是　(　　)

(a) 调节太阳能电池与光源的位置使入射光垂直照射到电池表面

(b) 使负载接近太阳能电池的内阻

(c) 减小光源与太阳能电池的距离

(d) 增加光源与太阳能电池的距离

9. 填充因数 F 是　(　　)

(a) 太阳能电池的最大输出功率与开路电压和短路电流的乘积之比

(b) 开路电压和短路电流的乘积与太阳能电池的最大输出功率之比

(c) 太阳能电池的输出功率与电压和电流的乘积之比

(d) 电压和电流的乘积与太阳能电池的输出功率之比

10. 在下列关于太阳能电池特性的描述中,正确的是　(　　)

(a) 将几个太阳能电池串联会产生更大的短路电流 I_S

(b) 将几个太阳能电池并联会产生更大的开路电压 U_0

(c) 填充因数 $F<1$

(d) 填充因数 $F>1$

第六章　设计性实验

一、设计性实验的作用和特点

设计性实验是在学生有一定的基础训练后，对学生进行的介于基础实验教学和科学实验、工程试验之间的，具有对科学实验全过程进行训练特点的实验教学.通过这一实验教学环节使学生在设计技术方案、物化技术方案、实验方案等方面的能力有一定的提高.

任何科学实验过程都经过实践—反馈—修正—实践反复进行，并在多次反复过程中不断地加以完善.它主要包括下面几个环节：

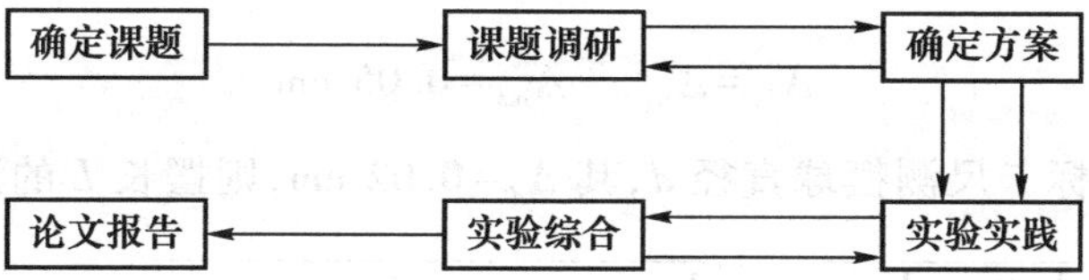

常规教学实验主要进行实验实践和实验综合这两个环节，属于继承和接受前人的知识、技能，这是科学实验入门的基础训练.一般说来，经过长期科学实验证明，这类实验已经成熟，不论在实验原理、实验方法、实验仪器、实验现象及实验内容、数据处理等方面都具有基础性、典型性和继承性的意义.

设计性实验则由实验室提出实验课题，要求学生自行推导其相关理论，确立实验方案与测量方法，选择配套仪器，进行实验，最后写出比较完整的实验报告.设计性实验应具有综合性、典型性、探索性的意义.

二、设计性实验方案的选择和实验仪器的配套

设计性实验教学核心是实验方案的选择.选择实验方案，并在实验中检验方案的正确性与合理性.设计时一般包括几个方面：根据设计的要求与实验精度的要求，确立实验原理，选择实验方法、测量条件与配套仪器，以及测量数据的处理方法等.

在进行设计实验时，还应考虑各种误差，分析其产生的原因，以及如何从测量数据中发现和检查误差的存在，估算其大小，并减少误差对实验结果的影响.

实验方案的选择一般包括：实验方法和测量方法的选择；测量仪器和测量条件的选择；进行综合分析和误差估算等.

1. 实验方法的选择

根据课题所要研究的对象，查阅相关资料，根据一定的物理原理，确定被测量与可测量之间关系，设计不同的实验方法.比较各种方法能达到的实验准确度、实验条件及实施的现实可能性，以确定最佳实验方案.

例如，测量本地的重力加速度，可能采用的方法有单摆法、自由落体法、气垫导轨法等．各种方法都有各自的特点，可根据具体的测量进行综合分析，比较各种方法可能出现的误差及消除和减少误差的方法，并确定数据处理方法，选择出最佳方案．

2．测量方法的选择

实验方法选定后，为使各物理量测量的不确定度最小，需要进行不确定度来源及不确定度传递的分析，并结合实验仪器，确定合适的具体测量方法．例如，测量重力加速度实验中，需要测量单摆摆长．如图 6-0-1 所示，测量单摆摆长 L 的方法主要有三种：

① $L=\dfrac{L_1+L_2}{2}$；② $L=L_2+\dfrac{d}{2}$；③ $L=L_1-\dfrac{d}{2}$．若测量用毫米单位的米尺，只考虑不确定度 B 分量情况下，有

$$\Delta_{L_1}=\Delta_{L_2},\quad \Delta_{\text{ins}}=0.05\ \text{cm}$$

用(1/50) mm 游标卡尺测摆球直径 d，其 $\Delta_d=0.02$ cm，则摆长 L 的测量不确定度为

①：$$\Delta_L=\sqrt{\frac{1}{4}\Delta_{L_1}^2+\frac{1}{4}\Delta_{L_2}^2}=\sqrt{\frac{1}{4}\times(0.05)^2+\frac{1}{4}\times(0.05)^2}\ \text{cm}=0.04\ \text{cm}$$

②与③：$$\Delta_L=\sqrt{\Delta_{L_1}^2+\frac{1}{4}\Delta_d^2}=\sqrt{0.05^2+\frac{1}{4}\times(0.02)^2}\ \text{cm}\geqslant 0.05\ \text{cm}$$

由计算结果可以知道，第一种测量方法不确定度小于第二、三种，由此可见，选用测量方法是非常重要的．

3．测量仪器的选择

选择测量仪器时，一般考虑四个因素：① 分辨率；② 准确度；③ 量程；④ 价格．量程由待测物理量大小决定，在满足测量要求的情况下，应尽量选择小量程，在满足分辨率和精度要求的条件下，应尽可能选择价格较低的仪器．

4．测量条件的选择

测量条件的选择就是要求设计者确定在什么条件下进行测量不确定度最小．这个条件可以由各自变量对不确定度求导并令其为零而得到．对单元函数，只需求一阶和二阶导数，令一阶导数为零，解出相应的变量表达式，代入二阶导数，若二阶导数大于零，则该表达式即为测量的最有利条件．一般从相对不确定度着手．

例如，如图 6-0-2 所示，用滑线式电桥测量电阻时，滑线臂在什么位置测量，能使待测电阻的相对不确定度最小？

设 R_x 为标准电阻，$l_1=L-l_2$ 和 $l_2=L-l_1$ 为滑线电阻的两臂长．当电桥平衡时，有

$$R_x=R_s\frac{l_1}{l_2}=R_s\left(\frac{L-l_2}{l_2}\right)$$

其相对不确定为

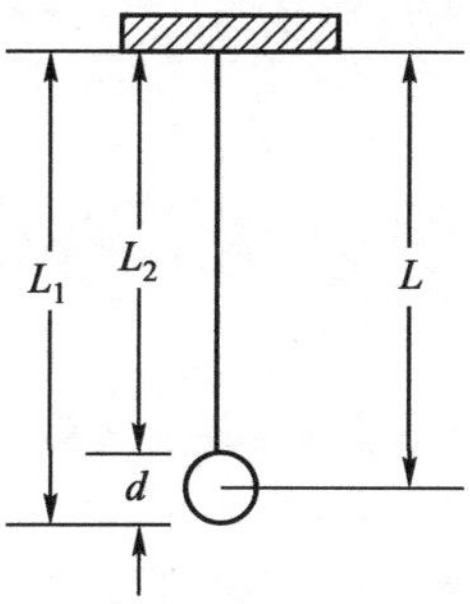

图 6-0-1　测量单摆摆长

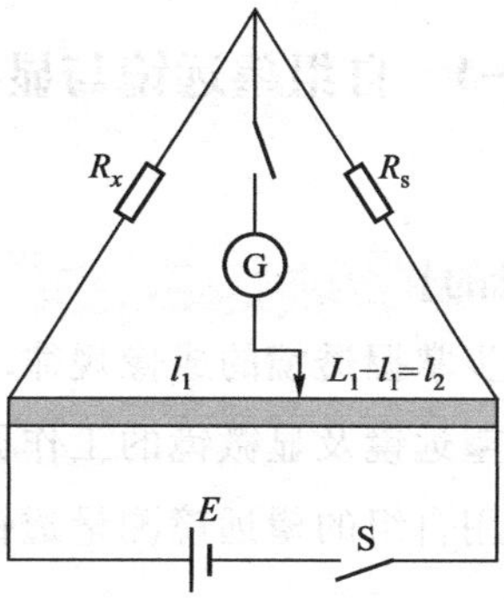

图 6-0-2　用滑线式电桥测量电阻

$$E_{R_x}=\frac{\Delta R_x}{R_x}=\frac{L}{(L-l_2)l_2}\mathrm{d}l_2$$

E_{R_x}是 l_2的函数，要求相对误差为最小的条件是

$$\frac{\partial E_{R_x}}{\partial l_2}=\frac{L(2l_2-L)}{(L-l_2)^2l_2^2}=0$$

因此，$l_2=l_1=\frac{L}{2}$是滑线电桥最有利的测量条件.

5. 数据处理方法的选择

可参阅前面的数据处理基本方法，选用一种既能充分利用测量数据，又符合客观实际的数据处理方法.

6. 实验仪器的配套

实验中需要使用多种仪器时，仪器的合理配套问题比较复杂，一般规定各仪器的分不确定度对总不确定度、测量结果的影响都相同，既按等作用原理选择配套仪器.

由于物理实验的内容十分广泛，实验的方法和手段非常丰富，同时还由于不确定度影响的复杂性，因此很难找出一套普遍适用的方法.实验者在具体的实验中应该根据实际情况因地制宜地制定出切实可行的实验方案.

实验 6-1　自组望远镜与显微镜

【实验目的】

1. 进一步掌握透镜的成像规律.
2. 了解望远镜及显微镜的工作原理.
3. 学习用自组的望远镜测量透镜焦距.

【实验要求】

1. 自组一台聚焦于无穷远处的望远镜.
2. 用自组望远镜测量另一透镜的焦距.
3. 自组显微镜.

【实验提示】

1. 望远镜

望远镜的光路如图 6-1-1 所示.无穷远处的物屏上的一点 y(图中未画出)发出的光(平行光)经物镜 L_o成实像 y'于 L_o的焦平面处(处于目镜 L_e的焦点 F_e内),分划板 P 也处于 L_o的焦平面处,则 y'与分划板 P 重合.如果物 y 不处于无穷远处,则 y'与 P 位于 F_o之外.人眼通过目镜 L_e看 y''的过程与显微镜的观察过程相同.由此可见,人眼通过望远镜观察物体,相当于将远处的物体拉到了近处观察,实质上起到了视角放大的作用.

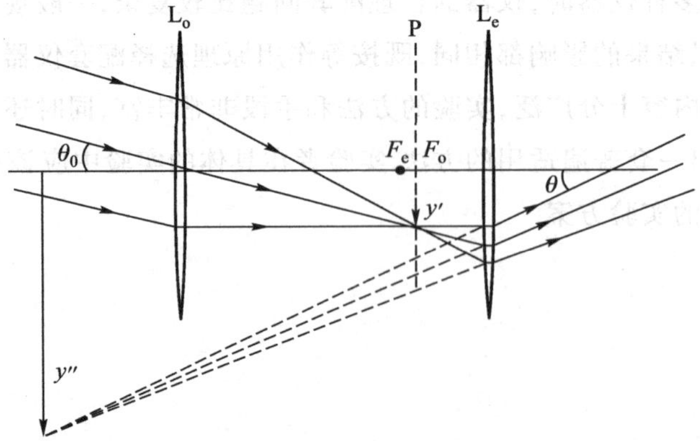

图 6-1-1　望远镜光路图

2. 显微镜

显微镜是观察微小物体的光学仪器,其光路如图 6-1-2 所示.物镜 L_o的焦距非常短(f_o<1 cm),目镜 L_e的焦距大于物镜的焦距,但也只有几个厘米.分划板 P 与物镜 L_o之间的距离

为 l.物屏 y 放在物镜焦点 F_o 外一点,调节 y 与 L_o 之间的距离,使其通过物镜 L_o 成一放大倒立的实像 y' 于分划板 P 处.然后通过目镜 L_e 观察像 y',先调节目镜 L_e 与分划板 P 之间的距离,以使人眼看清分划板 P,然后看清 y' 时,也同时看清了分划板 P.而目镜 L_e 起到了放大镜的作用,又将 y' 成一放大、倒立的虚像 y''(分划板 P 也同时成放大的虚像 P′,并与 y'' 重合).则人眼观察的微小物体 y 被大大地放大成 y'' 了.

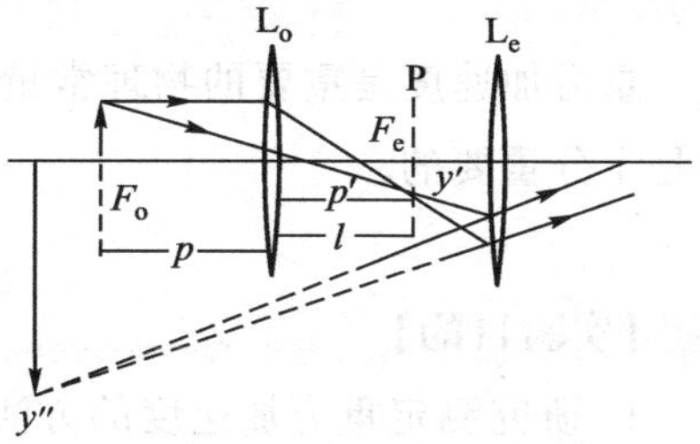

图 6-1-2　显微镜光路图

可以通过改变分划板 P 与物镜 L_o 之间的距离 l,获得显微镜的不同放大率.

【实验仪器】

凸透镜,凹透镜,物屏,像屏(分划板),光具组,支架等.

【参考资料】

1. 大学物理几何光学.
2. 仪器说明书等相关资料.

实验 6-2　重力加速度的测定

重力加速度是重要的物理常量，准确测定它的量值，无论是在科学研究还是在生产实践中都是十分重要的.

【实验目的】

1. 研究测定重力加速度的方法.
2. 测定本地区的重力加速度.

【实验要求】

测定重力加速度的方法很多，如单摆法、自由落体仪法等，本实验要求利用气垫导轨装置或单摆法测定本地重力加速度 g，并要求 $E_g \leqslant 0.2\%$.

【实验提示】

1. 物体在气垫导轨上所受摩擦力阻力很小，当导轨一端被垫高，物体的加速度可以测量，即

$$a=\frac{v_2^2-v_1^2}{2s}$$

若导轨倾角 α 角可确定，则重力加速度与物体加速度的关系为

$$a=g\sin\alpha$$

2. 单摆法测定重力加速度可参考有关书籍.

【实验仪器】

气垫导轨，数字毫秒计，垫块，单摆，计时器等.

【思考题】

1. 气垫导轨测 g 的不确定度来源有哪些？
2. 利用单摆法测定重力加速度中为什么采用积累放大法？

实验 6-3　转动惯量的测定

转动惯量是刚体转动时转动惯性大小的量度，是表明刚体特性的一个物理量，刚体转动惯量除了与物体的质量有关外，还与轴的位置和质量分布有关.

【实验目的】

1. 用扭摆测定几种不同形状物体的转动惯量和弹簧的扭转常量，并与理论值进行比较.
2. 验证转动惯量平行轴定理.

【实验要求】

1. 测定扭摆的仪器常量(弹簧的扭转常量)K.
2. 测定两个以上物体的转动惯量.并与理论值比较，求相对误差.
3. 改变滑块在金属细长杆上的位置，验证转动惯量平行轴定理.

【实验提示】

转动惯量的测量，一般都是使刚体以一定形式运动，通过表征这种运动特征的物理量与转动惯量的关系，进行转换测量.

对于形状简单且质量分布均匀的刚体，可以直接计算其绕特定转轴的转动惯量.对于形状复杂且质量分布不均匀的刚体，则需采用实验方法来测定，例如机械部件、电动机转子和枪炮的弹丸等.

扭摆的构造如图 6-3-1 所示，在竖直轴 1 上装有一根薄片状的螺旋弹簧，用以产生恢复力矩；在轴 1 的上方可以装上各种待测物体 2.垂直轴与支座间装有轴承，以降低摩擦力矩；3 为水平仪；4 为高度调节螺丝，用来调整系统平衡.

将物体在水平面内转过角度 θ 后，在弹簧的恢复力矩作用下，物体就开始绕垂直轴作扭转运动.根据胡克定律，弹簧受扭转而产生的恢复力矩 M 与所转过的角度 θ 成正比，即

$$M=-K\theta \qquad (6\text{-}3\text{-}1)$$

式中 K 为弹簧的扭转常量.根据转动定律，有

$$M=I\alpha$$

式中 I 为物体绕转轴的转动惯量，α 为角加速度，由上式得

$$\alpha=\frac{M}{I} \qquad (6\text{-}3\text{-}2)$$

令 $\omega^2=\frac{K}{I}$，忽略轴承的摩擦阻力矩，由式(6-3-1)和式(6-3-2)得

$$\alpha=\frac{\mathrm{d}^2\theta}{\mathrm{d}t^2}=\frac{K}{I}\theta=-\omega^2\theta \qquad (6\text{-}3\text{-}3)$$

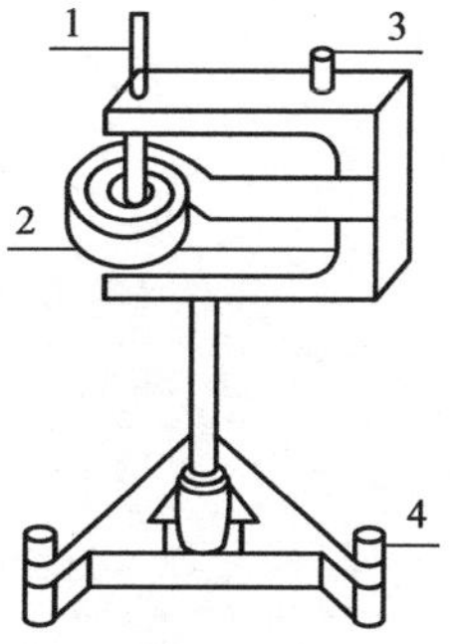

图 6-3-1

方程(6-3-3)表示扭摆运动具有角简谐振动的特性,角加速度与角位移成正比,且方向相反,此方程的解为

$$\theta = A\cos(\omega t+\varphi) \tag{6-3-4}$$

式中 A 为简谐振动的角振幅,φ 为初相位角,ω 为角速度.此简谐振动的周期为

$$T=\frac{2\pi}{\omega}=2\pi\sqrt{\frac{I}{K}} \tag{6-3-5}$$

由式(6-3-5)可知,只要通过实验测得物体扭摆的摆动周期,并且 I 和 K 中任何一个量已知时即可计算出另一个量.

理论分析证明,若质量为 m 的物体通过质心轴的转动惯量为 I_0,当转轴平行移动距离 x 时,则此物体对新轴线的转动惯量变为 I_0+mx^2,这称为转动惯量的平行轴定理.

本实验还可以采用塔式转动惯量实验仪测量物体的转动惯量.

【实验仪器】

扭摆及几种待测物体,转动惯量测试仪(如塔式转动惯量实验仪等相关仪器).

【思考题】

1. 本实验的不确定度来源有哪些?
2. 如何运用扭摆法测量质量分布不均匀物体的转动惯量.

实验 6-4　用双臂电桥测定金属杆的电阻率

【实验目的】

1. 了解用双臂电桥测低值电阻的原理和方法.
2. 测定导体的电阻率.
3. 了解单、双臂电桥的关系和区别.

【实验要求】

1. 测定铜、铁、铝的电阻率(任选其一),写出实验原理和相关的电路图.
2. 提出所需的仪器设备.
3. 数据处理方法.

按照实验要求,阅读有关资料,设计好实验方法,进行测量,并写出完整的实验报告.

【实验提示】

在测量低值电阻时,因为引线本身的电阻和引线端点接触电阻的存在(约 $10^{-2}\ \Omega$),伏安法、惠斯通电桥法已经不再适用.我们可以利用双臂电桥进行低值电阻的测量.为消除接触电阻的影响,接线方式改成四端钮方式,如图 6-4-1 所示.C-C 为电流端钮,P-P 为电压端钮,等效电路如图 6-4-2 所示,此时电压表上测得电压为 R_x 的电压降,由 $R_x=U/I$ 即可准确计算出 R_x.

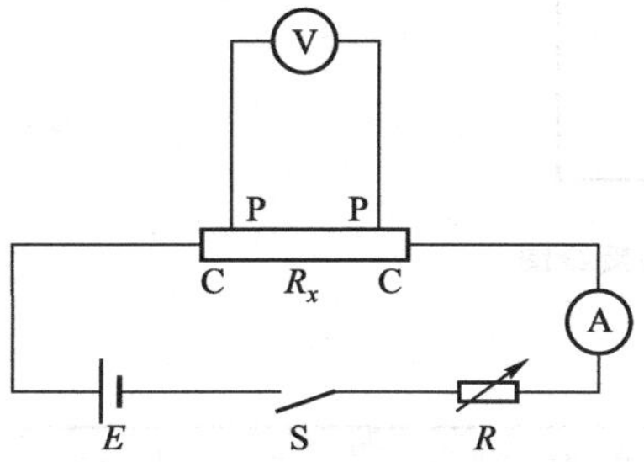

图 6-4-1　双臂电桥测低值电阻

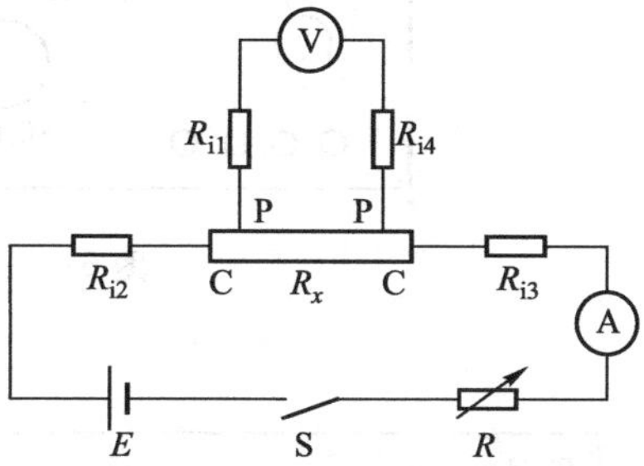

图 6-4-2　双臂电桥测低值电阻等效电路

由此可见,测量低值电阻时,为了消除接触电阻时影响,将通过电流的接点(称电流接点)与测量电压的接点(称电压接点)分开,并且将电压接点放在里面.

把四端接法的低值电阻接入原单臂电桥,演变成如图 6-4-3 所示的双臂电桥,等效电路如图 6-4-4 所示.标准电阻 R_N 的电流头接触电阻为 R_{iN1}、R_{iN2},待测电阻 R_x 的电流头接触电阻为 R_{ix1}、R_{ix2},这些接触电阻都连接到双臂电桥电流测量回路中,只对总的工作电流 I 有影响,而对电桥的平衡无影响.将标准电阻的电压头接触电阻 R_{N1}、R_{N2}和待测电阻 R_x的电压头接触电阻

R_{x1}、R_{x2}分别连接到双臂电桥电压测量回路中，因为它们与较大电阻 R_1、R_2、R_3、R_4相串联，对测量结果的影响也极其微小，这样就减少了这部分接触电阻和导线电阻对测量结果的影响.

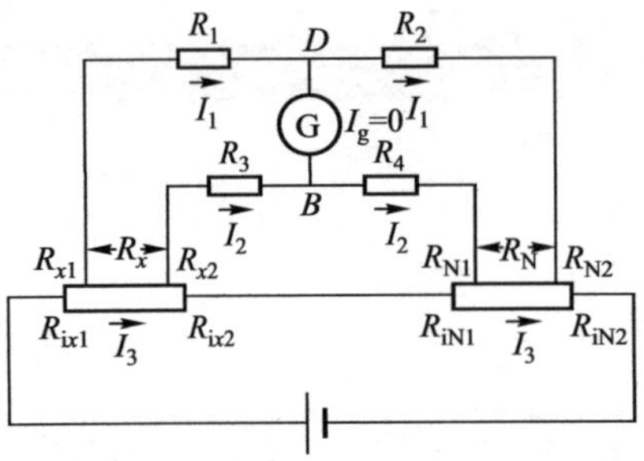

图 6-4-3

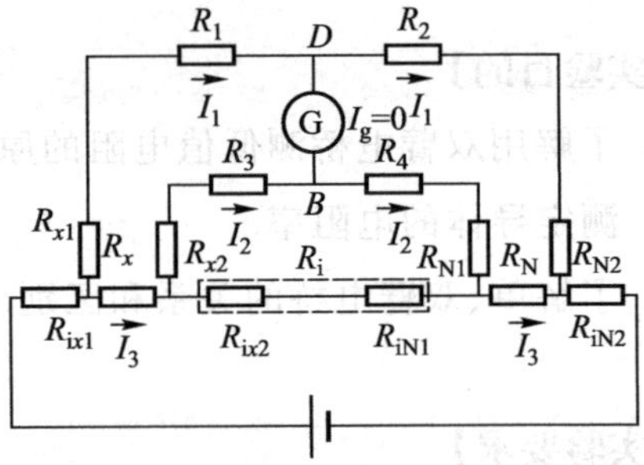

图 6-4-4

用四端式电桥（双桥），按图 6-4-5 接线，标准电阻 R_N按表 6-4-1 选用 0.01 级 BZ3 型标准电阻.

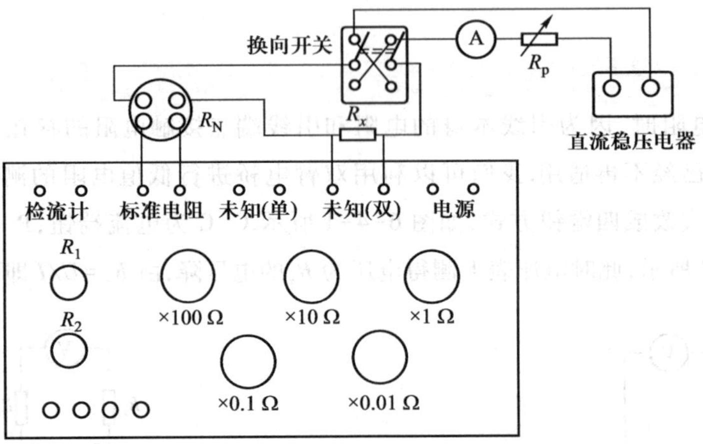

图 6-4-5　QJ19 四端式电桥接线图

表 6-4-1

R_x/Ω 从	R_x/Ω 到	R_N/Ω	$R_1(=R_2)/\Omega$	R_x/Ω 从	R_x/Ω 到	R_N/Ω	$R_1(=R_2)/\Omega$
10	100	10	100	0.001	0.01	0.001	100
1	10	1	100	10^{-4}	10^{-3}	0.001	1 000
0.1	1	0.1	100	10^{-5}	10^{-4}	0.001	10 000
0.01	0.1	0.01	100				

当电桥使用四端式（双桥）测量时，按照表 6-4-1 选取 $R_1:R_2$的数值，把正反向开关合在任意一侧接通电路.接通检流计“粗”按钮，调节测量盘，使检流计基本指零，再接通“细”按钮.

视灵敏度的高低选择合适的灵敏度量程,再调节测量盘使电桥平衡.

未知电阻 R_x按下式计算:

$$R_x = \frac{R}{R_1} \cdot R_N = \frac{R}{R_2} \cdot R_N$$

跨接导线电阻≤0.001 Ω,标准电阻与电桥接线柱的连接导线电阻应小于 0.005 Ω.

【实验仪器】

QJ19 型直流单双臂电桥,待测铜棒、铁棒、铝棒等.

【参考资料】

1. QJ19 型直流单双臂电桥说明书.
2. 大学物理实验相关教材.

【思考题】

用双臂电桥测量电阻主要适用的范围是多少?实验中采用什么方法消除接触电阻和导线电阻对测量结果的影响?

实验 6-5 用电势差计测定电阻丝的电阻率

电势差计是测量电势差的精密仪器,它与标准电阻配合还可测量电流和电阻率,达到很高的准确度.在实验 3-4 中,我们已经学过电势差计的工作原理和使用方法.本实验通过用电势差计对电阻丝电阻率进行测定.

【实验目的】

1. 掌握电势差计的工作原理和使用方法.能用电势差计进行电阻率的测定.
2. 学习简单电路的设计方法,培养独立工作的能力.

【实验要求】

1. 测定电阻丝的电阻率,写出实验原理和相关的电路图.
2. 提出所需的仪器设备.
3. 数据处理方法.

按照实验要求,阅读有关资料,设计好实验方法,进行测量,并写出完整的实验报告.

【实验提示】

电阻的测定:将一个已知阻值的电阻 R_0(用标准电阻或电阻箱)与待测电阻丝 R_x 串联,并使它们流过一个恒定的直流电流.用电势差计分别测出电阻 R_0 和 R_x 两端的电压,便可算出待测电阻丝 R_x 的阻值.

电阻的阻值 R_0 和电流大小的选择要得当,除考虑电势差计量程和电阻的额定电流之外,应尽可能使测量结果有较高的准确度.

【实验仪器】

待测电阻丝,UJ31 型电势差计(包括标准电池、光点检流计和辅助工作电源),直流稳压电源,其他仪器自选.

【参考资料】

1. 本书有关章节及大学物理实验相关教材.
2. UJ31 型电势差计说明书.

【思考题】

简述用电势差计测定电阻率的原理.

实验 6-6 电磁波综合实验

【实验目的】

1. 认识交变电磁场,进一步理解电磁感应原理.
2. 掌握电磁波辐射原理.
3. 设计电磁感应装置,了解天线的特性和基本结构.

【实验要求】

1. 用半波天线和电磁波综合实验仪验证位移电流.
2. 设计电磁波感应器.

【实验提示】

1. 电磁波的产生

电磁波是电磁场的一种运动形态.变化的电场会产生磁场(即电流会产生磁场),变化的磁场也会产生电场,变化的电场和变化的磁场构成了一个不可分离的统一的场,这就是电磁场,而变化的电磁场在空间的传播形成了电磁波.电磁波是横波,电磁波的磁场、电场及其传播方向三者互相垂直.振幅沿与传播方向垂直的方向作周期性变化,电磁波的功率与振幅的二次方成正比.在空间传播的电磁波其传播速度与光速 c 相同.电磁波的波长 λ、频率 f 和传播速度 c 三者之间的关系为 $c=\lambda f$.

电磁波的传播不需要介质,但电磁波通过不同介质时,会发生折射、反射、绕射、散射、吸收等.电磁波的传播有沿地面传播的地面波,还有从空中传播的空中波.波长越长其衰减也越少,电磁波的波长越长也越容易绕过障碍物继续传播.机械波与电磁波都能发生折射、反射、衍射、干涉,因为所有的波都具有波动性.

2. 电磁波的发射与接收

产生电磁振荡的电路叫做振荡电路,在理想的电阻为零的无阻尼情况,振荡电路的周期 T_0 和频率 f_0 由振荡电路的性质决定:

$$T_0=\frac{1}{f_0}=\sqrt{LC}$$

式中 L 和 C 为振荡电路的自感和电容.在 LC 振荡电路中,变化的电场局限于电容器中,而变化的磁场基本局限在电感线圈中,不利于辐射电磁波,通过减少电容极板的面积、增大两极板的距离和减少线圈匝数,既可以提高振荡频率,又使得电路更开放以利于电磁波的辐射.

【实验仪器】

电磁波综合实验仪(图 6-6-1).

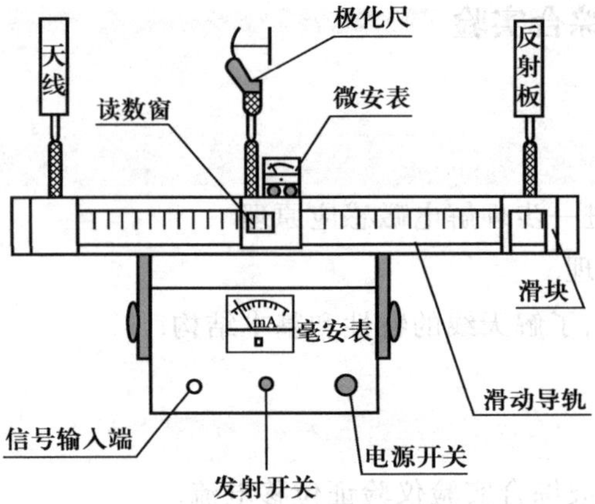

图 6-6-1 电磁波综合实验仪结构图

【参考资料】

1. 大学物理相关内容.
2. 仪器说明书等相关资料.

实验 6-7　磁光调制(法拉第效应)实验

【实验目的】

1. 了解什么是法拉第效应,观察其产生的现象.
2. 学会测量给定介质的磁致旋光角.

【实验要求】

1. 通过测量验证光振动面的偏转角度与样品介质的长度及磁感应强度成正比的规律.
2. 计算韦尔代(Verdet)常量,并和理论值相比较.

【实验提示】

当一束平面偏振光穿过一些原来不具有旋光性的介质时,给介质沿光的传播方向加一个磁场,就会观察到光经过该介质后偏振面旋转了一个角度,也就是说,磁场使介质具有了旋光性.这种现象就是磁光效应,也称为法拉第效应.

实验表明:在法拉第效应中,光矢量旋转的角度 θ 与光在介质中通过的距离 L 及磁感应强度 B 成正比,即

$$\theta = VBL$$

式中 V 是表征物质磁光特性的系数(取决于样品介质的材料特性和工作波长),称为韦尔代常量.

另外,法拉第效应与自然旋光不同.在法拉第效应中,对于给定的物质,光矢量的旋转方向只由磁场的方向决定,而与光的传播方向无关,即当光线经样品物质往返一周时,旋光角将倍增.

本实验的关键是光路中各光学元件的等高共轴调节,有关内容可参考本教材相关实验.

表 6-7-1 为常见物质的韦尔代常量.

表 6-7-1　常见物质的韦尔代常量

物质	T/℃	λ/nm	V/[(°)·T^{-1}·cm^{-1}]
空气	0	580	6.27×10^{-2}
一氧化氮	0	580	5.8×10^{-2}
水	20	580	1.3×10^{2}
甲醇	20	589	0.9×10^{2}
水晶	20	589	1.7×10^{2}(垂直于 c 轴)
重火石玻璃	20	589	$(0.8\sim1.0)\times10^{3}$

【实验仪器】

磁光调制实验仪,样品为重火石玻璃棒(两根),尺寸为 Φ10 mm×100 mm.

仪器装置光路部分结构如图 6-7-1 所示.

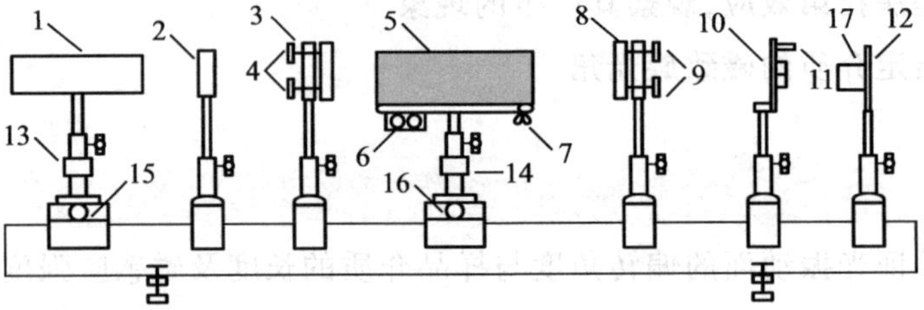

图 6-7-1 磁光调制实验仪光路部分结构图

1—He-Ne 激光器;2—起偏器;3、8—反射镜;4、9—反射镜调节螺钉;5—螺线管线圈;6—螺线管线圈接线柱;7—螺线管水平调节螺钉;10—检偏器(带角度测量盘);11—检偏器角度调节螺钉;12—接收光屏;13—激光器垂直调节旋钮;14—螺线管垂直调节旋钮;15—激光器径向调节螺钉;16—螺线管径向调节螺钉;17—光电检测器(探头)

【参考资料】

仪器说明书等相关资料.

【思考题】

法拉第效应是什么现象?光的偏转方向与光的传播方向是否有关?

实验 6-8　A 类超声诊断与超声特性

【实验目的】

1. 了解超声波的产生和接收的原理.测量固体或水中的声速.
2. 利用脉冲反射法进行超声无损探伤实验.

【实验要求】

1. 测量固体或水中声速.
2. 选择一个样本进行超声定位诊断实验.

【实验提示】

1. 超声波产生与测量

超声波是指频率高于 20 kHz 的声波，它是弹性机械波，不论材料的导电性、磁性、导热性、透光性如何，只要是弹性材料，超声波都可以传播进去，并且它的传播与材料的弹性有关.如果弹性材料发生变化，超声波的传播就会受到干扰，根据这个扰动，就可了解材料的弹性或弹性变化的特征，这样超声波就可以很好地检测到材料特别是材料内部的信息，对某些其他辐射能量不能穿透的材料，超声波更显示出了这方面的实用性.与 X 射线、γ 射线相比，超声的穿透本领并不优越，但由于它对人体的伤害较小，使得它的应用仍然很广泛.

产生超声波的方法有很多种，如热学法、力学法、静电法、电磁法、磁致伸缩法、激光法和压电法等，但应用最普遍的方法是压电法.

压电效应是指，某些电介质在一定方向上受到外力的作用而变形时，其内部会产生极化现象，同时在它的两个相对表面上出现正负相反的电荷.当外力去掉后，它又会恢复到不带电的状态，这种现象称为正压电效应.当作用力的方向改变时，电荷的极性也随之改变.相反，当在电介质的极化方向上施加电场，这些电介质也会发生变形，电场去掉后，电介质的变形随之消失，这种现象称为逆压电效应，或称为磁致伸缩现象.逆压电效应只产生于介电体，形变与外电场呈线性关系，且随外电场反向而改变符号.压电体的正压电效应与逆压电效应统称为压电效应.如果对具有压电效应的材料施加交变电压，那么它在交变电场的作用下将发生交替的压缩和拉伸形变，由此而产生了振动，并且振动的频率与所施加的交变电压的频率相同，若所施加的交变电压频率在超声波频率范围内，则所产生的振动是超声波的振动，若把这种振动耦合到弹性介质中去，那么在弹性介质中传播的波即为超声波，这利用的是逆压电效应.若利用正压电效应，可将超声能转化成电能，这样就可实现超声波的接收.

超声回波信号的显示方式主要有幅度调制显示（A 型）、亮度调制显示和两者的综合显示，其中亮度调制显示按调制方式的不同又可分为 B 型、C 型、M 型、P 型等.A 型显示是以回波幅度的大小表示界面反射的强弱，即在荧光屏上以横坐标代表被测物体的深度，纵坐标代表回波脉冲的幅度，横坐标有时间或距离的标度，可借以确定产生回波的界面所处的深度.

2. 超声波的应用

（1）医用 A 类超声

A 类超声波是按时间顺序将信号转换为显示器上位置的不同来分析人体组织的位置、形态等.这项技术可用于人体腹腔内器官位置及厚度的测量与颅脑的占位性病变的分析诊断.如图 6-8-1 所示，超声波从探头发出，先后经过腹外壁、腹内壁、脏器外壁、脏器内壁，t 为探头所探测到的回波信号在示波器时间轴上所显示的时间，即超声波到达界面后又返回探头的时间.若已知声波在腹壁中的传播速度 u_1、腹腔内的传播速度 u_2 和在脏器壁的传播速度 u_3，则可求得腹壁的厚度为

$$d_1=u_1(t_2-t_1)/2 \tag{6-8-1}$$

脏器距腹内壁的距离为

$$d_2=u_2(t_3-t_2)/2 \tag{6-8-2}$$

脏器的厚度为

$$d_3=u_3(t_4-t_3)/2 \tag{6-8-3}$$

（2）超声脉冲反射法探伤

对于有一定厚度的工件来说，若其中存在缺陷，则该缺陷处会反射一个与工件底部声程不同的回波，一般称之为缺陷回波.如图 6-8-2 所示为一个存在裂缝缺陷的工件.

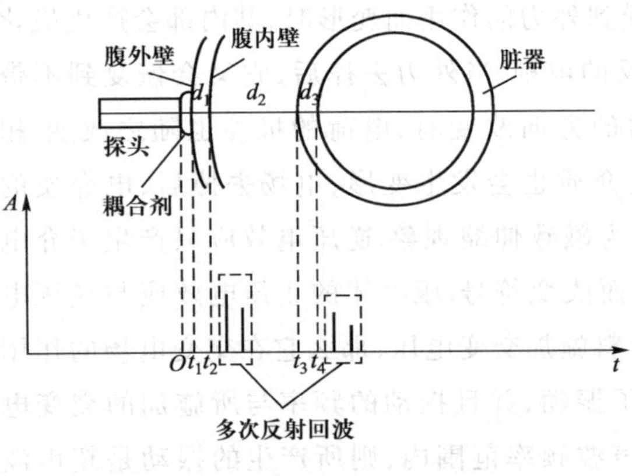

图 6-8-1　A 类超声诊断原理图

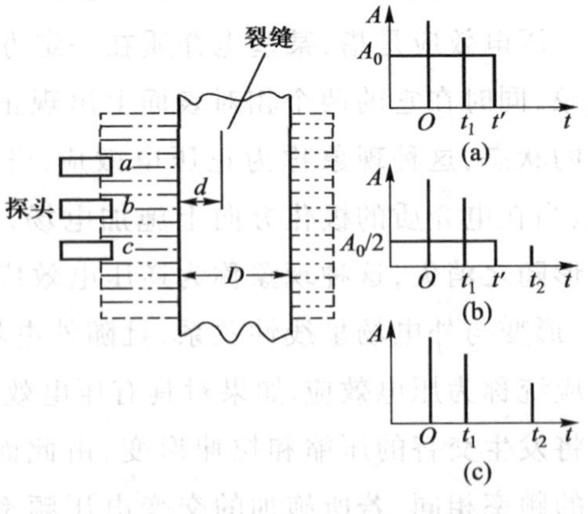

图 6-8-2　超声脉冲反射法探伤原理图

图 6-8-2 中(a)、(b)、(c)分别反映了同一超声探头在 a、b、c 三个不同位置时的反射情况.在位置 a 时，超声信号被缺陷完全反射，此时缺陷回波的高度为 A_0；在位置 c 时，该处不存在缺陷，回波完全由工件底面反射；而在位置 b 时，由于超声信号一半由缺陷反射，一半由工件

底面反射，缺陷回波的高度降为$A_0/2$，此处即为缺陷的边界.这种确定缺陷边界的方法称为半高波法.测量出工件的厚度 D，分别记录工件表面、底面及缺陷处回波信号的时间 t_1、t_2、t'，再利用半高波法，就可得到工件中缺陷的深度 d 及其位置.

超声探头本身的频率特征及脉冲信号源的性质等条件决定了超声波探伤具有时间上的分辨率，该分辨率反映在介质中，即为区分距离不同的相邻两缺陷的能力，称为分辨力.能区分的两缺陷的距离越小，分辨力就越高.

3. 仪器介绍

FD-UDE-B 型 A 类超声诊断与超声特性综合实验仪主机面板如图 6-8-3 所示.

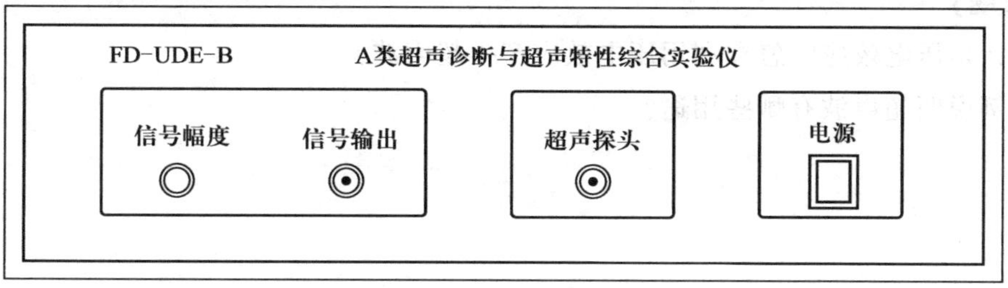

图 6-8-3　A 类超声诊断与超声特性综合实验仪主机面板示意图

信号幅度：调节信号幅度的旋钮；

信号输出：接示波器；

超声探头：接超声探头；

电源：电源开关.

主机内部工作原理如图 6-8-4 所示.

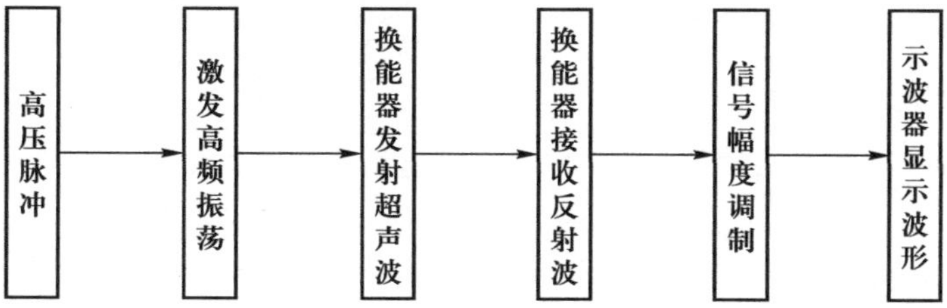

图 6-8-4　主机内部工作原理框图

仪器的工作原理：电路发出一个高速高压脉冲至换能器，这是一个幅度按指数形式减小的脉冲.此脉冲信号有两个用途：一是作为被取样的对象，在幅度尚未变化时被取样处理后输入示波器形成始波脉冲；二是作为超声振动的振动源，即当此脉冲幅度变化到一定程度时，压电晶体将产生谐振，激发出频率等于谐振频率的超声波.第一次反射回来的超声波又被同一探头接收，此信号经处理后送入示波器形成第一回波，根据不同材料中超声波的衰减程度、不同界面超声波的反射率，还可能形成第二回波等多次回波.

【实验仪器】

FD-UDE-B 型 A 类超声诊断与超声特性综合实验仪，数字示波器.

【参考资料】

1. 大学物理机械波部分.
2. 仪器说明书等相关资料.

【思考题】

1. 什么是压电效应？怎样利用压电效应产生超声波？
2. 举例说明超声波有哪些用途？

实验 6-9　超声 GPS 三维声呐定位

【实验目的】

1. 用时差法测量声速和距离.
2. 了解声呐的工作原理,用超声波对被测目标定位.

【实验要求】

1. 定标:求传感器到圆柱体容器中心的长度.
2. 利用超声波对物体的轨迹进行跟踪.

【实验提示】

1. 超声波的定位原理

超声波探测物体的位置是通过测距和测角同时完成的.超声测距通常包括渡越时间测距、声波幅值测距、相位测距等方法.本实验采用渡越时间测距法,其工作原理如下:超声波发射与接收采用同一超声传感器,超声传感器先作为超声波发射器发出超声波,经介质(本实验用水)传播到达测试目标,测试目标反射回来的回波传播到超声传感器,此时超声传感器切换为超声波接收器,由发射到接收的时间即为渡越时间.渡越时间与水中的声速相乘,就是声波传播的总距离,即探测距离的 2 倍.本实验所用的仪器已设计成将传播时间除以 2,故显示器的时间就是探测器到物体的时间,则有

$$l=vt \tag{6-9-1}$$

等式两边进行微分,得

$$\mathrm{d}l=v\mathrm{d}t+t\mathrm{d}v$$

式(6-9-1) 表明超声波测距仪的测试精度是由渡越时间和声速决定的.如将声速看成常量,则上式变为

$$\mathrm{d}l=v\mathrm{d}t=v/f \tag{6-9-2}$$

式(6-9-2) 说明,计时电路的计时频率越高,传感器的精度越高.

2. 实验装置介绍

实验模拟装置由圆柱体容器及安装在容器壁上的探测传感器等附件组成,如图 6-9-1 所示.被测物 1 挂在具有丝杆装置可使其沿容器半径方向作径向移动的横梁 2 上,同时横梁 2 可以绕容器中心 O 转动.3 是可读取换能器转动角度 Φ 的旋转盘.对目标物体进行定位,必须知道它与相对参考点的相对位置.一般可以用极坐标来定位,如果我们知道了 l 和 Φ,就确定了目标方位.l 可以通过前面的介绍来测量,Φ 可以从旋转盘测出.

3. 实验仪的电路结构框图

水下超声定位实验仪的电路结构组成如图 6-9-2 所示，整个系统由系列单片机来控制，启动测量时，由单片机每隔 10 ms 发出 2 个1 MHz 的超声波，驱动超声波发射器的功率电路发射出超声脉冲，同时启动单片机的计时器.当这个脉冲到达被测目标时，发生反射，经水的传播被超声波接收器接收，再由放大电路进行滤波放大，使单片机产生中断，计数停止.数码显示器把测得的时间显示并可由单片机将该数据进行存储，同时可从换能器的旋转盘读取方向角度，由此实现定位的功能.

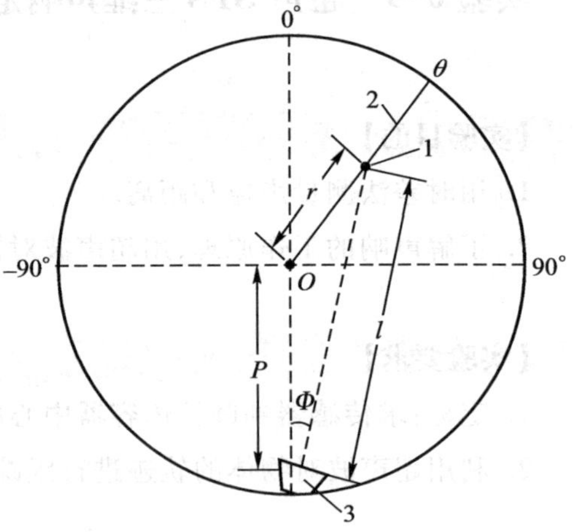

图 6-9-1　实验装置结构与坐标的关系

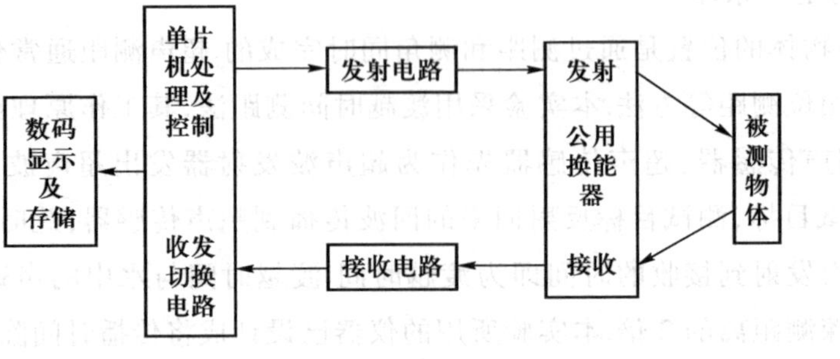

图 6-9-2　FB215A 型 GPS(三维声呐)定位实验仪结构框图

【实验仪器】

超声 GPS(三维声呐)定位实验仪，示波器.

【参考资料】

1. 大学物理相关内容.
2. 仪器说明书等相关资料.

附表

附表 1　常用物理常量表

物理量	符号	数值	单位	相对标准不确定度
真空中的光速	c	299 792 458	$m \cdot s^{-1}$	精确
真空磁导率	μ_0	$4\pi \times 10^{-7}$	$N \cdot A^{-2}$	精确
真空电容率	ε_0	$8.854\ 187\ 817 \cdots \times 10^{-12}$	$F \cdot m^{-1}$	精确
引力常量	G	$6.674\ 08(31) \times 10^{-11}$	$m^3 \cdot kg^{-1} \cdot s^{-2}$	4.7×10^{-5}
普朗克常量	h	$6.626\ 070\ 040(81) \times 10^{-34}$	$J \cdot s$	1.2×10^{-8}
约化普朗克常量	$h/2\pi$	$1.054\ 571\ 800(13) \times 10^{-34}$	$J \cdot s$	1.2×10^{-8}
元电荷	e	$1.602\ 176\ 620\ 8(98) \times 10^{-19}$	C	6.1×10^{-9}
电子质量	m_e	$9.109\ 383\ 56(11) \times 10^{-31}$	kg	1.2×10^{-8}
质子质量	m_p	$1.672\ 621\ 898(21) \times 10^{-27}$	kg	1.2×10^{-8}
中子质量	m_n	$1.674\ 927\ 471(21) \times 10^{-27}$	kg	1.2×10^{-8}
电子比荷	$-e/m_e$	$-1.758\ 820\ 024(11) \times 10^{11}$	$C \cdot kg^{-1}$	6.2×10^{-9}
精细结构常数	α	$7.297\ 352\ 566\ 4(17) \times 10^{-3}$		2.3×10^{-10}
精细结构常数的倒数	α^{-1}	$137.035\ 999\ 139(31)$		2.3×10^{-10}
里德伯常量	R_∞	$10\ 973\ 731.568\ 508(65)$	m^{-1}	5.9×10^{-12}
阿伏伽德罗常量	N_A	$6.022\ 140\ 857(74) \times 10^{23}$	mol^{-1}	1.2×10^{-8}
摩尔气体常量	R	$8.314\ 459\ 8(48)$	$J \cdot mol^{-1} \cdot K^{-1}$	5.7×10^{-7}
玻耳兹曼常量	k	$1.380\ 648\ 52(79) \times 10^{-23}$	$J \cdot K^{-1}$	5.7×10^{-7}
斯特藩-玻耳兹曼常量	σ	$5.670\ 367(13) \times 10^{-8}$	$W \cdot m^{-2} \cdot K^{-4}$	2.3×10^{-6}
维恩位移定律常量	b	$2.897\ 772\ 9(17) \times 10^{-3}$	$m \cdot K$	5.7×10^{-7}
原子质量常量	m_u	$1.660\ 539\ 040(20) \times 10^{-27}$	kg	1.2×10^{-8}
理想气体的摩尔体积(标准状态)	V_m	$22.413\ 962(13) \times 10^{-3}$	$m^3 \cdot mol^{-1}$	5.7×10^{-7}
玻尔磁子	μ_B	$9.274\ 009\ 994(57) \times 10^{-24}$	$J \cdot T^{-1}$	6.2×10^{-9}
核磁子	μ_N	$5.050\ 783\ 699(31) \times 10^{-27}$	$J \cdot T^{-1}$	6.2×10^{-9}
玻尔半径	a_0	$5.291\ 772\ 106\ 7(12) \times 10^{-11}$	m	2.3×10^{-10}
经典电子半径	r_e	$2.817\ 940\ 322\ 7(19) \times 10^{-15}$	m	6.8×10^{-10}

注:表中的数据为国际科学联合会理事会科学技术数据委员会(CODATA)2014 年的国际推荐值.

附表 2　标准大气压下不同温度时水的密度

温度 t/℃	密度 ρ/(kg·m^{-3})	温度 t/℃	密度 ρ/(kg·m^{-3})	温度 t/℃	密度 ρ/(kg·m^{-3})
0	999.841	17	998.774	34	994.371
1	999.900	18	998.595	35	994.031
2	999.941	19	998.405	36	993.68
3	999.965	20	998.203	37	993.33
4	999.973	21	997.992	38	992.96
5	999.965	22	997.770	39	992.59
6	999.941	23	997.638	40	992.21
7	999.902	24	997.296	41	991.83
8	999.849	25	997.044	42	991.44
9	999.781	26	996.783	50	988.04
10	999.700	27	996.512	60	983.21
11	999.605	28	996.232	70	977.78
12	999.498	29	995.944	80	971.80
13	999.377	30	995.646	90	965.31
14	999.244	31	995.340	100	958.35
15	999.099	32	995.025		
16	998.943	33	994.702		

附表 3　20 ℃时部分固体和液体的密度

物质	密度 ρ/(kg·m^{-3})	物质	密度 ρ/(kg·m^{-3})
铝	2 698.9	甲醇	792
铜	8 960	乙醇	789.4
铁	7 874	乙醚	714
银	10 500	汽油	710~720
金	19 320	氟利昂-12	1 329
钨	19 300	变压器油	840~890
铂	21 450	甘油	1 260
铅	11 350	蜂蜜	1 435
锡	7 298	人血	1 054
水银	13 546.12	全脂牛奶	1 032
钢	7 600~7 900	盐酸	119
石英	2 500~2 800	硫酸	184
水晶玻璃	2 900~3 000	海水	101~105
窗玻璃	2 400~2 700		

附表 4　海平面上不同纬度处的重力加速度

纬度 $\varphi/(°)$	$g/(m\cdot s^{-2})$	纬度 $\varphi/(°)$	$g/(m\cdot s^{-2})$
0	9.780 49	50	9.810 79
5	9.780 88	55	9.815 15
10	9.780 24	60	9.819 24
15	9.783 94	65	9.822 94
20	9.786 52	70	9.826 14
25	9.789 69	75	9.828 73
30	9.793 38	80	9.830 65
35	9.797 46	85	9.831 82
40	9.801 80	90	9.832 21
45	9.806 29		

注：表中数值的计算公式：$g=9.780\ 49(1+0.005\ 288\sin^2\varphi+0.000\ 06\sin^2\varphi)$.

附表 5　20 ℃时部分金属（或合金）的弹性模量

金属（或合金）	弹性模量 E/GPa	金属（或合金）	弹性模量 E/GPa
铝	70.00～71.00	锌	800.0
钨	415.0	镍	205.0
铁	190.0～210.0	铬	240.0～250.0
铜	105.0～130.0	合金钢	210.0～220.0
金	79.00	碳钢	200.0～210.0
银	70.00～82.00	康铜	163.0

附表 6　部分液体的黏度

液体	温度/℃	$\eta/(10^{-6}$ Pa)	液体	温度/℃	$\eta/(10^{-6}$ Pa)
汽油	0	1 788	甘油	-20	134×10^6
	18	530		0	121×10^6
乙醇	-20	2 780		20	$1\ 499\times10^8$
	0	1 780	蜂蜜	20	650×10^4
	20	1 190		80	10×10^4
甲醇	0	817	水银	-20	1 855
	20	584		0	1 685
乙醚	0	296		20	1 554
	20	243		100	122

续表

液体	温度/℃	$\eta/(10^{-6}$ Pa)	液体	温度/℃	$\eta/(10^{-6}$ Pa)
变压器油	20	19 800	酒精	0	1 773
蓖麻油	10	242×10^{4}		20	1 200
葵花籽油	20	50 000		70	504

附表 7　不同温度下水的黏度

温度/℃	$\eta/(10^{-6}$ Pa)	温度/℃	$\eta/(10^{-6}$ Pa)
0	1 787	60	469
10	1 304	70	406
20	1 004	80	355
30	801	90	315
40	653	100	82
50	549		

附表 8　部分金属(或合金)的电阻率及其温度系数

金属(或合金)	电阻率/(μΩ·m)	温度系数/$℃^{-1}$	金属(或合金)	电阻率/(μΩ·m)	温度系数/$℃^{-1}$
铝	0.028	42×10^{-4}	锌	0.059	42×10^{-4}
铜	0.017 2	43×10^{-4}	锡	0.12	44×10^{-4}
银	0.16	40×10^{-4}	水银	0.958	10×10^{-4}
金	0.024	40×10^{-4}	武德合金	0.52	37×10^{-4}
铁	0.098	60×10^{-4}	钢(10%~15%碳)	0.10~0.14	6×10^{-3}
铜	0.205	37×10^{-4}	康铜	0.47~0.51	$(-0.04\sim0.01)\times10^{-3}$
铂	0.105	39×10^{-4}	铜锰镍合金	0.34~1.00	$(-0.03\sim0.02)\times10^{-3}$
钨	0.055	43×10^{-4}	镍铬合金	0.98~1.10	$(0.03\sim0.4)\times10^{-3}$

注:电阻率与金属中的杂质有关,表中列出的是 20 ℃时电阻率的平均值.

附表 9　部分物质的导热系数

物质	温度/K	导热系数/(10^{-2} W·m^{-1}·K)	物质	温度/K	导热系数/(10^{-2} W·m^{-1}·K)
气体			四氯化碳(CCl_4)	293	1.07
空气	300	2.61	石油	293	1.5
N_2	300	18.2	固体		
H_2	300	2.68	银	273	4.18
O_2	300	1.66	铝	273	2.38
CO_2	300	15.1	铜	273	4.0
He	300	4.90	黄铜	273	1.2
Ne	273	5.61	不锈钢	273	0.14
液体			玻璃	273	0.10
H_2O	293	6.04	橡胶	298	1.6×10^{-3}
甘油($C_3H_3O_3$)	273	2.9	木材	300	$(0.4\sim3.5)\times10^{-3}$
乙醇(C_2H_3OH)	293	1.7			

附表 10　某些物质中的声速

物质	v/(m·s^{-1})	物质	v/(m·s^{-1})
空气(0 ℃)	331.45	水(20 ℃)	1 482.9
一氧化碳(CO)	337.1	酒精(20 ℃)	1 168
二氧化碳(CO_2)	259.0	铝	5 000
氧气	317.2	铜	3 750
氩气	319	不锈钢	5 000
氮气	337	金	2 030
氢气	1 279.5	银	2 680

附表 11　常用光谱灯或激光器的可见谱线波长

元素	波长 λ/nm	元素	波长 λ/nm	元素	波长 λ/nm	元素	波长 λ/nm
氢(H)	656.28 H_α(红)	汞(Hg)	690.72	钠(Na)	589.60(黄)	氦氖(He-Ne)	632.3(橙红)
	486.16 H_β(蓝绿)		671.62		589.00(黄)	氩(Ar)	523.70
	434.05 H_γ(蓝)		623.44		568.83		514.53
	410.17 H_δ(蓝紫)		612.33		568.28		510.72
	397.0 H_ε(紫)		589.02		567.58		496.51
	388.90		585.94	氖(Ne)	650.65(红)		487.99
氦(He)	706.52(红)		579.07(黄)		640.23(橙)		476.44
	667.82(黄)		578.97		638.30(橙)		472.69
	587.56(黄)		576.96(黄)		626.65(橙)		465.79
	501.57(绿)		567.59		621.73(橙)		457.94
	492.19(蓝绿)		546.07(绿)		614.31(橙)		454.50
	471.31(蓝)		535.40		588.19(黄)		437.07
	447.15(蓝)		496.03		585.265(黄)	红宝石	694.3(深红)
	402.65(蓝紫)		491.60(蓝绿)				693.4
	388.87(紫)		435.84(蓝)				510.0
			434.75				360.0
			433.92				
			410.81				
			407.78(蓝紫)				
			404.66(蓝紫)				

读者意见反馈

为收集对教材的意见建议，进一步完善教材编写并做好服务工作，读者可将对本教材的意见建议通过如下渠道反馈至我社。

咨询电话　400-810-0598

反馈邮箱　hepsci@pub.hep.cn

通信地址　北京市朝阳区惠新东街4号富盛大厦1座

　　　　　高等教育出版社理科事业部

邮政编码　100029

防伪查询说明

用户购书后刮开封底防伪涂层，使用手机微信等软件扫描二维码，会跳转至防伪查询网页，获得所购图书详细信息。

防伪客服电话　(010) 58582300